Reinhard Rauhut
Bioinformatik

Bioinformatik

Sequenz – Struktur – Funktion

von
Reinhard Rauhut

⊗WILEY-VCH

Weinheim – New York – Chichester – Brisbane – Singapore – Toronto

Autor:

Priv.-Doz. Dr. Reinhard Rauhut
Max-Planck-Institut für Biophysikalische
Chemie – Abt. Zelluläre Biochemie
Am Faßberg 11
D-37077 Göttingen

Der Autor ist Privatdozent des
Fachbereiches Biologie der
Justus-Liebig-Universität Gießen,
Institut für Biochemie

e-mail: rrauhut@gwdg.de

■ Das vorliegende Werk wurde sorgfältig erarbeitet. Dennoch übernehmen Autor, und Verlag für die Richtigkeit von Angaben, Hinweisen und Ratschlägen sowie für eventuelle Druckfehler keine Haftung.

**Die Deutsche Bibliothek –
CIP-Einheitsaufnahme**
Ein Titeldatensatz für diese Publikation ist bei Der Deutschen Bibliothek erhältlich

© Wiley-VCH Verlag GmbH,
D-69469 Weinheim, 2001
Alle Rechte, insbesondere die der Übersetzung in andere Sprachen, vorbehalten. Kein Teil dieses Buches darf ohne schriftliche Genehmigung des Verlages in irgendeiner Form – durch Fotokopie, Mikroverfilmung oder irgendein anderes Verfahren – reproduziert oder in eine von Maschinen, insbesondere von Datenverarbeitungsmaschinen, verwendbare Sprache übertragen oder übersetzt werden.

Printed in the Federal Republic of Germany.

Gedruckt auf säurefreiem Papier.

Satz Hagedorn Kommunikation, Viernheim
Druck Druckhaus Darmstadt GmbH, Darmstadt
Bindung J. Schäffer, Grünstadt

ISBN 3-527-30355-3

Vorwort

Betrachtet man das Bild der modernen Biologie, wie es sich in diesen Tagen in den Medien präsentiert, so fragt sich der Beobachter bisweilen, ob denn die Zukunft der Biologie eher an der Börse oder aber im Labor liege. Der Wirtschaftsteil berichtet ebenso oft über Biologisches wie der Wissenschaftsteil. Dieses plötzliche wirtschaftliche Interesse an den Biowissenschaften ist zu einem Gutteil auch dem jungen Wissenschaftsgebiet der Bioinformatik zu verdanken. Ich sage verdanken, da sich Wissenschaft neben einem Erkenntniszuwachs, einer Umsetzung von intellektuell aufregenden Ideen in neue innovative Produkte des biomedizinischen Sektors, neuer diagnostischer Ansätze und Produktionsverfahren nicht schämen muß. Biologie als Wachstumsbranche und Hoffnungsträger, – es bleibt zu hoffen, daß einer ganzen Generation hervorragend ausgebildeter Biochemie- und Biologiestudenten in Kürze einmal ein freundlicherer Arbeitsmarkt beschieden sei, als dies bisher der Fall war. Die Frage, was von all den Börsengängen bleiben wird, ist noch nicht zu beantworten, die Bioinformatik wird jedoch mit Sicherheit die biologischen Wissenschaften nachhaltig revolutionieren. Es ist dabei ganz und gar kein Zufall, daß die Geburt der Bioinformatik mit der Entwicklung des Internets in den 90er Jahren einherging und durch öffentliche Datenbanken sowie die Benutzung internet-basierter Software gekennzeichnet ist. Der experimentell arbeitende Biologie muß in den Zeiten des Internets auf eine ganz neue Weise lernen zu „wissen, wo es steht". Wo kann ich Informationen und Hilfsmittel zu meinem konkreten Laborproblem im Internet finden, wie kann ich das Maximum an Informationen erhalten, die zu meinem Protein, zu meiner Sequenz in Beziehung stehen, wie erkenne ich den maximalen Informationsgehalt meiner eigenen Daten?

Das Buch ist aus einer einsemestrigen Vorlesung Bioinformatik für Biologen und Biochemiker entstanden. Den Teilnehmern sollten im Rahmen dieser Veranstaltung die Möglichkeiten und Quellen der heutigen Bioinformatik vorgestellt werden, so daß sie für die eigene Arbeit im Labor, für die eigenen Experimente, die richtigen Entscheidungen treffen können. Zudem sollte dem Hörer klar werden, in welcher Richtung sich die modernen biologischen

Wissenschaften ändern werden, eine für den Studenten nicht unwichtige Fragestellung, geht es doch auch um sein zukünftiges Arbeitsgebiet.

Das Buch soll sich also vornehmlich an den experimentell tätigen Biochemiker und Biologen wenden, dessen Ausbildung künftig Bioinformatikwissen enthalten muß. Die Mathematik, die hinter bestimmten Bioinformatikprogrammen steht, wird hier nur ansatzweise verfolgt. Bisher ist nur eine sehr begrenzte Anzahl von Bioinformatik-Monographien erschienen, von denen die meisten für den Studenten und auch für den experimentell tätigen Wissenschaftler wenig hilfreich sind, da sie sich zumeist allzusehr mit dem mathematischen Innenleben von Bioinformatikanwendungen beschäftigen, also mehr auf der Entwickler- als auf der Anwenderseite beheimatet sind. Vorbild bei der Planung des Buches war eigentlich nur das 1998 von Baxevanis und Ouellette herausgegebene Buch *Bioinformatics* (Wiley, New York), das Anfang 2001 in der zweiten Auflage erschienen ist. Dem Informatiker, der neue Datenbankstrukturen entwickelt, Algorithmen entwirft oder Software schreibt, kann im vorliegenden Werk aber sicherlich eine Menge der Biologie vermittelt werden, die hinter den Daten steht.

Der Text verzichtet auf eine allzu bemühte Verdeutschung von Bioinformatik-Begriffen, da dies der Wiederauffindbarkeit in realen Websites eher abträglich ist. Ich habe versucht, die Linkinformationen auf dem neuesten Stand zu halten. Der Benutzer wird merken, daß gerade die besten Websites einem ständigen raschen Wandel unterliegen. Perfekte Lehrbücher entstehen nicht in der ersten Auflage, sie wachsen vielmehr durch das Feedback der Leser. Verlag und Autor erhoffen sich für zukünftige Auflagen reichlich Kommentare und Anregungen zu möglichen Verbesserungen, Fehlern, Unklarheiten, oder Aspekten, die keine Berücksichtigung gefunden haben.

Für zahlreiche Anregungen zum Thema Bioinformatik möchte ich Dr. Gerd Helftenbein, Heidelberg und Dr. Markus Sauerborn, Berlin danken, sowie in Gießen dem Kollegen Prof. Dr. Alfred Pingoud. Dem Verlag Wiley-VCH und seinem Projektverantwortlichen Dr. Hans-Joachim Kraus sei gedankt, daß dieses Buchprojekt so zügig auf den Weg gebracht und mit Elan durchgeführt werden konnte.

Göttingen – Gießen, August 2001   Reinhard Rauhut

Inhaltsverzeichnis

Vorwort *V*

Einleitung *1*
Bioinformatik – Biologische Wissenschaften im 21. Jahrhundert *1*
Empfohlene Literatur *7*

1 Sequenzen *9*
1.1 Der Evolutionsverlauf des Planeten Erde, die molekulare Evolution biologischer Systeme und die Suche nach Ähnlichkeiten *9*
1.2 Sequenzdatenbanken *14*
1.2.1 Das Beispiel GenBank *24*
1.2.2 Der NCBI Datenverbund und ENTREZ *28*
1.2.3 LocusLink und RefSeq *28*
1.2.4 UniGene *30*
1.3 Proteindatenbanken *30*
1.4 Alignments – Ähnlichkeiten zwischen Sequenzen *38*
1.4.1 Wie definiert und wie mißt man Ähnlichkeiten? *38*
1.4.2 Ein Wahrscheinlichkeitsmodell für Alignments – Algorithmen, gaps, Matrizen *42*
1.4.3 Die mathematische Entwicklung globaler und lokaler Alignments *50*
1.4.4 Was ist signifikant? *59*
1.4.5 Homologiesuche mit BLAST *60*
1.5 Das Identifizieren von ORFs in genomischer DNA *80*
1.5.1 Eukaryontische Gene *80*
1.5.2 Prokaryontische Gene *83*
1.6 Markov Modelle *86*
1.6.1 Beispiel CpG Inseln *86*
1.6.2 HMMs als Sequenzemitter oder Sequenzgenerator *90*
1.6.3 Hidden Markov Models und multiple Alignments *94*
1.6.4 Motive und Domänen: Prosite, Blocks, Pfam, Prodom *103*

2	**Strukturen** 109	
2.1	Wie falten sich Proteine? 109	
2.1.1	Grundlegende Konzepte 109	
2.1.2	Strukturvorhersage 114	
2.1.3	Ansätze zur *de novo* Faltungsvorhersage 115	
2.1.4	Sekundärstrukturvorhersage in Proteinen 120	
2.1.5	Threading (fold recognition) Methoden 121	
2.1.6	Homology Modeling mit SWISS-Model 124	
2.2	Strukturdatenbanken 127	
2.2.1	Protein Database Files 129	
2.2.2	Molecular Modeling Database des NCBI 133	
2.3	Vorhersage von RNA-Strukturen 137	
2.4	Pattern-Suche 142	
2.5	Die Klassifizierung von Proteinstrukturen 146	
2.5.1	Die hierarchische SCOP Klassifizierung 148	
2.5.2	Die Beziehung zwischen Sequenz, Struktur und Funktion 154	
2.5.3	Structural Genomics – Strukturelle Klassifizierung von Genomen 167	

3	**Genomics** 177	
3.1	Orthologe, Paraloge und globaler Aufbau von Genomen 177	
3.2	Cluster von orthologen Gruppen 184	
3.3	Wie sequenziert man Genome? 191	

4	**Functional Genomics** 197	
4.1	DNA Chiptechnologie und Expressionsarrays 197	
4.1.1	Die Chipherstellung 198	
4.1.2	Das experimentelle Prinzip und die Einsatzgebiete 199	
4.2	Das Modell *Saccharomyces cerevisiae* 201	
4.2.1	Expressionsanalyse mit Hefe-Chip 204	
4.2.2	Mutanten und Chiptechnologie 210	
4.2.3	Genomweite Mutantensammlungen 215	
4.3	Anwendungsgebiete für Chiptechnologie 216	
4.4	Chiptechnologie in der Pharmaforschung 217	
4.4.1	Das Beispiel Tumorzellinien 218	
4.5	Pharmakogenetik 226	

5	**Proteomics** *235*	
5.1	Datenbankgestützte high-tech Sequenzierung von Proteinen *235*	
5.2	Genomweite Two-Hybrid Analyse in Hefe *241*	
5.2.1	Das Proteinnetzwerk der Hefe *241*	
5.3	Proteomarray mit exprimierten Hefe Proteinen – Die Suche nach enzymatischen Aktivitäten *246*	
5.4	Datenbanken für nonhomology Funktionsvorhersagen *250*	
5.5	Pathway-Datenbanken *255*	
6	**Phylogenetik** *265*	
6.1	Grundlagen *265*	
6.1.1	Methoden zur Konstruktion phylogenetischer Trees *267*	
6.1.2	Gen-trees *268*	
6.2	Gen-trees versus Spezies-trees *269*	
7	**DNA-Computing – Ein Exot mit Potential** *277*	
	Index *281*	

Einleitung

Bioinformatik – Biologische Wissenschaften im 21. Jahrhundert

Man hat, wer sich erinnert, als experimentell tätiger Biochemiker und Biologe eigentlich erst zu Beginn der 90er Jahre vermehrt die Erfahrung gemacht, daß das rasche Wachstum der Datenbankeinträge tatsächlich einen Einfluß auf den Laboralltag haben kann. War die Situation bis zu diesem Zeitpunkt eher so, daß man zunächst experimentell arbeitete, um eine biologische Funktion z. B. durch Proteinaufreinigung und -charakterisierung sowie Klonierung des zugehörigen Gens zu beschreiben und man dann an den Computer ging, um die Resultate mit anderen Ergebnissen zu vergleichen, so ist es heute, nach mehr als zehn Jahren raschen Wachstums der Datenmengen, nach dem Erscheinen von *Proteomics*, *Genomics* und *high-throughput-research*, oft so, daß man zuerst am Computer arbeitet und dann eine *in silico* geborene Idee experimentell verfolgt und bestätigt. Man muß aber zunächst akzeptieren, daß die Entdeckung und Definition lohnender targets für experimentelle Ansätze in der explodierenden Datenmenge nur durch automatisierte, sensitive Verfahren des Erkennens von zusammengehörenden Einzelfakten, von Sequenz- und Regulationsmustern möglich ist. Dies ist ein fundamentaler Beitrag der Bioinformatik. Bei allen Teildisziplinen des biomedizinischen Sektors und vielen Anwendern chemischer Produkte ist ein reges Interesse an der Bioinformatik vorhanden (Abb. E.1). Bioinformatik und der Computer werden aber das Experiment auch in Zukunft nicht ersetzen, ganz im Gegenteil. Genomprojekte, die enorm fortgeschrittenen Techniken der Strukturaufklärung biologischer Makromoleküle, die Erstellung komplexer Datensets mit Chiptechnologien führen seit den 90er Jahren zu einer immer rasanteren Zunahme des biologischen Wissens. Allein die bloße Menge existierender Daten machte spezielle Methoden zu ihrer Erschließung nötig. Entdeckungen sind heute möglich, indem man die bereits existierende Datenmenge genau analysiert. Bioinformatik schafft die Ordnungskriterien, die zur Bewältigung der Datenmenge notwendig sind. Und wir werden sehen, daß sich die Vielfalt der

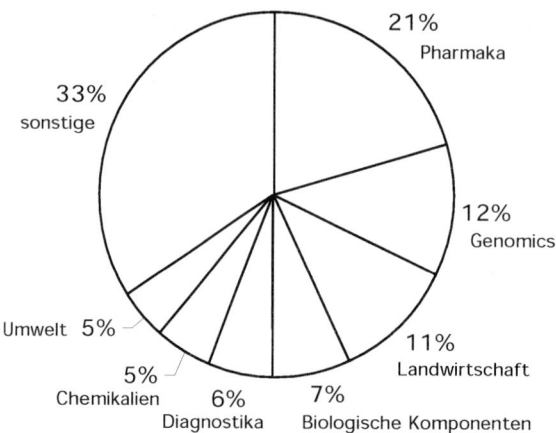

E.1 Eine Zusammenstellung der technologischen Sektoren, die gegenwärtig Bioinformatik Ressourcen benutzen. (nach Saviotti et al., *Nature Biotech* 2000, 18: 1247-1249)

beobachteten Lebensformen und Biomakromoleküle auf ein relativ begrenztes Set evolutionären „Spielmaterials" zurückführen läßt.

Dies sind die rein quantitativen Zwänge für das Entstehen einer spezialisierten Form von Biologie (bzw. Informatik) wie sie die Bioinformatik darstellt. Wir haben es aber nicht mit einem bloßen quantitativen Phänomen zu tun. Der vergleichende Blick auf ganze Genome, Proteome und Transkriptome erlaubt es seit wenigen Jahren, experimentelle Ansätze zu verfolgen, die so zuvor überhaupt nicht denkbar waren. Hier ist offensichtlich eine neue Qualität der biologischen Forschung möglich geworden, die sowohl Fragestellungen der evolutionsorientierten Forschung, der Evolution von Proteinstrukturen und des Sequenz-Struktur-Funktions Zusammenhanges, als auch Fragen der komplexen Regulation großer Genverbände oder sogar ganzer Genome einschließt.

Jede Hypothese, die unter Zuhilfenahme des Bioinformatik-Instrumentariums formuliert wird, bedarf des nachfolgenden experimentellen Beweises. Ich werde versuchen klarzumachen, wie sehr die Bioinformatik hilft, neue Experimente gezielter und aussagekräftiger zu gestalten, oft sogar erst den ersten Hinweis darauf gibt, welche Experimente überhaupt möglich und angebracht sind.

Nur sechs Jahre nach der Veröffentlichung des ersten komplett sequenzierten mikrobiellen Genoms (Abb. 1.9 und 1.11) leben wir bereits in dem, was man gemeinhin die „post-genomische" Phase nennt, ein Begriff, unter dem die neuen Techniken zusammengefaßt werden, die unter Verwendung von Genomdaten den Zusammenhang von Sequenz, Struktur und Funktion im Regelwerk einer Zelle untersuchen. Gerade die Proteinforschung erlebt durch die post-Genom-Phase eine wahre Renaissance.

Die Geschwindigkeit bei der Erarbeitung neuer Erkenntnisse wird enorm zunehmen. So werden medizinisch-pharmazeutisch orientierte Laboratorien bei der molekularen Beschreibung von Krankheitsbildern, bei der Identifizierung neuer therapeutischer Targets und der Targetvalidierung sehr viel schneller arbeiten können. Es ist daher nicht verwunderlich, daß es gerade die Ergebnisse des *high-throughput-research* (HTR) sind, die einer Industrialisierung geradezu bedürfen. Nur so kann das in den Datenmengen enthaltene Potential ausgeschöpft werden und zur Entwicklung von HTR-gestützten Assays führen. Neue molekulare Ätiologien bisher diffuser Krankheitsbilder machen Hoffnung, daß auch in solchen Fällen neue diagnostische Marker und therapeutische Targetklassen definiert werden können und der biomedizinischen Forschung neue Erfolge in der Bekämpfung von Krankheiten, die sich bisher einer Therapie widersetzten, beschieden sind.

Ist Bioinformatik nun eine spezialisierte Form von Biologie oder von Informatik? Die Rolle des experimentell tätigen oder Experimente planenden Biologen wird zumeist die eines Benutzers von Bioinformatik-Hilfsmitteln sein. Bioinformatik ist für die Weiterentwicklung der biologischen Wissenschaften so wichtig, daß sie in ihren Grundzügen Teil einer jeden Ausbildung zum Biologen oder Biochemiker werden muß. Es soll daher hier der Stoff behandelt werden, der jedem Studenten der Biowissenschaften und jedem aktiven Biowissenschaftler geläufig sein sollte. Im Mittelpunkt soll also der Anwender stehen. Es wird natürlich, wie in jeder arbeitsteiligen Struktur, auch in der Bioinformatik zur Ausbildung eines Spezialistentums kommen. Die gegenwärtigen Gründungsinitiativen für Studiengänge der Bioinformatik belegen dies. Die Anwender-spezifische Entwicklung von Software erfordert einen anderen, mehr Informatik-orientierten Studiengang, dessen Absolventen sicherlich in einschlägigen Start-Up Firmen gesucht sind. Die Realität der Bioinformatik ist derart, daß die Programmentwicklung und Ausformulierung international gültiger Datenformate für den akademischen Bereich in den Händen spezialisierter, zumeist Datenbank-assoziierter Forschungsgruppen liegt (z. B. NIH, EMBL, Swiss Institute for Bioinformatics).

In der Zukunft wird es sicherlich verstärkt einen Markt für spezialisierte kommerzielle biologische Software geben, wie z. B. integrierte Formen des *data-mining* mit benutzerfreundlichen Programm-Suiten und Software für die Analyse laborintern erstellter Expressionsdaten. Im Rahmen dieses Buches werde ich kommerzielle Software allerdings nur kurz berühren, das Schwergewicht liegt vielmehr in der Verwendung frei zugänglicher internetbasierter Software. Das Datensuchen und -analysieren wird zunehmend so komplex, daß es gerade für Großfirmen notwendig sein wird, damit eine spezielle Abteilung und entsprechende Fachkräfte zu beschäftigen, während kleinere Betriebe vielleicht die externe Bearbeitung durch spezielle Service-Provider vorziehen werden. Vielleicht kann dieses Buch auch dem einen oder anderen Börsenanalysten ein Hilfsmittel sein, wenn er über den nächsten Startup zu entscheiden hat.

Es wird für eine künftige Ausbildung von „hauptamtlichen" Bioinformatikern wichtig sein, eine gesunde Kombination von biologischem und mathematischem Wissen zu vermitteln. Da Bioinformatik aber die tägliche Arbeit eines jeden Biowissenschaftlers betrifft, sollte jeder mit den grundlegenden Ansätzen selbst vertraut sein, sollte die wichtigsten Hilfmittel, die ihm das Internet kostenlos zur Verfügung stellt, selbst nutzen und die Limitationen gängiger *tools* abschätzen können. Man sollte sich bei Fragen, die zum Tagesgeschäft gehören, nicht unnötig in die Abhängigkeit von Spezialisten begeben, denen man sich huldvoll nähern muß, damit sie einmal einen Blick auf das Problem werfen, ein Phänomen, das man im Zusammenhang mit Computern sicherlich in vielen Labors kennt. Die Bedeutung der Bioinformatik liegt nicht in ihrer Rolle für nur einige wenige Spezialisten, sie liegt vielmehr darin, daß sich in absehbarer Zeit das Instrumentarium und die Forschungsplanung eines jeden Naturwissenschaftlers in einer biologischen Disziplin ändern wird und daß ein jeder sich um diese neuen Entwicklungen wird kümmern müssen, allein schon im Interesse einer gesicherten Forschungsfinanzierung.

Die unterschiedlichen Bioinformatik-Bedürfnisse lassen sich an zwei Äußerungen verdeutlichen, wie sie in *Nature* (15 Feb 2001) aus Anlaß der Veröffentlichung des menschlichen Genoms gemacht wurden. Ein so bedeutender Biologe wie Leroy Hood fordert, daß man Bioinformatik auf das engste mit der Ausführung von Experimenten verknüpfen muß, daß ein Biologe Kenntnisse der Bioinformatik besitzen muß, da er nur so in der Lage ist, im Labor „hypothesis driven research" zu betreiben. Ein Vertreter eines führenden Software-Anbieters für Bioinformatik äußert sich dagegen dahingehend, daß der ideale Firmenmitarbeiter ein Programmierer mit biologischer Nachschulung ist.

Es gibt für die Bioinformatik noch keinen festen Kanon von Lehrinhalten. Gedruckte Informationen sind sehr weit verstreut und bei schlechter Bibliotheksversorgung kaum zugänglich. Ich werde daher sehr oft Originalveröffentlichungen heranziehen, um eine bestimmte Problematik zu verdeutlichen. Dies gilt z. B. für solche Techniken wie datenbankgestützte Sequenzierung und DNA-Chip Technologie, die hier als Teile der Bioinformatik aufgefaßt und präsentiert werden. Wir werden wichtige Websites besuchen, es soll aber darauf verzichtet werden, dort, wo ausführliche Online-Manuals zugänglich sind, diese noch einmal in ganzer Breite zu wiederholen. Das Buch soll nicht nur Anleitung sein, wie ich Bioinformatik-Ressourcen erschließe, es soll auch die durch die Bioinformatik bereits gewonnenen neuen Einsichten in das Werden und Funktionieren von Organismen vorstellen. Das Konzept verfolgt also keinen engen Bioinformatik-Begriff, sondern will auch die dazugehörige neue Biologie ansatzweise vorstellen.

Es wird im Rahmen dieses Buches nicht möglich sein, auch nur annähernd alle Webressourcen vorzustellen, die der Kategorie Bioinformatik zuzurechnen sind, da es für nahezu jede Ausrichtung der Biologie, Molekularbiologie und Biochemie, für jede Molekülklasse eine spezielle Datenbank gibt. Einen sehr guten Überblick über alle Datenbanken gibt die jährliche Datenbank-Sondernummer von *Nucleic Acids Research*. Die Ausgabe vom Januar 2001 enthält vollständige Beschreibungen für 95 Datenbanken. Außerdem ist eine online frei zugängliche Kompilation von Baxevanis enthalten [http://nar.oupjournals.org], die insgesamt 281 Datenbanken in einer Liste aktiver Links vereinigt.

Wir wollen lernen, welche Erkenntnisse man aus der gewaltig zunehmenden, aber zunächst gestaltlosen Masse an Primärdaten (Sequenzen) gewinnen kann, wenn man die entsprechenden Methoden kennt. Bioinformatik ersetzt nicht Experimente, sondern hilft beim Design intelligenter Experimente. Wir müssen also wissen, wo man Daten findet, was man überhaupt finden kann, wir müssen die Prinzipien verstehen, die z. B. hinter einem Alignmentprogramm, einem Homologiesuchprogramm stehen. Ein Verständnis dessen, was im Hintergrund abläuft, wenn man ein solches Programm anwendet, ist natürlich wünschenswert, nur so kann man auch die Limitierungen abschätzen. Eine vollständige Durchdringung des zugrunde liegenden mathematischen Konzepts von Sequenzalignments ist nicht intendiert, da man hier sehr schnell in den Bereich einer hochspezialisierten Wahrscheinlichkeitsmathematik, von Stochastik, formaler Logik und quasimathematischer Linguistik gerät, der stets weit jenseits des Horizontes eines normalen anwendenden Naturwissenschaftlers liegen wird.

Das Interesse, das Wechselspiel von Funktion und Struktur eines biologischen Makromoleküls zu verstehen, kennzeichnet die moderne Biochemie und Molekularbiologie. In einem eher klassischen Ansatz wird man dazu versuchen, eine funktionelle Mutante zu charakterisieren, das Gen zu identifizieren, oder ein Protein zunächst unter Verwendung eines spezifischen Assay aufzureinigen, biochemisch zu charakterisieren, eine partielle Aminosäuresequenz zu erstellen und nach Überexpression des zugehörigen Gens eine Strukturanalyse z. B. durch Kristallisation durchzuführen. Alle diese experimentellen Techniken wird man auch in Zukunft anwenden, aber man wird im Vorfeld weitaus mehr Zeit darauf verwenden, das wirklich lohnende Target für diese Arbeiten auszuwählen. Und man wird in der Bewertung der Resultate sehr viel Zeit aufwenden, diese mit anderen Sequenzen zu vergleichen. Über Struktur und Funktion hinaus ist es gerade die *Regulation* auch komplexer Molekülverbände und Reaktionsfolgen, die mit den neuen Techniken der *functional genomics* und der Bioinformatik analysiert werden können. Diesen Techniken ist ein Kapitel mit exemplarischen Beispielen gewidmet.

Datenbanken für Primärsequenzen und die Suche in diesen werden uns daher zunächst beschäftigen. Insbesondere werden wir uns dem Problem widmen müssen, zwei oder mehrere Sequenzen, die eventuell eine evolutionäre Beziehung zueinander haben, miteinander zu vergleichen (Problematik paarweiser oder multipler *Sequenzalignments*).

Die evolutionsorientierte biologische Forschung ist seit etwa 1980 durch die Verwendung von 16 und 23 S rRNA Sequenzen und die Propagierung

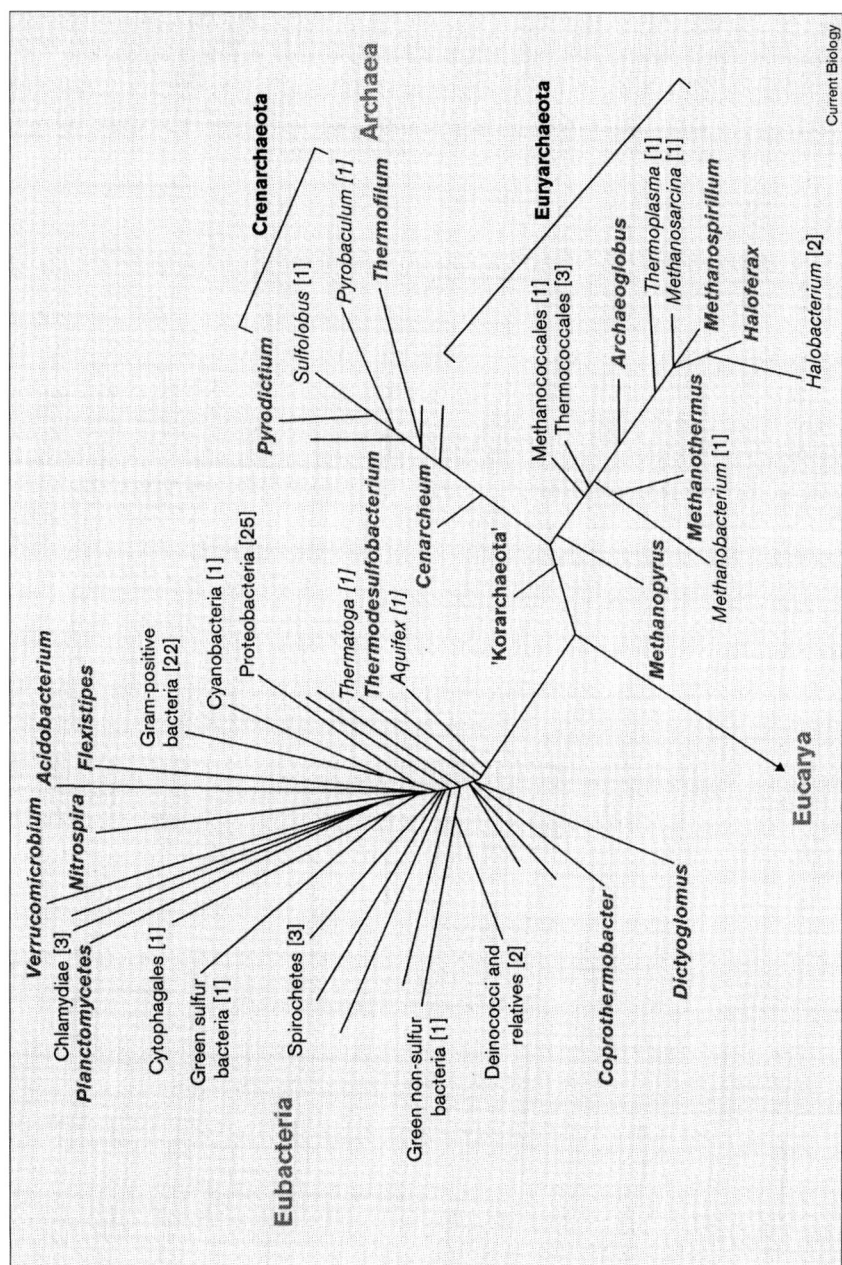

E.2 Der auf rRNA Sequenzen basierende *universal phylogenetic tree* in seiner Form ohne *root* (s. auch Abb. 6.6). Einführung und Durchsetzung dieses Konzeptes in den frühen 80er Jahren waren vornehmlich das Verdienst von Carl Woese. Die Zahlen geben die Anzahl der abgeschlossenen bzw. in Arbeit befindlichen Genome wieder (Stand 1998; für einen Überblick des jeweils neuesten Standes siehe die Websites von TIGR und des NCBI). (aus Woese, *Curr Biol* 1998, 8: R781-783; Abdruck mit Genehmigung von Elsevier Science)

des Archaea-Konzeptes durch Woese auf eine solide Basis gestellt worden (Abb. E.2). Mit der steigenden Anzahl von Gesamtgenomen ist jetzt die Möglichkeit gegeben, die hier gewonnenen Schlüsse auf genomischer Ebene zu überprüfen und neue verbesserte Konzepte zum Evolutionsverlauf zu entwickeln. Einige wichtige Konzepte bei der Darstellung evolutionärer Beziehungen werden im Kapitel Evolution vorgestellt.

Die ständig zunehmende Menge an Proteindaten (Primärsequenzen und 3D Strukturen) erlaubt neue Erkenntnisse bei der Klassifizierung von Proteinen, ihrer Zusammenfassung zu Familien und Superfamilien. Da solche Klassifizierungen genomweit durchgeführt werden können, wird dabei ein großer Teil des erlaubten Protein 3D-Raums einbezogen. Protein-Evolution kann daher heute viel globaler analysiert werden, als das auf der Basis einzelner Proteinfamilien jemals möglich war. Struktur- und Motivdatenbanken für Proteine wird daher ein eigener Abschnitt gewidmet sein. Die Beziehung zwischen Struktur, Sequenz und Funktion wird dabei in einem veränderten Licht erscheinen. Vielfalt wird hier durch die Verwendung eines relativ beschränkten Sets von Bausteinen erreicht, ein weiteres Beispiel für die Allgegenwart des kombinatorischen Prinzips der zu selbstreplizierenden Systemen organisierten Materie.

Empfohlene Literatur

- Mount: *Bioinformatics – Sequence and Genome Analysis* (Cold Spring Harbor Press, New York, 2001). Gerade bei Abschluß der Arbeiten zum vorliegenden Band erschienen, bietet dieses vorzügliche Buch einen umfassenden und anwenderorientierten Überblick aller Aspekte der Bioinformatik.
- Baxevanis, Ouellette, eds.: *Bioinformatics* (Wiley, New York, 2001, 2. Auflage). Dieser Band ist für den normalen Bioinformatik-Nutzer einer der nützlichsten auf dem Markt.
- Gibas, Jambeck: *Developing Bioinformatics Computer Skills* (O'Reilly, Sebastopol, CA; 2001). Dieser gerade erschienene Band geht für den Nicht-Informatiker auf sehr ansprechende, verständliche Weise auf Unix- und Scripterfordernisse der Bioinformatik ein.
- Eine weitaus stärker theoretisch-mathematische Ausrichtung haben Setubal/Meidanis: *Introduction to Computational Molecular Biology* (PWS Publ., Boston, 1997) und Durbin, Eddy, Krogh, Mitchison: *Biological Sequence Analysis* (Cambridge University Press, 1998)
- Methods in Enzymology, Vol 266: *Computer Methods for Macromolecular Sequence Analysis* (R. F. Doolittle, ed., Academic Press, 1996); Methods in Enzymology, Vol 183: *Molecular Evolution: Computer Analysis of Protein and Nucleic Acid Sequences* (R. F. Doolittle, ed., Academic Press, 1990). Wenn auch etwas in die Jahre gekommen, bieten beide Titel noch viel Wissenswertes.

- Als vorzüglichen Überblick über das weite Feld von allgemeinen und speziellen Datenbanken und Bioinformatik-Anwendungen, sei auf das jährliche Januar *Nucleic Acids Research* Sonderheft hingewiesen. Hier lassen sich neben Kurzbeschreibung einer Datenbank oder Website auch die aktuellen Web-Adressen entnehmen.
- Einen ansprechenden Kurzüberblick über die Bioinformatik gibt das *TIBS* Supplement 1998: Trends Guide to Bioinformatics.
- Saenger: *Principles of Nucleic Acid Structure* (Springer, New York – Berlin, 1983). Immer noch der führende Titel auf diesem Gebiet.
- Branden, Tooze: *Introduction to Protein Structure* (Garland Publ., New York, 1998, 2. Auflage). Der führende Titel zum Verständnis von Proteinstrukturen.

1
Sequenzen

1.1
Der Evolutionsverlauf des Planeten Erde, die molekulare Evolution biologischer Systeme und die Suche nach Ähnlichkeiten

Die komparative Analyse ist in der Biologie ein seit langem eingesetztes Mittel, Entdeckungen zu machen. Wurden anfangs Morphologien ganzer Organismen verglichen, vergleichen wir heute Sequenzen. Das Ergebnis einer Suche nach Ähnlichkeiten zwischen zwei oder mehreren Sequenzen, nach Homologien, wird gewöhnlich in Form eines „sequence alignment" dargestellt. Dabei wird eine distinkte Beziehung zwischen den Positionen zweier oder mehrerer Nukleinsäure- bzw. Proteinsequenzpositionen hergestellt, die untereinander im Alignment stehen (siehe z. B. Abb. 1.59). Die auf diese Weise erkennbar gemachten Ähnlichkeiten bzw. Abweichungen lassen dann Schlüsse auf strukturelle, funktionelle und evolutionäre Beziehungen zu. Ein Alignment hat also das Ziel, erkennbar zu machen, ob zwei Sequenzen hinreichend ähnlich sind (Ähnlichkeit, *similarity*, ist eine quantifizierbare Größe, z. B. ausgedrückt als % Identität zweier Sequenzen), so daß man das Vorliegen einer Homologie annehmen kann. (*homology* ist also der Schluß, der aus dem Vergleich der beiden Sequenzen gezogen wird.) Zwei Gene sind entweder homolog, oder sie sind es nicht. Korrekt gesprochen, gibt es Grade von Ähnlichkeit (similarity) aber nicht von Homologie (homology). Hinter „Alignments" steht also der Gedanke, daß evolutionär verwandte Proteine Sequenzähnlichkeit zeigen. Inwieweit dies dann auch für Struktur und Funktion gilt, wird im folgenden zu diskutieren sein.

Zunächst müssen wir uns ansehen, wie der Evolutionsverlauf auf dem Planeten Erde aussah und in welchen Zeitdimensionen Sequenzen evolvierten (Abb. 1.1). Bemerkenswert ist, daß distinkte Organismenformen sich bereits zu einem Zeitpunkt von $-3,5$ Milliarden Jahren nachweisen lassen, also zu einem Zeitpunkt, der tief in die Geschichte des jungen Planeten zurückreicht und weit vor den klassischen geologischen Epochen liegt (siehe Webversion [http://www.sciencemag.org] von A. H. Knoll, A new molecular window

1 Sequenzen

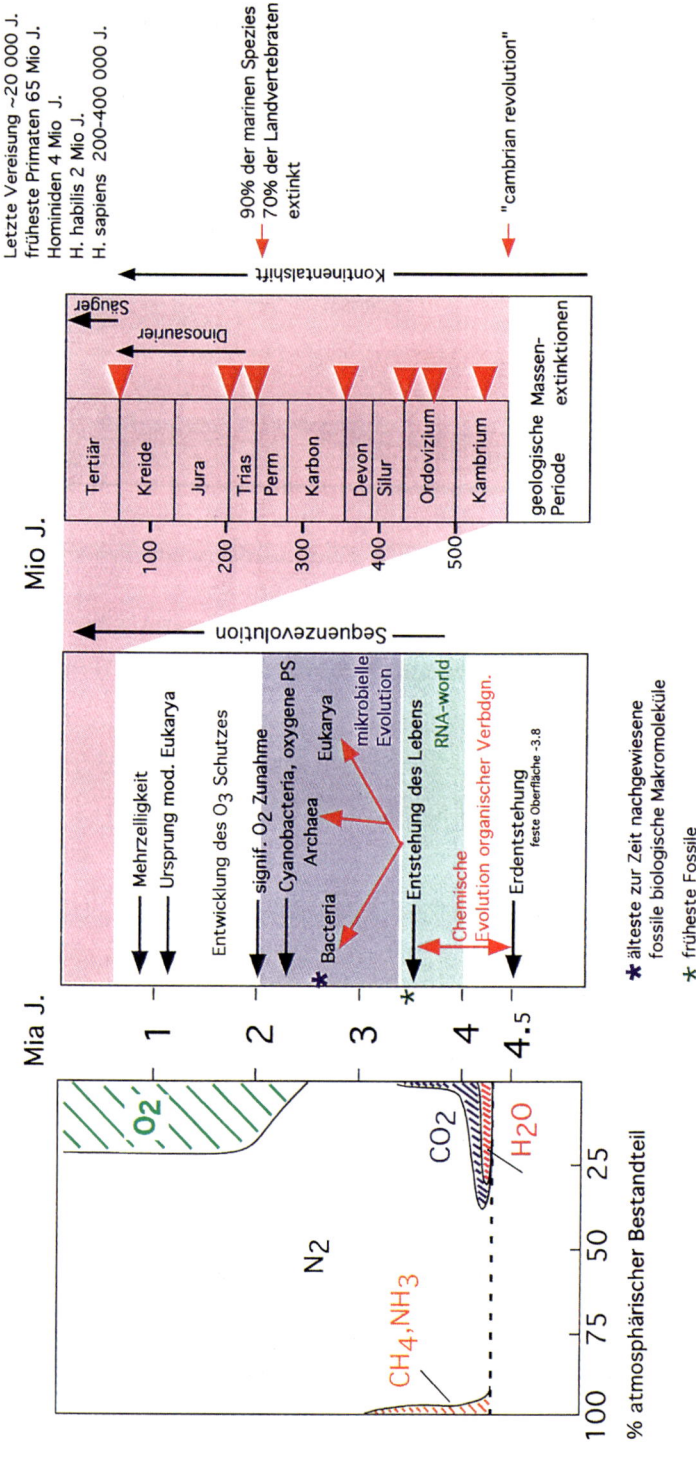

1.1 In diesem Diagramm sind die wichtigsten Ereignisse der Biologie und der Chemie belebter Materie in den 4,5 Milliarden Jahren der Existenz des Planeten Erde zusammengefaßt. Das linke Diagramm beschreibt die Entwicklung der Atmosphäre, das mittlere die Evolution der chemischen und biologischen Vorgänge, die zu den heute beobachteten Organismen führten, während rechts die Phasen der jüngsten Geologie und einiger biologischer Schlüsselereignisse in ihnen beschrieben sind. Signifikant ist das extrem frühe Erscheinen komplexer biologischer Systeme in der Erdgeschichte, entsprechend lang ist die Vorgeschichte biologischer Makromoleküle.

on early life. *Science* 1999, 285: 1025–1026). Vorläufer in Form von mehr oder weniger effizienten selbstreplizierenden Molekülsystemen müssen daher bereits viel früher vorhanden gewesen sein. Selbstreplizierende Molekülsysteme sind vielleicht bereits 300.000 Jahre nach Ausbildung einer festen Planetenoberfläche entstanden. Diese frühen Formen von Leben bestanden, wie eine attraktive Theorie annimmt, aus reinen RNA Systemen, in denen RNA sowohl Informationsmolekül als auch katalytisch kompetentes Molekül war (Abb 1.2). Walter Gilbert prägte 1986 hierfür den Begriff der *RNA World*. Es war stets eine wichtige Annahme bei der Modellbildung einer frühen RNA-Evolution, daß Translation ein RNA-katalysierter Prozeß ist. Gerade diese Annahme wurde durch Nissen et al. im Jahre 2000 belegt (*Science*, 289: 920–930). Diesen Autoren gelang es, den lange vermuteten Ribozym-Charakter des Ribosoms nachzuweisen. Vielleicht waren Protoribosomen in einer frühen Evolutionsphase reine RNA-Körper. Wiederum ein Hinweis auf die inhärente Eigenschaft von Materie, sich als selbstreplizierendes Informations/Katalyse-System zu organisieren.

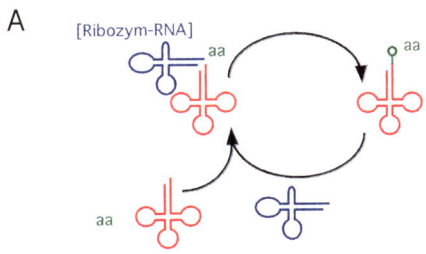

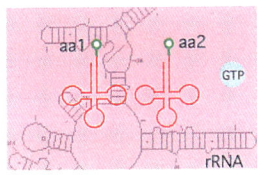

1.2 Darstellung eines denkbaren Ablaufs früher chemischer Evolution in der RNA World Phase. Auch der Übergang von einer RNA- zu einer RNA-Protein Welt läßt sich so erklären, wenn man die ribosomale Translation bzw ihren evolutionären Vorläufer als eine RNA katalysierte Reaktion begreift. A) Zunächst unterliegt eine selbstreplizierende Ribozym-RNA (blau) einer darwinistischen Evolution, in deren Verlauf sie die Fähigkeit entwickelt, eine Aminosäure kovalent an eine Art tRNA-Vorläufer (rot) zu koppeln. Dabei entsteht ein Aminoacyl-Ribozym. B) Die Kopplung zweier oder mehrerer Aminosäuren führt dann zu Peptid-RNA-Komplexen und Proteinen. Die Transpeptidierung wie wir sie auch in „modernen" Ribosomen beobachten, erfordert außer GTP keine zusätzliche Energie, da die Aminoacylester bereits energiereich sind.

Transpeptidierungsschritt erfordert keine zusätzliche Energie (Aminoacylester ist energiereich)
GTP als Motor

folgender Verlauf ist denkbar:

1. Selbstreplizierende Ribozym-RNA, die einer darwinistischen Evolution unterliegt.
2. Aminoacyl-Ribozym
3. Peptid-RNA-Komplex
4. Protein

1 Sequenzen

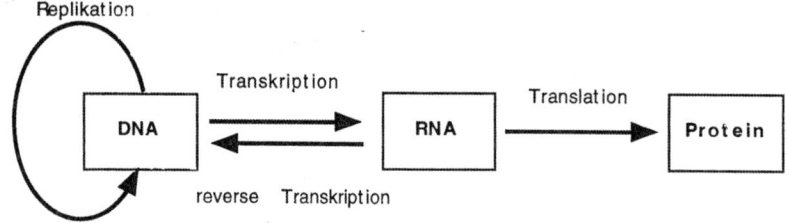

Informationsfluß in selbstreplizierenden Systemen
1.3 Moderne biologische Systeme benutzen DNA als Informationsspeicher und Proteine für die katalytischen Aufgaben.

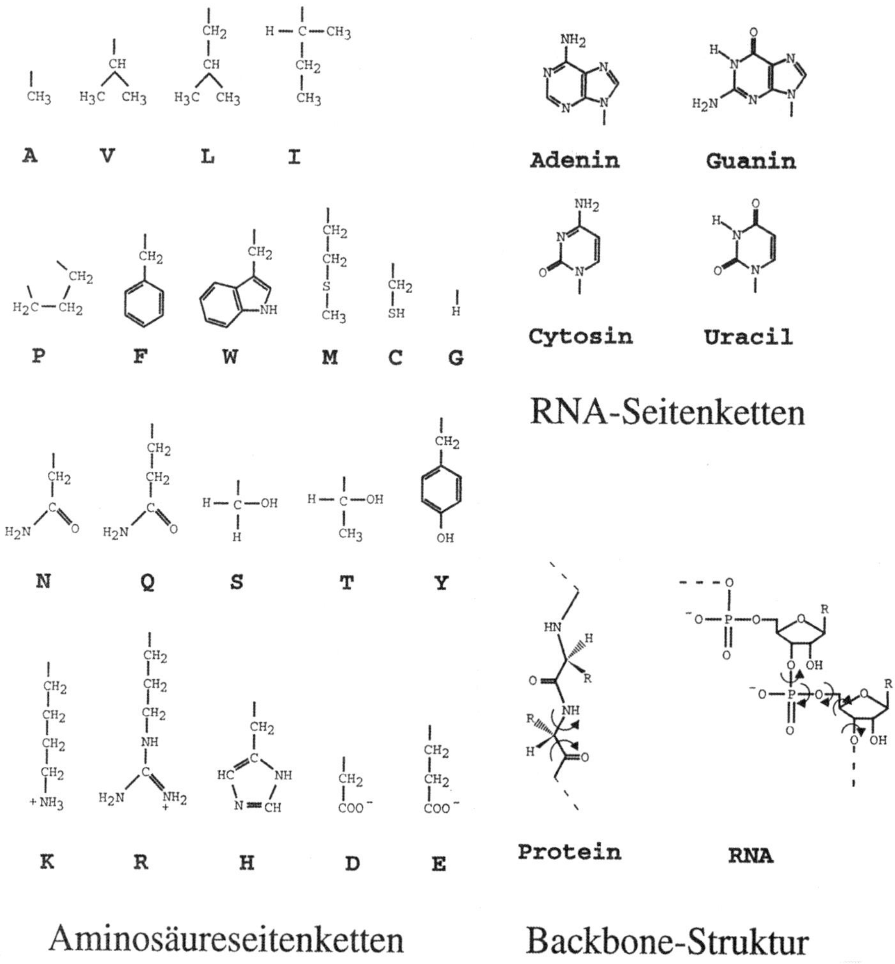

Aminosäureseitenketten

A V L I

Adenin Guanin

P F W M C G

Cytosin Uracil

RNA-Seitenketten

N Q S T Y

K R H D E

Protein RNA

Backbone-Struktur

1.4 Proteine besitzen eine weit höhere Seitenkettenvielfalt als RNA. Ungeachtet dessen und trotz hoher Ladungsdichte und Beweglichkeit des Backbone (siehe Pfeile), kann aber auch RNA mit der Unterstützung von Metallionen komplexe Strukturen und katalytische Zentren formen.

1.1 Der Evolutionsverlauf | 13

Moderne biologische Systeme benutzen im biologischen Informationsfluß fast immer den Informationsspeicher DNA (Abb. 1.3) und haben die meisten Struktur- und Katalysefunktionen der Stoffklasse der Proteine anvertraut. Die Vorschrift, nach der die Information des DNA-Informationsmoleküls in Proteine umgesetzt wird, ist der genetische Code, die vermittelnden Moleküle sind messenger und transfer RNA. DNA und RNA sind Biopolymere, die ein Kodierungsalphabet von vier Buchstaben besitzen. Beide sind auf Grund ihres Aufbaus aus Nukleotidbausteinen $5' \rightarrow 3'$ gerichtete Moleküle. Proteine reichen in ihrer Evolutionsgeschichte also weit in den Raum jenseits der 3 Milliarden Grenze zurück. Der molekulare Evolutionsverlauf ist in seinen Details in verschiedenen evolutionären Phasen stets unterschiedlich, da eine darwinistische Evolution von Molekülpopulationen stets von der Fehlerrate des evolvierenden Systems abhängt. Siehe hierzu auch die Gedanken in Kapitel 6.

Proteine bestehen aus den 20 proteinogenen Aminosäuren (Abb 1.4). Wie Nukleinsäuren ($5' \rightarrow 3'$), so sind auch Proteine gerichtete Biopolymere (N Terminus $\rightarrow$ C Terminus). Auf Grund der zahlreichen verschiedenen Seitenketten

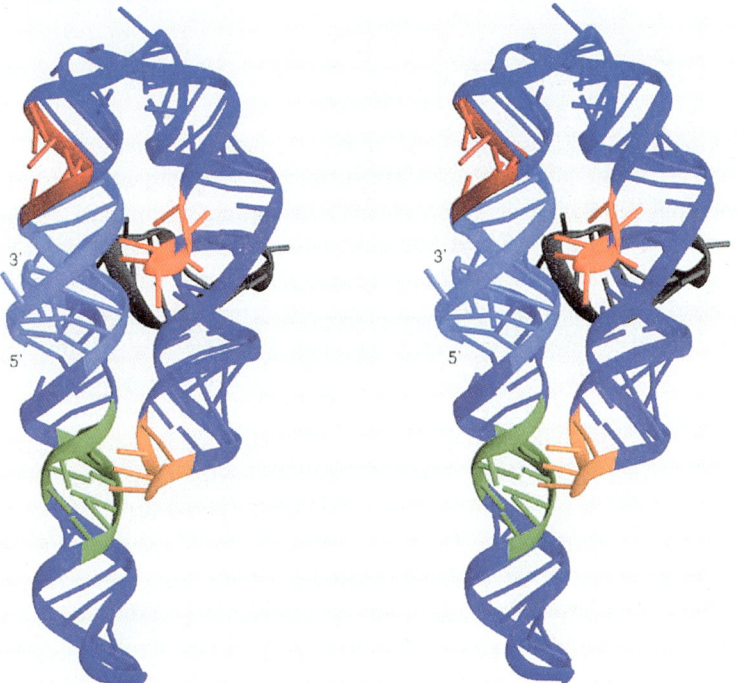

1.5 Stereodarstellung der dreidimensionalen RNA-Struktur der P4-P6 Domäne des selbstspleißenden Gruppe I Introns aus *Tetrahymena*. Trotz eines limitierten Sets an Bausteinen kann RNA mit Hilfe von Metallionen kompakte Strukturen bilden, die an Proteinstrukturen erinnern und katalytische Zentren beherbergen. (aus Cate et al., *Science* 1996, 273: 1678–1685; Abdruck mit Genehmigung der American Association for the Advancement of Science)

können Aminosäuren eine große Vielfalt von Strukturen bilden. RNA muß insbesondere wegen der fehlenden hydrophoben Seitenketten andere Lösungen finden, um hydrophobe Taschen zu bilden. Gerade die Struktur der P4/P6 Domäne der group I-selfsplicing RNA hat auf eindrucksvolle Weise gezeigt, welche reichen Strukturmöglichkeiten auch RNA zur Verfügung stehen, um eine dichte Raumpackung zu erreichen und Wasser aus einem Faltungs-"innenraum" zu verdrängen, auch wenn dazu nur 4 verschiedene Nukleotide und Metallionen zur Verfügung stehen (Abb. 1.5). Dieser Umstand verleiht RNA die Fähigkeit, katalytische Zentren auszubilden.

1.2
Sequenzdatenbanken

Zunächst ein Blick auf die historische Entwicklung, die uns zu den heutigen Primärsequenz- und Strukturdatenbanken führte. Genomische Sequenzdaten werden heute in großen Mengen durch die zahlreichen laufenden Genomprojekte erstellt. Die meisten dieser Projekte arbeiten an prokaryontischen Organismen (vielfach Pathogenen) und an einigen eukaryontischen Modellorganismen. Einen guten Überblick verschaffen z. B. die Homepage des Institute for Genomic Research, TIGR, eines Pioneers der Sequenzierung kompletter Genome, oder das ENTREZ Portal des NCBI (Abb. 1.6 und 1.7). Genomprojekte konzentrieren sich auf evolutionär interessante Organismen, auf molekularbiologische Modellorganismen, auf pathogene Mikroorganismen, auf Organismen mit beträchtlicher wirtschaftlicher Bedeutung und natürlich das menschliche Genom (Abb. 1.8 und 1.9). Abb. 1.10 läßt erkennen, wie sehr Wachstum des biologischen Wissens und Entwicklung der Computertechnik einhergehen. Dazu kam natürlich die explosionsartige Entwicklung des Internets im Verlauf der 90er Jahre. Abb. 1.11 zeigt, daß die ersten 40 Jahre der modernen Molekularbiologie von heroischen Einzelresultaten geprägt waren, die in oft jahrelanger Arbeit einzelnen Molekülen abgerungen wurden. Ab 1990 dann die Datenexplosion, die durch neue Labortechnologien möglich wurde. Der Charakter des Jahres 1990 als Schwellenjahr wird besonders deutlich, wenn man den quantitativen Verlauf in Abb. 1.12 verfolgt.

Die Möglichkeit, ganze Genome zu untersuchen (*genomics*), hat bereits begonnen, die biologischen Wissenschaften zu revolutionieren. Man wird z. B. in der Lage sein, ganze Proteinfamilien als potentielle Therapietargets in pathogenen Mikroorganismen zu untersuchen. Der spezielle Bereich der *functional genomics*, der hier auch vorgestellt werden wird, bedeutet mehr als ein nur quantitativer Fortschritt in unseren Verständnismöglichkeiten von biologischen Systemen. Die Möglichkeit, den Einfluß eines bestimmten Makromoleküls auf die gesamte Expressionssituation und alle Regelkreise in einem Organismus zu untersuchen, war so vor dem Ereignis ganzer Genome nie gegeben.

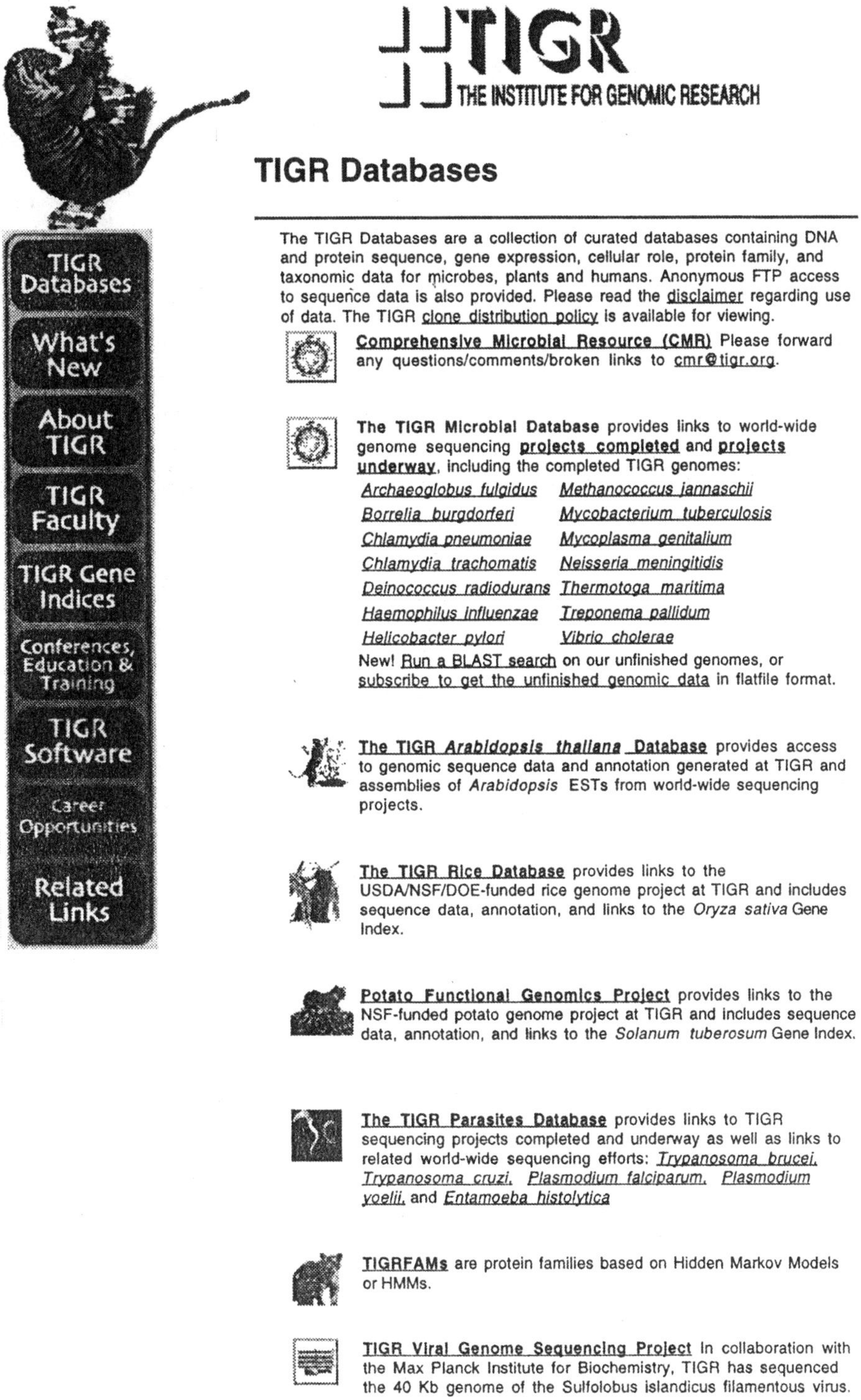

1.2 Sequenzdatenbanken | 15

TIGR
THE INSTITUTE FOR GENOMIC RESEARCH

TIGR Databases

The TIGR Databases are a collection of curated databases containing DNA and protein sequence, gene expression, cellular role, protein family, and taxonomic data for microbes, plants and humans. Anonymous FTP access to sequence data is also provided. Please read the disclaimer regarding use of data. The TIGR clone distribution policy is available for viewing.

Comprehensive Microbial Resource (CMR) Please forward any questions/comments/broken links to cmr@tigr.org.

The **TIGR Microbial Database** provides links to world-wide genome sequencing **projects completed** and **projects underway**, including the completed TIGR genomes:

Archaeoglobus fulgidus	Methanococcus jannaschii
Borrelia burgdorferi	Mycobacterium tuberculosis
Chlamydia pneumoniae	Mycoplasma genitalium
Chlamydia trachomatis	Neisseria meningitidis
Deinococcus radiodurans	Thermotoga maritima
Haemophilus influenzae	Treponema pallidum
Helicobacter pylori	Vibrio cholerae

New! Run a BLAST search on our unfinished genomes, or subscribe to get the unfinished genomic data in flatfile format.

The TIGR *Arabidopsis thaliana* Database provides access to genomic sequence data and annotation generated at TIGR and assemblies of *Arabidopsis* ESTs from world-wide sequencing projects.

The TIGR Rice Database provides links to the USDA/NSF/DOE-funded rice genome project at TIGR and includes sequence data, annotation, and links to the *Oryza sativa* Gene Index.

Potato Functional Genomics Project provides links to the NSF-funded potato genome project at TIGR and includes sequence data, annotation, and links to the *Solanum tuberosum* Gene Index.

The TIGR Parasites Database provides links to TIGR sequencing projects completed and underway as well as links to related world-wide sequencing efforts: *Trypanosoma brucei, Trypanosoma cruzi, Plasmodium falciparum, Plasmodium yoelii,* and *Entamoeba histolytica*

TIGRFAMs are protein families based on Hidden Markov Models or HMMs.

TIGR Viral Genome Sequencing Project In collaboration with the Max Planck Institute for Biochemistry, TIGR has sequenced the 40 Kb genome of the Sulfolobus islandicus filamentous virus.

Sidebar navigation:
- TIGR Databases
- What's New
- About TIGR
- TIGR Faculty
- TIGR Gene Indices
- Conferences, Education & Training
- TIGR Software
- Career Opportunities
- Related Links

TIGR Gene Indices Integrating data from international EST sequencing and gene research projects, the Gene Indices are an analysis of the transcribed sequences represented in the world's public EST data.

 **The TIGR Microarray Resources** page provides links to a variety of resources, including protocols developed at TIGR and data associated with TIGR publications on DNA microarray functional genomics applications.

 World Record Holder for the Longest Contiguous DNA Sequence A table tracing some of the history of large-scale DNA sequencing

 TIGR Human Genome Sequencing Projects. -- TIGR is engaged in sequencing BACs from human chromosome 16 as well as a large-scale BAC end sequencing project

1.6 TIGR Database Homepage (The Institute for Genomic Research; [http://www.tigr.org/tdb/]). Dieses Institut veröffentlichte 1995 das erste komplette Genom eines Mikroorganismus, *M. jannaschii.*

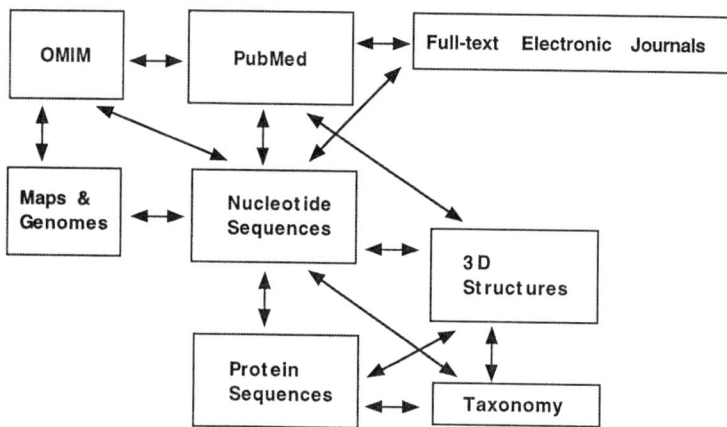

1.7 Das integrierte ENTREZ Search and Retrieval System. Entrez bietet den Einstiegspunkt zu allen Informationsbereichen des NCBI. Die Pfeile beschreiben die Vernetzung dieser Bereiche, die durch aktive Links in den individuellen Einzeleinträgen hergestellt wird.

Die Nukleotidsequenzen entsprechen dem Kernbereich *GenBank*. Proteinsequenzen stammen aus anderen Datenbanken, die Proteinsequenzen enthalten, wie PIR, PRF und PDB, oder sie sind von DNA-Sequenzen in GenBank oder RefSeq abgeleitet. 3D Structures bietet online-Ressourcen zum Verständnis biologischer Strukturen. Die enthaltenen MMDB Strukturfiles stammen aus der PDB Datenbank. PubMed ermöglicht die Suche nach biomedizinischer Literatur (seit1962) und stellt gegebenenfalls die Verbindung zum Volltext einer gefundenen Referenz her. Diese technische Möglichkeit wird bei weiterer Entwicklung des *electronic publishing* an Bedeutung gewinnen. Taxonomy bietet spezielle Informationen und online-Ressourcen zu wichtigen Modellorganismen. Maps & Genomes präsentiert mehr als 600 virale Genome, die komplettierten bakteriellen, archaealen und eukaryontischen Genome, sowie einzelne Chromosomen und Organellengenome. OMIM (für Online Mendelian Inheritance of Man) ist ein Katalog menschlicher Gene und ihrer möglichen Defekte.

A

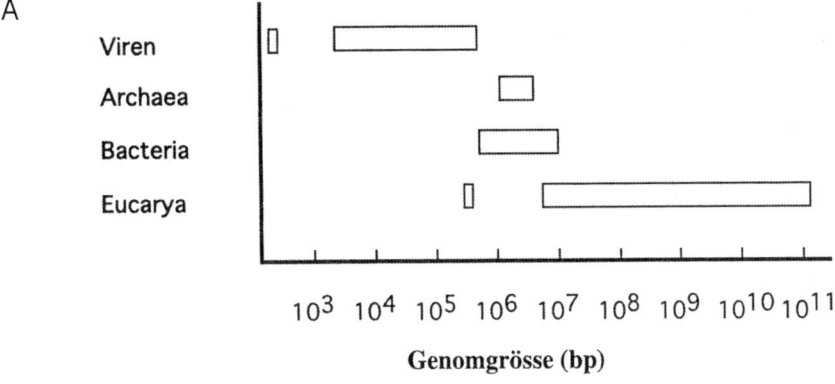

B

H. sapiens	2.91×10^9 bp	~30 000 Gene	2001***
Drosophila	120×10^6 bp*	14 200 Gene	2000
C. elegans	$\sim 10^8$ bp	18 400 Gene	1998
S. cerevisiae	13×10^6 bp	~ 6 000 Gene	1997
E. coli	4.6×10^6 bp	4 405 Gene	1997
*Arabidopsis***	125×10^6 bp	25 500 Gene	2000

1.8 A) Verteilung der Genomgrößen in Vertretern der drei evolutionären Primärreiche. War für lange Zeit das einfache cirkuläre Chromosom das Standardmodell für bakterielle genomische Organisation, wurde im Verlauf der Untersuchungen klar, daß hier eine beträchtliche inter- und intra-Spezies Variabilität existiert. Die komplette genomische Ausstattung ist in ein oder mehreren linearen oder cirkulären Chromosomen, in freien oder integrierten Plasmiden und Prophagen, Pathogenitätsinseln und anderen kleinen beweglichen genetischen Elementen untergebracht.
B) Bereits publizierte Genome wichtiger Modellorganismen. Man beachte besonders die disproportionale Beziehung zwischen Genomgröße und Genzahl.

* nur Euchromatin.
** Da das *Arabidopsis* Genom Bereiche extensiver Verdopplungen zeigt, liegt die Zahl individueller Gene bei <15.000.
*** Zwei draft-Sequenzen des menschlichen Genoms (also vorläufige Entwürfe, die jeweils mehr als 90% fertig erstellte Sequenz beinhalten) wurden im Februar 2001 von der private Forschungsgruppe um Craig Venter (Celera) und dem öffentlich finanzierten International Human Genome Sequencing Consortium veröffentlicht. Celera benutzte whole genome shotgun Sequenzierung, während die internationale Gruppe BAC basiertes, hierarchisches shotgun-Sequenzieren benutzte. Zwischen 26.000 und 38.000 Gene sind vorhergesagt. (J. C. Venter et al., *Science* 2001, 291: 1304–1351; E. S. Lander et al., *Nature* 2001, 409: 860–921)

1.9 Sechs Jahre nur liegen zwischen diesen beiden Meilensteinen der Genomforschung: 1995 die Veröffentlichung des *M. jannaschii* Genoms, 2001 die Veröffentlichung einer vorläufigen Fassung des menschlichen Genoms. (Abdruck mit Genehmigung der American Association for the Advancement of Science)

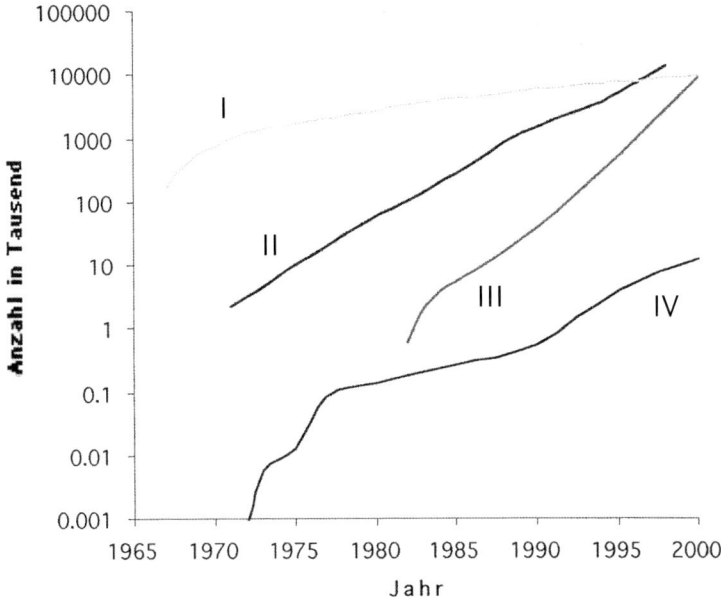

1.10 Kurve I zeigt den Anstieg der in MEDLINE enthaltenen Literaturreferenzen. (Quelle: NLM Annual Reports).
Kurve II beschreibt die Entwicklung der Leistungsfähigkeit von Computerhardware (Moore's Law: Anzahl von Transistoren/Chip), [http://www.physics.udel.edu/wwwusers/watson/scen103/intel.html].
Kurve III beschreibt die exponentielle Zunahme der GenBank Einträge [http://www.ncbi.nlm.nih.gov/Genbank/genbankstats.html].
Kurve IV beschreibt das Wachstum der 3D Strukturdatenbank PDB [http://www.rcsb.org/pdb/holdings_table.html].
Es ist offensichtlich, daß sich im Verhältnis der Sequenzzahlen zur Rechnerleistung und zur Anzahl der Veröffentlichungen zur Zeit eine ungünstige Schere öffnet.

Zur Zeit sind bereits mehr als 50 komplett sequenzierte Genome veröffentlicht. Mehr als 100 weitere Genomprojekte sind in Arbeit. *Caenorhabditis elegans* (97 Mb), ein wichtiges entwicklungsbiologisches Modell, wurde 1998 veröffentlicht. Es folgten *Drosophila* und *Arabidopsis* im Jahr 2000 und im Februar 2001 zwei draft-Sequenzen des menschlichen Genoms. In Arbeit sind Ratte, Maus, Reis und Tomate. Bedenkt man, daß vielleicht 90 % der Gesamtbiodiversität des Planeten Erde zum Bereich der Mikroorganismen gehört, so wird klar, daß der planetare Genpool noch einige Überraschungen wird bereiten können (Abb. 1.13).

Nicht nur die Erstellung von qualitativ hochwertigen Primärdaten und deren Qualitätskontrolle, auch die Einrichtung und Unterhaltung der zugehörigen allgemeinen und organismenspezifischen Datenbanken sind ein beträchtliches Unterfangen, und es gibt deutliche Unterschiede in der Effizienz, mit

20 | 1 Sequenzen

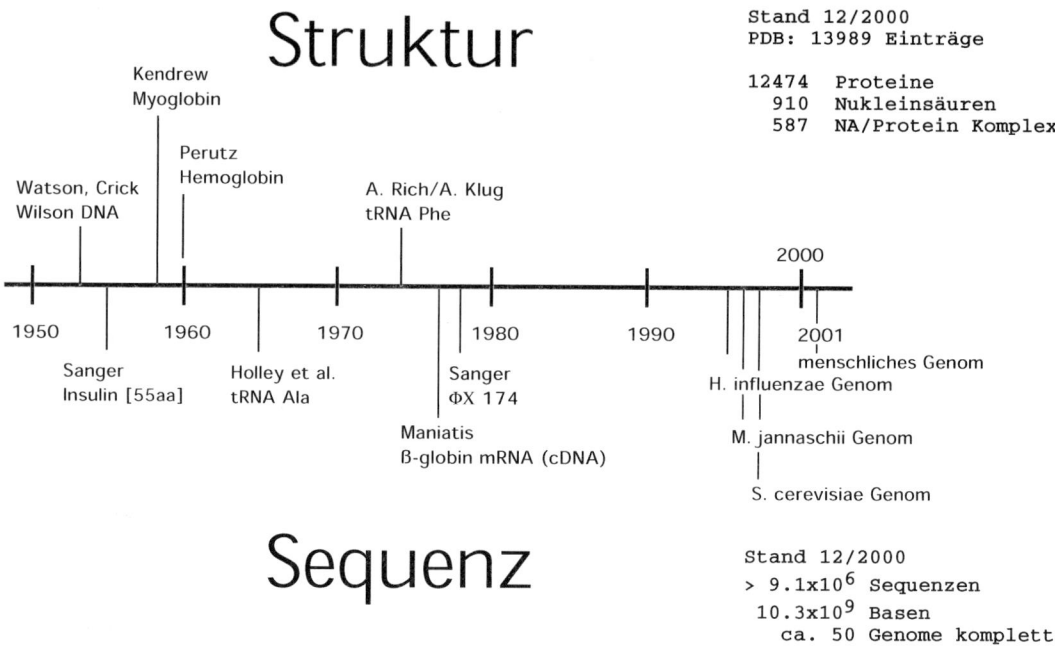

1.11 Im oberen Teil dieser Zusammenstellung von *first ever*-Ereignissen sieht man die Strukturbestimmungen, im unteren Teil die Sequenzen.

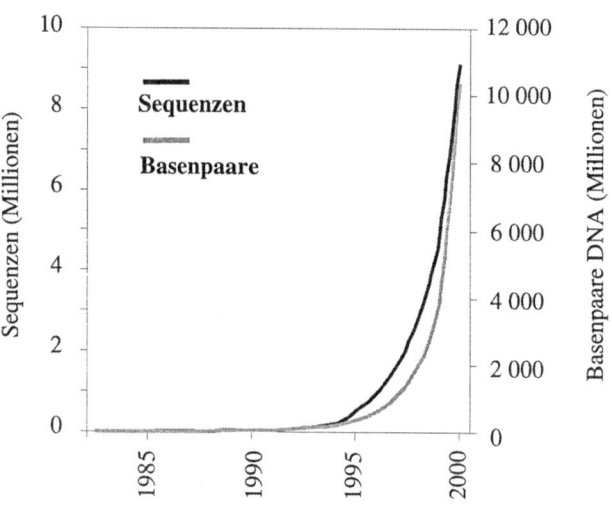

1.12 Das Wachstum der Genbank Einträge.

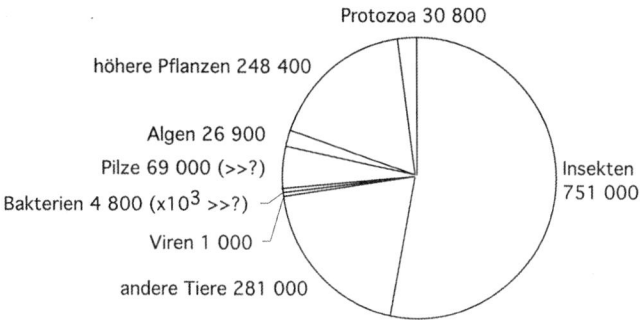

1.13 Verteilung der derzeit bekannten Spezies auf die Hauptgruppen von Organismen (nach E. O. Wilson, *The Diversity of Life*, Harvard UP). Damit sind zur Zeit ca. 1,4 Millionen Spezies bekannt. Auf Grund der Dunkelziffer bei Pilzen und besonders bei Bakterien kann die tatsächliche Zahl aber jenseits der 10 Millionen liegen.

der Datenbank-spezifische Hardware- und Software-Probleme im Einzelfall gelöst worden sind. Dies betrifft Faktoren wie implementierte Suchfunktionen, updating und Fehlerkorrektur, user feedback, Server-Hardware, allgemeine Benutzerfreundlichkeit und Vernetzung der Daten durch interne und externe links.

Die drei wichtigsten internationalen Datenbanken, in denen individuelle Labors oder große Sequenzierungskonsortien ihre Sequenzen hinterlegen und somit öffentlich zugänglich machen können, sind 1. GenBank®, die Datenbank des National Center for Biotechnology NCBI des NIH in Bethesda, Maryland, 2. die EMBL Nucleotide Database des European Molecular Biology Laboratory (European Bioinformatics Institute EBI Hinxton, UK) und 3. DDBJ, die DNA Database of Japan in Mishima (Center for Information Biology, National Institute of Genetics).

Diese Datenbanken bilden die International Nucleotide Sequence Database Collaboration. Sequenzen werden täglich abgeglichen, daher sind diese Datenbanken inhaltlich deckungsgleich. Die drei Datenbanken sind separate Eingabepunkte für neue Sequenzen, wobei die Revision eines Eintrags nur über den ursprünglichen Eingabepunkt erfolgen kann. Datenbanken von solch internationaler Bedeutung erfordern eine hohe internationale Disziplin in der Abstimmung von Datenformaten.

Während die historisch ältesten Sequenzsammlungen wirkliche Proteindatenbanken waren (initiiert durch Margaret O. Dayhoff in den frühen 60'er Jahren), bilden in den modernen Datenbanken Nukleotidsequenzen, versehen mit einem entsprechenden Hinweis auf das Translationsprodukt, auch die Basis für Proteinsequenzen. Dies prägt auch das Bild des DNA-zentrierten file-Formates eines typischen GenBank file. Drei wichtige Protein-orientierte Datenbanken sind hingegen die Protein Information Resource Datenbank

PIR [http://www.mips.biochem.mpg.de/proj/protseqdb], *Swiss-Prot* als Teil der ExPASy-Site des Swiss Institute of Bioinformatics und die Proteinstruktur DataBase *PDB*.

Die beiden letztgenannten werden wir später kennenlernen. Swiss-Prot und PIR können insofern „abgeleitete Datenbanken" genannt werden, als sie ihre Proteinsequenzen von Nukleotiddatenbanken beziehen. Dieser Punkt bedarf eines weiteren Kommentars. Der primäre Datenbankeintrag ist die Sequenz, die experimentell bestimmt wurde, also in den meisten Fällen eine DNA Sequenz, während Proteinsequenzen nur selten direkt sequenziert werden. Man muß also annehmen (bzw. hoffen), daß korrekt sequenziert wurde und der sequenzierte Klon repräsentativ ist und keine Abweichung darstellt. Teil der Annotierung von DNA Sequenzen ist die Indikation der *coding sequence, CDS*. Dem tentativen Genprodukt wird ein Name und eine Funktion zugewiesen. Dies ist natürlich nützlich und wünschenswert, aber zum Teil mit Fehlern behaftet. Schätzungen gehen von mindestens 8 % falscher Annotationen aus. Aminosäuresequenzen sind zumeist das Produkt von Interpretation. So ist es z. B. relativ unproblematisch, eine Aminosäuresequenz aus einer mRNA Sequenz abzuleiten, vorausgesetzt man erkennt das richtige Startcodon. Besonders bei höheren Eukaryonten kann es erhebliche Probleme bei der Identifizierung der CDS geben. Auch können Funktionszuweisungen auf der Basis von Homologien problematisch sein.

Abb. 1.12 zeigt das Wachstumstempo der Einträge in GenBank. Zur Zeit (4/2001) hat GenBank mehr als 11 Millionen Sequenzeinträge bzw. ein Volumen von mehr als 12 Milliarden Basenpaaren. Der Sequenzabschnitt, der im file beschrieben ist, kann ein einzelnes vollständiges Gen oder einen Abschnitt mit mehreren Genen umfassen. Auch partielle Sequenzen von Genen sind als Eintrag in GenBank abgelegt. Es gibt dabei unterschiedliche Definitionen, was zu einem vollständigen Gen gehört. Ein Gen ist ein kontinuierlicher distinkter chromosomaler Abschnitt. Zu jedem Gen gehören aber auch regulatorische Sequenzen, die den eigentlich kodierenden Bereich flankieren. Großen Teilen der nichtkodierenden Sequenzen zwischen Genen kann zur Zeit überhaupt keine Funktion zugeordnet werden. Diese Sequenzen bilden die extragenische (oder auch intergenische) DNA eines Genoms, salopp manchmal „junk" DNA genannt. Prokaryontische Genome haben davon sehr wenig, eukaryontische Genome dagegen reichlich. Die Sequenzierung des menschlichen Genoms hat gezeigt, daß es zu ca. 75 % aus extragenischer DNA, zu 24 % aus Introns und nur zu 1,1 % aus kodierenden Exons besteht (diese Zahlen auf der Basis von angenommenen 26.000 Genen).

Seit 1995 ist ein enormes Wachstum der Datenbank zu beobachten. Zwei der maßgeblichen Triebfedern hierfür sind einerseits die Genomprojekte, andererseits aber die Anstrengungen zur massenhaften Erstellung von ESTs. ESTs, für *expressed sequence tags*, sind Sequenzen, die durch das partielle Sequenzieren von eukaryontischen cDNAs entstehen (Abb. 1.14).

1.14 Genomabschnitte, die Gene enthalten, bilden nur den kleineren Teil eines eukaryontischen Genoms. So beträgt die Gendichte in *Drosophila* 1 Gen/9kb, in *C. elegans* 1 Gen/7kb, in *Arabidopsis* 1Gen/4.5kb, in Hefe 1 Gen/2kb und im Menschen nur ca. 1 Gen/100kb, dagegen im Prokaryonten *M. pneumoniae* 1Gen/1.14kb. Besonders Mitte der 90er Jahre, als man noch von einem weitaus größeren Zeitraum für die Sequenzierung des menschlichen Genoms ausging, waren ESTs, da sie ja von einer cDNA abgeleitet waren, der schnellste Weg zu kodierenden Sequenzen. Das Konzept, menschliche ESTs in großen Mengen zu erstellen, wurde zuerst von C. Venter Anfang der 90er Jahre propagiert. ESTs reichen vom 5'- zumeist aber 3'-Ende der cDNA ca. 200–500 Nukleotide in die cDNA hinein. Sie können dabei in der Mitte auch überlappen und so ein vollständiges Transkript simulieren. cDNAs werden nach reverser Transkription der mRNA zumeist durch Primen des 3'-poly(dA)-Endes mit poly(dT)-Primern amplifiziert und sequenziert. 6.8×10^6 der mehr als 9×10^6 GenBank Sequenzen sind ESTs! (Stand 12/2000). ESTs spielen eine große Rolle für das datenbank-gestützte Sequenzieren und die DNA-Chip-Technologie (s.dort).

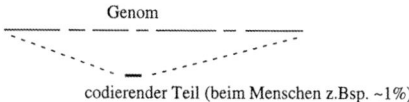

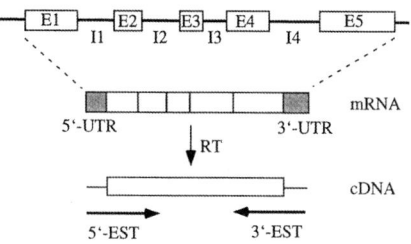

dbEST-GenBank (12/2000)

	Sequenzen
Mensch	$>2.8 \times 10^6$
Maus	$>1.8 \times 10^6$
Ratte	260×10^3
Rind	150×10^3
Soja	136×10^3
Drosophila	116×10^3
Arabidopsis	112×10^3
C.elegans	109×10^3
Tomate	95×10^3

Ein denkbar einfaches file-Format ist das FASTA (oder Pearson) Format (Abb. 1.15) Die erste Zeile, die mit > beginnt, kennzeichnet den Beginn eines neuen file. Es folgen in der gleichen Zeile ein identifier und eventuell weitere Informationen, die die Zeile verlängern. In der nächsten Zeile folgt in kleinen oder großen Buchstaben die eigentliche Sequenz (gewöhnlich, aber nicht zwingend, 60 Zeichen/Zeile). Sehr oft werden Sequenzen in diesem Format geschrieben, wenn sie z. B. als query-Sequenz in ein Programmfenster eingegeben werden müssen. Beim Design von Datenbank-files muß man sich zwischen zwei Polen bewegen, einerseits muß Lesbarkeit durch den Men-

```
>P31789
MKVAADLSAFMDRLGHRFTTPEHLVRALTHSSLGSATRPDNQRLEFLGDRVLGLSMAEA
LFHADGRASEGQLAPRFNALVRKETCAAVARDIDLGAVLKLGRSEMMSGGRRKDALLGD
AMEAVIAAVYLDAGFEVARALVLRLWAARIQSVDNDARDPKTALQEWAQARGLPPPRYE
TLGRDGPDHAPQFRIAVVLASGETEEAQAGSKRNAEQAAAKALLERLERGA
```
1.15 FASTA-formatiertes Sequenzfile.

schen gewährleistet sein, andererseits Maschinenlesbarkeit durch die Programme, die dieses Rohmaterial benutzen. Dabei muß bei Modifikationen des Datenformates bedacht werden, eine Downkompatibilität mit älterer Software beizubehalten.

1.2.1
Das Beispiel GenBank

Sehen wir uns nun die Struktur eines GenBank file mit seiner ungleich vielfältigeren Annotierung an. Zur Annotierung gehören alle Informationen über Struktur, Funktion und Sequenz, die sich aus einer DNA oder Proteinsequenz durch automatische Prozesse oder aber idealerweise nach eingehender visueller Begutachtung durch Experten ziehen lassen. Diese Informationen werden Teil des Datenbankeintrags neben der eigentlichen Primärsequenz.

Das Genbank flatfile GBFF ist die eigentliche Informationseinheit von GenBank. Detaillierte Vorschriften zu den formalen Details sind online einsehbar. Der Inhalt des files ist ein für den menschlichen Benutzer gut lesbares Format von Informationen, die in weitaus formalisierterer Form in den maschinenlesbaren sogenannten ASN.1 files enthalten sind. Im folgenden werden die wichtigsten Einzelheiten dieses file an einem Beispiel vorgestellt (Abb. 1.16).

Das GBFF file besteht aus drei Hauptabschnitten:

A) HEADER mit den lines
<u>LOCUS line</u>: LOCUS name OCATGL1. Jeder LOCUS NAME tritt in GenBank nur einmal auf! Diente der Name in früherer Zeit als leicht erkennbare Abkürzung von Genprodukt und Organismus, so ist er heute nur noch historisches Relikt. Es folgt die Sequenzlänge, 4.028 bp, der im file beschriebenen Sequenz (max. 350 kb, min. 50 bp). Es folgt der Molekültyp, der sequenziert wurde: DNA (Typen sind DNA bzw. xRNA, wobei cDNA = mRNA).

Es schließt sich der historische GenBank Division code an (hier MAM für *other mammalian sequences*). Die 16 Abteilungen sind:

1. PRI – primate sequences
2. ROD – rodent sequences
3. MAM – other mammalian sequences
4. VRT – other vertebrate sequences
5. INV – invertebrate sequences
6. PLN – plant, fungal, and algal sequences
7. BCT – bacterial sequences
8. VRL – viral sequences
9. PHG – bacteriophage sequences
10. SYN – synthetic sequences
11. UNA – unannotated sequences
12. EST – EST sequences (expressed sequence tags)

```
Search [ Nucleotide  ≑ ] for [                                      ] [ Go ] [ Clear ]
            Limits          Index          History       Clipboard
[ Display ] [ Default View ≑ ] as [ HTML ≑ ] [ Save ] [ Add to Clipboard ]
☐ 1: X04751    Rabbit alpha-1-globin gene to theta-1-globin pseudogene region

LOCUS       OCATGL1       4028 bp    DNA             MAM       10-FEB-1999
DEFINITION  Rabbit alpha-1-globin gene to theta-1-globin pseudogene region.
ACCESSION   X04751
VERSION     X04751.1  GI:1466
KEYWORDS    alpha-1-globin; alpha-globin; globin; pseudogene; repetitive
            sequence; tandem repeat; theta-1-globin; theta-globin.
SOURCE      Oryctolagus cuniculus.
  ORGANISM  Oryctolagus cuniculus
            Eukaryota; Metazoa; Chordata; Vertebrata; Mammalia; Eutheria;
            Lagomorpha; Leporidae; Oryctolagus.
REFERENCE   1  (bases 1 to 4028)
  AUTHORS   Hardison,R.C.
  TITLE     Direct Submission
  JOURNAL   Submitted (02-FEB-1987) Hardison R.C., Pennsylvania State
            University, Althouse Laboratory, University Park, Pennsylvania
            16802, USA
REFERENCE   2  (bases 1 to 4028)
  AUTHORS   Cheng,J.F., Raid,L. and Hardison,R.C.
  TITLE     Isolation and nucleotide sequence of the rabbit globin gene cluster
            psi zeta-alpha 1-psi alpha. Absence of a pair of alpha-globin genes
            evolving in concert
  JOURNAL   J. Biol. Chem. 261 (2), 839-848 (1986)
  MEDLINE   86085923
COMMENT     Submitted data [2] include some corrections to published seq. [1].
            Referring to the authors the sequence from pos. 50 to 70 may not be
            completely accurate due to reading problems of the sequencing gels.
            Theta-1 pseudogene was formerly called psi alpha.
            Data kindly reviewed (15-Jun-1987) by Hardison R.C.
FEATURES             Location/Qualifiers
     source          1..4028
                     /organism="Oryctolagus cuniculus"
                     /db_xref="taxon:9986"
     precursor RNA   150..861
                     /note="primary transcript od alpha-1-globin"
     exon            150..280
                     /number=1
     CDS             join(186..280,358..562,646..774)
                     /codon_start=1
                     /product="alpha-1-globin"
                     /protein_id="CAA28447.1"
                     /db_xref="GI:1467"
                     /db_xref="SWISS-PROT:P01948"
                     /translation="MVLSPADKTNIKTAWEKIGSHGGEYGAEAVERMFLGFPTTKTYF
                     PHFDFTHGSEQIKAHGKKVSEALTKAVGHLDDLPGALSTLSDLHAHKLRVDPVNFKLL
                     SHCLLVTLANHHPSEFTPAVHASLDKFLANVSTVLTSKYR"
     intron          281..357
                     /number=1
     exon            358..562
                     /number=2
     intron          563..645
                     /number=2
     exon            646..861
                     /number=3
     polyA signal    841..846
     polyA site      861
     repeat region   1542..1675
                     /note="region of 5 x 25bp tandem repeat 1"
     repeat region   3067..3133
                     /note="region of 7 tandem repeat 2 (9-10bp)"
     CDS             3139..3744
                     /codon_start=1
                     /pseudo
                     /product="theta-1-globin"
                     /db_xref="PID:e70675"
     polyA signal    3803..3808
     polyA site      3818
                     /note="put. polyA site (found by homology to alpha-1)"
BASE COUNT        685 a     1359 c     1310 g      674 t
ORIGIN
        1 gcggggccgg gtcccaggca gacgccgcga gggcgccccc agcggtggcg gccgccgccg
       61 cgccccgccg cgccggccaa tgagcggggc cccgctgggc gtgcccgcag cacctcgggc
      121 ttaaaagcgc cgcgcagtct gggctccgca cacttctggt ccagtccgac tgagaaggaa
      181 ccaccatggt gctgtctccc gctgacaaga ccaacatcaa gactgcctgg gaaaagatcg
      241 gcagccacgg tggcgagtat gggcgccgagg ccgtggagag gtgaggaccc ccgccccgcc
      301 ccgccccgcc cgagcccgcc gccgccgcc ccgctccacg ccgcttcctgtc ccgcaggat
      361 gttcttgggc ttccccacca ccaagaccta cttcccccac ttcgacttca cccacggctc
      421 tgagcagatc aaagcccacg gcaagaagt gtccgaagcc ctgaccaagg ccgtgggcca
      481 cctgacgac ctgccccggcg ccctgtctac tctcagcgac ctgcacgcgc acaagctgcg
      541 ggtggacccg gtgaatttca aggtgagccc gcagccggc tgggagcgtc gcgggggtcg

     3721 tcggcgctga cctccaagta ccgctgaatg gagggtggga ggtcgtggga cgccccgccc
     3781 cccgtcgacg ccgtcggctt ggagtaaagc cccgcggagc cagcctgaac cgatgctcc
     3841 ctggggattg cgtgtgtggg gatggcctcg ggtccgcaaa ccaaggggct ggcgggtttg
     3901 gggcgtccag gtccaaatt ccaattcctt ggccttggcc aggagggtgg caggcgggag
     3961 gtggtcgggg ggctgttgat gcccagtcca ggccctttcgc agtactgctc gcttagtcct
     4021 cctgactc
//
```

1.16 GenBank File Accession number X04751 (Rabbit alpha-1-globin to theta-1-globin pseudogene region). Aktive Links in dieser Webseite sind unterstrichen (weitere Erläuterungen im Text).

13. PAT – patent sequences
14. STS – STS sequences (sequence tagged sites)
15. GSS – GSS sequences (genome survey sequences)
16. HTG – HTGS sequences (high throughput genomic sequences)

Mit 10-FEB-1999 ist das Datum der letzten file-Veränderung angegeben.

DEFINITION line: Versucht die Biologie des files zusammenzufassen. Diese Zeile erscheint in NCBI generierten FASTA files und erscheint daher in BLAST similarity searches.

ACCESSION number line: X04751. Zur Zeit die wichtigste Nummer um eine Referenz für einen Datenbankeintrag zu geben (auch in Publikationen). Historisch der Nachfolger des locus line identifier. Die *accession number* führt stets zur letzten Version einer Sequenz. Sie ändert sich bei Modifikation der Sequenz nicht, kann aber gelegentlich einer neuen *accession number* untergeordnet werden, wobei aber gewöhnlich die alte Nummer entfernt wird. Diese Praxis ist nicht unproblematisch, da an der *accession number* eine Veränderung in der beschriebenen Sequenz so nicht erkannt werden kann.

Version line: Neueingeführte Zeile, die bei Sequenzänderungen seit dem Ersteintrag die letztgültige Version angibt. Die Nummer (hier X04751.1) hat die Schreibweise {accession number.version}, wobei sich bei Sequenzrevisionen nur die Versionsnummer ändert. Dies ist der sicherste Weg, eine distinkte Sequenz zu zitieren. Zusätzlich wird die sogenannte GI number (für geninfo identifier) gezeigt. Diese ist ein distinkter Sequenz-identifier, der sich bei Sequenzänderung ebenfalls ändert. Alte Sequenzversionen verbleiben mit ihrer GI number in der Datenbank, alte und neue GI bekommen einen Verweis aufeinander. Translatierte Proteine tragen ihre eigene GI number (siehe im folgenden unter CDS).

Keywords: Ein historisches Relikt, das in nichtstandardisiertem Vokabular die Sequenz beschreibt.

Source/Organism lines: Trivialname bzw. wissenschaftlicher Name des Organismus, aus dem die Sequenz stammt.

Reference blocks: Wenigstens eine Referenz ist enthalten (Autoren, unpublished). Bei publizierten Referenzen sind aktives MEDLINE link oder PUBMED link angezeigt. Hier erscheint dann eventuell auch ein link zum Online-Volltext.

B) FEATURES mit den Zeilen:

Source: Beschreibt die Quelle des verwendeten biologischen Materials.

CDS: Der Sequenzabschnitt, der der Aminosäuresequenz entspricht. Hier werden dem Leser die genauen Instruktionen gegeben, wie Sequenzabschnitte zusammengefügt werden müssen, wie die Aminosäuresequenz abgeleitet wird, unter Benutzung des angegebenen genetischen Codes und der DNA-Sequenzkoordinaten. Das translatierte Protein wird gezeigt. Koordinaten sind stets Nukleotidkoordinaten.

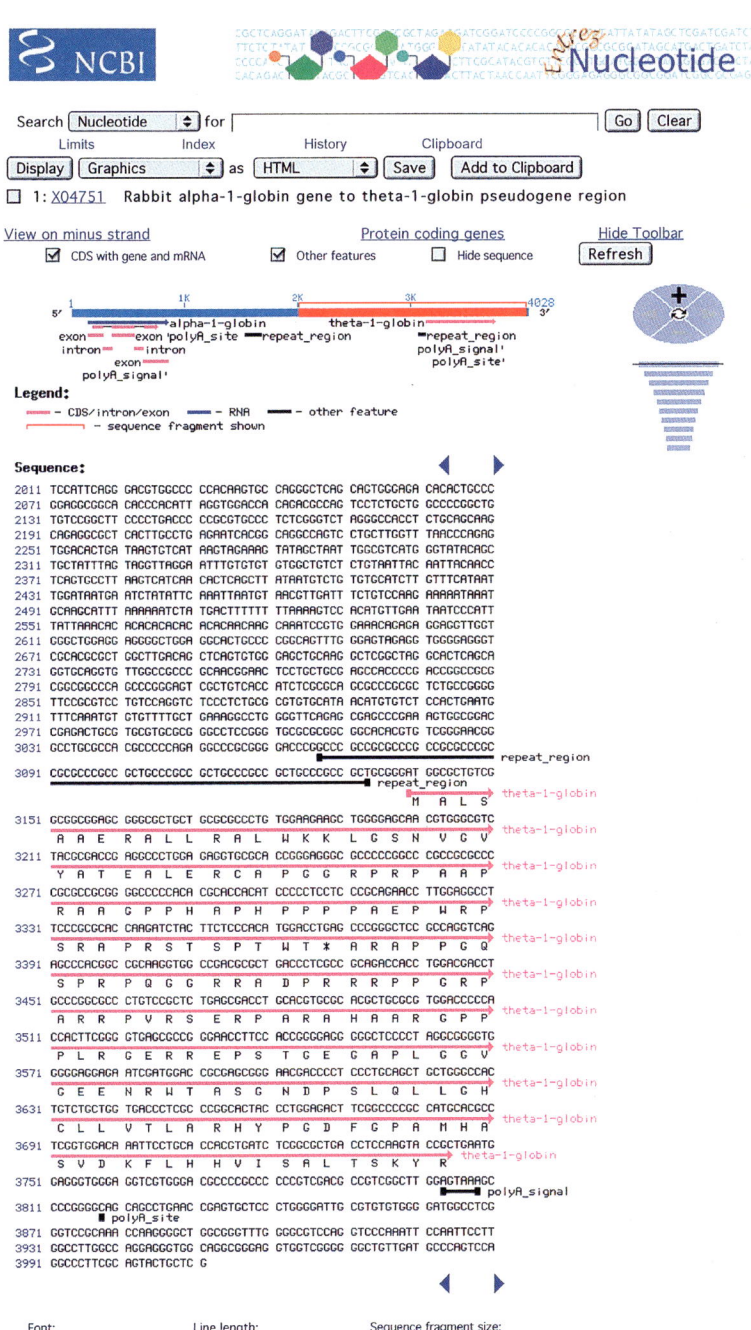

1.17 Graphische Darstellung des File X04751. Diese Darstellung zeigt sehr übersichtlich die zu einem Gen gehörenden speziellen sites und signals, die kodierenden und nicht-kodierenden Abschnitte, die DNA-Sequenzen und das translatierte Genprodukt. Auswahl und Auflösung des dargestellten Abschnitts sind veränderbar.

Spezielle features: Diese werden eventuell gezeigt und beschreiben ggf. die Introns, Exons, Signalpeptide, Proteindomänen, poly(A) sites oder Ähnliches. Zu beachten ist auch der Hinweis *complement*, der darauf hinweist, daß sich ein feature auf dem Gegenstrang befindet.

Die features werden graphisch sehr übersichtlich präsentiert, wenn man im Kopf des files den link auf <display graphics> wählt (Abb. 1.17).

C) die eigentliche **NUKLEOTIDSEQUENZ**

1.2.2
Der NCBI Datenverbund und ENTREZ

GenBank und die darin zugänglichen Sequenzfiles sind nur ein Informationsteil des gesamten NCBI Datenverbundes. Der hochgradige Verbundcharakter aller enthaltenen Informationen macht in der Tat das Besondere dieser Webadresse aus. Neben Nukleotid- und Proteinsequenzen sind auch taxonomische Informationen, Informationen zu kompletten Genomen und 3D-Strukturinformationen Teil der Gesamtinformation. Wichtiger Bestandteil ist außerdem die bibliographische Datenbank der US National Library of Medicine NLM, *Medline*. Die Inhalte der unterschiedlichen Datenbankbereiche sind sowohl innerhalb dieser Bereiche als auch bereichsübergreifend verknüpft, wo immer eine Ähnlichkeit oder ein Zusammenhang der enthaltenen Information, sei es Struktur, Sequenz oder Literatur, besteht (vergl. Abb. 1.7). *Ähnlichkeit* ist hierbei statistisch definiert. Dieses integrierte Informationssystem ist über die ENTREZ Oberfläche (Integrated Information Retrieval System) zugänglich. In ENTREZ erfolgt die Medline Suche über PubMed. Partizipierende Verleger übermitteln ihre Referenzen automatisch an die NLM, oft bereits vor dem Erscheinen der Druckversion. In PubMed ist zudem die Verbindung zum Online-Volltext für einige Journals gegeben. Suchen in GenBank sind sowohl über Textsuche (Entrez) als natürlich auch über spezielle Werkzeuge für die Suche nach Sequenzähnlichkeiten möglich. Wichtigstes Einzelwerkzeug für letzteres sind die Programme der BLAST Gruppe (Abb. 1.18).

1.2.3
LocusLink und RefSeq

Die bereits erwähnte Fehlerrate bei der automatischen Erstellung von Sequenzdatenbank-Einträgen erweckte den Wunsch nach einer Sequenzsammlung mit Einträgen besonders hoher Zuverlässigkeit. Dies führte zur Schaffung der RefSeq und LocusLink Projekte des NCBI. Ein Eintrag in der Locus-Link Datenbank [http://www.ncbi.nlm.nih.gov:80/LocusLink/index.html] vereinigt zu einer Sequenz eine Fülle von relevanten biologischen und medizinischen Daten aus anderen Datensammlungen (Abb. 1.19 A). Dieser Service ist auch über den „LinkOut" button eines ENTREZ Eintrags zu erreichen.

Searching GenBank

▶ Text and Similarity Searching

Entrez Browser
GenBank (nucleotides and proteins), PubMed (MEDLINE), 3D structures, genomes, and PopSet databases.

BLAST Sequence Similarity Searching
Nucleotide or protein query sequences against the specified database using the BLAST suite of algorithms.

dbEST Searching
dbEST (Database of Expressed Sequence Tags).

dbSTS Searching
dbSTS (Database of Sequence Tagged Sites).

dbGSS Searching
dbGSS (Database of Genome Survey Sequences).

▶ Information about Access to GenBank

Network Client/Server Applications
Network Entrez and Network BLAST.

FTP
Full release and daily updates of GenBank.

E-mail Servers
Query and BLAST.

Revised December 5, 2000

1.18 Zugangsmöglichkeiten der Suche in GenBank [http://www.ncbi.nlm.gov/Genbank/GenbankSearch.html]. Entrez und BLAST werden im Text ausführlich behandelt.

Zur Zeit sind Sequenzen von Mensch, Maus, Ratte, Fruchtfliege und Zebrafisch erfaßt. Die Erstellung von LocusLink Einträgen ist organisatorisch eng verknüpft mit der NCBI RefSeq Datenbank, einer Referenzdatenbank, die manuell geprüfte und annotierte Standardeinträge hoher Qualität vereinigt (für Mensch, Maus und Ratte). Das heißt, daß für DNA Sequenz und abgeleitetes Protein alle zur Verfügung stehenden Evidenzen berücksichtigt wurden. RefSeq files durchlaufen vier zumTeil manuelle Bearbeitungsstufen, deren letzte, *reviewed RefSeq*, ein ausführlich beschriebenes und annotiertes Gen enthält, mit Informationen, die über den normalen GenBank Eintrag hinausgehen (Abb. 1.19 A).

1.2.4
UniGene

UniGene bezeichnet im NCBI Datenverbund einen Prozeß des Clusterns von Sequenzen, deren Ähnlichkeit Kriterien genügt und einen Schwellenwert überschreitet, daß eine Zusammenfassung dieser Sequenzen in einem file gerechtfertigt ist, da diese Sequenzen wahrscheinlich das gleiche Gen beschreiben. Bei Erstellung des UniGene Clusters werden Filter verwendet, um kontaminierende Sequenzen (repeats, mitochondriale Sequenzen, low complexity) auszuschließen. ESTs mit Hinweisen für korrekte 3'-Enden von Genen und nicht überlappende 5'- und 3'-ESTs einer Gensequenz werden selektiert. UniGene Cluster (Abb. 1.19 B) werden für Sequenzen der Modellorganismen Mensch, Ratte, Maus, Zebrafisch und Rind erstellt. Ein file faßt alle Sequenzen (und insbesondere auch die ESTs) zusammen, die mit hoher Wahrscheinlichkeit zum selben Gen gehören, und bietet daher einen schnellen Zugriff auf diese Sequenzen. Das Überarbeiten von UniGene files erfolgt im Abstand weniger Wochen, so daß es stets den jüngsten Datenbestand widerspiegelt. Im Verlauf dieses Prozesses kann es zur Auftrennung, Zusammenlegung oder Aufhebung von Clustern kommen.

1.3
Proteindatenbanken

Für den mit Proteinen befaßten Biochemiker oder Biologen gibt es kaum eine Website, die mehr an spezifischer, aufbereiteter Proteininformation liefert als die ExPASy-site [http://expasy.ch]. Von den zahlreichen Abteilungen und Dienstleistungen, die gleich auf der Frontseite aufgelistet sind (Abb. 1.20), können in diesem Buch nur drei näher vorgestellt werden: SwissProt, Prosite und Swiss-Model.

Swiss-Prot ist die eigentliche Protein-Datenbank. Die sorgfältig bearbeiteten Einzeleinträge (Feb 2001 mehr als 93.000) bemühen sich, ein Maximum an Information zu Funktion, Domänenstruktur, post-translationaler Modifikation etc. eines jeden Proteins zu präsentieren. Jeder Eintrag enthält zahlreiche Links zu entsprechenden Datenbankeinträgen anderer Websites (Abb. 1.21). Swiss-Prot läßt sich nach zahlreichen Suchkriterien erschließen.

Prosite ist ähnlich wie ProDom eine Datenbank, die Proteinfamilien und Domänen sammelt und nach verschiedenen Kriterien durchsucht werden kann. Prosite wird im Kontext anderer Motiv- und Profildatenbanken eingehender besprochen (s. Seite 103).

Swiss-Model und der Swiss-PDB Viewer werden im Kontext von Proteinfaltung und Faltungsvorhersage behandelt.

LocusLink

Search: [LocusLink ▼] Display: [Brief ▼] Organism: [All ▼]
Query: [   ] [Go] [Clear]

A B C D E F G H I J K L M N O P Q R S T U V W X Y Z
[PUB] [OMIM] [ACEVIEW] [UNIGENE]   [VAR] [HOMOL] [GDB]
[PROTEOME]

Homo sapiens Official Gene Symbol and Name (HGNC)
DDX15: DEAD/H (Asp-Glu-Ala-Asp/His) box polypeptide 15
                    Submit GeneRIF for DDX15   ?

Locus Information
LocusID: 1665
Type: gene with protein product, function known or
                    inferred
Alternate Symbols: HRH2, DBP1
Product: DEAD/H (Asp-Glu-Ala-Asp/His) box polypeptide 15
Alias: DEAD/H box-15 (RNA helicase 2)
UniGene: Hs.5683
OMIM: 603403
Summary: DEAD/H (Asp-Glu-Ala-Asp/His) box polypeptide 15 is a
putative ATP-dependent RNA helicase implicated in pre-mRNA splicing.

Map Information   ?
Chromosome: 4   mv
Cytogenetic: 4p15.3
Mouse Homology Map: RefSeq   Ddx15   Hs

NCBI Reference Sequences (RefSeq)   ?
Category: REVIEWED
Nucleotide: NM_001358
Protein: NP_001349   DEAD/H (Asp-Glu-Ala-Asp/His)   BL
                         box polypeptide 15
Domains: SRP54-type protein 98
             DEAD/DEAH box   107
             helicase
             DEAD-like helicases 101
             superfamily
             helicase   104
             superfamily
             c-terminal domain
GenBank
Source: AB001636

Category: NCBI Genome Annotation
Genomic Contig: NT_023006   sv mv
Evidence: supported by alignment with mRNA   av
Model Nucleotide: XM_011129   BL
Model Protein: XP_011129   ?

GenBank Sequences
Nucleotide   Type   Protein
AB001636   m   BAA23987   BL
AF279891   m   AAF90182   BL

Annotations   (All Pubs) ?
Category: Summary of Function
  Member 15 of the DEAH box family of helicases; has Proceome
  an RS domain, characteristic of SR family splicing
  factors
Term   Evidence   Source   Pub
Category: Gene Ontology
• RNA helicase   P   Proteome   pm
• adenosinetriphosphatase   P   Proteome   pm
• mRNA processing   P   Proteome   pm
• nucleus   P   Proteome   pm
Category: Other Ontologies
• RNA splicing   P   Proteome   pm
• Hydrolase   P   Proteome   pm
• RNA-binding protein   P   Proteome   pm
• Nuclear   P   Proteome   pm
• RNA-associated   P   Proteome   pm

Additional Web Resources   ?
GeneCard for DDX15

Questions or Comments?
Write to the NCBI Service Desk
Disclaimer Privacy statement

To Top

1.19 A) Darstellung des LocusLink Files des menschlichen Proteins DEAD/H box Helicase HRH2. Eine Fülle von Links verbindet von hier aus zu Informationen, die für dieses Protein relevant sind. Unter anderem ist in diesem Falle auch ein Link zur zugehörigen REVIEWED RefSeq zu finden.

1.19 B) UniGene Cluster HPRP3P für den menschlichen U4/U6-assoziierten RNA Spleißfaktor [http://ncbi.nlm.gov/UniGene/clust.cgi?ORG=Hs&CID=11776&OPT=text]. Im File bestehen Links zu den bekannten vollständigen Sequenzen dieses Proteins in anderen Organismen und besonders zu den ESTs aus verschiedenen cDNA Bibliotheken. Die EST Links enthalten weiterreichende Informationen über technische Details der zugehörigen cDNA Banken und über das biologische Material, das für die Erstellung der cDNA Bibliothek benutzt wurde (s. a. Abb. 1.14). Zur Bedeutung dieser Informationen siehe Abschnitt 4.4.

NCBI UniGene
return to NCBI mode

UniGene Cluster Hs.11776 HPRP3P

U4/U6-associated RNA splicing factor

SEE ALSO
LocusLink: 9129
HomoloGene: Hs.11776

SELECTED MODEL ORGANISM PROTEIN SIMILARITIES
organism, protein and percent identity and length of aligned region

H. sapiens:	PIR:T50839 - T50839 U4/U6 small nuclear ribonucleoprotein hPrp3	100 % / 682 aa
C. elegans:	PID:g3878640 - cDNA EST EMBL:M89010 comes from this gene	36 % / 649 aa
S. cerevisiae:	PID:g927760 - Ydr473cp	31 % / 350 aa

MAPPING INFORMATION
Chromosome: 1
UniSTS entries: A006E14   Genomic Context: Map View
UniSTS entries: A006E14   Genomic Context: Map View

EXPRESSION INFORMATION
cDNA sources: Bone, Brain, Breast, Colon, Ear, Eye, Germ Cell, Heart, Kidney, Lung, Muscle, Ovary, Pancreas, Parathyroid, Placenta, Pooled, Prostate, Stomach, Synovial membrane, Testis, Tonsil, Uterus, Whole embryo, adrenal gland, bone, brain, breast, breast_normal, cervix, colon, colon_ins, epid_tumor, eye, head_neck, kidney, leiomios, lung, lung_normal, lung_tumor, muscle, placenta, placenta_normal, prostate_tumor, skin, tongue, uterus

SAGE :   Gene to Tag mapping

mRNA/GENE SEQUENCES (5)

BC001954	Homo sapiens, U4/U6-associated RNA splicing factor, clone MGC:4388, mRNA, complete cds	A
AF016370	Homo sapiens U4/U6 small nuclear ribonucleoprotein hPrp3 mRNA, complete cds	P A S
AF001947	Homo sapiens U4/U6-associated RNA splicing factor (PRP3) mRNA, complete cds	P A S
BC000184	Homo sapiens, U4/U6-associated RNA splicing factor, clone MGC:2026, mRNA, complete cds	A
NM_004698	Homo sapiens U4/U6-associated RNA splicing factor (HPRP3P), mRNA	P A

EST SEQUENCES (10 of 171)[Show all ESTs]

AI015756	cDNA clone IMAGE:1622587 Whole embryo 3' read 4.0 kb	A S
AI799682	cDNA clone IMAGE:2184059 Stomach 3' read 3.9 kb	P A
AI824716	cDNA clone IMAGE:2322722 Pancreas 3' read 2.6 kb	P A
AA223602	cDNA clone IMAGE:650974 5' read 2.4 kb	P
AA223492	cDNA clone IMAGE:650974 3' read 2.4 kb	A S
AA233415	cDNA clone IMAGE:664846 5' read 2.4 kb	P
AA252264	cDNA clone IMAGE:664846 3' read 2.4 kb	P A S
AI433529	cDNA clone IMAGE:2137292 Kidney 3' read 2.4 kb	A
AI364953	cDNA clone IMAGE:2029480 Kidney 3' read 1.6 kb	P A
AA860623	cDNA clone IMAGE:1402935 Parathyroid 3' read 1.6 kb	A

Key to Symbols

- **P** Has similarity to known **P**roteins (after translation)
- **A** Contains a poly-**A**denylation signal
- **S** Contains a mapped **S**equence-tagged site (STS)
- **C** **C**lone source is a **C**GAP library

DOWNLOAD SEQUENCES

There will be a pause of up to one minute before your computer receives any data. The default filename will be "download". If your operating system responds to filename suffixes, remember to choose a suffix compatible with plain text or fasta formats.

1.20 Die Homepage des ExPaSy Molecular Biology Server [http://www.expasy.ch] weist den Weg zu einer Vielzahl Protein-relevanter Hilfsmittel und Datenbanken.

ExPASy Molecular Biology Server

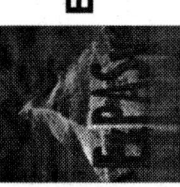

This is the ExPASy (**Ex**pert **P**rotein **A**nalysis **S**ystem) proteomics server of the Swiss Institute of Bioinformatics (SIB). This server is dedicated to the analysis of protein sequences and structures as well as 2-D PAGE (Disclaimer).

[Announcements] [Job opening] [Mirror Sites]

- **SWISS-PROT and TrEMBL** - Protein sequences
- **PROSITE** - Protein families and domains
- **SWISS-2DPAGE** - Two-dimensional polyacrylamide gel electrophoresis
- **SWISS-3DIMAGE** - 3D images of proteins and other biological macromolecules
- **SWISS-MODEL Repository** - Automatically generated protein models
- **CD40Lbase** - CD40 ligand defects
- **ENZYME** - Enzyme nomenclature
- **SeqAnalRef** - Sequence analysis bibliographic references
- **Links to many other molecular biology databases**

- **Proteomics tools**
  - Identification and characterization
  - DNA -> Protein
  - Similarity searches
  - Pattern and profile searches
  - Post-translational modification prediction
  - Primary structure analysis
  - Secondary structure prediction
  - Tertiary structure
  - Transmembrane regions detection
  - Alignment
- **Melanie 3** - Software for 2-D PAGE analysis
- **SWISS-MODEL** - Automated knowledge-based protein modelling server
- **Swiss-PdbViewer** - Macintosh/PC tool for structure display and analysis
- **Boehringer Mannheim's Biochemical Pathways**

1.3 Proteindatenbanken | 35

- **The ExPASy FTP server**
- **Swiss-Shop** - automatically obtain (by email) new sequence entries relevant to your field(s) of interest
- **2-D PAGE training** - attend a one-week course in Geneva
- **SWISS-2DSERVICE** - get your 2-D Gels performed according to Swiss standards

- **What's New on ExPASy**
- **SWISS-FLASH** electronic bulletins
- **SWISS-PROT** documents
- **How to create HTML links to ExPASy**
- **Complete table of available documents**

- **Amos' WWW links** - The ExPASy list of Biomolecular servers
- **BioHunt** - Search the internet for molecular biology information
- **WORLD-2DPAGE** - Links to 2-D PAGE database servers and 2-D PAGE related servers and services
- **2D Hunt** - 2-D electrophoresis finder
- **CMS-SDSC** - The CMS-SDSC Molecular Biology Resource
- **Biology links** - from Harvard University
- **Bio-wURLd** - from the EBI
- **Yahoo - Science:Biology**

- **European Bioinformatics Institute (EBI)**
- **National Center for Biotechnology Information (NCBI)**
- **Japanese GenomeNet**
- **Australian National Genomic Information Service (ANGIS)**
- **ISREC bioinformatics group**
- **BIOSCI/bionet Electronic Newsgroup Network for Biology**
- **EMBnet**

- **Protein Spotlight**
- **Links to conferences and events**

- **Swiss-Quiz**
- **Swiss-Jokes**

- **Geneva and Swiss local pages**
- **Swiss Institute of Bioinformatics (SIB)**
- **The Health On the Net foundation (HON)**
- **Geneva Bioinformatics (GeneBio)**

Announcements and new features

- **What's new on ExPASy** (January 18, 2001)
- *Proteome Research: New Frontiers in Functional Genomics*

1.21 Beispiel für den NiceProt View eines Swiss-Prot Eintrags. Jedes Protein ist hinsichtlich Funktion und Domänenstruktur sorgfältig annotiert mit zahlreichen Links auf weitere Information.

ExPASy Home page	Site Map	Search ExPASy	Contact us	SWISS-PROT

Mirror sites: [Australia] [Canada] [China] [Korea] [Taiwan]

NiceProt View of SWISS-PROT: Q02825

[General] [Name and origin] [References] [Comments] [Cross-references] [Keywords] [Features] [Sequence] [Tools]

Entry name	SE54_YEAST
Primary accession number	Q02825
Secondary accession number(s)	None
Entered in SWISS-PROT in	Release 37, December 1998
Sequence was last modified in	Release 37, December 1998
Annotations were last modified in	Release 37, December 1998
Protein name	TRNA-SPLICING ENDONUCLEASE SUBUNIT SEN54
Synonym(s)	EC 3.1.27.9 TRNA-INTRON ENDONUCLEASE
Gene name(s)	SEN54 OR YPL083C OR LPF3C
From	Saccharomyces cerevisiae (Baker's yeast) [TaxID: 4932]
Taxonomy	Eukaryota; Fungi; Ascomycota; Saccharomycotina; Saccharomycetes; Saccharomycetales; Saccharomycetaceae; Saccharomyces.

[1]
SEQUENCE FROM N.A.
Hall J., Ahmed A., Bussey H., Fortin N., Friesen J.D., Storms R.K., Vo D.H., Wang Y., Winnett E.;
Submitted (JAN-1996) to the EMBL/GenBank/DDBJ databases.

[2]
CHARACTERIZATION, AND SEQUENCE OF 322-332.
MEDLINE=97344076 [NCBI, ExPASy, Israel, Japan]; PubMed=9200603;
Trotta C.R., Miao F., Arn E.A., Stevens S.W., Ho C.K., Bauhut R., Abelson J.N.;
"The yeast tRNA splicing endonuclease: a tetrameric enzyme with two active site subunits homologous to the archaeal tRNA endonucleases.";
Cell. 89:849-858(1997).

- **FUNCTION**: ENCODES ONE OF THE CATALYTIC SUBUNITS OF THE TRNA-SPLICING ENDONUCLEASE WHICH IS RESPONSIBLE FOR IDENTIFICATION AND CLEAVAGE OF THE SPLICE SITES IN PRE-TRNA. IT CLEAVES PRE-TRNA AT THE 5' AND 3' SPLICE SITES TO RELEASE THE INTRON. THE PRODUCTS ARE AN INTRON AND TWO TRNA HALF-MOLECULES BEARING 2',3' CYCLIC PHOSPHATE AND 5'-OH TERMINI. THERE ARE NO CONSERVED SEQUENCES AT THE SPLICE SITES, BUT THE INTRON IS INVARIABLY LOCATED AT THE SAME SITE IN THE GENE, PLACING THE SPLICE SITES AN INVARIANT DISTANCE FROM THE CONSTANT STRUCTURAL FEATURES OF THE TRNA BODY. THIS SUBUNIT INTERACTS WITH SEN2.
- **CATALYTIC ACTIVITY**: ENDONUCLEOLYTIC CLEAVAGE OF PRE-TRNA, PRODUCING 5'-HYDROXYL AND 2',3'-CYCLIC PHOSPHATE TERMINI, AND SPECIFICALLY REMOVING THE INTRON.
- **SUBUNIT**: HETEROTETRAMER COMPOSED OF SEN2, SEN15, SEN34 AND SEN54.
- **SUBCELLULAR LOCATION**: NUCLEAR.

This SWISS-PROT entry is copyright. It is produced through a collaboration between the Swiss Institute of Bioinformatics and the EMBL outstation - the European Bioinformatics Institute. There are no restrictions on its use by non-profit institutions as long as its content is in no way modified and this statement is not removed. Usage by and for commercial entities requires a license agreement (See http://www.isb-sib.ch/announce/, or send an email to license@isb-sib.ch).

1.3 Proteindatenbanken

EMBL	U41849; AAB68256.1; -. [EMBL / GenBank / DDBJ] [CoDingSequence]
SGD	S0006004: SEN54.
YPD	YPD: SEN54.
PRODOM	[Domain structure / List of seq. sharing at least 1 domain]
BLOCKS	Q02825.
DOMO	Q02825.
PROTOMAP	Q02825.
PRESAGE	Q02825.
DIP	YPL083C
GeneCensus	
SWISS-2DPAGE	[GET REGION ON 2D PAGE]

Hydrolase; Endonuclease; tRNA processing; Nuclear protein.

```
DOMAIN       19     27       POLY-GLU.
DOMAIN      353    356       POLY-ASP.
```

Length: 467 AA	Molecular weight: 54649 Da	CRC64: 363A703856DE724E [This is a checksum on the sequence]

```
         10         20         30         40         50         60
MQFAGKKTDQ VTTSNPGFEE EREEEELQQ DNSQLASLVS KNAALSLPKR GEKDYEPDGT
         70         80         90        100        110        120
NLQDLLLYNA SKAMFDTISD SIRGTTVKSE VRGYYVPHHG QAVLLKPKGS FMQTWGRADS
        130        140        150        160        170        180
TGELMLDPHE FVYILAERGTI LPYYRLEAGS NKSSKHETEI LLSMEDLIYSL FSSQQEMDQY
        190        200        210        220        230        240
FVFAHLKRLG FILKPSNQEA AVKTSFFPLK KQRSNLQAIT NRLLSLFKIQ ELSLFSGFFY
        250        260        270        280        290        300
SKORNFFFKRY TTSPQLYQGL NRLVRSVAVP KNKKELLDAQ SDREFQKVKD I PLTFKVWKP
        310        320        330        340        350        360
HSNFKKRDFG LPDFQVFVYN KNDDLQHFPT YKELRSMFSS LDYKPEFLSE IEDDDWETN
        370        380        390        400        410        420
SYVEDIPRKE YIHKRSAKSQ TEKSESSMKA SFQKKTAQSS TKKKRKAYPP HIQQNRRLKT
        430        440        450        460        467
GYRSFIIAIM DRGLLISFYKM SEADFGSESV WYTPNTQKRV DQRWKKH
```

Q02825 in FASTA format

View entry in original SWISS-PROT format
View entry in raw text format (no links)
Report form for errors/updates in this SWISS-PROT entry

Feature table viewer

1.4
Alignments – Ähnlichkeiten zwischen Sequenzen

1.4.1
Wie definiert und wie mißt man Ähnlichkeiten?

Sehr oft erlebt man im Verlauf der Untersuchung einer bestimmten biochemischen zellulären Funktion oder eines bestimmten Phänotyps die Situation, daß ein Gen identifiziert wird, von dem man annimmt, daß es ursächlich mit dem untersuchten biologischen Phänomen zusammenhängt. Zunächst aber kennt man nicht mehr als eine Primärsequenz (Nukleotide oder Aminosäuren). Es besteht vielleicht auch der Verdacht, daß das Genprodukt mit bestimmten anderen Molekülklassen interagiert. Experimente müssen herangezogen werden, die solche Vermutungen belegen. Sinnvolle Vermutungen aber können erst dann formuliert werden, wenn man z. B. in der Lage ist, in der Primärsequenz eines Proteins Hinweise auf mögliche Funktionen des Proteins zu finden: erkennbare 3D-Strukturmotive, aktive Zentren, Substratbindungsstellen, etc. Ist die Funktion eines Proteins einmal erkannt, kann durch Strukturaufklärung ein genaues Verständnis der Funktion auf atomarem Level erarbeitet werden.

Der Vergleich von Sequenzen unbekannter Biomoleküle mit Sequenzen solcher Biomoleküle bekannter Funktion (und eventuell auch bekannter Struktur) ist ein zentrales Anliegen der Bioinformatik.

Wir müssen also lernen, solche Ähnlichkeiten zu erkennen, bzw. müssen lernen, die Programme zu benutzen, die dies für uns tun. Will man zwei Sequenzen miteinander vergleichen, stellt man sie dazu in geeigneter Weise in ganzer Länge (oder in Abschnitten) gegenüber (siehe z. B. Abb. 1.59 und 1.61) und beurteilt, ob die Sequenzen einen Hinweis auf eine evolutionäre Beziehung geben oder ob sie rein zufällig und beziehungslos zueinander dastehen. Wie muß man ein solches Alignment durchführen, wie soll man messen, ob ein Alignment auf eine evolutionäre Beziehung oder auf zwei unabhängige Sequenzen hinweist? Es wird also darum gehen, die Wahrscheinlichkeiten, unter denen ein bestimmtes Alignment entsteht, zu beurteilen.

Sequenzen verändern sich im Verlauf der Evolution durch Insertionen, Deletionen, Mutationen oder größere Umstrukturierungen. Dadurch müssen sich nicht zwangsläufig sogleich entscheidende Veränderungen in den dazugehörigen Proteinstrukturen ergeben. Im Idealfall nehmen die in einem multiplen Alignment einander zugeordneten Sequenzbuchstaben eine ähnliche 3D-Position ein, die zugehörigen 3D-Strukturen sind also superpositionierbar, sie stammen offensichtlich von einem gemeinsamen Vorläufer ab (Abb. 1.22).

Die 3D-Struktur unterliegt aber auch einer evolutiven Veränderung, die aber langsamer verläuft als die Veränderung der Sequenz. Für Sequenzen, die miteinander verwandt sind, die also einen gemeinsamen Vorläufer haben, existiert eine genaue Evolutionsgeschichte, die die allmähliche Sequenzveränderung und auch Änderungen der dazugehörigen Struktur beschriebe. Diese Historie ist uns aber nicht zugänglich (wir versuchen ja gerade, sie durch ein Alignment zu rekonstruieren). Bei Kenntnis dieser Historie ließe sich ein perfektes, korrektes Alignment von verwandten Sequenzen erstellen, in dem übereinander stehende Buchstaben strukturell äquivalente Positionen im 3D Bild der zugehörigen Proteine einnehmen oder zumindest, – bei im Evolutionsverlauf veränderten lokalen Strukturen –, die tatsächliche evolutive

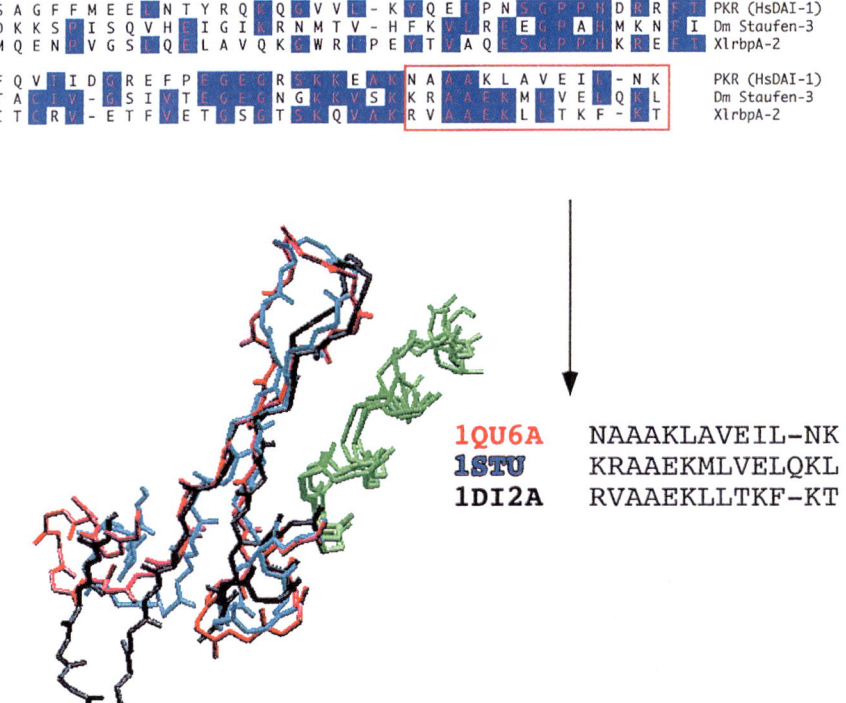

1.22 Multiples Alignment der Sequenzen dreier dsRBDs (für double stranded RNA binding domain) aus drei Proteinen unterschiedlicher Funktion. Diese drei Proteine sind bereits kristallisiert und ihre 3D-Struktur ist bekannt. Unter dem Alignment ist die Superpositionierung der drei Strukturen dargestellt. Das Teilalignment, das die grün gezeichnete Helix umfaßt, ist noch einmal gezeigt. Man sieht in diesem Falle klar, daß dem Alignment von Aminosäurepaaren eine identische Position im 3D-Raum des Proteins entspricht. Die Situation ist natürlich nicht immer so eindeutig, da es sich hier um eine hochkonservierte Proteindomäne handelt. (Superpositionierung mit Swiss PdbViewer unter Verwendung der PDB Files: 1QU6A (= PKR o. HsDAI-1 Protein), 1STU (Drosophila Staufen Protein, dsRBD 3) und 1DI2A (Xenopus rbpA Protein dsRBD 2).

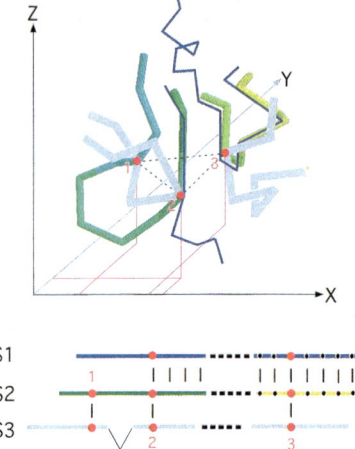

1.23 Grundsätzlich sind beim Vergleich von Sequenzen und der Superpositionierung ihrer zugehörigen Strukturen verschiedene Situationen denkbar: Zwischen den Sequenzen S1, S2 und S3 seien drei für Substratkoordination oder Katalyse wichtige Aminosäurepositionen 1–3 konserviert. Eine identische Orientierung dieser drei Positionen relativ zueinander kann wie in S3 eventuell durch eine völlig unterschiedliche Struktur erzielt werden, oder sie wird wie in S1 und S2 durch eine vollständige oder teilweise Einnahme der gleichen Raumpositionen durch die Polypeptidkette erreicht (|). Gleiche Raumposition impliziert nicht notwendigerweise auch identische Aminosäuresequenz (●).

Veränderung durch Mutationen widerspiegeln. Real läßt sich so etwas nur für nah verwandte Sequenzen erreichen, hier ist es aber eher trivial. Die aufregenden biologischen Entdeckungen sind hingegen bei Alignments von Sequenzen geringer Ähnlichkeit zu erwarten. Hier sind dann vielleicht nur wenige Schlüsselpositionen in ihrer relativen Position zueinander oder kleine Strukturelemente konserviert (Abb. 1.23). Entsprechend hoch ist die Zweideutigkeit des Gesamt-Alignments. In solchen Fällen ist ein Alignment nur für diese Bereiche oder Elemente sinnvoll. Für die anderen Regionen dieser Sequenz, die sequenz- und strukturmäßig weit auseinander gedriftet sind, kann ein sinnvolles Alignment nicht erstellt werden. Es ist dann sogar fraglich, ob man zwischen den Möglichkeiten einer extremen evolutionären Veränderung zweier verwandter Sequenzen und einer komplett unterschiedlichen Evolutionsgeschichte unterscheiden kann. Wir werden auch *strukturelle* Alignments kennenlernen, bei denen unterschiedliche Sequenzen die gleiche Struktur einnehmen.

Abb. 1.24 zeigt noch einmal, wie problematisch die visuelle Beurteilung eines Alignments sein kann. Wie unterscheidet man nun Fälle wie b) und c)? Wir müssen hierzu ein Bewertungssystem (scoring system) entwickeln, das die Vielfalt der möglichen Alignments zweier Sequenzen bewertet. Die Bewertung ist rein intuitiv in den wenigsten Fällen zu treffen. Da, wo die intuitive Entscheidung leicht möglich ist, ist sie eben auch oft nur trivial. Die biologisch aufregenden neuen Einsichten sind oft dort zu finden, wo das Alignment schwierig und zweideutig ist. Da dieses *scoring system* auch die Basis für Sequenzhomologiesuche in Datenbanken bildet, muß ein automatischer scoring Algorithmus entwickelt werden. Die Homologiesuche ist das zentrale Werkzeug, um in neuen genomischen DNA-Daten Proteine zu identifizieren.

```
         HBA_HUMAN    GSAQVKGHGKKVADALTNAVAHVDDMONALSALSDLHAHKL
a)                    G+  +VK+HGKKV  A+++++AH+D++  +++++LS+LH   KL
         HBB_HUMAN    GNPKVKAHGKKVLGAFSDGLAHLDNLKGTFATLSELHCDKL


         HBA_HUMAN    GSAQVKGHGKKVADALTNAVAHV---D--DMONALSALSDLHAHKL
b)                    ++ ++++H+ KV    + +A  ++           +L+ L+++H+ K
         LGB2_LUPLU   NNPELQAHAGKVFKLVYEAAIQLQVTGVVVTDATLKNLGSVHVSKG


         HBA_HUMAN    GSAQVKGHGKHKKVADALTNAVAHVDDMONALSALSD----LHAHKL
c)                    GS+  + G +    +D L  ++ H+ D+  A +AL D    ++AH+
         F11G11.2     GSGYLVGDSLTFVDLL--VAQHTADLLAANAALLDEFPQFKAHQE
```

1.24 Gezeigt sind drei Alignments des humanen α Globin mit drei anderen Sequenzen. Die mittlere Linie zeigt jeweils identische Positionen durch Buchstaben an, bzw. „ähnliche Positionen" durch ein plus-Zeichen (Positionen mit positivem Score).
a) Zahlreiche identische Positionen und viele Positionen, die konservative Aminosäureaustausche aufweisen, belegen die klare Ähnlichkeit zum menschlichen β Globin.
b) Auch dieses Alignment mit Leghaemoglobin aus Lupine reflektiert eine reale Verwandtschaft zweier Proteine gleicher Funktion (beide Proteine binden O_2 bei gleicher 3D Struktur). In diesem Falle sind aber weitaus weniger identische Positionen vorhanden, und verschiedene gaps (Lücken) wurden eingefügt, um das Alignment nicht zu zerstören.
c) Hier ein Alignment, das dem unter b) zwar sehr ähnelt, aber keine biologische Signifikanz hat. Die beiden Proteine sind nicht verwandt, ihre Struktur und Funktion ist völlig verschieden. (F11G11.2 ist ein Glutathion S-Transferase Homolog aus C. elegans.)

Es sei an dieser Stelle bereits darauf hingewiesen, daß die Beurteilung dessen, was ein Alignment aussagt, durch das Nebeneinander von orthologen und paralogen Genen noch erschwert wird. Ein Ortholog ist das funktionelle Gegenstück eines Genes in einem Organismus zu einem Gen oder einer Genfamilie in einem anderen Organismus (Verwandtschaft in vertikaler Linie) (Abb. 1.25). Während es in einem solchen Falle erlaubt ist, auf eine gleichartige Funktion beider Proteine zu schließen, darf die deutliche Sequenzähnlichkeiten, die zwischen Paralogen besteht, nicht im Sinne einer gleichen Funktion interpretiert werden. Paraloge sind homologe Proteine in einem Organismus, die im Evolutionsverlauf durch Genduplikation entstanden sind. Diese duplizierten Gene haben dann aber getrennte evolutionäre Wege beschritten. Die Funktionen der zugehörigen Proteine lassen ihren gemeinsamen Ursprung zwar noch erkennen, sie sind aber nicht mehr identisch (Verwandtschaft in horizontaler Linie).

Ein weiteres Problem in der Interpretation von Homologien entsteht durch die modulare Natur der Protein-Evolution, in deren Verlauf den Proteindomänen eine evolutionäre Unabhängigkeit zukommt. Ein und derselbe strukturelle Baustein kommt in völlig unterschiedlichen Proteinen vor, die keinen zumindest erkennbaren evolutionären Bezug zueinander haben.

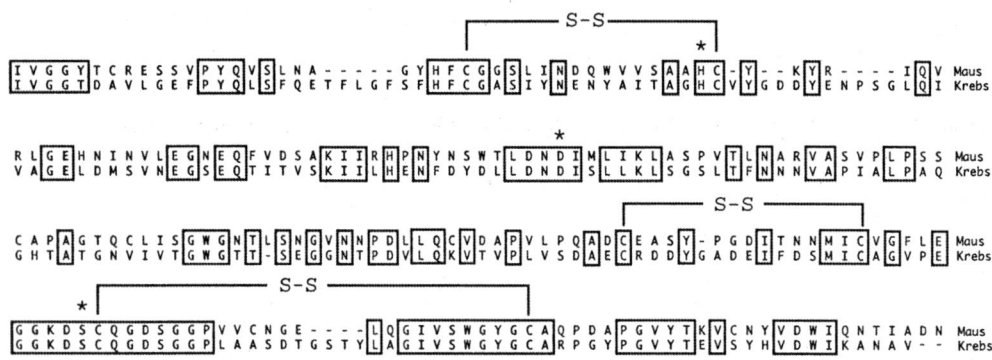

1.25 Alignment des Trypsins aus Maus und Flußkrebs (Swiss-Prot P07146 und P00765). Identische Reste sind umrandet. Die Gesamtidentität beträgt 41 %. Besonders markiert sind die wichtigen Aminosäuren der katalytischen Triade H, D und S, sowie die Disulfidbrücken. Hoch konservierte Bereiche in Alignments können ein Hinweis sein auf Regionen von besonderer struktureller oder funktioneller Bedeutung. Stammen die Sequenzen allerdings aus nahe verwandten Organismen, ist bei diesem Schluß Vorsicht geboten, da nur wenig evolutionäre Distanz zwischen beiden Spezies liegt.

Wenn wir Sequenzen vergleichen, suchen wir nach Evidenz, daß diese von einem gemeinsamen Vorfahren abstammen, sich aber durch die biologischen Mutations- und Selektionsprozesse auseinander entwickelt haben. Veränderungen ergeben sich durch *Substitutionen, Insertionen* bzw. *Deletionen* von Aminosäuren (letztere führen beide zu gaps). Die natürliche Selektion bestimmt die Häufigkeit, mit denen solche Änderungen beobachtet werden. Die verschiedenen Änderungen werden mit unterschiedlichen Häufigkeiten beobachtet.

1.4.2
Ein Wahrscheinlichkeitsmodell für Alignments – Algorithmen, gaps, Matrizen

Hinter dem Alignment-Ansatz steht also eine evolutionäre Denkweise. Der dem Alignment zugrunde liegende Algorithmus muß die Wahrscheinlichkeiten der molekularen Mechanismen, welche zur Sequenzevolution führen, nachvollziehen. Das heißt, daß bei mehreren möglichen Alignments das wahrscheinlichste ausgeführt wird.

Wir wollen im folgenden zunächst von einer einfachen Situation ausgehen: zwei gleichlange Sequenzen werden über ihre gesamte Länge in ein Alignment, zunächst ohne gaps, gebracht (wie in Teil a) unseres obigen Beispiels). Es gibt in diesem Falle also nur ein mögliches globales Alignment.

Als Gesamtscore eines Alignments werden wir die Summe der Einzelinkremente für jedes Paar von einander zugeordneten Basen bzw. Aminosäuren im Gesamt-Alignment bezeichnen.

In einer Wahrscheinlichkeitsinterpretation bedeutet dies, daß das Gesamtscore dem Logarithmus des Verhältnisses der relativen Wahrscheinlichkeiten für die Situation „Sequenzen sind verwandt" und die Situation „Sequenzen sind nicht verwandt" entspricht. Anders formuliert: Identische und konservative Positionen (= positive score-Terme) sind wahrscheinlicher in Alignments verwandter Sequenzen als durch bloßen Zufall in nichtverwandten Sequenzen erwartet werden sollte. Nicht-konservative Änderungen (negative score-Terme) hingegen sollten seltener sein. Der evolutionäre Austausch einer Aminosäure gegen eine andere erfolgt je nach Paar mit unterschiedlichen Wahrscheinlichkeiten.

Die Verwendung eines additiven scores, das aus Teilscores für die einzelnen Aminosäurepaare zusammengesetzt ist, reflektiert die Annahme, daß Mutationen voneinander unabhängig erfolgen. Wir brauchen also eine score-Tabelle für jedes mögliche Aminosäurepaar: bei n = 20 Aminosäuren ergeben sich $(n^2+n)/2$, also 210 score-terme (Dies schließt identische Austausche ein) (Abb. 1.26).

Nun zum Wahrscheinlichkeitsmodell:
Es sei x und y ein Sequenzpaar mit den Längen n bzw. m, wobei gilt

x_i ist das i-te Symbol in x
y_j ist das j-te Symbol in y

Die Symbole stammen aus dem Alphabet $\mathcal{A}$. Für DNA gilt $\mathcal{A} = \{A,G,C,T\}$ für Protein $\mathcal{A} = \{20\ \text{Aminosäuren}\}$. Symbole sind durch kleine Buchstaben a,b,... gekennzeichnet. Betrachten wir nun ein paarweises globales Alignment (d. h. ein komplettes Alignment gleichlanger Sequenzen wie in obigem Beispiel).

Das score soll ein Maß sein für die relative Wahrscheinlichkeit, daß die Sequenzen verwandt, bzw. nicht-verwandt sind. Dazu ordnen wir nun dem Alignment für beide Fälle (verwandt vs. nicht-verwandt) eine Wahrscheinlichkeit zu und betrachten das Verhältnis der beiden Wahrscheinlichkeiten:

Nehmen wir zunächst an, daß die beiden Sequenzen

1.26 Vollständige Substitutionsmatrix für vier Buchstaben (Aminosäuren). N = 4, somit ergeben sich $(4^2-4) : 2 + 4 = 10$ mögliche Paare ($x \leftrightarrow y \equiv y \leftrightarrow x$).

1. *nicht-verwandt* sind (Zufallsmodell R, *random*) Jeder Buchstabe a .. taucht völlig unabhängig mit der Häufigkeit q_a auf. Daher entspricht die Wahrscheinlichkeit des Alignments der beiden Sequenzen dem Produkt der Wahrscheinlichkeiten aller Aminosäuren:

$$P(x,y|R) = \prod_i q_{x_i} \prod_j q_{y_j} \quad \text{mit} \quad \prod_{i=1}^n q_{x_i} = q_{x_1} \cdot q_{x_2} \ldots q_{x_n}$$

q_a beschreibt das unterschiedliche natürliche Vorkommen der Aminosäuren, die sogenannten „background frequencies".

Der Term P(x,y|R) bedarf einer Erläuterung:
Es gilt folgende Annahme: Wir haben zwei Würfel D_1 und D_2. Die Wahrscheinlichkeit mit Würfel D_1 ein i zu werfen ist $P(i|D_1)$. Dies ist die sogenannte „conditional probability" ein i zu werfen, wenn D_1 der Fall ist. Die Auswahl des Würfels selbst geschieht zufällig mit der Wahrscheinlichkeit $P(D_j)$, j = 1 oder 2. Die Wahrscheinlichkeit Würfel j zu wählen <u>und</u> ein i zu werfen ist das Produkt beider Wahrscheinlichkeiten:

$P(i, D_j) = P(D_j) \cdot P(i|D_j)$ sog. „joint probability" beider Ereignisse.

Ein Statement der Form $P(X,Y) = P(X|Y) \cdot P(Y)$
gilt universell für beliebige Ereignisse X und Y.

Legen wir nun hingegen

2. das Modell *verwandter* Sequenzen (match Modell M) zugrunde:
Die im Alignment erscheinenden Buchstabenpaare erscheinen jedes mit einer „joint probability" p_{ab}, welche die natürliche Austauschrate dieser beiden Aminosäuren reflektiert. Dieses p_{ab} kann man so interpretieren, daß es die Wahrscheinlichkeit beschreibt, mit der sich unabhängig voneinander die Buchstaben a und b aus einem Buchstaben c in einem gemeinsamen Vorläufermolekül entwickelten (c kann dabei gleich a und/oder b sein). Das evolutionäre Vorläufermolekül existiert natürlich nicht mehr.

Daher ergibt sich für die Wahrscheinlichkeit dieses Alignments:

$$P(x,y|M) = \prod_i p_{x_i y_i}$$

Das Verhältnis der Wahrscheinlichkeiten beider Modelle nennt man *odds ratio*.

$$\frac{P(x,y|M)}{P(x,y|R)} = \frac{\prod_i p_{x_i y_i}}{\prod_i q_{x_i} \prod_i q_{y_i}} = \prod_i \frac{p_{x_i y_i}}{q_{x_i} q_{y_i}}$$

Um zu einem additiven scoring-System zu gelangen (es gilt $\log(N_1 \cdot N_2) = \log N_1 + \log N_2$), bilden wir den Logarithmus der *odds ratio* und erhalten die sog.

log-odds ratio S: $\log \prod_i \frac{p_{x_i y_i}}{q_{x_i} q_{y_i}} = S = \sum_i s(x_i, y_i)$

wobei $s(a, b) = \log \left(\frac{p_{ab}}{q_a q_b} \right)$ ⎯ joint probability (target frequencies)

indiv. Häufigkeit (background frequencies)

die *log likelihood ratio* des Buchstabenpaares (a,b) ist. s (a,b) wird kleiner als 0, wenn $q_a q_b > p_{ab}$. Das s (a,b) bewertet somit die Wahrscheinlichkeit, daß das Paar a,b einen Aminosäureaustausch einer äquivalenten Position in einem evolutiven Vorläufermolekül beschreibt, relativ zur Wahrscheinlichkeit, daß es nur eine zufällige Zuordnung ist.

Die log-odds ratio Formel $S = \sum_i s(x_i, y_i)$ ist somit eine Summe individueller scores s (a,b) über alle Buchstabenpaare des Alignments. Die s (a,b) scores der 20 natürlichen Aminosäuren werden in einer 20x20 Matrix arrangiert (sog. *score matrix* oder *substitution matrix*). Eine solche Matrix, die Substitutionswahrscheinlichkeiten beschreibt, ist z. B. die *BLOSUM50* Matrix (Abb. 1.27).

Eine Substitutionsmatrix macht stets eine Aussage über die Wahrscheinlichkeiten, mit denen man ein bestimmtes (a-b) Paar in einem Alignment beob-

	A	R	N	D	C	Q	E	G	H	I	L	K	M	F	P	S	T	W	Y	V
A	**5**	-2	-1	-2	-1	-1	-1	0	-2	-1	-2	-1	-1	-3	-1	1	0	-3	-2	0
R	-2	**7**	-1	-2	-4	1	0	-3	0	-4	-3	3	-2	-3	-3	-1	-1	-3	-1	-3
N	-1	-1	**7**	2	-2	0	0	0	1	-3	-4	0	-2	-4	-2	1	0	-4	-2	-3
D	-2	-2	2	**8**	-4	0	2	-1	-1	-4	-4	-1	-4	-5	-1	0	-1	-5	-3	-4
C	-1	-4	-2	-4	**13**	-3	-3	-3	-3	-2	-2	-3	-2	-2	-4	-1	-1	-5	-3	-1
Q	-1	1	0	0	-3	**7**	2	-2	1	-3	-2	2	0	-4	-1	0	-1	-1	-1	-3
E	-1	0	0	2	-3	2	**6**	-3	0	-4	-3	1	-2	-3	-1	-1	-1	-3	-2	-3
G	0	-3	0	-1	-3	-2	-3	**8**	-2	-4	-4	-2	-3	-4	-2	0	-2	-3	-3	-4
H	-2	0	1	-1	-3	1	0	-2	**10**	-4	-3	0	-1	-1	-2	-1	-2	-3	2	-4
I	-1	-4	-3	-4	-2	-3	-4	-4	-4	**5**	2	-3	2	0	-3	-3	-1	-3	-1	4
L	-2	-3	-4	-4	-2	-2	-3	-4	-3	2	**5**	-3	3	1	-4	-3	-1	-2	-1	1
K	-1	3	0	-1	-3	2	1	-2	0	-3	-3	**6**	-2	-4	-1	0	-1	-3	-2	-3
M	-1	-2	-2	-4	-2	0	-2	-3	-1	2	3	-2	**7**	0	-3	-2	-1	-1	0	1
F	-3	-3	-4	-5	-2	-4	-3	-4	-1	0	1	-4	0	**8**	-4	-3	-2	1	4	-1
P	-1	-3	-2	-1	-4	-1	-1	-2	-2	-3	-4	-1	-3	-4	**10**	-1	-1	-4	-3	-3
S	1	-1	1	0	-1	0	-1	0	-1	-3	-3	0	-2	-3	-1	**5**	2	-4	-2	-2
T	0	-1	0	-1	-1	-1	-1	-2	-2	-1	-1	-1	-1	-2	-1	2	**5**	-3	-2	0
W	-3	-3	-4	-5	-5	-1	-3	-3	-3	-3	-2	-3	-1	1	-4	-4	-3	**15**	2	-3
Y	-2	-1	-2	-3	-3	-1	-2	-3	2	-1	-1	-2	0	4	-3	-2	-2	2	**8**	-1
V	0	-3	-3	-4	-1	-3	-3	-4	-4	4	1	-3	1	-1	-3	-2	0	-3	-1	**5**

1.27 BLOSUM50 Substitutionsmatrix. Die log odds Werte sind skaliert und zu ganzen Zahlen gerundet. Die Werte der Diagonale entsprechen identischen Aminosäurepaaren.

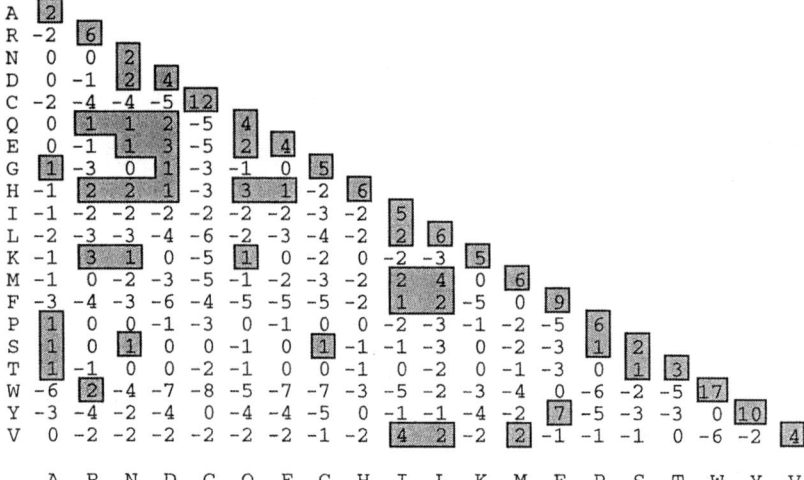

1.28 Die PAM250 Substitutionsmatrix für hochdivergente Sequenzen.

achtet. Da die Matrix symmetrisch ist, findet man auch die halbierte Darstellungsweise (Abb. 1.28).

Unsere Wahrscheinlichkeitsüberlegungen dienten dazu, den mathematischen und biologischen Sinn dieser score-Zahlen zu erklären. Jetzt muß man natürlich fragen, woher man denn den Zahlenwert der in unserer Herleitung verwendeten Wahrscheinlichkeiten p_{ab} kennt. Man könnte nun einfach eine Reihe von bestätigten Alignments nehmen und die Häufigkeiten aller beobachteten Aminosäurepaare a-b und aller gaps auszählen. Es ist aber schwierig, eine wirklich repräsentative Auswahl bestätigter Alignments zu treffen. Wir werden gleich eine Reihe von unterschiedlichen 20x20 Matrizen kennenlernen und etwas über deren praktische Erstellung erfahren. Die eben beschriebenen Ausführungen zur Wahrscheinlichkeit von Aminosäureaustauschen bilden die theoretische Basis solcher Tabellen, die Zahlen selbst sind empirisch ermittelt.

Was können wir direkt aus der Matrix ersehen? Abb. 1.27: In jeder Senkrechten ist der Diagonalwert natürlich der höchste Wert. Dies entspricht der Paarung identischer Aminosäuren im Alignment. Innerhalb der Gruppe der 20 Diagonalwerte fallen einige besonders große Zahlen auf. Dies sind Aminosäuren, die sehr oft Funktionsträger sind, also hochkonserviert sind und nur unter „hohen Kosten" substituiert werden können. Auffällig sind Paargruppen (ab), die ähnliche Werte zeigen, während andere dagegen große Unterschiede zeigen:

Val-Val	+5	Tyr-Tyr	+8	Arg-Arg	+7
Ile-Val	+4	Phe-Tyr	+4	Lys-Arg	+3

| Cys-Cys | +13 | Trp-Trp | +15 |
| Trp-Cys | −5 | Cys-Trp | −5 |

Was bedeutet dies? Diese Gruppen weisen auf eine hohe bzw. geringe funktionelle Ähnlichkeit der jeweiligen Aminosäuren hin, so im Falle der sehr ähnlichen basischen Aminosäuren Arginin und Lysin. Aminosäureaustausche sind im Evolutionsverlauf also nicht rein zufällig. Austausche zu chemisch ähnlichen Aminosäuren sind häufiger zu beobachten. Entsprechend wird einem solchen Paar ein höheres „score" zugeordnet. Der Austausch wird also als wahrscheinlicher bewertet als andere. Beibehaltung einer Aminosäure (oder identischer Austausch) erhalten das höchste score. Wären Aminosäure-Austausche rein zufällig, würde die Häufigkeit, mit der ein bestimmter Austausch beobachtet wird, allein durch die natürliche Häufigkeit jeder Aminosäure bestimmt sein (die sog. „background frequency"). Abb. 1.29 zeigt eine interessante Möglichkeit, die unterschiedlichen Grade der chemischen Ähnlichkeit von Aminosäuren graphisch darzustellen.

Wie wurden die Daten zur Erstellung von Substitutionsmatrizen gesammelt? Neben den BLOSUM Matrizen sind besonders die PAM-Matrizen weit verbreitet. PAM steht für point-accepted-mutation (M. O. Dayhoff, R. M. Schwartz, B. C. Orcutt, A model of evolutionary change in proteins. In: *Atlas of Protein Sequence and Structure*. M. O. Dayhoff, ed., NBRF, 1978, Washington, DC, pp. 345-352) und bildet die Einheit für evolutionäre Divergenz: Nach Ablauf eines PAM unterscheiden sich zwei Sequenzen in 1% aller Aminosäurepositionen. Das heißt nun nicht, daß sich nach 100 PAMs jede Aminosäure geändert hat. Die Relation zwischen PAMs und Sequenzähnlichkeit zeigt Abb. 1.30.

Manche Positionen ändern sich mehrfach, revertieren vielleicht auch, andere Positionen ändern sich nicht. Wir haben ja gesehen, daß die beobachteten Austauschfrequenzen nicht rein zufällig sind, sondern daß solche Austausche bevorzugt sind (accepted during evolution), die die Proteinfunktion nicht sofort zerstören. Nichts anderes beschreibt unser log-odds ratio Ansatz. Um nun wirkliche Zahlen für eine Matrix zu erhalten, wurde ein Set von nahe verwandten Sequenzen gewählt, deren Divergenz einem PAM entspricht und die sich ohne Matrix in ein unzweideutiges Alignment bringen ließen. Die beobachteten Paarungshäufigkeiten von Aminosäuren im Alignment (also Mutationshäufigkeiten) wurden dann auf PAM250 extrapoliert. Eine Reihe von Matrizen der PAM Familie wurde entwickelt: Für hoch divergente Sequenzen verwendet man am besten PAM200 oder 250. Sequenzen, die höhere Ähnlichkeit besitzen, sollten unter Benutzung von niedrigeren PAMs in ein Alignment gebracht werden.

Zumeist werden heute die Matrizen der BLOSUM Familie verwendet. Diese sind von den beobachteten Substitutionshäufigkeiten in den Alignments der BLOCKS Datenbank (siehe dort) abgeleitet. Im Falle der BLOSUM Matrizen

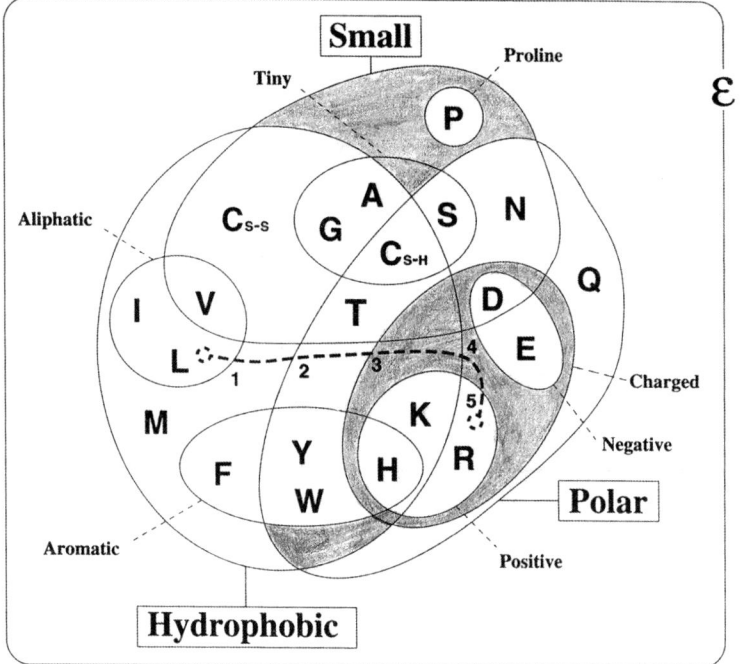

1.29 Dieses Diagramm ist eine recht anschauliche Weise, den unterschiedlichen Grad von Ähnlichkeit zwischen Aminosäuren zu verdeutlichen. Die 20 natürlichen Aminosäuren werden durch ein Set von 10 physiko-chemischen Eigenschaften beschrieben und den überlappenden Sektoren zugeordnet. So ist z. B. Lysin (K) positiv, geladen, polar und hydrophob. Zur Bewertung des Konservierungsgrades einer Position in einem Alignment wird deren Konservierungsnummer C_n berechnet: $C_n = 10 - P$, mit P als der Anzahl der Sektorengrenzen, die überschritten werden müssen, um alle Aminosäuren dieser Alignmentposition zu erreichen und 10 der Gesamtzahl von Eigenschaften. Ist z. B. eine Alignmentposition (Säule) nur von L und R besetzt, so müssen für eine solche Substitution fünf Sektorengrenzen überschritten werden: $C_n = 10 - P = 5$ (aus Livingstone, Barton, in: Methods in Enzymology, Vol. 266: *Computer Methods for Macromolecular Sequence Analysis*, R. F. Doolittle, ed., pp. 497–512. Abdruck mit Genehmigung von Academic Press).

haben die Zahlen eine abweichende Bedeutung. BLOSUM62 bedeutet, daß Sequenzen, die 62 % oder mehr Identität besitzen, zu einer Sequenz zusammengefaßt werden. Die Substitutionshäufigkeiten werden so nur durch solche Sequenzen stärker beeinflußt, die unter diesem cut-off liegen. Hohe BLOSUMs sollten also für Sequenzen hoher Ähnlichkeit, niedrige BLOSUMs für hoch divergente Sequenzen verwendet werden. Die verschiedenen Matrizen unterscheiden sich also durch die relativen Unterschiede der s (a,b) score-Terme im Set. Dies ist durch die sich mit zunehmender Divergenz ändernden p_{ab} (target frequencies) bedingt. Homologie-Suchprogramme wie z. B. BLAST bedienen sich voreingestellter Matrizen, die aber stets nach Benutzereingriff

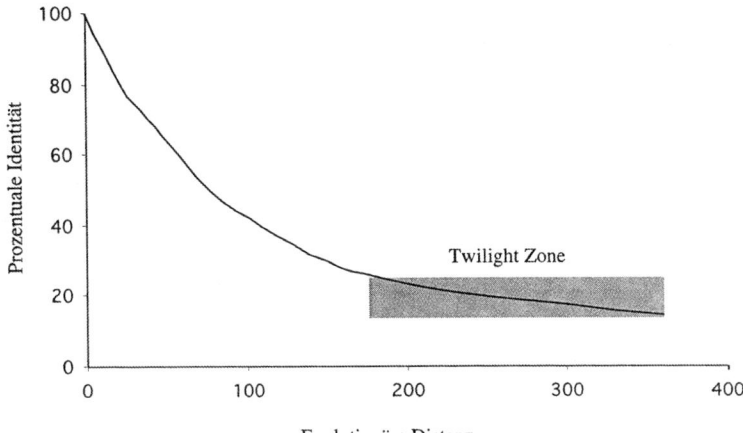

1.30 Zwei identische Sequenzen, die unabhängig voneinander im Laufe der Zeit einer evolutionären Veränderung unterworfen sind, zeigen einen negativen exponentiellen Verlauf der Anzahl der verbleibenden identischen Reste, wenn diese gegen den Divergenzzeitraum aufgetragen wird. Die evolutionäre Distanz ist hier in PAMs notiert. Bei weniger als ca. 25 % Identität treten die Sequenzen in den Bereich der sogenannten „Twilight Zone" ein. Hier ist es dann unmöglich, zwischen einer Ähnlichkeit aufgrund gemeinsamen Ursprungs oder bloßen Zufalls zu unterscheiden. Anders formuliert: Zwei zufällige Sequenzen sind nach Einfügen von gaps stets zu 10–20 % identisch.

durch andere, unter den jeweiligen Bedingungen geeignetere Matrizen, ersetzt werden können (siehe BLAST).

Wir wollen jetzt unser Alignment-Modell weiterentwickeln und in unserem optimalen Sequenz-Alignment zweier Sequenzen gaps erlauben. *gaps* sind das graphische Äquivalent für Insertionen und Deletionen, wie sie im tatsächlichen Evolutionsverlauf vorkommen. Wenn solche Ereignisse bei der Konstruktion eines Alignments postuliert werden und an einer Stelle ein gap gesetzt wird, um die Homologie an anderer Stelle deutlich werden zu lassen, so ist es nötig, dies im Gesamt-score mit „Strafpunkten" zu belegen:

Als „Kosten" für ein gap der Länge g werden berechnet:

$$\gamma(g) = -g \cdot d \text{ linear score}$$

oder auch $g(g) = -d - (g-1)e$

d = gap-open penalty
e = gap-extension penalty ($e < d$)

d ist ein negativer score-Term, also sollte man z. B. korrekterweise schreiben $d = -8$. Man liest aber auch gap penalty = 8.

1.4.3
Die mathematische Entwicklung globaler und lokaler Alignments

Die Anzahl theoretisch möglicher Anordnungen zweier Sequenzen zueinander wächst selbst für kurze Sequenzen schnell ins Astronomische. Es gibt aber einen Algorithmus, der unter Verwendung einer score-Matrix wie wir sie eben abgeleitet haben, ein optimales Alignment erstellt: Dieser Algorithmustyp wird *dynamic programming* (best path strategy) genannt (Needleman, Wunsch, A general method applicable to the search for similarities in the amino acid sequence of two proteins. *J Mol Biol* 1970, 48: 443–453).

Da dieses Prinzip extrem wichtig ist, wollen wir es jetzt Schritt für Schritt entwickeln. Es werden dazu in unserem Beispiel zwei Sequenzen X: HEAGAWGHEE und Y: PAWHEAE in ein optimales Alignment gebracht. Dieses Beispiel ist dem Buch *Biological Sequence Analysis* von Durbin, Eddy, Krogh und Mitchison (Cambridge University Press, Cambridge UK, 1998) entnommen, und wird hier in leicht veränderter Weise entwickelt. Wir benutzen dazu die BLOSUM50 score-Matrix (Abb. 1.31).

Die Grundidee ist, ein optimales Alignment aufzubauen, indem man zunächst von einem optimalen Alignment für eine kürzere Teilsequenz ausgeht. Wir konstruieren eine Matrix F (mit den Indices i bzw. j für die beiden Sequenzen). In dieser Matrix gibt ein Matrixwert F (i,j) das score für das beste Alignment zwischen Anfangssegment $x_{1....i}$ aus X und Anfangssegment $y_{1....j}$ aus Y. Entscheidend ist, daß wir jedes F (i,j) durch ein *rekursives Verfahren* bilden. Zunächst ist mit F (0,0) = 0 (kein Alignment) das Startfeld gegeben. Wir füllen jetzt die Matrixfelder von oben links bis ins letzte Feld unten rechts.

	H	E	A	G	W
P	-2	-1	-1	-2	-4
A	-2	-1	5	0	-3
W	-3	-3	-3	-3	15
H	10	0	-2	-2	-3
E	0	6	-1	-3	-3

Sequenz X   HEAGAWGHEE
Sequenz Y   PAWHEAE

		H	E	A	G	A	W	G	H	E	E	<- Index i
Index j	↓	⓪← -8 ← -16 ← -24 ← -32 ← -40 ← -48 ← -56 ← -64 ← -72 ← -80										
P		-8 ↑										
A		-16 ↑										
W		-24 ↑										
H		-32 ↑										
E		-40 ↑										
A		-48 ↑										
E		-56										

1.31 Die zu berechnende Matrix für ein Alignment der Sequenzen X und Y. Oben links der Auszug aus der BLOSUM50 Matrix (s. Abb. 1.27), der die s(i,j) für die theoretisch möglichen Austausche zeigt.

1.4 Alignments – Ähnlichkeiten zwischen Sequenzen

Die Matrix und damit das Alignment werden in schrittweiser Verlängerung eines zunächst kurzen Alignments um jeweils eine weitere Aminosäure entwickelt. Ein Feld F (i,j) (also die optimale Lösung für ein Alignment von $x_{1...i}$ und $y_{1...j}$) kann seinen Ursprung von drei Nachbarfeldern aus nehmen:

von F (i-1,j-1)	links über F (i,j)
von F (i-1,j)	links neben F (i,j)
von F (i,j-1)	über F (i,j)

Abb. 1.32 zeigt, was dieser Formalismus im konkreten Alignment bedeutet. Um den optimalen Wert für ein F (i,j) zu ermitteln, rechnen wir also jeweils alle drei Möglichkeiten durch. Der höchste der errechneten drei Werte ist das optimale score für ein Alignment bis (x_i,y_j) und wird in die Matrix eingetragen.

$$F(i,j) = \max \begin{cases} F(i-1, j-1) + s(x_i,y_j) \\ F(i-1, j) - d \\ F(i, j-1) - d \end{cases}$$

Außerdem wird in die Matrix ein Pfeil eingetragen, der von F (i,j) auf das Feld zurückverweist, von dem es seinen Ursprung hat. Bei zwei gleichwertigen Lösungen, werden beide Pfeile eingezeichnet (Abb. 1.33). Diese Pfeile werden uns, wenn die Matrix vollständig ist, Schritt für Schritt instruieren, wie das Alignment aufgebaut ist.

Die beiden Randzeilen der F (i,j) Matrix (Abb. 1.31) werden für j = 0 bzw. i = 0 entwickelt. Die F (i,0) Werte der obersten Zeile sind so definiert, daß sie ein Alignment der zunehmenden Sequenz X mit $i_{0 \to i}$ gegen gaps in Sequenz Y darstellen: also F (i,0) = -id. Entsprechend wird die erste senkrechte Säule mit F (0,j) = -jd entwickelt. Wir füllen nun die Matrix entsprechend obiger Vorschrift auf. Die ersten Schritte dazu zeigt Abb. 1.34, die vollständig gefüllte Matrix ist in Abb. 1.33 dargestellt.

Der Wert, den wir so in der letzten Zelle der Matrix erreichen, entspricht dem besten score für ein Alignment von $x_{1...n}$ und $y_{1...m}$. Um das Alignment nun „sichtbar" zu machen, müssen wir den Pfad suchen, der zu diesem Feld führte. Wir müssen also anhand der traceback-Pfeile zurückfinden auf das Startfeld. Bei jedem Schritt zurück machen wir entweder einen Schritt von (i, j) zu (i-1, j-1), zu (i-1,j) oder zu (i, j-1). Entsprechend fügen wir dem Anfang des wachsenden Alignments hinzu:

$$\begin{bmatrix} x_i \\ y_j \end{bmatrix} \quad \begin{bmatrix} x_i \\ - \end{bmatrix} \quad \begin{bmatrix} - \\ y_j \end{bmatrix}$$

Am Ende erreichen wir den Matrixbeginn i = j = 0. Dieser Pfad ist in Abb. 1.33 durch die fetten Pfeile gekennzeichnet.

1 Sequenzen

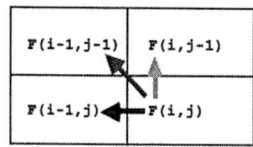

Dieser Schritt bedeutet, daß das Alignment beider Sequenzen ausgehend vom Alignment bis i-1, j-1 um jeweils eine Aminosäure <u>verlängert</u> wird:

(i-1)->i (j-1)->j wobei x_i mit dem y_j gepaart wird:

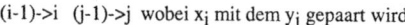

Die Beziehung zwischen den beiden Matrixfeldern ist daher:

$$F(i,j)=F(i-1,j-1)+\underline{s(x_i,y_j)}$$

Unterstrichen ist der score-Term für das hinzugekommene (x_i,y_j).

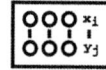

Erfolgt das Anfügen von x_i,y_j an das wachsende Alignment aber so, daß das x_i mit einem gap aligned wird, so haben wir z. Bsp. folgende Situation:

Dies ist aber nichts anderes als die Situation, die das Matrixfeld $F(i-1,j)$, das Feld unter $F(i-1,j-1)$, beschreibt: nämlich das score für das beste Alignment $(x_1...i-1, y_1...j)$, jedoch mit einem zusätzlichen Strafscore-Term (d) für das gegapte x_i.

Die Beziehung zwischen den beiden Matrixfeldern ist daher:

$$F(i,j)=F(i-1,j)-d$$

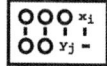

Die dritte Möglichkeit beim Anfügen eines x_i,y_j ist das Paaren des y_j mit einem gap:

z. Bsp.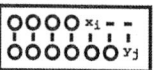

Dies entspricht aber $F(i,j)=F(i,j-1)-d$. Unterstrichen der Term für das Feld über $F(i,j)$.

1.32 Die drei Möglichkeiten ein Feld der Matrix in Abb. 1.31 aus den jeweils drei vorausgehenden Matrixfeldern zu entwickeln. Eine der drei ist die optimale. Der Pfeil verweist auf das Feld zurück, aus dem $F(i,j)$ entwickelt wurde. Bei zwei gleichwertigen Lösungen werden beide Traceback-Pfeile in die Matrix eingezeichnet.

1.4 Alignments – Ähnlichkeiten zwischen Sequenzen

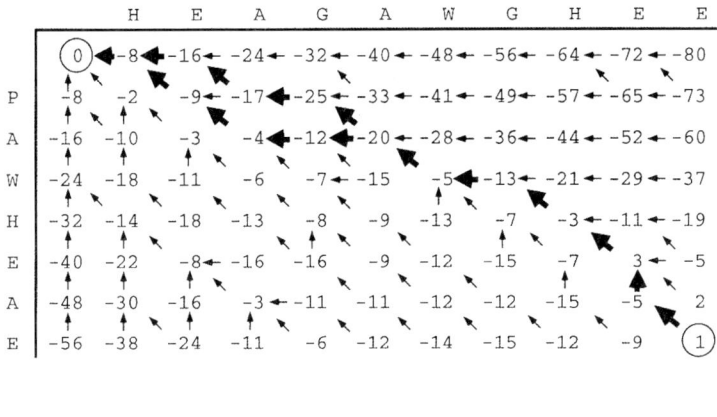

| | HEAGAWGHE-E | | HEAGAWGHE-E |
| | --P-AW-HEAE | | -PA--W-HEAE |

1.33 Die fettgedruckten traceback-Pfeile der vervollständigten Matrix zeigen zwei Wege, um vom Endfeld mit dem score +1 zum Anfangsfeld mit dem score 0 zurückzufinden. Diese beiden Wege entsprechen den beiden gezeigten optimalen *globalen* Alignments, die beide ein gleichwertiges Gesamt-score von +1 besitzen.

Das score, das dieser Algorithmus berechnet, ist die Summe unabhängiger Terme, so daß das beste score bis zu einem bestimmten Punkt dem besten score bis zum Schritt unmittelbar zuvor plus einem Inkrement für den neuen Schritt entspricht.

Der relativ einfache Needlman-Wunsch Algorithmus, der globale Alignments behandelt, wurde weiterentwickelt um der viel realistischeren Situation gerecht zu werden, daß wir nach optimalen Alignments zwischen Teilsequenzen zweier Sequenzen Ausschau halten (Smith und Waterman, Identification of common molecular subsequences. *J Mol Biol* 1981, 147: 195-197). So kann es vorkommen, daß zwei Proteine z. B. nur eine Domäne gemeinsam besitzen, während der Rest der Sequenz nicht verwandt ist (siehe Beispiel der dsRBD). Ebenso haben zwei Proteine, die zwar Homologe sind, aber seit sehr langer Zeit evolutionär getrennt sind, gewöhnlich nur in einigen Abschnitten eine noch erkennbare Ähnlichkeit, während der Rest im Rauschen untergeht. Wir suchen also nach lokalen optimalen Alignments. Führt man für unsere Beispielmatrix die Zusatzbedingung ein, daß $F(i,j) = 0$ ist, wenn alle berechneten $F(i,j) < 0$ sind, dann wird es möglich, kurze lokale Alignments mit hohem score zu identifizieren: (Abb. 1.35). Diese Modifikation bei der Matrixberechnung hat zur Folge, daß ein Pfad aufgegeben wird, wenn sein score auf Null fällt und daß im Innern der Matrix ein neuer Pfad startet. Bei der Suche nach lokalen Alignments wird stets eines als das optimale lokale Alignment gefunden. Dieses muß nicht unbedingt eine biologi-

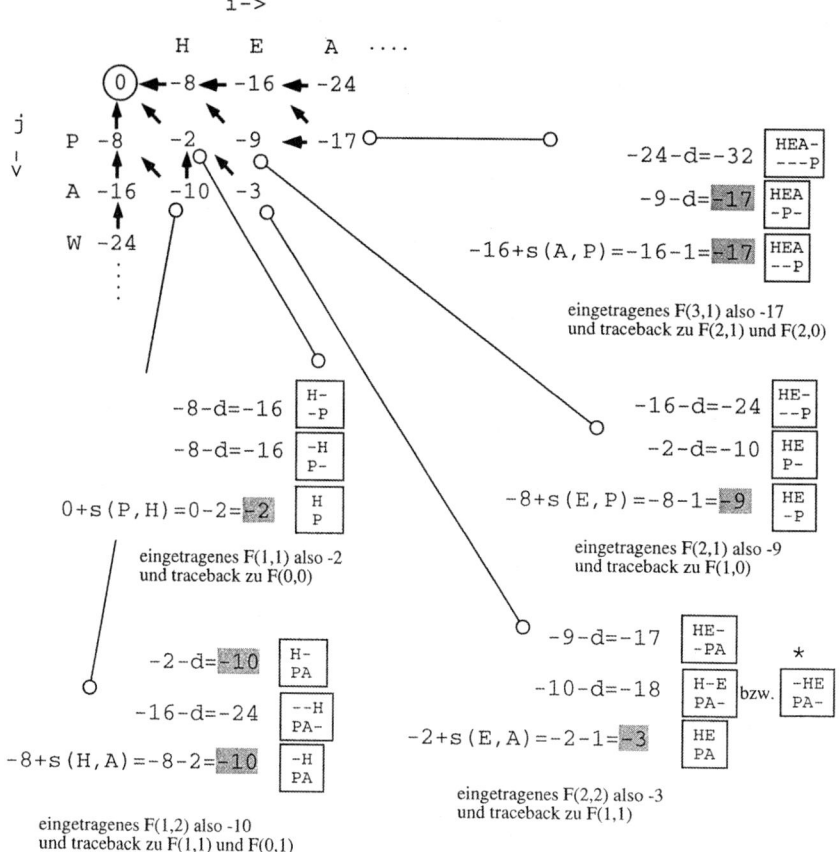

1.34 Entwicklung der Matrixfelder F(i=1,j=1) bis F(3,1) und F(1,2) bis F(2,2). Grau unterlegt sind die optimalen Matrixwerte. Der nachfolgende Kasten zeigt das jeweils zugehörige Alignment. * In diesem Falle zwei Möglichkeiten, da das Feld F(1,2) zwei optimale Alignments besitzt.

sche Bedeutung haben, während andere lokale Alignments mit geringerem score durchaus signifikant sein können. Diese „suboptimalen Alignments" sind besonders wichtig bei Proteinen, die aus mehreren Modulen zusammengesetzt sind.

Die modulare Natur der Protein-Evolution, also die Mehrfachverwendung von Strukturelementen in verschiedenen Proteinen, macht das Auffinden aller lokalen Alignments notwendig. Diese Module können in einem Protein wiederholt und in wechselnder Folge auftreten. Das Beispiel in den Abb. 1.36 bis 1.38 zeigt zwei Proteine, die so aufgebaut sind. Neben dem optimalen lokalen Alignment lassen sich mit einem Programm wie LALIGN (Huang, Miller, *Adv Appl Math* 1991, 12: 337-357) auch die beiden zusätzlichen lokalen Alignments finden und darstellen. Nur so wird die mehrfache Verwendung

1.4 Alignments – Ähnlichkeiten zwischen Sequenzen

	H	E	A	G	A	W	G	H	E	E
	0	0	0	0	0	0	0	0	0	0
P	0	0	0	0	0	0	0	0	0	0
A	0	0	0	5	0	5	0	0	0	0
W	0	0	0	0	2	0	20	12	4	0	0
H	0	10	2	0	0	0	12	18	22	14	6
E	0	2	16	8	0	0	4	10	18	(28)	20
A	0	0	8	21	13	5	0	4	10	20	27
E	0	0	6	13	18	12	4	0	4	16	26

Somit ergibt sich das folgende optimale **lokale** Alignment

```
AWGHE
AW-HE
```
mit einem score von 28

1.35 Die Berechnung der Matrix erfolgt genauso wie in Abb. 1.33 und 1.34. Sind aber die drei Möglichkeiten kleiner als Null, so wird der Matrixwert 0 eingetragen. Das *lokale* Alignment beginnt nun an der Matrixposition mit dem höchsten score (hier +28) und endet wenn ein Nullfeld erreicht wird. Die traceback-Pfeile dieses Alignments sind fettgedruckt.

identischer Module deutlich. Weitere Modifikationen unseres Algorithmus erlauben das Auffinden von <u>allen</u> lokalen Alignments zwischen den beiden Proteinsequenzen (z. B. bei mehrfacher Präsenz einer Domäne):

```
X        HEAGAWGHEE
Y        HEA
              AW-HE
```

Geeignete Modifikationen erlauben auch das Auffinden und die Darstellung eines globalen Alignments ohne Straf-score für ungepaarte Überhänge:

```
 GAWGHEE
PAW-HEA
```

(Man beachte den Unterschied zu Abb. 1.33.)

```
Comparison of:
(A) /tmp/www-sib/lalign.16474.1.seq PLAT                         - 562
aa
(B) /tmp/www-sib/lalign.16474.2.seq F12                          - 615
aa
using matrix file: /export/molbio/share/fasta2/blosum80.mat,
gap penalties: -14/-4

 34.6% identity in 494 aa overlap; score:  510


              70        80        90       100       110       120
     PLAT  CWCNSGRAQCHSVPVKSCSEPRCFNGGTCQQALYFSDFVCQCPEGFAGKCCEIDTRATCY
           : :.       :.:.   . ..:    :..:: :  ..      .:.:: :...:  :...::.:.::
     F12   CQCKGPDAHCQRLASQACRTNPCLHGGRCLEVE--GHRLCHCPVGYTGPFCDVDTKASCY
              170       180       190       200       210


             130       140       150       160       170       180
     PLAT  EDQGISYRGTWSTAESGAECTNWNSSALAQKPYSGRRPDAIRLGLGNHNYCRNPDRDSKP
           . .:.::::    :.  :::  :   : :.:  ..   . .   :   :::  : .:::::  :  .:
     F12   DGRGLSYRGLARTTLSGAPCQPWASEATYRNVTAEQ---ARNWGLGGHAFCRNPDNDIRP
              220       230       240       250       260       270


             190       200       210       220       230       240
     PLAT  WCYVFKAGKYSSEFCSTPACSEGNSDCYFGNGSAYRGTHSLTESGASCLPWNSMILIGKV
           ::.:..   . :  :.:       :.   .       .:    :       . .:  .             .
     F12   WCFVLNRDRLSWEYCDLAQCQTPT--------QAAPPTPVSPRLHVPLMPAQPAPPKPQP
              280       290               300       310       320


             250       260       270       280       290       300
     PLAT  YTAQNPSAQALGLGKHNYCRNPDGDAKPWCHVLKNRRLTWEYCDVPSCSTCGLRQYSQPQ
            :   :...:. :           :     .:    . .:  :         ::    ::.   . .
     F12   TTRTPPQSQTPGAL-------PAKREQP-PSLTRNGPL--------SCGQ-RLRKSLSSM
              330       340              350               360       370


             310       320       330       340       350       360
     PLAT  FRIKGGLFADIASHPWQAAIFAKHRRSPGERFLCGGILISSCWILSAAHCFQERFPPHHL
           :.  :::  :   ..::. ::.: :                 .:.:  :.:..::::::.:.  :.  :
     F12   TRVVGGLVALRGAHPYIAALYWGHS-------FCAGSLIAPCWVLTAAHCLQDRPAPEDL
              380       390              400       410       420


             370       380       390       400       410       420
     PLAT  TVILGRTYRVVPGEEEQKFEVEKYIVHKEFDDDTYDNDIALLQLKSDSS-RCAQESSVVR
           ::.:.::    :     :  :    : :.:    .:  .: .::::.::.   ::    :  :.
     F12   TVVLGQERRNHSCEPCQTLAVRSYRLHEAFSPVSYQHDLALLRLQEDADGSCALLSPYVQ
              430       440       450       460       470       480


             430       440       450       460       470       480
     PLAT  TVCLPPADLQLPDWTECELSGYGKHEALSPFYSERLKEAHVRLYPSSRCTSQHLLNRTVT
           ::::  .    . :  :...::.   :   :.: :.:.:.: .    .::..    ..
     F12   PVCLPSGAARPSETTLCQVAGWGHQFEGAEEYASFLQEAQVPFLSLERCSAPDVHGSSIL
              490       500       510       520       530       540
```

```
              490         500         510         520         530         540
PLAT     DNMLCAGDTRSGGPQANLHDACQGDSGGPLVCLNDG---RMTLVGIISWGLGCGQKDVPG
         :::::       :         ::::::::::::: . .    :.:: :::::: :::  .. ::
F12      PGMLCAGFLEGGT------DACQGDSGGPLVCEDQAAERRLTLQGIISWGSGCGDRNKPG
              550         560         570         580         590

              550
PLAT     VYTKVTNYLDWIRD
         ::: :. :: :::.
F12      VYTDVAYYLAWIRE
              600         610


   50.0% identity in 84 aa overlap; score:  211

              220         230         240         250         260         270
PLAT     CYFGNGSAYRGTHSLTESGASCLPWNSMILIGKVYTAQNPSAQALGLGKHNYCRNPDGDA
         :: : : .:::     : ::: : ::       .: . :    :.   ::: :.::::: :
F12      CYDGRGLSYRGLARTTLSGAPCQPWASEATYRNVTAEQ---ARNWGLGGHAFCRNPDNDI
              220         230         240         250         260         270

              280         290
PLAT     KPWCHVLKNRRLTWEYCDVPSCST
         .::: ::.   ::.::::::. .:.:
F12      RPWCFVLNRDRLSWEYCDLAQCQT
              280         290


   36.7% identity in 30 aa overlap; score:   36

              100         110         120
PLAT     CFNGGTCQQALYFSDFVCQCPEGFAGKCCE
         : .::::  .    :     : ::. ...:. :.
F12      CQKGGTCVNMP--SGPHCLCPQHLTGNHCQ
              110         120         130
```

1.36 Alignment der PLAT und F12 Sequenzen mit LALIGN (z. B. online unter [http://www.ch.embnet.org/software/LALIGN_form.html]. Die lokalen Alignments 1–3 werden angezeigt.

1 Sequenzen

PLAT ─[F1][E][K][K]─[Katalyse]─
         3   1   2
F12 ─[F2][E][F1][E][K]──[Katalyse]─

1.37 Die menschlichen Proteine PLAT (T-Plasminogen Activator) und F12 (Coagulationsfaktor XII) benutzen die gleichen 'Bausteine' in unterschiedlicher Anzahl und Reihenfolge. Neben dem optimalen lokalen Alignment (Bereich F1-Domäne bis N-Terminus) müssen die *zusätzlichen* lokalen Alignments 2 (verdoppelte K-Domäne in PLAT) und 3 (verdoppelte E-Domäne in F12) erkannt werden, um die Domänenstruktur beider Proteine zu verstehen (s. a. Abb. 1.36).

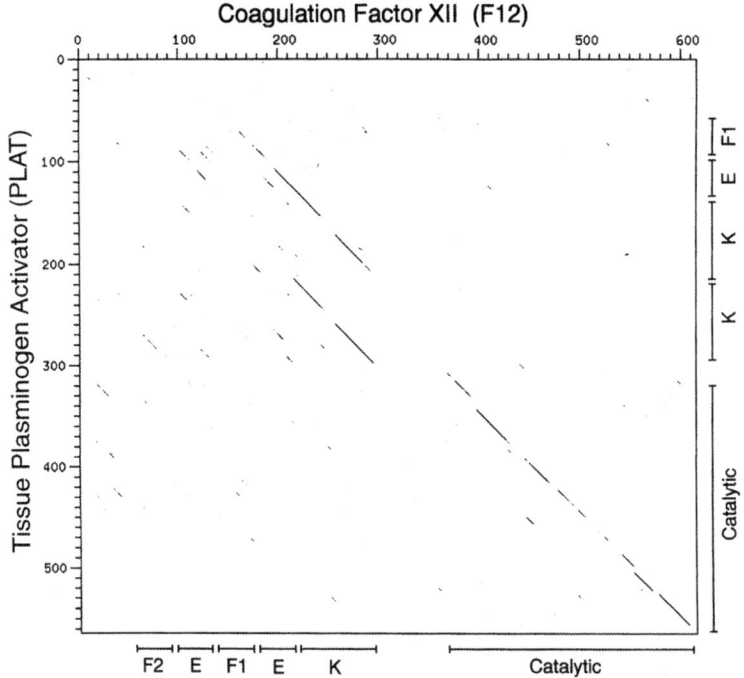

1.38 Eine Domänenstruktur wie im Falle des PLAT/F12 Alignments beobachtet, läßt sich auch in einem *dot matrix*-Diagramm darstellen, das die beiden Proteine auf den X und Y Achsen positioniert und identische Aminosäurepositionen durch Punkte markiert, die im Falle von verdoppelten Domänen verdoppelte Linien bilden. DOTTER Programm (Sonnhammer, Durbin, *Gene* 1995, 167: GC1-10; Abb. aus Baxevanis, Oullete: *Bioinformatics*. Wiley-Liss, New York, 1998).

1.4.4
Was ist signifikant?

Die ausführliche Beschäftigung mit Alignments (und also auch mit Sequenzhomologiesuchen) soll dazu dienen, sich nicht von ihnen einschüchtern zu lassen. Da, wo sie offensichtlich sind, sind sie natürlich oft trivial. Da, wo sie eine kaum noch erkennbare evolutionäre Beziehung verdeutlichen können, sind aufregende biologische Entdeckungen möglich, aber gerade hier stoßen sie auch oft an die Grenzen ihrer Leistungsfähigkeit oder können gar eine Beziehung nicht mehr erkennen. In jedem Falle beginnt die eigentliche harte Arbeit nach dem Alignment, – sprich, der experimentelle Beleg, der eine Sequenzbeziehung verifiziert.

Im ganzen folgen Alignments einer einfachen inneren Logik, Buchstabenpaare so zu gruppieren, daß unter Verwendung einer spezifischen score-Tabelle eine hohe evolutionäre Wahrscheinlichkeit für die gewählte Zuordnung erwartet werden kann. Details in Alignments partiell ähnlicher Sequenzen sind stets auslegungsfähig, solange nicht durch Einbeziehung von dreidimensionalen Strukturen eine wirkliche Äquivalenzbeziehung zwischen Aminosäuren belegt wird.

Die Tatsache, daß zwei Proteine Sequenzähnlichkeit zeigen, muß vorsichtig interpretiert werden. Schlüsse auf evolutionäre Verwandtschaft und/oder funktionelle Ähnlichkeit dürfen nicht voreilig gezogen werden. Wie bereits im Zusammenhang mit Paralogen und Orthologen (s. Seite 41) erwähnt, bedeutet Sequenzähnlichkeit nicht sofort auch Funktionsähnlichkeit. Zudem wird das Interpretationsproblem noch durch die modulare verlaufende Protein-Evolution verschärft. Proteinmodule sind evolutionäre Einheiten, denen eine evolutionäre Eigenständigkeit zukommt. Sie bewegen sich sozusagen unabhängig vom Kontext des Gesamtproteins. Ein solches strukturelles Modul (wie z. B. die dsRBD) kann in verschiedenen Proteinen zweier Spezies in verschiedenen Kombinationen auftauchen. Die dadurch hervorgerufene, bisweilen sogar starke Homologie zweier Proteine darf nicht ohne weiteres im Sinne funktioneller Orthologie der beiden Proteine interpretiert werden. Die beiden Proteine können ganz unterschiedliche Gesamtfunktion haben. So beschränkt sich bei zwei Proteinen, die beide RNA-bindende Domänen mit hoher Sequenzähnlichkeit enthalten, ihre Ähnlichkeit vielleicht nur darauf, daß beide RNA binden können. Gleiche Domänen mögen also einen Hinweis auf ähnliche Substrat-, Cosubstrat oder sonstige Ligandenbindung geben, eine eigentlich durchgeführte Katalyse kann aber, falls vorhanden, reichlich unterschiedlich aussehen. Dies gilt insbesondere für den Vergleich von Proteinen aus Prokaryonten oder niederen Eukaryonten mit gewöhnlich viel größeren eukaryontischen Proteinen.

Wann ist nun die Bezeichnung Ortholog gerechtfertigt? Geht man davon aus, daß wahre Orthologie auch eine konservierte Domänenarchitektur impliziert, so würde dem vielleicht eine möglichst hohe Homologie (>80%) über die Gesamtlänge beider verglichenen Proteine entsprechen. Auch dies kann in die Irre führen, wenn man bedenkt, daß das „Längenwachstum" eines menschlichen Proteins gegenüber seinem prokaryontischen oder Hefe-Ortholog vielleicht gerade in der Acquisition neuer regulativer Domänen besteht, für die keine Gegenstücke im Vergleichsprotein existieren. Auch zusätzliche Evidenz, wie z. B. das Auftauchen zweier homologer Proteine in funktionell äquivalenten makromolekularen Komplexen zweier Organismen, kann als Indiz für tatsächliche Orthologie benutzt werden.

1.4.5
Homologiesuche mit BLAST

Die bisher beschriebenen exakten Methoden des *dynamic programming* sind für die Datenbanksuche um Größenordnungen zu langsam (im Bereich von Stunden). Datenbanksuchen mit strikten Smith-Waterman dynamic programming Algorithmen lassen sich aber auch online bei diversen Websites durchführen (z. B. [http://www.ebi.ac.uk/scanps]). In Anbetracht des explosionsartigen Wachstums von Sequenzdatenbanken war die Entwicklung schnellerer Algorithmen notwendig (Abb. 1.12). Daher wurden heuristische (d.h. approximative statt optimaler Lösungen) Ansätze gewählt, die zwar weniger sensitiv aber sehr schnell arbeiten. Die beiden bekanntesten sind BLAST und FASTA. FASTA war das erste weit verbreitete Programm für die Suche nach Ähnlichkeiten in Datenbanken. Das Programm wird gegenwärtig in seiner Version FASTA3 verwendet. FASTA sucht zunächst nach „Worten" (k-tuples) der query-Sequenz, also kurzen Mustern von k aufeinander folgenden gleichen Buchstaben in query- und Datenbanksequenz. Für DNA ist k gleich 4–6, für Proteine gleich 1–2. Solche kurzen Übereinstimmungen zwischen der query und einer Datenbank-Sequenz werden zu einem match vereinigt, wenn sie für k = 2 z. B. nicht weiter als 16 Positionen voneinander entfernt sind (gaps sind dabei nicht erlaubt). Solchen match-Regionen wird dann mit einer Tabelle ein score zugeteilt. Mehrere Regionen werden unter Verwendung von gap-penalties zu größeren Ähnlichkeitsregionen vereinigt, wobei die scores addiert werden. Zur Optimierung werden abschließend mit dynamic programming Algorithmen (Smith-Waterman) optimale lokale Alignments nur für die Datenbanksequenzen mit dem höchsten score errechnet. FASTA ist zwar sehr viel schneller als eine dynamic programming Methode, aber langsamer als BLAST. FASTA kann bequem über e-mail Server wie z. B. am EBI benutzt werden [http://www.ebi.ac.uk].

Während sich Datenbanksuchen mit einzelnen oder wenigen Sequenzen leicht „von Hand" durchführen lassen, gerät man bei mehreren Hundert Sequenzen oder auch einer großen Menge gefundener Treffer, die weiterverarbeitet werden müssen, sehr schnell in die Situation, daß Suche und Abspeichern von Ergebnissen, bzw. deren Weiterverarbeitung automatisiert werden müssen. Dies ist dann der Punkt, an dem Kenntnisse in der Erstellung z. B. von PERL-Skripten notwendig sind, um Datenbanken überhaupt effizient nutzen zu können. Neben der Automatisierung repetitiver Schritte der Datenbanksuche, lassen sich mit Skripten komplexe, benutzerdefinierte Datenmuster beschreiben, die dann in lokal vorhandenen Datenbanken gesucht werden können.

Wir wollen uns BLAST (für Basic Local Alignment Search Tool) (Altschul et al., Basic local Alignment search tool. *J. Mol. Biol.* 1990, 215: 403–410) detaillierter ansehen. Die BLAST Entwickler sind am NCBI beheimatet, seine Benutzung ist aber in einer Vielzahl von Websites implementiert. Die NCBI BLAST-site ist, besonders nach ihrer Neugestaltung (Januar 2001), ein Musterbeispiel für Benutzerfreundlichkeit und Schnelligkeit. Diese Webadresse [http://www.ncbi.nlm.nih.gov/BLAST/] bietet eine Fülle didaktisch wertvollen Materials zum Kennenlernen und Verstehen des BLAST Pakets.

Das BLAST Paket stellt Programme bereit, die Alignments mit hohem score zwischen einer Suchsequenz (query sequence) und allen Sequenzen einer Datenbank finden (beide Sequenzen können DNA oder Protein sein) (Abb. 1.39). Das BLAST Konzept geht davon aus, daß ein signifikantes Alignment zweier Sequenzen mit hoher Wahrscheinlichkeit kurze Abschnitte identischer Reste mit sehr hohem score enthält (sog. HSPs, high-scoring segment pairs). Das Suchergebnis mit BLAST besteht aus einer Liste der gefundenen HSPs. Da

PROGRAMM	QUERYSEQUENZ	DATENBANK	SUCHSTRATEGIE	EINSATZBEREICH
blastp	Proteinsequenz	Proteinsequenzen	Protein gegen Protein	Grundeinstellung BLOSUM62
blastn	Nukleotidsequenz	Nukleotidsequenzen	Nukleotid Query-Sequenz und ihr reverses Komplement gegen Nukleotidsequenzen	Nicht für weit entfernt verwandte Proteine geeignet, da primär auf sehr hohe Score-Werte eingestellt.
blastx	translatierte Nukleotid-Sequenz	Proteinsequenzen	Die Query-Sequenz wird in allen reading frames übersetzt und sucht gegen Proteinsequenzen.	Für die Analyse neuer DNA Sequenzen und ESTs um potentielle Translationsprodukte zu entdecken. Grundeinstellung Blosum62
tblastn	Proteinsequenz	translatierte Nukleotid-Sequenz	Nukleotidsequenzen werden in allen frames übersetzt.	Für das Auffinden nicht-annotierter kodierender Bereiche in Datenbanksequenzen.
tblastx	translatierte Nukleotid-Sequenz	translatierte Nukleotid-Sequenz	Query- und Datenbanksequenzen werden in allen 6 frames übersetzt. (Kann nicht mit nr benutzt werden.) Zeitintensive Recherche!	EST Analyse

1.39 Die einzelnen Programme des BLAST Paketes, ihre Suchstrategie und geeignete Anwendungsbereiche.

BLAST das am weitesten verbreitete Suchprogramm für Sequenzhomologien ist, folgen nun eine ausführliche Darstellung der Programmschritte, die im Hintergrund ablaufen sowie eine ausführliche Darstellung zur Benutzung.

Zunächst eine wichtige Definition: Ein *segment pair* zweier Sequenzen ist ein Paar gleichlanger Sequenzstücke aus den beiden Sequenzen. Ein solches kurzes Alignment

```
K   A   L   M   R
V   A   K   N   S
-4  3  -4  -3  -1   Σ -9
```

wird unter Verwendung einer score Matrix (hier PAM120) bewertet. BLAST meldet alle HSPs, deren score über einem Schwellenwert S liegt.

Zunächst wird mit der query-Sequenz eine Liste kurzer Worte mit wenigen Aminosäure- (bzw. Nukleotid-) Buchstaben erstellt (3 Aminosäuren bei Proteinen, 11 Basen bei Nukleinsäuren). Diese Liste ist nicht eine einfache Auflistung von Worten aus der query-Sequenz. Die Liste besteht hingegen aus Worten (mit w Buchstaben), die mit wenigstens einem score von T zu den Worten der query passen (Konzept sogenannter *neighborhood words*). Statt von „Wort mit w Buchstaben" kann man auch von „k-tuple" (k = Anzahl der Symbole) sprechen. Die Liste umfaßt im Ggs. zu FASTA nicht notwendigerweise alle Worte einer bestimmten Länge. Mit den Worten dieser Liste wird jetzt die Datenbank nach Treffern durchsucht. Wird ein Wort der Liste in der Datenbank gefunden, so wird von diesem „Wort-Keim" ausgehend das Alignment zwischen query-Sequenz und gefundener Sequenz nach beiden Seiten hin bis zum maximalen score ausgebaut. Dieses so gefundene HSP wird in die Resultatsliste übernommen. Die Tatsache, daß keine gaps im HSP sind, ist unproblematisch, da BLAST mehr als ein HSP pro Sequenzpaar finden und melden kann. Im Falle von gaps wird das Alignment also nur in mehrere HSPs zerbrochen. Dies gilt für die ältere BLAST Version. BLAST 2.0 erlaubt jetzt auch gaps (Altschul et al., Gapped BLAST and PSI-BLAST: A new generation of protein database search programs. *Nucleic Acids Res* 1997, 25: 3389-3402). Aufgrund der zahlreichen sequenzierten Genome und der enormen Menge an ESTs (expressed sequence tags = partiell sequenzierte cDNA Sequenzen) in den Datenbanken ist es heute eher überraschend, wenn man keinen Treffer findet (Abb. 1.40).

Die query-Sequenz wird im Feld SEARCH der BLAST-Suchmaske als einfacher Text, im FASTA Format oder über ein Sequenz ID eingefügt (Abb 1.41). Bevor man die Suche startet, lassen sich eine Reihe von benutzerdefinierten Vorgaben machen. BLAST enthält eine Reihe von Optionen und verstellbaren Parametern, von denen wir uns einige näher anschauen wollen. Anhand dieser Parameter läßt sich zugleich die Signifikanz von BLAST Treffern diskutieren.

What's NEW in BLAST

Jan 29, 2001. You are looking at the completely redesigned BLAST pages.

Nucleotide BLAST   ?

- Standard nucleotide-nucleotide BLAST [blastn]
- MEGABLAST
- Search for short nearly exact matches

Protein BLAST

- Standard protein-protein BLAST [blastp]
- PSI- and PHI-BLAST
- Search for short nearly exact matches

Translated BLAST Searches   ?

- Nucleotide query - Protein db [blastx]
- Protein query - Translated db [tblastn]
- Nucleotide query - Translated db [tblastx]

Search for conserved domains   ?

- Search the Conserved Domain Database using RPS-BLAST

Pairwise BLAST   ?

- BLAST 2 Sequences

Specialized BLAST pages   ?

- Human Genome
- Finished and Unfinished Microbial Genomes
- *P. falciparum*
- VecScreen - BLAST-based detection of vector contamination
- IgBLAST - Analysis of immunoglobulin sequences in GenBank

Retrieve results for an existing Request ID   ?

- Retrieve results with a Request ID

Compatibility links   ?

- Old WWW BLAST homepage

Disclaimer   Privacy statement

Revised January 29, 2001

1.40 Die Homepage der BLAST Programme am NCBI ist Eingangspunkt zu den einzelnen Programmvarianten [http://www.ncbi.nlm.nih.gov/BLAST/].

1.41 Die Suchmaske des BLASTP (Protein gegen Protein Suche) Programms. Die einzelnen Felder und Optionen sind im Text erklärt.

Es muß zunächst entschieden werden, in welcher Datenbank mit der query-Sequenz gesucht werden soll (Abb 1.41) Feld CHOOSE DATABASE (Grundeinstellung nr) (Abb. 1.42). Für NCBI- protein-BLAST wird zumeist die „nr Protein Database" benutzt. Diese spezielle Datenbank vereinigt Daten aus mehreren anderen und filtert redundante identische Sequenzen heraus, sie enthält nahezu alle bekannten Proteine. Mit einer automatischen Übersetzung in allen sechs reading frames läßt sich auch die „nr DNA Database" auf dem Proteinlevel durchsuchen. Die nr DNA Database enthält keine ESTs oder HTGS (high throughput Sequenzen), sie ist auch nicht mehr non-redundant.

Wenn eine blastn und blastx Suche gegen nr ergebnislos blieb, ist eine Suche in der EST-Datenbank nützlich, da die hypothetischen Translationsprodukte der EST-Sequenzen nicht in nr enthalten sind. Hat man eine Proteinquery-Sequenz, benutzt man dazu tblastn, bzw. tblastx, wenn nur eine Nukleotidsequenz vorliegt. So ist gewährleistet, daß Homologien noch gefunden werden können, wenn auf Nukleotidsequenzebene keine signifikante Ähnlichkeit mehr besteht. Über das Feld LIMIT BY ENTREZ QUERY kann man die Sequenzsuche z. B. auf bestimmte Organismen einschränken.

Die Option CD-SEARCH ermöglicht die parallele Suche mit der query-Sequenz in speziellen Proteindatenbanken, die Proteinmotive und -domänen enthalten. Zur Zeit werden dazu die SMART und die PFAM Datenbank durchsucht (zu PFAM und anderen Motivdatensammlungen siehe 1.6.4). Falls die query-Sequenz zu einem Eintrag in diesen Datenbanken paßt, wird dieser Treffer nach erfolgter BLAST-Suche auf der Seite gemeldet, die zum Formatieren des BLAST-Ergebnisses auffordert (Abb. 1.43). Es wird ein Link erstellt zu weiteren Informationen über dieses Proteinmotiv.

Damit bei Datenbanksuche mit BLAST ein HSP als Treffer erscheint, muß sein score über einem cut-off Wert S liegen. Dieser Wert könnte durch den user verändert werden, ein geeigneter Wert ist allerdings schwer abzuschätzen. Einfacher ist es, die Zahl der gemeldeten Treffer über den *expectation cut off-*Wert E zu regeln, im Feld EXPECT (Abb 1.41). Dieser E-Wert ist besser geeignet als „raw oder bit scores", die sich direkt aus der verwendeten score-Matrix ergeben. BLAST errechnet das *cut off* S dann entsprechend der verwendeten Matrix und Datenbankgröße. Der benutzerdefinierte E-Wert einer BLAST-Suche reflektiert die erwartete Anzahl von Zufallstreffern in einer Datenbank bestimmter Größe.

Überlegungen, die die Signifikanz einer von BLAST gefundenen Homologie beurteilen, müssen die Frage diskutieren, mit welcher Wahrscheinlichkeit ein solches Alignment durch reinen Zufall entstehen kann. Während für globale Sequenzalignments (siehe 1.4.2) eine solche Beurteilung nur bedingt möglich ist, ist die Statistik für lokale Alignments wie in BLAST hingegen theoretisch besser durchdrungen, besonders wenn keine gaps vorliegen.

Proteinsequenzdatenbanken, die für BLAST zur Verfügung stehen

nr	Vereinigung aller nicht-redundanten GenBank CDS + PDB, SwissProt, PIR, PRF
month	Teilmenge von nr (neu oder modifiziert in den letzten 30 Tagen)
swissprot	neueste Version der SwissProt DB
patents	Proteinsequenzen der Patent Division (GenBank)
yeast	komplettes Set aller Proteintranslationen des *S. cerevisiae* Genoms
E. coli	CDS Translationen des *E. coli* Genoms
pdb	Sequenzen, die aus den 3D Strukturen in PDB abgeleitet sind
Drosophila	*Drosophila* Proteine (Celera und BDGB Berkeley)
alu	Translation ausgewählter Alu Repeats. Geeignet, um diese in der Query Sequenz zu maskieren.

Nukleotidsequenzdatenbanken, die für BLAST zur Verfügung stehen

nr	Alle GenBank, EMBL, DDBJ, PDB Sequenzen. **Keine** EST, STS, GSS oder HTGS Sequenzen! (-nr- ist nicht mehr non-redundant)
month	Teilmenge von nr (neu oder modifiziert in den letzten 30 Tagen)
dbest	nicht-redundante DB der ESTs aus GenBank, EMBL, DDBJ [EST=expressed sequence tag]
dbsts	entsprechend STSs [STS sequence tagged site]
mouse ests	entsprechend, aber nur Maus
human ests	entprechend, aber nur Mensch
other ests	wie dbest, aber Maus und Mensch ausgeschlossen
yeast	Nukleotidsequenz des *S. cerevisiae* Genomprojektes
E. coli	Nukleotidsequenz des *E. coli* Genomprojektes
pdb	Nukleotidsequenzen, die abgeleitet sind von Protein 3D Strukturen
Drosophila	*Drosophila* Genom (Celera und BDGB Berkeley)
patents	Nukleotidsequenzen der Patent Division (GenBank)
vector	Vektorsequenzen in GenBank
mito	Datenbank mitochondrialer Sequenzen
alu	Ausgewählte Alu Repeats. Geeignet, um diese in der Query Sequenz zu maskieren.
epd	*E*ukaryontische *P*romotor *D*atenbank des Schweizerischen Institutes für Experimentelle Krebsforschung
gss	Genome Survey Sequence Division GenBank (enthält unter anderem single-pass reads von genomischer DNA)
htgs	Spezielles Set von High Throughput Genomic Sequences

1.42 Sequenzdatenbanken, die für die BLAST-Suche zur Verfügung stehen.

1.4 Alignments – Ähnlichkeiten zwischen Sequenzen | 67

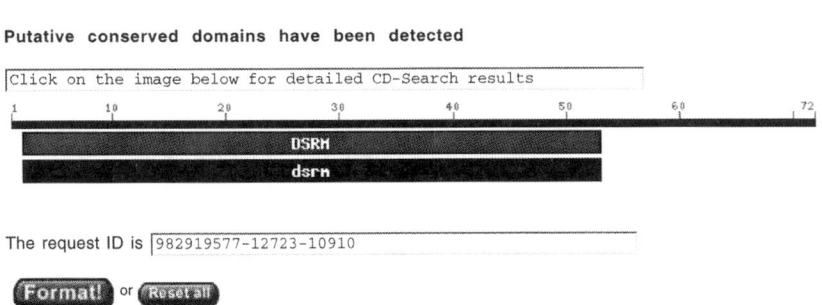

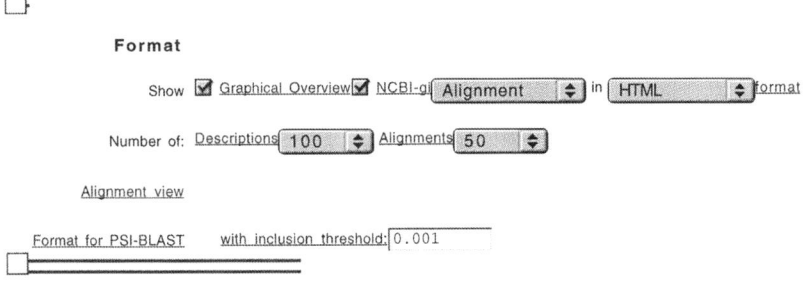

1.43 Die BLAST Suche wurde abgeschickt und vom BLAST Server bearbeitet. In diesem Falle entdeckt das Programm, daß unsere Query-Sequenz einer bereits bekannten Proteindomäne entspricht. Nähere Einzelheiten können durch Anklicken des DSRM Links eingesehen werden. Der untere Teil dieser Seite beinhaltet die Formatierung des graphischen Output dieser BLASTP Suche.

In zwei hinreichend langen Sequenzen der Länge m bzw. n ergibt sich die Anzahl von HSPs, die ein score von wenigstens S besitzen, zu:

(1) $E = Kmne^{-\lambda S}$ E-Wert für score S

K und λ sind durch das scoring-System bestimmt.

Die Wahrscheinlichkeit, eine Anzahl a von zufälligen HSPs mit einem score ≥ S zu finden, beträgt:

(2) $e^{-E} \cdot \dfrac{E^a}{a!}$ mit E, siehe (1)

Die Wahrscheinlichkeit, kein HSP mit einem score $\geq$ S zu finden, ist e^{-E}. Die Wahrscheinlichkeit, wenigstens ein solches HSP anzutreffen, beträgt also P=1-e^{-E} (sog. P-Wert des score-Wertes S).

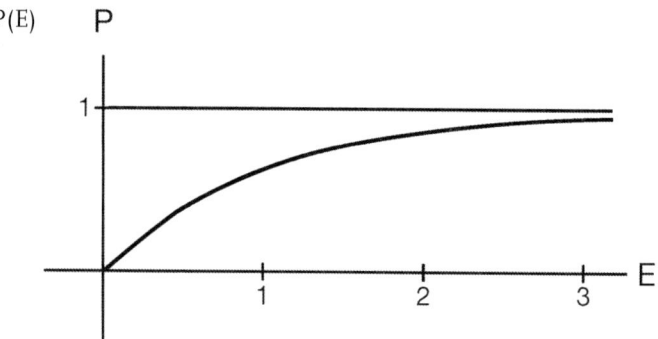

Gleichung (1) gilt für 2 Sequenzen. Nimmt man an, daß die Wahrscheinlichkeit für eine Sequenzbeziehung der einen Sequenz zur zweiten proportional zur Sequenzlänge der zweiten zunimmt, so muß man entsprechend den paarweisen E-Wert bei einer Datenbanksequenz der Länge n bei einer Suche mit einer Sequenz der Länge m mit N/n multiplizieren (N = Gesamtlänge der Datenbank).

Der E-Wert, der bei BLAST Suche hinter den gefundenen Datenbanksequenzen in der *summary* erscheint (Abb. 1.44), bezeichnet also die Anzahl von HSPs mit diesem score, die in der benutzten Datenbank durch reinen Zufall zu erwarten sind. Der Kopf der Liste enthält also die besten, hoch signifikanten Treffer mit sehr kleinem E (3e-25 bedeutet $3 \cdot 10^{-25}$). Treffer mit einem E < 0,01 sind bereits selten, also ein klarer Hinweis auf eine echte Homologie. scores mit 1e-50 sind ein sicherer Beleg für eine evolutionäre Beziehung des Sequenzpaares.

Wählt man vor dem Abschicken der BLAST Suche für die Darstellung des Ergebnisses die Option GRAPHICAL OVERVIEW, so gliedert sich die BLAST Antwort in 3 Teile (Abb. 1.44):

1. Eine farbkodierte graphische Darstellung der Datenbanksequenzen, die HSPs enthalten, deren Position in der query-Sequenz und ein score-Wert. Die score-Bandbreite der Alignments (hier der score-Wert, der in der Säule vor den E-Werten steht) ist in fünf farbige Kategorien geteilt. Jeder individuelle Treffer trägt die Farbe seiner Kategorie. Multiple Treffer in einer Datenbanksequenz sind durch Strichelung sichtbar gemacht. Fährt man mit dem Maus-Cursor über die Linien, erscheint die jeweilige Sequenz im Diagrammfenster. Bei Anklicken springt die Darstellung direkt zum zugehörigen Alignment.

BLAST Search Results

BLASTP 2.1.2 [Nov-13-2000]

Reference:
Altschul, Stephen F., Thomas L. Madden, Alejandro A. Schäffer, Jinghui Zhang, Zheng Zhang, Webb Miller, and David J. Lipman (1997), "Gapped BLAST and PSI-BLAST: a new generation of protein database search programs", Nucleic Acids Res. 25:3389-3402.

RID: 982914058-606-26923

Database: nr
            637,382 sequences; 201,036,963 total letters

If you have any problems or questions with the results of this search please refer to the **BLAST FAQs**

Taxonomy reports

Query= domain
         (72 letters)

1.44   (s. Seite 71)

1 Sequenzen

```
                                                                Score      E
Sequences producing significant alignments:                     (bits)   Value

gi|2500552|sp|O52698|RNC_RHOCA  RIBONUCLEASE III (RNASE III)...   104    2e-22
gi|7531190|sp|O69161|RNC_BRAJA  RIBONUCLEASE III (RNASE III)...    60    4e-09
gi|7531196|sp|Q9Z5U2|RNC_ZYMMO  RIBONUCLEASE III (RNASE III)...    49    9e-06
gi|11263417|pir||A81260    ribonuclease III (EC 3.1.26.3) Cj16...  45    1e-04
gi|11263401|pir||F82581    ribonuclease III XF2246 [imported] ...  40    0.005
gi|6226018|sp|Q9ZE31|RNC_RICPR  RIBONUCLEASE III (RNASE III)...    39    0.008
gi|7435222|pir||F64602   ribonuclease III - Helicobacter pylo...   37    0.023
gi|7531276|sp|P56118|RNC_HELPY  RIBONUCLEASE III (RNASE III)       37    0.023
gi|7531198|sp|Q9ZLH2|RNC_HELPJ  RIBONUCLEASE III (RNASE III)...    37    0.025
gi|8346542|emb|CAB93934.1|   (Y16954) BcpLH protein [Brassica...   37    0.032
gi|3850247|gb|AAC72049.1|    (AF052022) Vp8 [Coltivirus JKT-7075]  36    0.059
gi|7531195|sp|Q9XCX9|RNC_PSEAE  RIBONUCLEASE III (RNASE III)...    35    0.11
gi|2500554|sp|P74368|RNC_SYNY3  RIBONUCLEASE III (RNASE III)...    35    0.13
gi|1710609|sp|O10962|RNC_MYCTU  RIBONUCLEASE III (RNASE III)...    34    0.20
gi|9967526|emb|CAC05659.1|   (AJ293030) RBP2 protein [Brassic...   34    0.23
gi|2500549|sp|Q56056|RNC_SALTY  RIBONUCLEASE III (RNASE III)...    34    0.32
gi|9229939|dbj|BAB00641.1|   (AB036988) dsRNA-binding protein...   34    0.33
gi|133151|sp|P05797|RNC_ECOLI  RIBONUCLEASE III (RNASE III) ...    33    0.36
gi|11263403|pir||B82073    ribonuclease III VC2461 [imported]...   33    0.37
gi|11994159|dbj|BAB01188.1|   (AP000602) gb|AAD20688.1~gene_i...   33    0.47
gi|9759153|dbj|BAB09709.1|    (AB010072) gb|AAD20688.1~gene_id...  33    0.48
gi|1173093|sp|P44441|RNC_HAEIN  RIBONUCLEASE III (RNASE III)...    33    0.50
gi|7531192|sp|O69469|RNC_MYCLE  RIBONUCLEASE III (RNASE III)...    33    0.51
gi|2160163|gb|AAB60726.1|   (AC000132) F21M12.9 gene product ...   33    0.56
gi|1710608|sp|P51837|RNC_COXBU  RIBONUCLEASE III (RNASE III)...    33    0.57
gi|3850201|gb|AAC72011.1|    (AF019908) vp12 [Coltivirus JKT-6...  33    0.57
gi|3850263|gb|AAC72057.1|    (AF052057) Vp12 [Banna virus]         33    0.59
gi|3850251|gb|AAC72051.1|    (AF052024) Vp12 [Coltivirus JKT-7... 32    0.76
gi|12720269|gb|AAK02145.1|   (AE006042) Rnc [Pasteurella mult... 32    0.95
gi|2326524|emb|CAA55967.1|   (X79448) type I [Homo sapiens] >... 31    1.9
gi|7669475|ref|NP_056656.1|    adenosine deaminase, RNA-specif... 31    2.8
gi|7669473|ref|NP_056655.1|    adenosine deaminase, RNA-specif... 31    2.8
gi|12711291|emb|CAA67170.1|   (X98559) dsRNA adenosine deamin... 31    2.8
gi|2326526|emb|CAA55968.1|   (X79449) type II [Homo sapiens]    31    3.0
gi|4501917|ref|NP_001102.1|    adenosine deaminase, RNA-specif... 30    3.0
gi|1706532|sp|P55265|DSRA_HUMAN  DOUBLE-STRANDED RNA-SPECIFI... 30    3.0
gi|6094109|sp|O83787|RNC_TREPA  RIBONUCLEASE III (RNASE III)... 30    3.2
gi|4432839|gb|AAD20688.1|   (AC006283) unknown protein [Arabi... 30    4.2
gi|1706533|sp|P55266|DSRA_RAT  DOUBLE-STRANDED RNA-SPECIFIC ... 30    4.8
gi|11424143|ref|XP_001793.1|    adenosine deaminase, RNA-speci... 30    4.9
gi|12720149|ref|XP_010637.1|    adenosine deaminase, RNA-speci... 30    4.9
gi|11424145|ref|XP_001794.1|    adenosine deaminase, RNA-speci... 30    5.1
gi|12720151|ref|XP_010638.1|    adenosine deaminase, RNA-speci... 30    5.1
gi|12720153|ref|XP_010639.1|    adenosine deaminase, RNA-speci... 29    5.2
gi|11424147|ref|XP_001792.1|    adenosine deaminase, RNA-speci... 29    5.2
gi|9789867|ref|NP_062629.1|    adenosine deaminase, RNA-specif... 29    5.3
gi|7770273|gb|AAF69672.1|   (AF124332) double-stranded RNA-sp... 29    5.6
gi|7512013|pir||T13931   projectin - fruit fly (Drosophila me... 29    9.2
gi|7798620|gb|AAF69764.1|   (AF124048) double-stranded RNA ad... 29    9.2
gi|10726323|gb|AAF59316.2|   (AE003843) bt gene product [Dros... 29    9.9
```

Alignments

```
>gi|2500552|sp|O52698|RNC_RHOCA RIBONUCLEASE III (RNASE III)
 gi|2126472|pir||S66596 ribonuclease III (EC 3.1.26.3) - Rhodobacter capsulatus
 gi|1177610|emb|CAA92647.1| (Z68305) endoribonuclease III [Rhodobacter capsulatus]
         Length = 228

 Score = 104 bits (259), Expect = 2e-22
 Identities = 53/53 (100%), Positives = 53/53 (100%)

Query: 1    DPKTALQEWAQARGLPPPRYETLGRDGPDHAPQFRIAVVLASGETEEAQAGSK 53
            DPKTALQEWAQARGLPPPRYETLGRDGPDHAPQFRIAVVLASGETEEAQAGSK
Sbjct: 157  DPKTALQEWAQARGLPPPRYETLGRDGPDHAPQFRIAVVLASGETEEAQAGSK 209


>gi|7531190|sp|O69161|RNC_BRAJA RIBONUCLEASE III (RNASE III)
 gi|3176883|gb|AAD02939.1| (AF065159) RNase III [Bradyrhizobium japonicum]
         Length = 231

 Score = 59.8 bits (144), Expect = 4e-09
 Identities = 30/53 (56%), Positives = 33/53 (61%)

Query: 1    DPKTALQEWAQARGLPPPRYETLGRDGPDHAPQFRIAVVLASGETEEAQAGSK 53
            DPKT LQEWAQ +GLP P Y   + R GP H PQFR+AV L     E    GSK
Sbjct: 156  DPKTVLQEWAQGKGLPTPVYREVERTGPHHDPQFRVAVDLPGLAPAEGIGGSK 208
```

```
>gi|6226018|sp|Q9ZE31|RNC_RICPR RIBONUCLEASE III (RNASE III)
 gi|7435227|pir||C71721 ribonuclease III (rnc) RP117 - Rickettsia prowazekii
 gi|3860685|emb|CAA14586.1| (AJ235270) RIBONUCLEASE III (rnc) [Rickettsia prowazekii]
          Length = 225

 Score =  39.0 bits (90), Expect = 0.008
 Identities = 19/38 (50%), Positives = 23/38 (60%)

Query: 1    DPKTALQEWAQARGLPPPRYETLGRDGPDHAPQFRIAV 38
            DPKTALQEWAQA       P Y  + R+G  H+  F + V
Sbjct: 158  DPKTALQEWAQANSHHLPIYRLIKREGAAHSSIFTVLV 195
```

```
>gi|11994159|dbj|BAB01188.1| (AP000602) gb|AAD20688.1~gene_id:MQP17.5~similar to unknown
      protein [Arabidopsis thaliana]
          Length = 359

 Score =  32.9 bits (74), Expect = 0.47
 Identities = 18/36 (50%), Positives = 22/36 (61%), Gaps = 1/36 (2%)

Query: 3    KTALQEWAQARGLPPPRYETLGRDGPDHAPQFRIAV 38
            K  LQE AQ        P Y T  R+GPDHAP+F+ +V
Sbjct: 3    KNQLQELAQRSCFSLPSY-TCTREGPDHAPRFKASV 37
```

```
>gi|1706532|sp|P55265|DSRA_HUMAN DOUBLE-STRANDED RNA-SPECIFIC ADENOSINE DEAMINASE (DRADA) (136 KDA
      DOUBLE-STRANDED RNA BINDING PROTEIN) (P136) (K88DSRBP)
 gi|2135019|pir||S65593 adenosine deaminase (EC 3.5.-.-), double-stranded RNA-specific -
      human
 gi|577170|gb|AAB06697.1| (U10439) double-stranded RNA adenosine deaminase [Homo sapiens]
          Length = 1226

 Score =  30.2 bits (67), Expect = 3.0
 Identities = 18/53 (33%), Positives = 28/53 (51%), Gaps = 1/53 (1%)

Query: 1    DPKTALQEWAQARGLPPPRYETLGRDGPDHAPQFRIAVVLASGETEEAQAGSK 53
            +P + L E+AQ        +  + + GP H P+F+   VV+    E     A+AGSK
Sbjct: 503  NPISGLLEYAQFAS-QTCEFNMIEQSGPPHEPRFKFQVVINGREFPPAEAGSK 554
```

```
>gi|10726323|gb|AAF59316.2| (AE003843) bt gene product [Drosophila melanogaster]
          Length = 7107

 Score =  28.6 bits (63), Expect = 9.9
 Identities = 19/51 (37%), Positives = 26/51 (50%), Gaps = 3/51 (5%)

Query: 4    TALQEWAQARGLPPPRY--ETLGRDGPDHAPQFRIAVVLASGETEEAQAGS 52
            TA +W A  + P +Y    E  G D P+H  QFR+  V   GE+E  +  S
Sbjct: 1487 TATGKWVPAGSVDPEKYDIEIKGLD-PNHRYQFRVKAVNEEGESEPLETES 1536
```

1.44 Graphische Darstellung des Resultats einer BLAST Suche. Für dieses Beispiel wurde eine bekannte Proteindomäne (dsRBD) von ca. 70 Aminosäuren als Query-Sequenz verwendet. Mit BLASTP wird nach verwandten Sequenzen gesucht (also query = Protein und Sequenz-datenbank nr = Protein). Auf den graphischen Teil folgen *summary* der gefundenen Sequenzen und dann die einzelnen Alignments geordnet nach zunehmendem E-Wert bis E = 10 (Die Liste der Alignments ist nur auszugsweise dargestellt; weitere Erläuterungen siehe Text.)

2. Eine summary Liste mit den Datenbanksequenzen, die HSPs enthalten und den zugehörigen E-Werten.
3. Eine Liste mit Darstellungen der eigentlichen HSPs, also von Alignments.

Die Anzahl der unter 2. und 3. gezeigten Treffer aus der Gesamtmenge der gefundenen Treffer läßt sich über die Felder DESCRIPTIONS und ALIGNMENTS steuern. Dies betrifft lediglich die Darstellung der gefundenen Treffer, nicht die Sensitivität des Programms. Dies ist besonders nützlich, wenn eine große Menge gefundener high-similarity hits die low-similarity hits an das Ende einer längeren Liste und damit „aus dem Bild" drängen.

Wie in Gleichung 1 (S. 67) ersichtlich, sinkt E exponentiell mit ansteigendem S. Die Grundeinstellung für E in BLAST ist 10. Erhöht man E auf z. B. 1.000 (= Zahl erwarteter Zufallstreffer), so sinkt das Schwellenwert-score entsprechend auf ein niedrigeres Niveau, eine entsprechend längere Liste auch mit niedrig-scorenden Treffern wird gemeldet! Dies ist nun also eine echte Empfindlichkeitsveränderung des Programms. Statt des E-Wertes läßt sich auch der verwandte P-Wert benutzen. Auch hier gilt: Je kleiner dieser positive Wert ist ($\rightarrow$ 0), desto höher die Signifikanz des Treffers.

BLAST-Resultate werden stark beeinflußt durch die Wahl der verwendeten Substitutionsmatrix. Das Feld MATRIX bietet die Wahl zwischen verschiedenen Matrizen. Wir hatten bereits gesehen, daß sich die score-Terme der verschiedenen Matrizen unterscheiden, da sie unterschiedliche „target frequencies" q_{ij} verwenden. Grundeinstellung für blastp ist BLOSUM62. Auch die Einzelheiten der gap-Kosten lassen sich in GAP COSTS verändern.

Selbst bei sehr gutem score und klarer evolutionärer Beziehung ist Vorsicht angebracht beim Schluß auf eine mögliche identische Funktion der beiden so in Verbindung gebrachten Proteine. Es sei außerdem noch einmal darauf hingewiesen, daß viele der in den Datenbanken annotierten Funktionen falsch sind, da nicht Teil des experimentell belegten file-Eintrags. Es ist stets zu bedenken, daß neben den Teilen einer query-Sequenz, die zu high-score Treffern führen, andere Teile nicht zu Treffern führen oder nur zu solchen, die weitaus geringere Signifikanz haben.

In welcher Form auch immer die Empfindlichkeit einer Homologiesuche verändert wird, ist es doch stets das Ziel, einen idealen Mittelweg zu finden zwischen dem Verlust an möglichen positiven Treffern in Form von „falsch Negativen" durch einen zu hohen Schwellenwert einerseits und übermäßig vielen „falsch Positiven" Treffern durch einen zu niedrigen Schwellenwert andererseits (Abb. 1.45).

Eine Homologiesuche sollte, wenn möglich, stets mit einer Protein-query-Sequenz durchgeführt werden, da mit Proteinsequenzen entferntere Verwandtschaften besser gefunden werden können als mit DNA. Falls lediglich eine Nukleotidsequenz vorliegt, sollte also eine Suche mit blastx durchgeführt

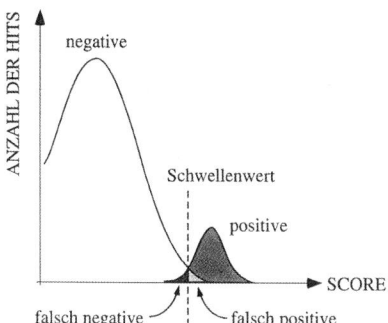

1.45 Einfluß des gewählten Score-Schwellenwertes auf den Gehalt an falsch positiven bzw. negativen Treffern.

werden. Aminosäuren haben im Gegensatz zu Nukleotiden chemische Eigenschaften, die den Grad von Ähnlichkeit weitaus besser verdeutlichen, sie sind eben nicht nur Code.

Bei der Option „automatic filtering" sollte man ON wählen, um Artefakte aufgrund von sogenannten *low complexity regions*, LCR, in der query-Sequenz zu vermeiden (Abb. 1.46). LCRs sind Homopolymere, kurze repeats oder Abschnitte mit einer Überrepräsentierung einzelner Buchstaben, die von einer Zufallsverteilung der Buchstaben abweicht. Die evolutionäre und funktionelle Bedeutung dieser Sequenzen ist unklar. Diese Regionen führen zur Fehlmeldung von HSPs mit Sequenzen ähnlichen Charakters. Dieses Problem sollte nicht unterschätzt werden; LCRs können so zahlreich auftreten, daß in der Menge dieser nichtssagenden Artefakte die biologisch wirklich signifikanten HSPs zahlenmäßig untergehen. Es ist daher sinnvoll, diese LCRs bereits auf dem Level der query-Sequenz von der BLAST-Suche auszuschließen. Filterprogramme wie SEG, DUST, oder XNU, die in der Grundeinstellung von BLAST eingeschaltet sind, analysieren die query-Sequenz und blenden die entsprechenden Bereiche durch X (in Proteinen) oder N (in Nukleotidsequenzen) aus (Abb. 1.46). Diese Filter lassen sich, falls gewünscht, abstellen.

Bei BLAST Suchen mit query-Sequenzen von weniger als 20 Buchstaben kann es, je nach Sequenz, zur Meldung „no significant similarity found" kommen. Hier können gegebenenfalls Veränderungen der Programmparameter Abhilfe schaffen (Abb. 1.41). Da eine sehr kurze Sequenz mit höherer Wahrscheinlichkeit rein zufällig in einer Datenbank auftaucht, wird selbst ein 100% Sequenzmatch als statistisch insignifikant betrachtet und in der Suchantwort unterdrückt. Erhöht man den Expect-Wert E, so werden auf Grund des dadurch erniedrigten Schwellen-scores auch solche Treffer gemeldet (s. oben). Dies ist nicht zu verwechseln mit der Erhöhung der in der summary-hit Liste <u>angezeigten Anzahl</u> von gefundenen Treffern.

Eine weitere Möglichkeit besteht darin, im Feld WORD SIZE die Wortgröße w der neighborhood-words (s. oben) von 3 Buchstaben (Proteine) bzw. 11 Buchstaben (Nukleinsäuren) zu verkleinern. Das Minimum für blastn ist 7.

A
```
>PRIO_HUMAN MAJOR PRION PROTEIN PRECURSOR
MANLGCWMLVLFVATWSDLGLCKKRPKPGGWNTGGSRYPGQGSPGGNRYPPQGGGGWGQP
HGGGWGQPHGGGWGQPHGGGWGQPHGGGWGQGGGTHSQWNKPSKPKTNMKHMAGAAAAGA
VVGGLGGYMLGSAMSRPIIHFGSDYEDRYYRENMHRYPNQVYYRPMDEYSNQNNFVHDCV
NITIKQHTVTTTTKGENFTETDVKMMERVVEQMCITQYERESQAYYQRGSSMVLFSSPPV
ILLISFLIFLIVG
```

B

	1-49	MANLGCWMLVLFVATWSDLGLCKKRPKPGG WNTGGSRYPGQGSPGGNRY
ppqggggwgqphgggwgqphgggwgqphgg gwgqphgggwgqggg	50-94	
	95-112	THSQWNKPSKPKTNMKHM
agaaaagavvgglggymlgsams	113-135	
	136-187	RPIIHFGSDYEDRYYRENMHRYPNQVYYRP MDEYSNQNNFVHDCVNITIKQH
tvttttkgenftet	188-201	
	202-236	DVKMMERVVEQMCITQYERESQAYYQRGSS MVLFS
sppvillisflifliv	237-252	
	253-253	G

C
```
>gi|2119408|pir||S53614 major prion protein - gorilla
        Length = 253

 Score =  292 bits (748), Expect = 3e-78
 Identities = 152/236 (64%), Positives = 153/236 (64%)

Query: 1    MANLGCWMLVLFVATWSDLGLCKKRPKPGGWNTGGSRYPGQGSPGGNRYXXXXXXXXXXX 60
            MANLGCWMLVLFVATWSDLGLCKKRPKPGGWNTGGSRYPGQGSPGGNRY
Sbjct: 1    MANLGCWMLVLFVATWSDLGLCKKRPKPGGWNTGGSRYPGQGSPGGNRYPPQGGGGWGQP 60

Query: 61   XXXXXXXXXXXXXXXXXXXXXXXXXXXXXXXXXXTHSQWNKPSKPKTNMKHMXXXXXXXX 120
                                              THSQWNKPSKPKTNMKHM
Sbjct: 61   HGGGWGQPHGGGWGQPHGGGWGQPHGGGWGQGGGTHSQWNKPSKPKTNMKHMAGAAAAGA 120

Query: 121  XXXXXXXXXXXXXXXRPIIHFGSDYEDRYYRENMHRYPNQVYYRPMDEYSNQNNFVHDCV 180
                           RPIIHFGSDYEDRYYRENMHRYPNQVYYRPMD+YSNQNNFVHDCV
Sbjct: 121  VVGGLGGYMLGSAMSRPIIHFGSDYEDRYYRENMHRYPNQVYYRPMDQYSNQNNFVHDCV 180

Query: 181  NITIKQHXXXXXXXXXXXXXXXDVKMMERVVEQMCITQYERESQAYYQRGSSMVLFS 236
            NITIKQH               DVKMMERVV QMCITQYERESQAYYQRGSSMVLFS
Sbjct: 181  NITIKQHTVTTTTKGENFTETDVKMMERVVRQMCITQYERESQAYYQRGSSMVLFS 236
```

1.46 Die Identifizierung von *low complexity regions* mit SEG. A) zeigt die Sequenz des menschlichen *major prion protein precursor* Proteins (Swiss Prot P04156) im FASTA Format. B) zeigt das Protein nach Analyse durch das SEG Programm, links die low complexity Regionen, rechts die high complexity Regionen (J. C. Wootton, S. Federhen, Analysis of compositionally biased regions in sequence databases. In: Methods in Enzymology, Vol.266: *Computer methods for macromolecular sequence analysis*, R. F. Doolittle, ed., 1986, San Diego, Academic Press, pp. 554–571). C) Bei BLASTP Suche mit LCR Filter werden die LC Regionen bereits in der Query-Sequenz durch X ersetzt, so daß diese Regionen das Score nicht beeinflussen. Hier das Alignment mit der Gorilla-Sequenz.

Es wird empfohlen, daß die Wortlänge die halbe query-Sequenzlänge nicht überschreitet.

Zu guter Letzt können auch das Abschalten von Filtern bzw. die Wahl einer anderen Matrix beim Ausbleiben von Treffern zum Erfolg führen. Protein-BLAST bietet eine „vorkonfektionierte" Suchoption *search for nearly exact matches*, welche die Parameter E 20.000, W = 2, hohe gap-Kosten (existenz 9, extension 1) und eine PAM30 Matrix verwendet.

Ähnlichkeiten zwischen Sequenzen können sehr schwach ausgeprägt und dennoch von großer biologischer Bedeutung sein. Wie wir gesehen haben, kommen in einem perfekten Alignment die Aminosäuren in Säulen untereinander zu stehen, die in den zugehörigen Proteinen äquivalente dreidimensionale Positionen einnehmen, bzw. zumindest eine Widerspiegelung der tatsächlichen Aminosäure-Evolution einer Position geben. Proteinstrukturen können auch in direkter, sequenzunabhängiger Weise miteinander verglichen werden. Dazu werden die 3D Strukturen, bzw. genauer ihre Sekundärstrukturelemente, in eine Reihe von Vektoren aufgelöst (s. VAST). Dies führt zu einer entscheidenden Verbesserung in der Erkennung von verwandtschaftlichen Beziehungen zweier Proteine, deren Sequenzähnlichkeit sich bereits jenseits der twilight-zone befindet (s. Abb. 1.30).

Die Frage nach der vergleichsweisen Leistungsfähigkeit von FASTA und BLAST ist nicht so einfach zu beantworten. Derartige Fragen sind Teil spezialisierter Untersuchungen, die diese Programme an der Grenze ihrer Leistungsfähigkeit vergleichen und dann auch Unterschiede im Falle sehr limitierter Homologien zwischen query und Datenbank-Sequenz dingfest machen können. Für den normalen Bereich einer Datenbanksuche kann man von vergleichbaren Leistungen beider Programme ausgehen. Bereits im Normalbereich gibt es aber offensichtliche Unterschiede, die durch die Natur des Algorithmus bedingt sind. Die nachstehende Suche nach einer kurzen query-Sequenz wird einmal in FASTA und dann in BLAST durchgeführt. Die beiden höchsten scores sind in beiden Fällen identisch (AE003795 ist lediglich eine invers komplementäre Sequenz zu AC004563). Innerhalb von AC004563 zeigt FASTA die Präsenz lediglich eines match, während man hingegen in BLAST erkennen kann, daß drei aufeinander folgende Kopien der query-Sequenz in AC004563 vorliegen.

FASTA SEARCH [query Sequenz: TATCACAGTGGCTGTTCTTTTT]

```
FASTA (3.39 May 2001) function [optimized, +5/-4 matrix (5:-4)] ktup: 1
  join: 70, opt: 0, gap-pen: -16/ -4, width: 16
  Scan time: 122.920
The best scores are:                                   opt bits  E(1361844)
EM_INV:AE003795 AE003795 Drosophila melanogast (79966) [r]  110   40  0.0041
EM_INV:AC004563 AC004563 Drosophila melanogast (74717) [f]  110   40  0.0041
EM_HUM:AL391818 AL391818 Human DNA sequence fr (75052) [r]   96   35  0.14
EM_HUM:AC007963 AC007963 Homo sapiens chromoso (79966) [f]   92   33  0.38
:
:

>>EM_INV:AC004563 AC004563 Drosophila melanogaster DNA s (74717 nt)
  initn: 110 init1: 110 opt: 110 Z-score: 148.8 bits: 39.8 E(): 0.0041
  100.000% identity (100.000% ungapped) in 22 nt overlap (1-22:11448-11469)

                                     10        20
query                           TATCACAGTGGCTGTTCTTTTT
                                ::::::::::::::::::::::
EM_INV  GCTGTGCTGTAAGTTAATATACCATATCTATATCACAGTGGCTGTTCTTTTTGTACCTAA
          11420     11430     11440     11450     11460     11470

EM_INV  AGTGCCTAACATCATTATTTAATTTTTTTTTTTTTTGGCACACGAATAACCATGCCGTTT
          11480     11490     11500     11510     11520     11530
```

BLAST SEARCH [query Sequenz: TATCACAGTGGCTGTTCTTTTT]

```
                                                            Score    E
Sequences producing significant alignments:                 (bits)  Value
gi|10727444|gb|AE003795.2|AE003795 Drosophila melanogaster genom...  44   9e-04
gi|3540150|gb|AC004563.1|AC004563 Drosophila melanogaster DNA se...  44   9e-04
gi|6598641|gb|AC006931.5|AC006931 Arabidopsis thaliana chromosom...  34   0.85
gi|10443463|emb|AL391818.4|AL391818 Human DNA sequence from clon... 34   0.85
:
:

>gi 3540150 gb AC004563.1 AC004563 Drosophila melanogaster DNA sequence
 (P1 DS06300 (D178)), complete sequence Length = 74717

 Score = 44.1 bits (22), Expect = 9e-04
 Identities = 22/22 (100%)
 Strand = Plus / Plus


Query: 1       tatcacagtggctgttcttttt 22
               ||||||||||||||||||||||
Sbjct: 11738   tatcacagtggctgttcttttt 11759

 Score = 44.1 bits (22), Expect = 9e-04
 Identities = 22/22 (100%)
 Strand = Plus / Plus
```

```
Query:  1      tatcacagtggctgttcttttt  22
               ||||||||||||||||||||||
Sbjct:  11448  tatcacagtggctgttcttttt  11469


Score = 44.1 bits (22), Expect = 9e-04
Identities = 22/22 (100%)
Strand = Plus / Plus


Query:  1      tatcacagtggctgttcttttt  22
               ||||||||||||||||||||||
Sbjct:  11586  tatcacagtggctgttcttttt  11607
```

Deutlich läßt sich so in BLAST das Konzept der *high scoring segment pairs* mit Betonung aller lokalen Alignments erkennen, während im Gegensatz dazu FASTA nur ein optimales Alignment für jede Datenbanksequenz erstellt.

Das folgende Beispiel zeigt die Ergebnisse für die Suche mit einer längeren Proteinsequenz. Es werden wieder die auch in Abb. 1.36 bis 1.38 verwendeten Sequenzen eingesetzt.

In einer FASTA Suche mit *human coagulation factor* XII (erscheint in der oberen Zeile des Alignment) wird u. a. das *tissue plasminogen activator* (PLAT) Protein gefunden (erscheint in der unteren Zeile des Alignment) (zu diesen beiden Proteinen siehe Abb. 1.37).

```
>>SW:TPA_HUMAN P00750 TISSUE-TYPE PLASMINOGEN ACTIVATOR (562 aa)
 initn: 952 init1: 213 opt: 661 Z-score: 580.7 bits: 117.4 E(): 1.5e-25
Smith-Waterman score: 1029; 32.562% identity (36.527% ungapped) in 562
aa overlap (86-593:5-559)

               60        70        80        90        100
EMBOSS  TTPNFDQDQRWGYCLEPKKVKDHCSKHSPCQKGGTCVNMPSGPHCLCP-QHL-----TGN
                                   ..:  ::  .   . :..    :  :
SW:TPA                            MDAMKRGLCCVLLLCGAVFVSPSQEIHARFRRGA
                                          10        20        30

           110       120       130       140       150       160
EMBOSS  HCQKEKCFEPQLLRFFHKNEIWYRT--EQAAVARCQCKGPDAHCQRLASQACRTNPCLHG
          .  :  .  .......: :   ..   :  : :.. :.:.  ...:    :...:
SW:TPA  RSYQVICRDEKTQMIYQQHQSWLRPVLRSNRVEYCWCNSGRAQCHSVPVKSCSEPRCFNG
          40        50        60        70        80        90

          170       180       190       200       210       220
EMBOSS  GRCLEV--EGHRLCHCPVGYTGPFCDVDTKASCYDGRGLSYRGLARTTLSGAPCQPWASE
        :  ..    . .:.:: :..:  :..::.:.::  .:.::::    :. ::: :  : :
SW:TPA  GTCQQALYFSDFVCQCPEGFAGKCCEIDTRATCYEDQGISYRGTWSTAESGAECTNWNSS
           100       110       120       130       140       150

           230       240       250       260       270
EMBOSS  A----TYRNVTAEQARNWGLGGHAFCRNPDNDIRPWCFVLNRDRLSWEYCDLAQCQTP--
        :       :  .   :   :::.: .::::: : .::::... . : :..    :.
SW:TPA  ALAQKPYSGRRPDAIR-LGLGNHNYCRNPDRDSKPWCYVFKAGKYSSEFCSTPACSEGNS
           160       170        180       190       200       210
```

```
                   280         290              300         310
EMBOSS  ------------TQAAPPTPVS--P--------RLHVPLMP-AQPAPPKPQPTTRTPPQS
                    :..     . .:    :         ....  : ::          ..:  .
SW:TPA  DCYFGNGSAYRGTHSLTESGASCLPWNSMILIGKVYTAQNPSAQALGLGKHNYCRNPDGD
                   220         230         240         250         260         270

               320         330         340         350         360         370
EMBOSS  QTP--GALPAKREQPPSLTRNGPLSCGQRLRKSLSSMTRVVGGLVALRGAHPYIAALYWG
                  :      .:    .:          .    .::    ::.    .   .   :.   :::    :     ..::.  ::..
SW:TPA  AKPWCHVLKNRRLTWEYCDVPSCSTCG--LRQYSQPQFRIKGGLFADIASHPWQAAIFAK
                   280         290         300         310         320         330

                       380         390         400         410         420
EMBOSS  HS-------FCAGSLIAPCWVLTAAHCLQDRPAPEDLTVVLGQERRNHSCEPCQTLAVRS
          :              .:.:  ::.  ::.:.::::.::  :. ::::.::   :    :    :. ...
SW:TPA  HRRSPGERFLCGGILISSCWILSAAHCFQERFPPHHLTVILGRTYRVVPGEEEQKFEVEK
                   340         350         360         370         380         390

               430         440         450         460         470         480
EMBOSS  YRLHEAFSPVSYQHDLALLRLQEDADGSCALLSPYVQPVCLPSGAARPSETTLCQVAGWG
          :   .:.  :.     .:..:.::::.:.   :..      ::    :     :.  ::::    .      .    . :.....:
SW:TPA  YIVHKEFDDDTYDNDIALLQLKSDSS-RCAQESSVVRTVCLPPADLQLPDWTECELSYG
                   400         410         420         430         440         450

               490         500         510         520         530         540
EMBOSS  HQFEGAEEYASFLQEAQVPFLSLERCSAPDVHGSSILPGMLCAGFLEGGT------DACQ
          ..    .    :.   :.:::.  .            :::.          .::::::     ..:              ::::
SW:TPA  KHEALSPFYSERLKEAHVRLYPSSRCTSQHLLNRTVTDNMLCAGDTRSGGPQANLHDACQ
                   460         470         480         490         500         510

               550         560         570         580         590
EMBOSS  GDSGGPLVCEDQAAERRLTLQGIISWGSGCGDRNKPGVYTDVAYYLAWIREHTVS
          ::::::::::  ...      :.::  ::::::  :::...   :::::  :.  ::   :::..
SW:TPA  GDSGGPLVCLNDG-RMTLVGIISWGLGCGQKDVPGVYTKVTNYLDWIRDNMRP
                   520         530         540         550         560
```

Auch hier liefert FASTA nur *ein* optimales Alignment, das keine Hinweise auf verdoppelte Proteindomänen liefern kann (s. a. Abb. 1.37).

Zum Vergleich die BLAST Suche mit *human coagulation factor* XII (*query*). Auch hier wird das PLAT Protein gefunden (*Sbjct*).

```
gi|137119|sp|P00750|TPA_HUMAN TISSUE-TYPE PLASMINOGEN ACTIVATOR PRECURSOR (TPA)
         (T-PA) (T-PLASMINOGEN ACTIVATOR) (ALTEPLASE) (RETEPLASE)

 Score = 170 bits (430), Expect = 3e-41
 Identities = 108/268 (40%), Positives = 150/268 (55%), Gaps = 19/268 (7%)

Query: 358 SCGQRLRKSLSSMTRVVGGLVALRGAHPYIAALYWGHS-------FCAGSLIAPCWVLTA 410
           +CG  LR+      R+ GGL A  +HP+ AA++   H          C G LI+ CW+L+A
Sbjct: 298 TCG--LRQYSQPQFRIKGGLFADIASHPWQAAIFAKHRRSPGERFLCGGILISSCWILSA 355

Query: 411 AHCLQDRPAPEDLTVVLGQERRNHSCEPCQTLAVRSYRLHEAFSPVSYQHDLALLRLQED 470
           AHC Q+R  P  LTV+LG+    R      E Q      V  Y +H+  F   +Y D+ALL+L+ D
Sbjct: 356 AHCFQERFPPHHLTVILGRTYRVVPGEEEQKFEVEKYIVHKEFDDDTYDNDIALLQLKSD 415
```

```
Query:  471  ADGSCALLSPYVQPVCLPSGAARPSETTLCQVAGWGHQFEGAEEYASFLQEAQVPFLSLE  530
              +  CA S  V+ VCLP    +  + T C+++G+G       + Y+  L+EA V
Sbjct:  416  SS-RCAQESSVVRTVCLPPADLQLPDWTECELSGYGKHEALSPFYSERLKEAHVRLYPSS  474

Query:  531  RCSAPDVHGSSILPGMLCAGFLEGGT------DACQGDSGGPLVCEDQAAERRLTLQGII  584
             RC++  +    ++  MLCAG   G        DACQGDSGGPLVC +     R+TL GII
Sbjct:  475  RCTSQHLLNRTVTDNMLCAGDTRSGGPQANLHDACQGDSGGPLVCLNDG---RMTLVGII  531

Query:  585  SWGSGCGDRNKPGVYTDVAYYLAWIREH  612
             SWG GCG ++ PGVYT V  YL WIR++
Sbjct:  532  SWGLGCGQKDVPGVYTKVTNYLDWIRDN  559
```

```
 Score = 104 bits (259), Expect = 3e-21
 Identities = 55/163 (33%), Positives = 83/163 (50%), Gaps = 7/163 (4%)

Query:  135  CFEPQLLRFFHKNEIWYRT--EQAAVARCQCKGPDAHCQRLASQACRTNPCLHGGRCLEV  192
             C + +    + +++ W R      V  C   A C   ++C    C +GG  C +
Sbjct:   41  CRDEKTQMIYQQHQSWLRPVLRSNRVEYCWCNSGRAQCHSVPVKSCSEPRCFNGGTCQQA  100

Query:  193  E--GHRLCHCPVGYTGPFCDVDTKASCYDGRGLSYRGLARTTLSGAPCQPWASEATYRNV  250
                 +C CP G+ G  C++DT+A+CY+  +G+SYRG    T  SGA C  W SA  +
Sbjct:  101  LYFSDFVCQCPEGFAGKCCEIDTRATCYEDQGISYRGTWSTAESGAECTNWNSSALAQKP  160

Query:  251  TAEQ---ARNWGLGGHAFCRNPDNDIRPWCFVLNRDRLSWEYC  290
              + +    A   GLG H +CRNPD D +PWC+V    + S E+C
Sbjct:  161  YSGRRPDAIRLGLGNHNYCRNPDRDSKPWCYVFKAGKYSSEFC  203
```

```
 Score = 84.7 bits (208), Expect = 2e-15
 Identities = 70/219 (31%), Positives = 88/219 (39%), Gaps = 46/219 (21%)

Query:  104  CQKGGTCVNMP--SGPHCLCPQHLTGNHCQ---KEKCFEPQLLRFFHKNEIWYRTEQAAV  158
             C  GGTC        S   C CP+    G  C+    + C+E Q + +       W   E
Sbjct:   91  CFNGGTCQQALYFSDFVCQCPEGFAGKCCEIDTRATCYEDQGISY---RGTWSTAESG--  145

Query:  159  ARCQCKGPDAHCQRLASQACRTNPCLHGGR-----CLEVEGHRLCHCPVGYTGPFCDV--  211
              A C     SA  P   + GR         L+   H C P    +  P+C V
Sbjct:  146  ---------AECTNWNSSALAQKP--YSGRRPDAIRLGLGNHNYCRNPDRDSKPWCYVFK  194

Query:  212  ---------------DTKASCYDGRGLSYRGLARTTLSGAPCQPWASEATYRNVTAEQ--  254
                            +  + CY G G +YRG    T SGA C PW S    V    Q
Sbjct:  195  AGKYSSEFCSTPACSEGNSDCYFGNGSAYRGTHSLTESGASCLPWNSMILIGKVYTAQNP  254

Query:  255  -ARNWGLGGHAFCRNPDNDIRPWCFVLNRDRLSWEYCDL  292
              A+  GLG H +CRNPD D +PWC VL    RL+WEYCD+
Sbjct:  255  SAQALGLGKHNYCRNPDGDAKPWCHVLKNRRLTWEYCDV  293
```

BLAST zeigt drei lokale Alignments an. Ausgehend von diesen läßt sich ein Hinweis auf die Domänenstruktur der beiden Proteine gewinnen (Abb. 1.37). Man vergleiche dieses Alignment mit dem in Abb. 1.36 gezeigten Alignment der selben Proteine, das mit LALIGN erstellt wurde.

1.5
Das Identifizieren von ORFs in genomischer DNA

1.5.1
Eukaryontische Gene

Bevor wir uns wieder Alignments zuwenden, ein Abstecher in eine Problematik, die bei der stetig zunehmenden Zahl an komplett sequenzierten Genomen ständig an Bedeutung gewinnt: Wie identifiziere ich einen kodierenden Abschnitt (ein Gen) samt allen dazugehörigen Elementen: Start-, Stopkodon, Intron-Exon-Bereich, Promotoren, Transkriptionsterminatoren, poly(A)-sites, etc. ?

Es geht also zunächst um die bloße Identifizierung von ORFs in DNA Rohdaten, nicht um eine Funktionszuweisung für das Genprodukt. Beide Vorgänge sind Teil des Annotierungsprozesses von genomischen DNA Rohdaten. Die eben aufgelisteten Elemente nennt man *signals* und die Hilfsmittel, sie zu finden, *signal sensors*. Intron- und Exonabschnitte heißen *contents* (entsprechend *content sensors*).

Ein signal sensor einfachster Art ist z. B. eine Konsensussequenz (mit Beschreibung der erlaubten Variationen). Beispiele sind Konsensussequenzen für Promotorbereiche oder Spleißstellen (also Intron/Exon Übergänge):

$\quad$ *E. coli* Promotoren **TTGACA(N)$_{171}$TATAAT**

$\quad$ 5' splice site **AGGT(A/G)AGT**

$\quad$ 3' splice site **(T/C)$_2$TT(T/C)$_6$NCAGG**

Konsensussequenzen können sich bereits deutlich verändern, wenn sie nur für eine Organismengruppe definiert sind (Abb. 1.47 A).

Anspruchsvoller sind sog. *weight matrices*, mit denen für eine zu analysierende Kandidatensequenz ein lokales score errechnet wird, mit dem diese dem Konsensusmuster einer bestimmten signal site entspricht (Abb. 1.47 B). Je nach Stichprobenumfang und -zusammensetzung kommt es zu signifikanten Abweichungen in der Konsensussequenz. Es muß stets geprüft werden, ob derart einfache Beschreibungen wirklich in der Lage sind, das Geschehen in einer komplexen biologischen Struktur zu beschreiben. So definiert sich eine Intron-Exon Struktur durch eine Reihe von Einzelsequenzen, von denen eine jede einen wichtigen Beitrag zur Ausbildung einer wirklichen Intron-Exon Struktur macht (Abb. 1.48). Die Standard branch point-Sequenz ist CTR<u>A</u>Y (R = Purin, Y = Pyrimidin). Diese Sequenz läßt sich mit einer Häufigkeit bis zu 20% in allen 5 Sequenzfenstern der Abb. 1.48 finden (das ist weniger als in einer reinen Zufallsverteilung), mit einer höheren Häufigkeit aber im Lariatfenster (20–40%). Dieses Fenster liegt im Bereich 1–50 nt upstream

1.5 Das Identifizieren von ORFs in genomischer DNA

A

	5' Splice Site	count		3' Splice Site	count
			Intron		
Total	NAGGT^A_GAGT	3724	....	NTN^T_CT^T_CT^T_CT^T_CT^T_CT^T_CT^T_CT^T_CT^T_CT^T_CNCAGG	3683
Primate	CAGGT^A_GAGT	1333	....	NNN^T_CT^T_CT^T_CT^T_CT^T_CC^T_CT^T_CT^T_CNCAGG	1293
Rodent	NAGGT^A_GAGT	1129	....	NTNN^T_CT^T_CT^T_CT^T_CT^T_CT^T_CT^T_CT^T_CNCAGG	1104
Mammal	NAGGT^G_AAGT	173	....	NN^T_CN^T_CT^T_TT^C_TT^C_TT^C_TT^C_TCCNCAGG	192
Vert	NAGGT^A_GAGT	417	....	TT^T_CTT^T_CT^T_CT^T_CT^T_CCCCCNCAGG	409
Invert	NAGGTAAGT	288	....	TTTTTTTTNNNTTNCAGA	294
Plant	NAGGTAAGT	219	....	NTNTTTTNTTTTTN^C_TAGG	219
Viral	NAGGTAAGT	165	....	NTTNTNTTTTTTTNCAGG	172
IG	CAGGT^A_GAGT	334	....	N^T_CN^T_CT^T_CT^C_CT^C_TT^C_TT^C_TCNCAGG	340
Yeast	ANGGTATGT	24	....	T$^T_A$$^T_A$TNNANAT$^T_A$TTTNTAGN	27

B Gewichtete Tabelle für die Standard branch point Sequenz

Position relativ zum branch point

	-3	-2	-1	0	+1
A	1	0	39	99	4
C	76	8	15	1	45
G	2	0	42	0	6
T	21	91	4	0	38

1.47 A) Konsensussequenzen der 5'- und 3'-splice sites in sieben wichtigen Organismengruppen. Desweiteren Konsensus für Immunglobulingene und für Hefe. 'Gesamt' gibt die Summe der ersten sieben Zeilen der Tabelle. B) Gewichtete Tabelle für die Standard-branch point-Sequenz. Die Säulen geben für jede Position die prozentuale Verteilung auf die vier Nukleotide wieder. (nach Senapathy et al., Splice junctions, branch point sites, and exons: Sequence statistics, identification, and applications to genome project. In: Methods in Enzymology, Vol 183: *Molecular Evolution: Computer Analysis of Protein and Nucleic Acid Sequences*, R. F. Doolittle, ed., 1990 San Diego, Academic Press)

der Akzeptor splice site. Dies bedeutet aber auch, daß mehr als 60% realer branch points eine von CTRAY abweichende Form besitzen. Der eukaryontische Spleiß-Mechanismus hält anscheinend nach einer Donor-site Ausschau und wählt dann die erste downstream Akzeptor-site aus, die im Abstand von 10–50 nt upstream eine branch point-Sequenz besitzt. Eine statistische Beschreibung der Konsensussequenzen und Abstände muß dem Rechnung tragen.

Die korrekte Erkennung von Exon-Intron Sequenzen ist gerade für die Identifizierung von Genen in eukaryontischer DNA extrem wichtig. An dieser Stelle besteht stets ein Bedarf an verbesserter Software. Da noch nicht hinreichend verstanden ist, was eine funktionelle von einer kryptischen *splice site* unterscheidet, liegt eine adäquate statistische Beschreibung noch in der Zukunft.

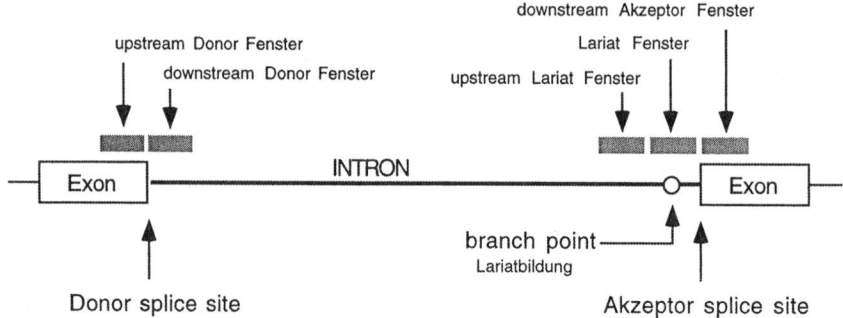

1.48 DNA Sequenzfenster von 50 Nukleotiden werden analysiert um die Verteilung der branch point Sequenz CTRAY in diesen Sektoren zu bestimmen (s. Text).

Exon content sensors suchen mit statistischen Methoden nach Nukleotidhäufigkeiten und Kodonbesonderheiten, die sie für das Auffinden kodierender Abschnitte benutzen (s. unten GLIMMER). Da Exons zum Teil für nur wenige Aminosäuren kodieren, macht der fehlende Informationsgehalt eine Identifizierung oft schwierig.

Genfinder Programme müssen je nach Ursprung der DNA-Rohdaten unterschiedlich konstruiert sein. Während in bakteriellen und archaealen Genomen ca. 90 % der Sequenz aus kodierenden Bereichen bestehen und die Genstruktur vergleichsweise simpel ist, bestehen eukaryontische Genome in ihrer Hauptmenge aus nichtkodierenden Sequenzen. Die Hefe *Saccharomyces cerevisiae* hat eine Gendichte von über 70 % (% kodierende Sequenz der Genomsequenz), *Arabidopsis thaliana* ~26 %, während der Mensch nur eine Gendichte von wenig mehr als 1 % hat. Zudem führt die Exon/Intron Struktur eukaryontischer Gene zu einer weitaus komplexeren Genstruktur, die prokaryontische Genfinder in Eukaryonten unbrauchbar werden lassen. Während man in Bakterien und Archaea einfach nach langen ORFs sucht und dann lediglich ein Start- und Stopcodon identifizieren muß, ist die Identifizierung aller zu einem Gen gehörenden Abschnitte in Eukaryonten weitaus diffiziler.

Ein eukaryontischer Genfinder wie zum Beispiel GLIMMERM (Salzberg et al., *Genomics* 1999, 59: 24–31) benutzt eine detaillierte statistische Beschreibung, ein Markov-Modell, der Nukleotidabfolge wie sie in Intron/Exon Übergängen vorliegt, um nach statistischer Analyse einer DNA Sequenz zu entscheiden, ob diese Sequenz in das Muster einer splice site paßt, somit also zu einem kodierenden Bereich eines Gens gehört.

1.5.2
Prokaryontische Gene

Die korrekte Identifizierung des Translationsstarts in der DNA-Sequenz eines prokaryontischen Gens ist lange Zeit so behandelt worden, daß das am weitesten upstream gelegene Start-Codon gewählt wurde. Da dieser Ansatz oft fehlerhaft ist, ist bei der Bewertung von Start-Codons in Datenbanken Vorsicht geboten (Abb. 1.49).

Das *Gene Mark* Programm analysiert in seiner ursprünglichen Form die statistische Verteilung von Nukleotidhexameren in genomischer DNA, um kodierende von nichtkodierenden Sequenzabschnitten zu unterscheiden. Es erkennt damit zwar ORFs, kann aber nicht das präzise Start-Codon vorhersagen, wenn mehrere zur Auswahl stehen.

Das Programm analysiert eine Sequenz unter Verwendung einer Organismus-spezifischen Codon-usage. Der graphische Output gibt die Kodierungswahrscheinlichkeit (von $0 \rightarrow 1$) in allen 6 reading frames an. Potentielle kodierende Bereiche sind so sofort erkennbar. Der graphische Output gibt auch sofort Hinweise auf wahrscheinliche Sequenzierfehler und *frame shifts* (Abb. 1.50). Der neuesten Version von GeneMark, nunmehr GeneMark.hmm genannt, liegt eine HMM Beschreibung von prokaryontischen Sequenzen zugrunde, insbesondere der Struktur der prokaryontischen 5'-nichttranslatierten Region einer kodierenden Sequenz, mit ribosomaler Bindungssequenz RBS und Shine-Delgarno (SD) Box (nt $-19 \rightarrow -4$ relativ zum Startcodon (siehe Lukashin, Borodovsky, *NAR* 1998, 26: 1107–1115)). Da alle potentiellen Startcodons und deren jeweilige $-19 \rightarrow -4$ Region analysiert werden, ist die Vorhersage des Translationsstarts hier zuverlässiger [http://genemark.biology.gatech.edu/GeneMark/index.html].

Eine Programmalternative ist ORPHEUS (Frishman et al., *NAR* 1998, 26: 2941–2947) [http://pedant.mips.biochem.mpg.de/orpheus]. ORPHEUS sucht zunächst nach potentiell kodierenden Abschnitten in einer Sequenz. Dafür benutzt es Homologiesuche oder statistische Analyse. Dann wird das Set möglicher 5' Enden erstellt. Sequenzen mit nur einem möglichen Start-Codon werden einer statistischen Analyse der $-20 \rightarrow -1$ Region (relativ zum Start) unterzogen. Daraus ergibt sich eine statistische Beschreibung von ribosomaler Bindungsstelle und SD-Box für den jeweiligen Organismus. Diese statistische Beschreibung erfaßt die positionsabhängige Häufigkeit mit der ein Nukleotid, unter Berücksichtigung seiner genomischen Häufigkeit, in einer bestimmten Position des RBS Alignments beobachtet wird. Die Stärke der Ausprägung eines RBS-Alignments (und des daraus errechneten Informationsgehaltes) ist bei phylogenetisch verwandten Organismen ähnlich groß. Es wird aber auch deutlich, daß der Informationsgehalt bei entfernt verwandten Organismen sehr unterschiedlich sein kann, die RBS Ausprägung also deutlich unterschiedlich sein kann. Die Qualität einer Genstartvorhersage, die RBS-

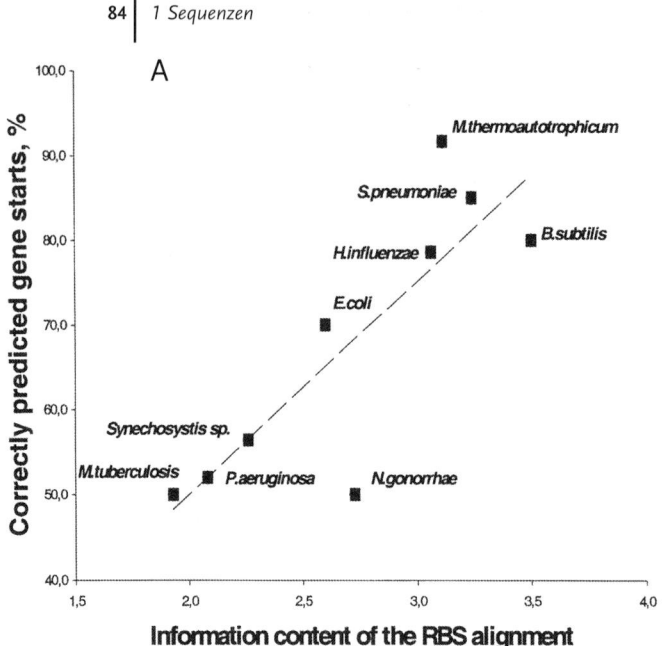

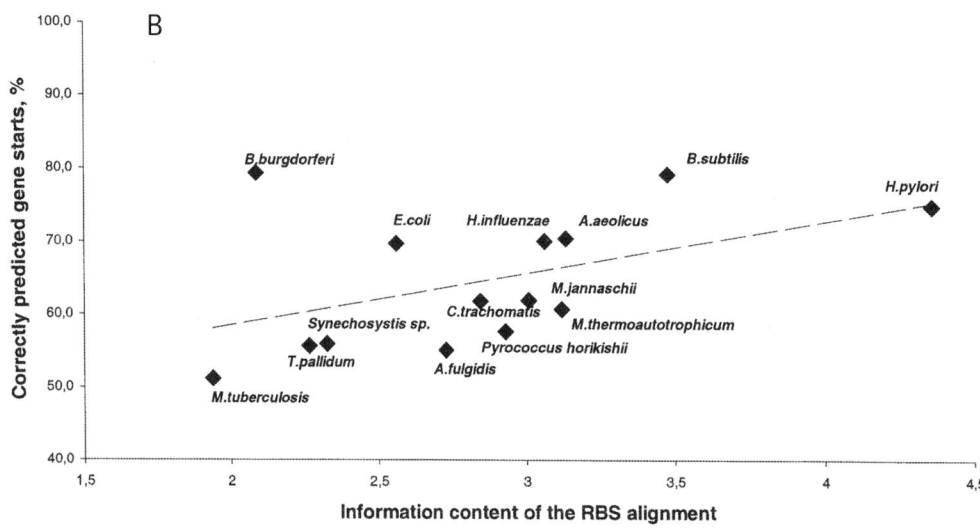

1.49 Der Informationsgehalt des RBS-Alignments wird mit dem Prozentsatz an richtigen Genstartvorhersagen durch ORPHEUS korreliert. Macht man dies für ein Set von Proteinen, für die eine zuverlässige Kenntnis des Startcodons vorliegt, so zeigt sich eine klare Korrelation (A). Wählt man hingegen die existierenden GenBank Annotierungen als Kontrolle, so verliert sich diese klare Korrelation (B). Dies darf als Hinweis auf die beschränkte Qualität der GenBank-Annotierungen für das Start-Codon gewertet werden. Die x-Achse zeigt ein Maß für den aus der mehr oder weniger deutlichen Ausprägung des Alignments errechneten Informationsgehalt. (aus D. Frishman et al., *Gene* 1999, 234: 257–265. Abdruck mit Genehmigung von Elsevier Science)

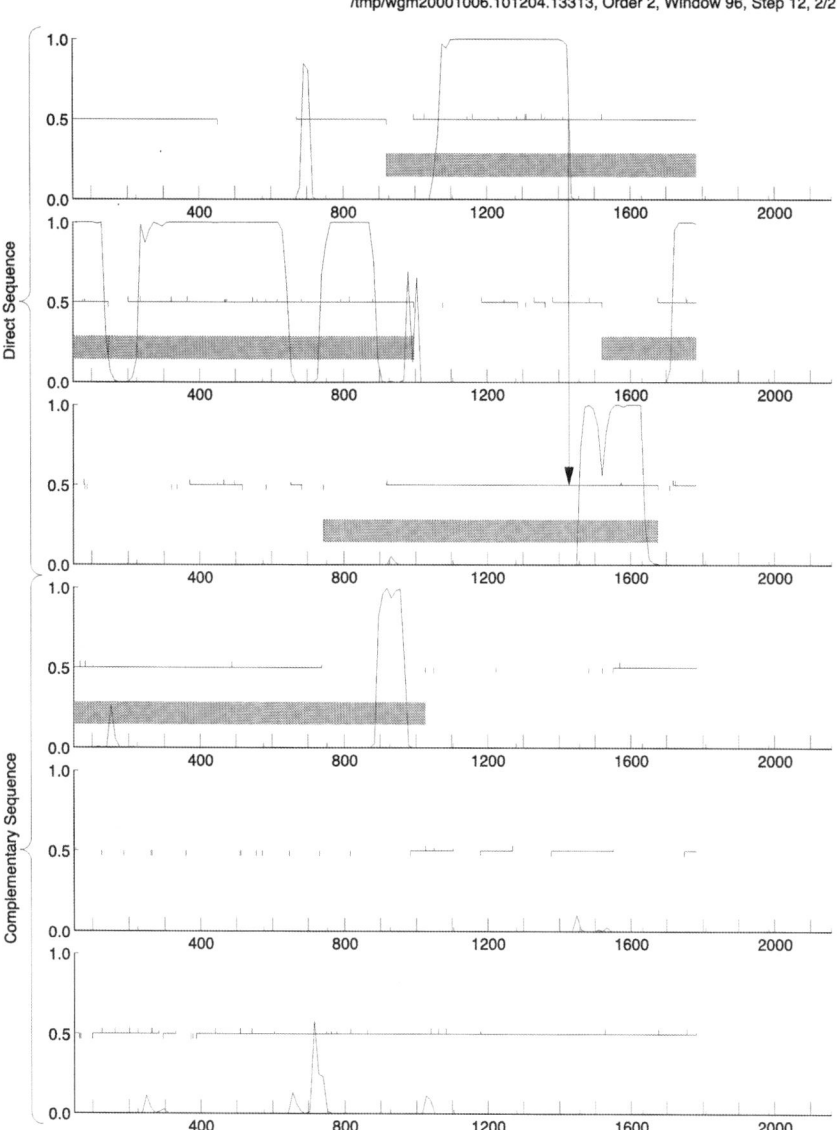

1.50 Analyse einer ca. 1.800 nt langen prokaryontischen DNA-Sequenz mit Gene Mark. Von oben nach unten sind die Kodierungswahrscheinlichkeiten (y-Achse 0→1) für alle 6 Leseraster dargestellt. Marker auf der 0,5 Linie signalisieren Start- (up) und Stopcodons (down). Es werden zwei potentielle Gene in Leseraster 2 und 1 vorhergesagt, im Bereich nt 200–1.000 und im Bereich nt 1.000 bis 1.700. Im Bereich um nt 700, 950 bzw. 1.400 scheinen Sequenzierfehler vorzuliegen, da ein plötzlicher Wechsel in ein anderes Raster erfolgt, ohne daß ein Stopcodon vorliegt.

Alignments benutzt, wird direkt durch die Qualität dieses Alignments beeinflußt (Abb. 1.49).

Markov-Modelle (nach Andrei Andreyevich Markov, 1856–1922) sind zu einem der wichtigsten Hilfsmittel der Bioinformatik geworden, daher sollen im Folgenden die wichtigsten Fakten hierzu vorgestellt werden.

Mit Hilfe von Markov-Modellen lassen sich Fragen beantworten wie „Gehört eine Sequenz zu einer bestimmten Familie"? Sie lassen sich aber auch benutzen, um Aussagen über die Sekundärstruktur des zu einer Sequenz gehörenden Proteins zu machen (z. B. α-helikal oder β-Strang). Neben ihrer search-Funktion sind MMs darüber hinaus sehr hilfreich, wenn es darum geht, mehrere Sequenzen zugleich miteinander in ein Alignment zu bringen. Interessanterweise hat das Forschungsgebiet der HMMs weit zurückreichende Wurzeln im Bereich der maschinellen Spracherkennung und -analyse und wird für die Analyse von Ereignisabfolgen jeglicher Art eingesetzt.

1.6
Markov Modelle

1.6.1
Beispiel CpG Inseln

Im menschlichen Genom ist das C eines CG-Dinukleotids gewöhnlich methyliert, was zu häufiger Mutation C $\rightarrow$ T führt. CpGs sind daher in Sequenzen seltener als man aus den Einzelwahrscheinlichkeiten für C und G erwarten sollte. In Genombereichen wie Promotoren und Startregionen von Genen gilt dies jedoch nicht, diese sind CpG reich. Dieser Eindruck entsteht, da außerhalb solcher Regionen CpGs stark unterrepräsentiert (0,8 %) sind, innerhalb aber mit der Häufigkeit erscheinen, die man aus dem Produkt der Teilhäufigkeiten von C und G erwartet (0,21 x 0,21 $\approx$ 4 %). CpG Inseln sind einige 100 bis wenige 1000 bp lang.

Stellen wir uns folgende Frage: Wir haben ein Stück genomischer Sequenz und wollen wissen, ob es aus einer CpG Insel stammt. Wie findet man diese CpG Insel in der Sequenz? Wir wissen, daß wir nach bestimmten Dinukleotiden suchen müssen. Wir brauchen also ein Modell, in dem die Wahrscheinlichkeit für ein Symbol nur vom vorhergehenden Symbol abhängt. Dazu wird eine einfache *Markov-Kette* verwendet (Abb. 1.51).

Eine Markov-Kette beschreibt die Wahrscheinlichkeiten in einer Abfolge von Ereignissen. Dabei ist in einer Markov-Kette n-ter Ordnung die Wahrscheinlichkeit eines Ereignisses lediglich von den n vorhergehenden Ereignissen abhängig. Eine Kette 5. Ordnung für DNA Sequenzen wird also ein Ereignis, sprich eine Base in einer Position, anhand der fünf vorangehenden vorhersagen.

1.6 Markov Modelle

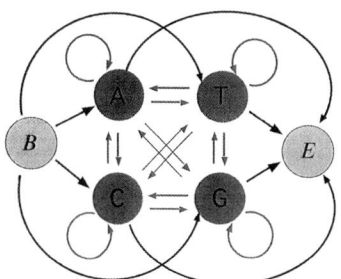

1.51 Markov Kette für eine DNA Sequenz. A, T, G und C sind die vier *states*, die jeweils nur einen Buchstaben emittieren. Die grauen Pfeile symbolisieren die *transition probabilities* a_{st}. B und E sind der *begin*- und *end* -state (siehe Text) (nach Durbin, Eddy, Krogh, Mitchison, *Biological Sequence Analysis*, 1998, Cambridge UP).

Das DNA Alphabet hat vier Buchstaben: A, T, G, C . Die Markov-Kette ist eine Kette von Zuständen. Jede Sequenzposition kann jeden der vier Zuständen (*states*) einnehmen. Jeder state ist hier mit einem Buchstaben assoziiert, er emittiert nur einen Buchstaben. Die Pfeile sind Ausdruck für distinkte unterschiedliche Wahrscheinlichkeit, mit denen ein Zustand (und damit ein Buchstabe) einem anderen folgt, also wiederum *transition probabilities* a_{st}.

state s in Position x_{i-1} zu state t in Position x_i

$$a_{st} = P(x_i = t | x_{i-1} = s) \qquad \text{Gl. (1)}$$

Die Wahrscheinlichkeit für eine Sequenz x der Länge L ergibt sich somit zu

$$\begin{aligned} P(x) &= P(x_L, x_{L-1}, \ldots, x_1) \\ &= P(x_L | x_{L-1}, \ldots, x_1) \, P(x_{L-1}, \ldots, x_1) \\ &= P(x_L | x_{L-1}, \ldots, x_1) \, P(x_{L-1} | x_{L-2}, \ldots, x_1) \, P(x_{L-2}, \ldots x_1) \\ &= P(x_L | x_{L-1}, \ldots, x_1) \, P(x_{L-1} | x_{L-2}, \ldots, x_1) \ldots P(x_1) \end{aligned} \qquad \text{Gl. (2)}$$

Dies ergibt sich durch eine wiederholte Anwendung der Formel $P(X, Y) = P(X|Y) \, P(Y)$. Diese Schreibweise haben wir bereits im Zusammenhang mit Alignments kennengelernt.

Die Wahrscheinlichkeit jedes x_i hängt aber nur vom Px_{i-1} ab, somit wird $P(x_i | x_{i-1}, \ldots, x_1)$ zu $P(x_i | x_{i-1}) = a_{x_{i-1} x_i}$ \qquad Gl (3)

Aus Gl. (3) und (2) folgt für die Wahrscheinlichkeit der Sequenz:

$$P(x) = P(x_L | x_{L-1}) \, P(x_{L-1} | x_{L-2}) \ldots P(x_2 | x_1) \, P(x_1) = P(x_1) \prod_{i=2}^{L} a_{x_{i-1} x_i} \qquad \text{Gl. (4)}$$

Gl. (4) ist die allgemeine Beschreibung für die Wahrscheinlichkeit einer spezifischen DNA Sequenz jeder Markov Kette. $P(x_1)$ ist die Wahrscheinlichkeit, daß die Sequenz in einem bestimmten *state* beginnt. Hierfür wird ein sogenannter *begin state B* eingeführt (aus diesem Zustand führen nur Pfeile heraus): $x_0 = B$.

Somit ist P(x_1 = s) = a_{Bs} die Wahrscheinlichkeit für den ersten Buchstaben. Ähnlich wird E (*end state*) für das Sequenzende eingeführt. Die Wahrscheinlichkeit, mit dem Buchstaben t zu enden, ist P($E|x_L$ = t) = a_{tE} . Durch die Einführung von B und E kann die Schreibweise von Gl. (4) für die gesamte Sequenz beibehalten werden. Die beiden Zustände B und E lassen sich der graphischen Darstellung hinzufügen (Abb. 1.51).

Nun zu den realen Zahlen. Unsere Zahlen basieren auf einer analysierten Sequenz von 60 kb in der 48 wahrscheinliche CpG Inseln identifiziert wurden. Mit diesen Zahlen werden nun zwei Markov-Ketten entwickelt: ein +Modell, das CpG Inseln beschreibt und ein −Modell für den Rest der Sequenz. Die beiden empirisch ermittelten Sequenzsets, eines für CpG Inseln, eines für nicht-CpG Inseln, sind die beiden Trainingssets für die beiden Modelle, um sie mit konkreten Zahlen für *transition probabilities* zu füllen. Die transition probabilities für die beiden

Modelle sind:
$$a_{st}^+ = \frac{c_{st}^+}{\sum_{t'} c_{st'}^+}$$
$$a_{st}^- = \frac{c_{st}^-}{\sum_{t'} c_{st'}^-}$$
c_{st}^+ ist die Anzahl der Fälle, in denen t auf s folgt.

Im Nenner steht die Summe aller Abfolgen. Eine (+) und eine (−) Tabelle zeigen das Ergebnis der Auszählung beider Sets (Abb. 1.52 A). Die erste Zeile enthält in beiden Fällen die Häufigkeiten, mit denen A, C, G oder T auf A folgen usw. Die Summe jeder Zeile ist also 1. Ein ApG erscheint häufiger als ein ApT. In beiden Tabellen ist CpG kleiner als GpC, besonders klein ist CpG in der −Tabelle. Wir berechnen nun wieder die log-odds ratio für eine Sequenz x:

$$s(x) = \log \frac{P(x| + \text{model})}{P(x| - \text{model})} = \sum_{i=1}^{L} \log \frac{a_{x_{i-1}x_i}^+}{a_{x_{i-1}x_i}^-} = \sum_{i=1}^{L} \beta_{x_{i-1}x_i}$$

Die $\beta_{x_{i-1}x_i}$ Terme sind die log likelihood ratios der entsprechenden Abfolgewahrscheinlichkeiten (i−1 → i). Diese individuellen *scores* lassen sich wieder in einer score-Tabelle darstellen: In dieser Tabelle fällt sofort das hohe score für CpG Abfolge auf. Wird eine Sequenz x anhand dieser Tabelle abschnittsweise bewertet und bekommt dabei ein Abschnitt ein hohes score, so handelt es sich bei diesem mit hoher Wahrscheinlichkeit um eine CpG Insel in x (Abb. 1.52 B).

Einen Frequenzkatalog der 16 möglichen Dinukleotide nennt man auch 2-tuple Katalog (entsprechend bei 3 Nukleotiden, 3-tuple). Die Häufigkeiten werden aus sehr großen Referenzdatensets ermittelt, z. B. aus allen menschlichen Sequenzen in GenBank. Eine solche bekannte Frequenzverteilung kann graphisch den Informationsgehalt einer Sequenz sichtbar machen: Regionen mit hohem Info-Gehalt entsprechen Abschnitten mit Sequenzmustern niedriger Häufigkeit und vice versa.

1.6 Markov Modelle

+ Tabelle	A	C	G	T
A	0.180	0.274	0.426	0.120
C	0.171	0.368	0.274	0.188
G	0.161	0.339	0.375	0.125
T	0.079	0.355	0.384	0.182

- Tabelle	A	C	G	T
A	0.300	0.205	0.285	0.210
C	0.322	0.298	**0.078**	0.302
G	0.248	0.246	0.298	0.208
T	0.177	0.239	0.292	0.292

$\beta_{x_{i-1}x_i}$	A	C	G	T
A	-0.740	0.419	0.580	-0.803
C	-0.913	0.302	**1.812**	-0.685
G	-0.624	0.461	0.331	-0.730
T	-1.169	0.573	0.393	-0.679

1.52 Auswertung der Trainingssets des + und − Modells. Jede Zeile enthält die Häufigkeiten, mit denen Nukleotide aufeinander folgen (Summe 1). Die dritte Tabelle enthält die *log likelihood ratios*.

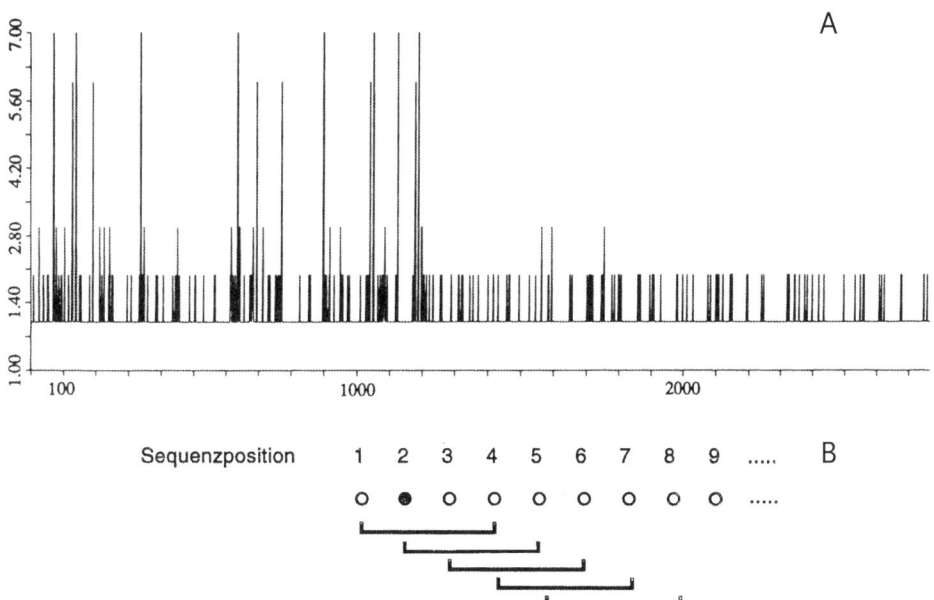

1.53 A 4-tuple Analyse des Thyroglobulingens des Rindes (Erläuterungen siehe Text). B Sequenzposition und lokales k-tuple (aus Claverie et al., k-tuple frequency analysis: from intron/exon discrimination to T-cell epitope mapping. In: Methods in Enzymology, Vol. 183: *Molecular Evolution: Computer analysis of protein and nucleic acid sequences*. R. F. Doolittle, ed., San Diego, Academic Press 1990)

Abb. 1.53 zeigt die 4-tuple Analyse (k = 4) für das Thyroglobulingen des Rindes. Die Sequenz wird in ein Set überlappender 4-tuple zerlegt. Für alle $4^k = 256$ möglichen 4-tuple wird so eine Häufigkeitstabelle erstellt. Jeder Sequenzposition wird die Häufigkeit des lokalen tuple zugeordnet, diese Zuteilung wird dann graphisch aufgetragen. Solche Darstellungen können dann geglättet werden, indem man z. B. 2 w+1 (mit w ≥ 0) Positionen zusammenfaßt. (x-Achse = Sequenzposition, y-Achse = Häufigkeit des lokalen tuple). Bei dieser Methode wird also die Häufigkeitstabelle direkt mit der zu analysierenden Sequenz erstellt. Man sieht deutlich, daß der Bereich bis Position 1.200 im Gegensatz zur Restsequenz reich ist an häufigen tuples. Dies ist ein Hinweis darauf, das dieser Bereich des Gens eine vom Rest deutlich unterschiedliche Evolutionsgeschichte hat, hier also eine Fusion zweier Bereiche stattgefunden hat. Abb. 1.54 zeigt die 2-tuple Frequenzanalyse der ersten 2.500 nt des menschlichen HLA-A3 MHC Gens. Auf der Y-Achse ist die Häufigkeit (und damit ein Maß für den Informationsgehalt) aller 16 2-tuples eines umfangreichen Referenzsets menschlicher Sequenzen aufgetragen, also ein externes Referenzset. Man erkennt deutlich eine Region (200–1.250) mit hoher relativer Dichte seltener Dinukleotide (also mit hohem Informationsgehalt), eine CpG Insel.

1.6.2
HMMs als Sequenzemitter oder Sequenzgenerator

Auch im nächsten Beispiel besteht ein HMM, ausgehend von einem Anfangszustand, aus einer Reihe von Zuständen (*states*), die durch Übergangswahrscheinlichkeiten verbunden sind. Jeder Zustand besitzt die Fähigkeit, Symbole zu emittieren. Ein sehr simples HMM beschreibt z. B. DNA, die sich in AT- bzw. GC-reiche Regionen gliedert (Abb. 1.55). Das Modell hat zwei states, jeder state emittiert Symbole entsprechend seiner Emissionswahrscheinlichkeiten: *state 1* erzeugt AT-reiche Sequenzen (emittiert bevorzugt A oder T), *state 2* erzeugt GC-reiche Sequenzen (emittiert bevorzugt C oder G). Zwischen den beiden states bestehen deutlich unterschiedliche Übergangswahrscheinlichkeiten. Eine Sequenz befindet sich also entweder in *state 1* oder *state 2*, zumeist aber in *state 1*. Es existiert eine Sequenz von states, in denen sich das System befindet. Diese state-Sequenz ist nicht sichtbar, daher der Name *hidden* Markov Modell. Die emittierten Symbole hingegen sind sichtbar. Es ist aber nicht ersichtlich, aus welchem state heraus sie emittiert wurden. Diese Information muß aus der Symbolsequenz rückgeschlossen werden. Wir sehen uns also Positionen der Symbolsequenz an und fragen, ob diese Positionen in einem AT-reichen oder GC-reichen Segment liegen.

Das GLIMMER Programm (v.2.0) zum Auffinden von bakteriellen und archaealen Genen in DNA benutzt Markov-Ketten variabler Ordnung zur Analyse der Häufigkeit kurzer Oligomere in genomischer DNA und kann

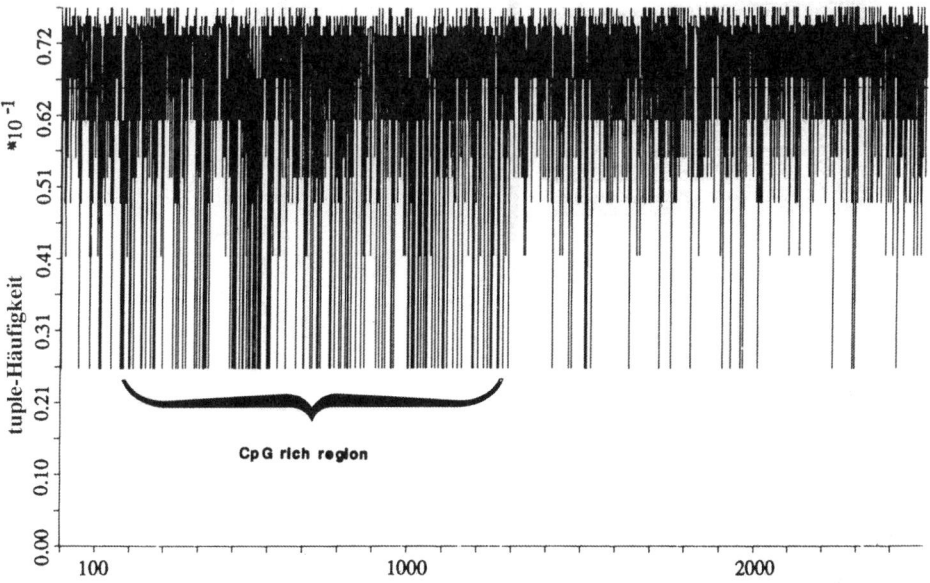

1.54 Ungeglättete Auftragung der Dinukleotid (2-tuple)-Häufigkeitsverteilung des menschlichen HLA-A3 MHC-Gens. Regionen mit hohem Informationsgehalt zeichnen sich in einem solchen Diagramm durch eine hohe Dichte von 2-tuple geringer Häufigkeit aus (Y-Achse). Die so identifizierte CpG Insel deckt die ersten drei Exons dieses Gentyps ab (gleiche Lit. Quelle wie Abb. 1.53).

so ca. 98 % aller Gene korrekt identifizieren (Delcher et al., *Nucleic Acids Res* 1999, 27: 4636-4641). Damit sind sie leistungsfähiger als Methoden, die auf *Codon-usage* Analyse basieren.

Im GLIMMERM Programm, einer Version für kleine eukaryontische Genome, wird ein Markov-Ketten Modell zweiter Ordnung verwendet, das eine 16 bzw. 29 Basenpaar Region in potentiellen Donor- und Akzeptor splice-sites analysiert. Das Trainingsset für das Modell besteht aus einem Set bewiesener und einem Set „falscher splice-sites". Letztere enthalten zwar die typischen GT oder AG Dinukleotide (siehe Abb. 1.47), sind aber keine splice-sites. Es wird also eine statistische Beschreibung für wahre splice-sites geschaffen, bzw. eine für nicht-splice-sites. Die zu analysierende DNA Sequenz wird zweimal ge*scort*, einmal mit dem +Modell und einmal mit dem -Modell. Liegt die Differenz beider scores über einem Schwellenwert, wird die Sequenz als authentische splice-site bewertet. Verschiedene GLIMMER Versionen können über die TIGR Homepage [http://www.tigr.org] abgerufen werden, für akademische Benutzer kostenlos.

Signal- und content Sensoren werden zu komplexen Suchsystemen vernetzt, da nur so komplette Genstrukturen auffindbar sind. Diese Programme zerlegen in einer quasi-linguistischen Vorgehensweise den „Satz" eines Gens in

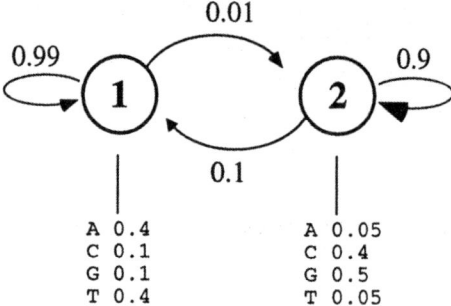

Emissionswahrscheinlichkeiten

state Sequenz (unsichtbar):

··· ①①①①①②②②②①① ···
0.99 0.99 0.99 0.99 0.01 0.9 0.9 0.9 0.1 0.99

Symbol-Sequenz (sichtbar):

··· A T C A A G C G A T ···
0.4 0.4 0.1 0.4 0.4 0.5 0.5 0.4 0.5 0.4 0.4

1.55 HMM heterogener DNA. Zwei *states* emittieren bevorzugt AT- bzw. GC- reiche Sequenzen. Die Sequenz der emittierenden *states* ist nicht sichtbar, nur die Sequenz der emittierten Symbole. Die Parameter des HMMs müssen also aus der Sequenz zurückgeschlossen werden. Die das System charakterisierenden Parameter sind Übergangs- und Emissionswahrscheinlichkeiten. Die Pfeile geben die Übergangswahrscheinlichkeiten zwischen den *states* wieder, die Summe der Emissionswahrscheinlichkeiten in jedem *state* ist 1. (nach Eddy, *Bioinformatics* 1989, 14: 755–763; *Curr Op Strc Biol* 1996, 6: 361–365)

seine grammatikalischen Teile. Dazu benutzen sie eine formale Grammatik und dynamic programming. Die Genstruktur wird also durch ein komplexes statistisches Modell beschrieben, das site-Charakteristika und Abfolge der strukturellen Details umfaßt (Abb. 1.56).

Die Webadressen einer Reihe dieser Programme findet man im *TIBS* Supplement 1998, *Trends Guide to Bioinformatics*. Neben ihrer Funktion, die Annotierung genomischer Rohdaten voranzutreiben, dienen diese statistischen Methoden dazu, biologische Vorgänge in silico zu bearbeiten und zu verstehen. Die Annotierungen großer eukaryontischer Genome intendieren zum gegenwärtigen Zeitpunkt nicht, eine detaillierte zuverlässige Beschreibung eines jeden Gens zu liefern. Sie dienen vielmehr der schnellen, oft oberflächlichen Übersicht über die große Datenmenge eines Genoms. Um den hohen Grad an Sequenz- und Funktionskonservierung zwischen den Proteinen eukaryontischer Genome in der Zukunft für automatische Annotationen, also den automatischen Transfer von Annotationen eines Genoms auf das andere, ausnutzen zu können, wird es nötig sein, ein einheitliches formales Annotationsvokabular zu entwickeln, das ausbaufähig angelegt, mit künftigen neu entdeckten Funktionen mitwachsen kann. Einen solchen Ansatz verfolgt z. B. das Gene Ontology (GO) Consortium [http://www.geneontology.org]. Systeme wie die EC Nummer von Enzymen sind lediglich auf Enzymproteine ausgelegt und können Klassifizierungskriterien, die Interaktionen und zelluläre Funktionen betreffen, nicht gerecht werden.

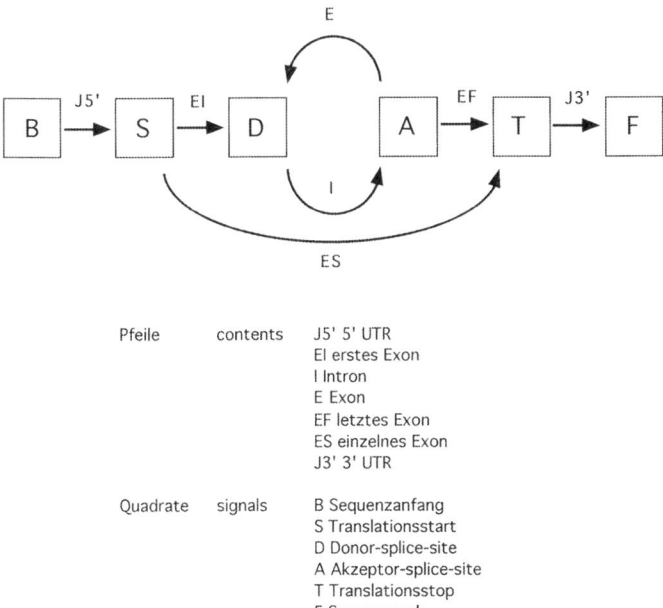

Pfeile	contents	J5' 5' UTR
		EI erstes Exon
		I Intron
		E Exon
		EF letztes Exon
		ES einzelnes Exon
		J3' 3' UTR
Quadrate	signals	B Sequenzanfang
		S Translationsstart
		D Donor-splice-site
		A Akzeptor-splice-site
		T Translationsstop
		F Sequenzende

1.56 Informationsgehalt eines nach *content* und *signal* formalisierten Gens mit mehreren Exons. Ein HMM ordnet jedem der *contents* und *signals* stochastische Modelle zu.

1.6.3
Hidden Markov Models und multiple Alignments

Das Material für multiple Alignments sind Primärsequenzen. Bei fundiertem Wissen über Protein-Evolution, läßt sich ein multiples Alignment per Hand erstellen. Dieses zeigt dann Säulen hochkonservierter Reste, von Aminosäuren mit gleichem chemischen Charakter, Säulen entsprechender sekundärer und tertiärer Struktur, Bereiche von Insertionen und Deletionen. Im Idealfall besteht eine Säule übereinander stehender Aminosäuren aus Resten, die eine

```
                    ~~~       ~~~~~~~~~        ~~~~~ ~~  ^          ~~
Struktur:   ...aaaaa...bbbbbbbbbb.....ccccccccCCC..C........ddd
1TLK        ILDMDVVEGSAARFDCKVEGY--PDPEVMWFKDDNP--VKESR----HFQ
AX01_RAT    RDPVKTHEGWGVMLPCNPPAHY-PGLSYRWLLNEFPNFIPTDGR---HFV
AX01_RAT    ISDTEADIGSNLRWGCAAAGK--PRPMVRWLRNGEP--LASQN----RVE
AX01_RAT    RRLIPAARGGEISILCQPRAA--PKATILWSKGTEI--LGNST----RVT
AX01_RAT    ----DINVGDNLTLQCHASHDPTMDLTFTWTLDDFPIDFDKPGGHYRRAS
NCA2_HUMAN  PTPQEFREGEDAVIVCDVVSS--LPPTIIWKHKGRD--VILKKDV--RFI
NCA2_HUMAN  PSQGEISVGESKFFLCQVAGDA-KDKDISWFSPNGEK-LTPNQQ---RIS
NCA2_HUMAN  IVNATANLGQSVTLVCDAEGF--PEPTMSWTKDGEQ--IEQEEDDE-KYI
NRG_DROME   RRQSLALRGKRMELFCIYGGT--PLPQTVWSKDGQR--IQWSD----RIT
NRG_DROME   PQNYEVAAGQSATFRCNEAHDDTLEIEIDWWKDGQS--IDFEAQP--RFV

Konsensus:  ........G..+.+.C.+........+.W........+........++.

                    ~~       ~~~~         ~~~~~~~         ~~~~~~~~~~
Struktur:   ddd.....eeeeee.......fffffffff.......gggggggggg.
1TLK        IDYDEEGNCSLTISEVCGDDDAKYTCKAVNSL-----GEATCTAELLVET
AX01_RAT    SQTT----GNLYIARTNASDLGNYSCLATSHMDFSTKSVFSKFAQLNLAA
AX01_RAT    VLA-----GDLRFSKLSLEDSGMYQCVAENKH-----GTIYASAELAVQA
AX01_RAT    VTSD----GTLIIRNISRSDEGKYTCFAENFM-----GKANSTGILSVRD
AX01_RAT    AKETI---GDLTILNAHVRHGGKYTCMAQTVV-----DGTSKEATVLVRG
NCA2_HUMAN  VLSN----NYLQIRGIKKTDEGTYRCEGRILARG---EINFKDIQVIVNV
NCA2_HUMAN  VVWNDDSSSTLTIYNANIDDAGIYKCVVTGEDG----SESEATVNVKIFQ
NCA2_HUMAN  FSDDSS---QLTIKKVDKNDEAEYICIAENKA-----GEQDATIHLKVFA
NRG_DROME   QGHYG---KSLVIRQTNFDDAGTYTCDVSNGVG----NAQSFSIILNVNS
NRG_DROME   KTND----NSLTIAKTMELDSGEYTCVARTRL-----DEATARANLIVQD

Konsensus:  ..........L.+..+....+.+.Y.C..............+.+.+..
```

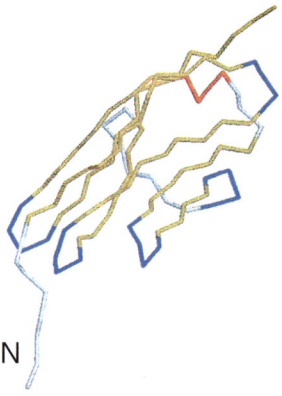

1.57 Manuell erstelltes multiples Alignment von 10 Sequenzen der Immunoglobulin-Superfamilie. Die Struktur des Telokin (PDB: 1TLK) ist bekannt, sie besteht aus acht β-Strängen (gelb, bzw. C-Strang grau). Bei Kenntnis der für diese Familie typischen Strukturmerkmale, lassen sich die übrigen Sequenzen manuell in ein Alignment bringen. Die Sequenz ist im Gegensatz zur Struktur nur in wenigen Positionen konserviert. (Die beiden konservierten C bilden eine Disulfidbrücke.) (nach Durbin, Eddy, Krogh, Mitchison, *Biological Sequence Analysis*, Cambridge UK 1998)

ähnliche 3D-Strukturposition einnehmen und von einem gemeinsamen Vorläuferrest abstammen. Ein Programm, das multiple Alignments erstellt, muß dieses Expertenwissen inkorporieren, und es muß in der Lage sein, das beste mögliche Alignment mit dem höchsten score zu ermitteln.

Abb. 1.57 zeigt ein manuell erstelltes multiples Alignment von 10 Sequenzen der Immunoglobulin-Superfamilie. Nur die Struktur des 1tlk ist bekannt. Man weiß, daß verwandte Proteine die gleichen konservierten Strukturmerkmale dieser Familie aufweisen (konservierte ß-Stränge und nur einige wenige konservierte Reste). Das gezeigte Alignment berücksichtigt diese Strukturinformation und macht die gleiche konservierte Struktur (8 ß-Stränge und konservierte Cysteine) auch in den hier zum Alignment gebrachten Zelladhäsions-molekülen deutlich. Da auch Proteinstrukturen evolvieren, darf man nicht erwarten, daß alle Reste zweier Proteine mit unterschiedlichen aber klar homologen Sequenzen die gleiche Strukturposition einnehmen. Strukturelle Veränderungen benötigen einen größeren evolutionären Zeitraum als Sequenzänderungen. Wenn sich also Proteinteile strukturell nicht mehr in ein Alignment bringen lassen, so sind sie daher auf der Ebene von Primärsequenzen erst recht nicht mehr in Beziehung zu setzen. Die Beziehung von identischer Raumposition und prozentualer Sequenzidentität ist sehr proteinabhängig (Abb. 1.58).

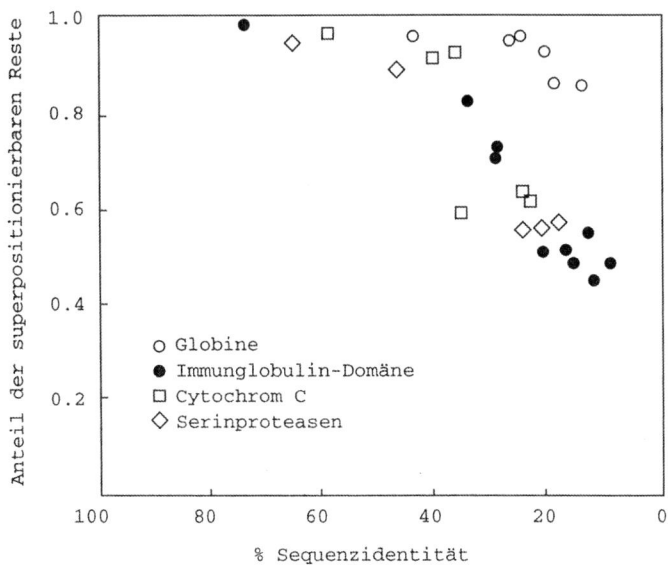

1.58 Die Beziehung zwischen Sequenzidentität und Superpositionierbarkeit der Reste zweier Sequenzen bzw. der zugehörigen Strukturen kann von Fall zu Fall unterschiedlich sein. So vereinigen Globine niedrige Sequenzidentität und hohe Superpositionierbarkeit der Strukturen. Diese Familie ist also sehr ungewöhnlich, da identische Strukturen durch stark unterschiedliche Sequenzen realisiert werden. (nach Durbin, Eddy, Krogh, Mitchison, *Biological Sequence Analysis*, Cambridge UK 1998)

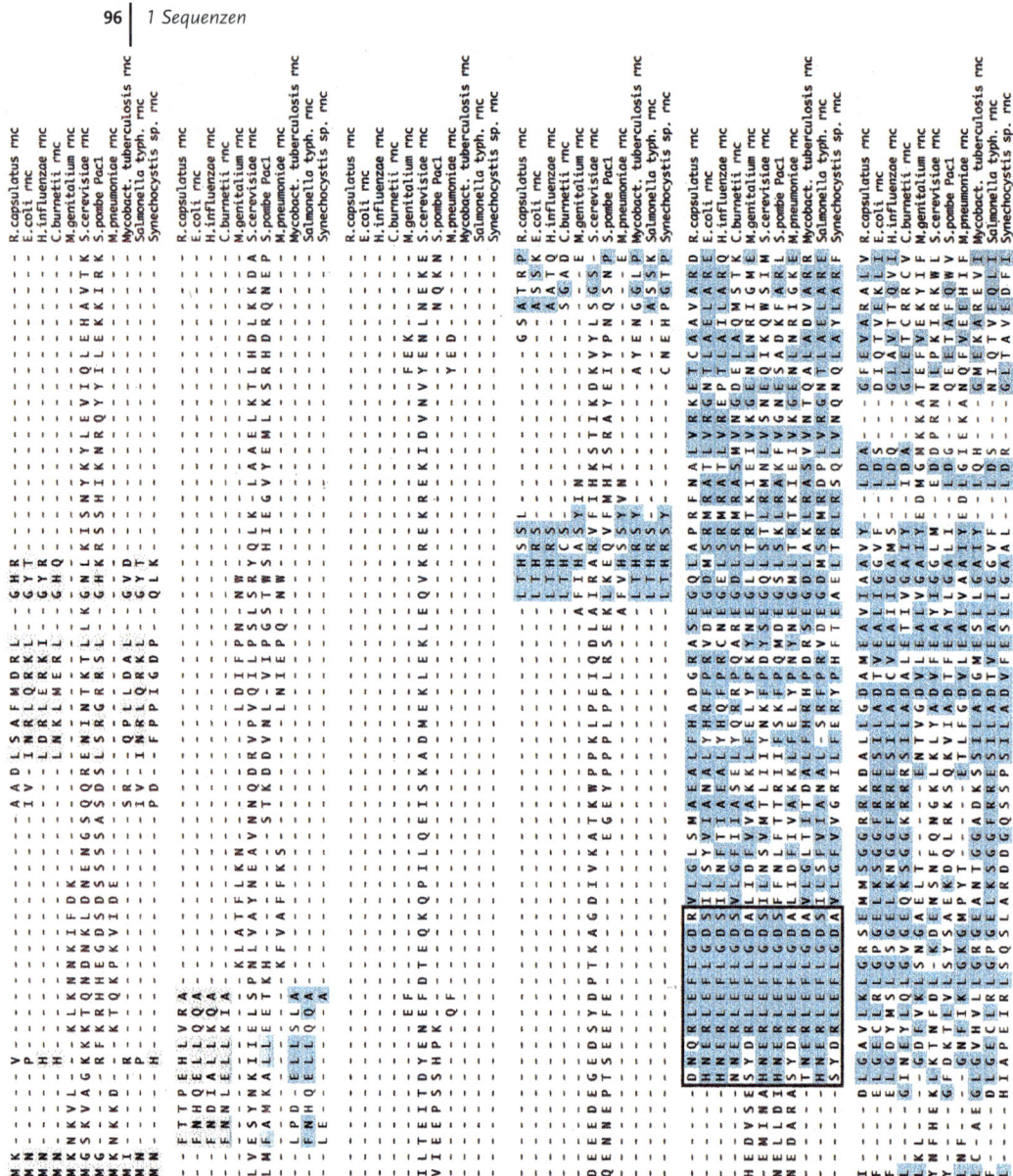

1.59 Multiples Alignment von 11 Proteinsequenzen, die zur Familie der Ribonukleasen III gehören. Dieses Alignment wurde mit der kommerziellen Lasergene® Software (DNASTAR) durchgeführt und anschließend in einem Graphikprogramm bearbeitet. Die Identität zwischen diesen Sequenzen beträgt ca. 16–35 %. In diesem Alignment sind die hochkonservierten Charakteristika sichtbar, die auch in Abb. 1.62 symbolisch dargestellt sind: Ein hochkonser-

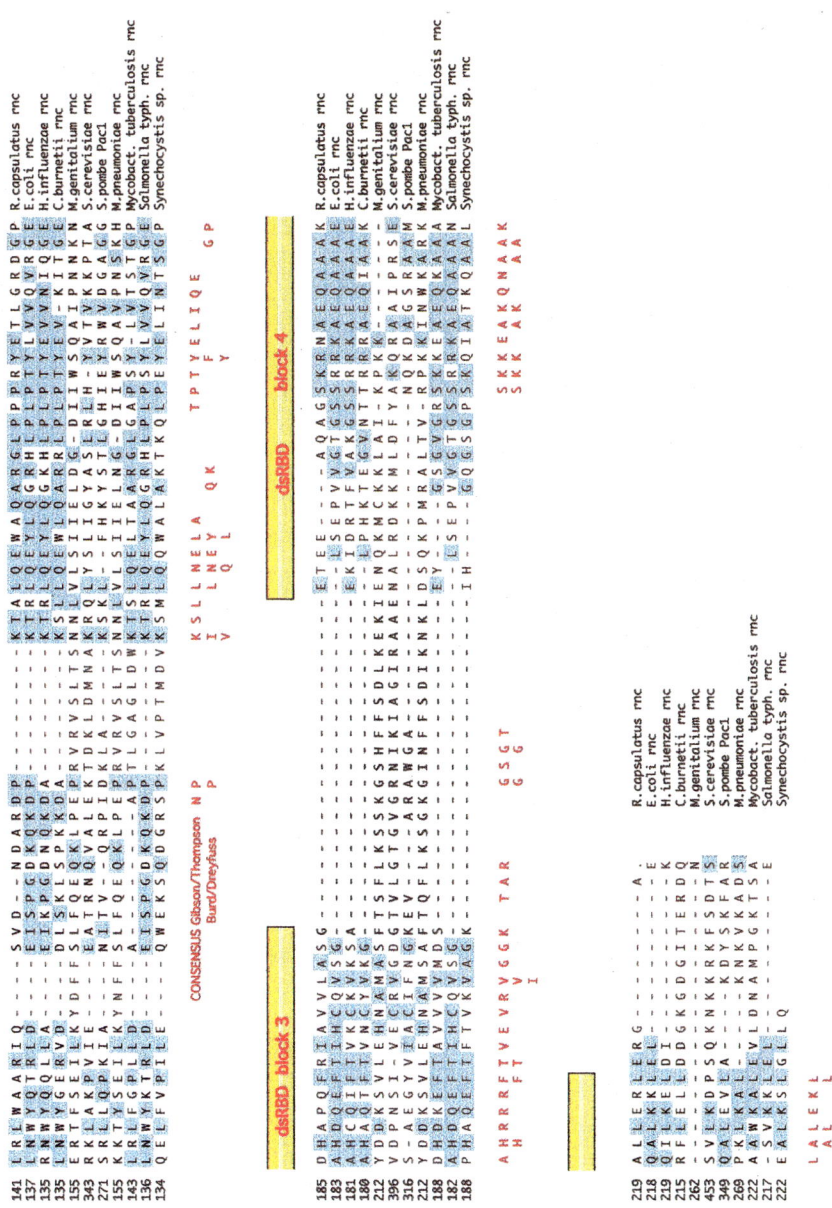

vierter familienspezifischer N-Terminus, darin ein besonders hoch konserviertes Motiv von 9 Aminosäuren, und ein auch in anderen Proteinen vorkommender konservierter C-Terminus, die funktionelle dsRBD Domäne. Es ist offensichtlich, daß einige der Proteine Extrasequenzen besitzen und daß es Sequenzbereiche gibt, in denen eine exakte evolutionäre Zuordnung der Reste unmöglich ist, zieht man nicht strukturelle Informationen hinzu.

Das Wechselspiel von Struktur- und Sequenzevolution führt dazu, daß interessante multiple Alignments von Proteinfamilien (also im Bereich von vielleicht 30% durchschnittlicher Identität, während Alignments von Sequenzen sehr hoher Identität eher trivial sind) nur in core-Elementen, niemals aber über die volle Sequenzlänge eindeutig sind. Diese core-Elemente sollten daher bei der score-Ermittlung eines multiplen Alignments die Zentralrolle spielen.

Die nötige Rechenleistung für solche Alignments nimmt bei exakten Algorithmen schnell enorme Dimensionen an. Man wählt daher einen Mittelweg zwischen Geschwindigkeit und Qualität. Es wird in jedem Falle nötig sein, als Benutzer das Ergebnis zu begutachten und gegebenenfalls manuelle Änderungen zu machen. Mit welchen Programmen lassen sich multiple Alignments erstellen? Alignment-Programme sind Teil der kommerziellen Programmsuiten für Molekularbiologen wie Lasergene (DNASTAR) oder Vector NTI (InforMax). Vorteil dieser Programme ist die bequeme Nachbearbeitung von Alignments in Graphikprogrammen (Abb. 1.59). Ein weitverbreitetes Programm, das für eine Reihe von Computersystemen frei im Internet zur Verfügung steht, ist CLUSTALW (bzw. -X). Sequenzen werden im FASTA Format importiert (aus „text only" files ohne Formatierung). Die Darstellung des Alignments läßt sich als Postscript-file schreiben, das man über ein Hilfsprogramm wie Ghostscript ansehen und auf Nicht-Postscript Druckern ausdrucken kann.

Bei der Benutzung dieser Programme wählt der Benutzer die Sequenzen aus, die er im Alignment haben möchte. Diese Sequenzen wird er über BLAST oder andere Datenbanksuchen unter Verwendung eigener Sequenzen erhalten. Alternativ gibt es zahlreiche Methoden, die nach Analyse von Motiven und Mustern für eine query-Sequenz ein Alignment mit verwandten Sequenzen automatisch erstellen.

Einer neuen, unbekannten Sequenz wird heute zunehmend eine Funktion dadurch zugewiesen, daß man diese Sequenz als neues Mitglied einer bereits bekannten Familie von Sequenzen identifiziert. Abhängig vom Organismus entdecken paarweise Sequenzvergleiche zuverlässige Ähnlichkeiten für ca. 35–80% neuer Proteine. Multiple Alignments einer ganzen Proteinsequenzfamilie hingegen geben einen genaueren Aufschluß darüber, mit welcher Häufigkeit die einzelnen Positionen eines Alignments von bestimmten Aminosäuren oder auch gaps besetzt sind.

Sobald solch ein Alignment mehrerer Sequenzen erstellt ist, kann man aus dem Alignment ein sog. *Profil* erstellen. Zur Bildung dieser Profile benutzt man *hidden Markov Models*, HMMs. Diese Profile sind von enormer Bedeutung für die Annotierung neu erstellter Gesamtgenome. Sequenzdatenbanken lassen sich mit einem Profil nach neuen Mitgliedern der zugehörigen Sequenzfamilie durchsuchen. Dies Suche nach entfernt verwandten Sequenzen (distant homology detection) mittels eines Profils ist sensiver als eine paarweise Sequenzsuche wie in BLAST.

Da HMM Profile schwache, entfernte Sequenzähnlichkeiten erkennen und sich auch mit Informationen über dreidimensionale Strukturen kombinieren lassen, sind sie zu einem der wichtigsten Hilfsmittel der Vorhersage von Proteinstrukturen geworden.

Abb. 1.60 zeigt ein multiples Alignment von 7 Sequenzen, die zur Globinfamilie gehören. Auch diese Familie zeichnet sich durch eine hochkonservierte Struktur aber geringe Sequenzkonservierung aus (Abb. 1.58). Da die 3D-Strukturen dieser 7 Proteine bekannt sind, wurden für dieses Alignment die 8 konservierten α-Ketten der Globine und 2 kritische Histidine untereinander angeordnet. In der Konsensussequenz sind Unterschiede im Grad der Konservierung einzelner Positionen erkennbar. Diese statistische Information geht in ein Profil für diese Sequenzfamilie ein.

Die Option PSI-BLAST des BLAST 2.0 Paketes (PSI für position specific iterating) (Altschul et al., Gapped BLAST and PSI-BLAST: a new generation of protein database search programs. *Nucleic Acids Res* 1997, 25: 3389-3402) [http://www.ncbi.nlm.nih.gov/BLAST/] zeigt, obwohl nicht auf HMMs basierend, das Prinzip einer Profilsuche. PSI-BLAST benutzt einen ähnlichen Ansatz der probabilistischen Sequenzmodellierung, ist aber verglichen mit Programmen, die echte HMMs verwenden, sehr schnell.

```
Helix                 AAAAAAAAAAAAAAAA   BBBBBBBBBBBBBBBBCCCCCCCCCCC
HBA_HUMAN      --------VLSPADKTNVKAAWGKVGA--HAGEYGAEALERMFLSFPTTKTYFPHF
HBB_HUMAN      --------VHLTPEEKSAVTALWGKV----NVDEVGGEALGRLLVVYPWTQRFFESF
MYG_PHYCA      --------VLSEGEWQLVLHVWAKVEA--DVAGHGQDILIRLFKSHPETLEKFDRF
GLB3_CHITP     ----------LSADQISTVQASFDKVKG------DPVGILYAVFKADPSIMAKFTQF
GLB5_PETMA     PIVDTGSVAPLSAAEKTKIRSAWAPVYS--TYETSGVDILVKFFTSTPAAQEFFPKF
LGB2_LUPLU     --------GALTESQAALVKSSWEEFNA--NIPKHTHRFFILVLEIAPAAKDLFS-F
GLB1_GLYDI     --------GLSAAQRQVIAATWKDIAGADNGAGVGKDCLIKFLSAHPQMAAVFG-F
Consensus              Ls....   vaWkv.  .     g.L..f.P.       F F

Helix          DDDDDDDEEEEEEEEEEEEEEEEEEEEEE              FFFFFFFFFFFF
HBA_HUMAN      -DLS-----HGSAQVKGHGKKVADALTNAVAHV---D--DMPNALSALSDLHAHKL-
HBB_HUMAN      GDLSTPDAVMGNPKVKAHGKKVLGAFSDGLAHL---D--NLKGTFATLSELHCDKL-
MYG_PHYCA      KHLKTEAEMKASEDLKKHGVTVLTALGAILKK----K-GHHEAELKPLAQSHATKH-
GLB3_CHITP     AG-KDLESIKGTAPFETHANRIVGFFSKIIGEL--P----NIEADVNTFVASHKPRG-
GLB5_PETMA     KGLTTADQLKKSADVRWHAERIINAVNDAVASM--DDTEKMSMKLRDLSGKHAKSF-
LGB2_LUPLU     LK-GTSEVPQNNPELQAHAGKVFKLVYEAAIQLQVTGVVVTDATLKNLGSVHVSKG-
GLB1_GLYDI     SG----AS---DPGVAALGAKVLAQIGVAVSHL-,-GDEGKMVAQMKAVGVRHKGYGN
Consensus        .  t     ..v..Hg kv. a   a..1   d   .al.l    H   .

Helix          FFGGGGGGGGGGGGGGGGGG         HHHHHHHHHHHHHHHHHHHHHHHHH
HBA_HUMAN      -RVDPVNFKLLSHCLLVTLAAHLPAEFTPAVHASLDKFLASVSTVLTSKYR------
HBB_HUMAN      -HVDPENFRLLGNVLVCVLAHHFGKEFTPPVQAAYQKVVAGVANALAHKYH------
MYG_PHYCA      -KIPIKYLEFISEAIIHVLHSRHPGDFGADAQGAMNKALELFRKDIAAKYKELGYQG
GLB3_CHITP     --VTHDQLNNFRAGFVSYMKAHT--DFA-GAEAAWGATLDTFFGMIFSKM------
GLB5_PETMA     -QVDPQYFKVLAAVIADTVAAG---------DAGFEKLMSMICILLRSAY------
LGB2_LUPLU     --VADAHFPVVKEAILKTIKEVVGAKWSEELNSAWTIAYDELAIVIKKEMNDAA---
GLB1_GLYDI     KHIKAQYFEPLGASLLSAMEHRIGGKMNAAAKDAWAAAYADISGALISGLQS-----
Consensus        v.  f l.. ...     f    . aa. k.  .      1 sky
```

1.60 Alignment von sieben Globinsequenzen auf der Basis struktureller Information. Die Globinsequenzen wurden unter Hinzuziehung ihrer bekannten 3D-Strukturen so arrangiert, daß die acht konservierten Helices A-H und die beiden konservierten Histidine im Alignment stehen. (nach Bashford et al., *J Mol Biol* 1987, 196: 199–216)

1. Zunächst wird die Datenbank mit einer einfachen query-Sequenz durchsucht. Sequenzen mit hohem score werden in einem multiplen Alignment vereinigt.
2. Auf der Basis dieses multiplen Alignments wird ein Profil erstellt.
3. Nun wird die Datenbank erneut, aber mit dem Profil, durchsucht. Die Liste der gefundenen Sequenzen enthält jetzt neue Sequenzen.
4. Dieser Zyklus wird bis zu einer Stabilisierung des Sequenzsets wiederholt. Mit jedem Zyklus kommen neue Sequenzen hinzu, deren evolutionäre Verwandtschaft und Zugehörigkeit zur gleichen Familie so deutlich wird.

Dieser Suchtyp wird zum gegenwärtigen Zeitpunkt der Entwicklung noch sehr kritisch beurteilt. Tauchen im ersten Alignment Sequenzen auf, die aufgrund eines ausreichenden scores aufgenommen wurden, in Wirklichkeit aber nicht zur Familie gehören, so werden Alignment und Profil „kontaminiert". Mit jedem neuen Zyklus breitet sich diese Kontamination mit Sequenzen, die keinen evolutionären Bezug zum Target haben, aus. Der Erfolg einer PSI-BLAST Suche hängt entscheidend von der ersten query-Sequenz ab, der sog. seed-Sequenz. Gegebenenfalls muß eine solche Suche mit mehr als nur einer query-Sequenz durchgeführt werden (Aravind, Koonin, *J Mol Biol* 1999, 287: 1023-1040).

Wie werden nun Alignments in Profil-HMMs umgesetzt? Der Ansatz geht auf Arbeiten von Krogh und Haussler aus dem Jahr 1994 zurück (*J Mol Biol* 1994, 235: 1501-1531). Siehe auch das auf HMMs basierende Genfinder Programm GENIE unter [http://www.cse.ucsc.edu/~dkulp/cgi-bin/genie]. Zunächst der Formalismus: Ausgangspunkt für die folgenden Überlegungen ist ein multiples Alignment aus fünf Sequenzen wie wir es in Abb. 1.61 A sehen. Die Sequenzen mit jeweils drei Aminosäuren bilden ein Alignment mit drei Säulen. Das Alignment wird nun von links nach rechts in ein HMM umgesetzt. Diese links → rechts Orientierung ist charakteristisch für Profil-HMMs. Jede Säulenposition des Alignments wird dabei durch drei Zustände (states) im HMM repräsentiert (modelliert):

Der *match state* **m** beschreibt die beobachteten Emissionswahrscheinlichkeiten aller 20 Aminosäuren in dieser Position des Alignments. Der *insert state* **i** erlaubt die Insertion von einer oder mehr Aminosäuren rechts von der Säulenposition. Der *delete state* **d** erlaubt die Deletion der Säulenposition (also ein gap).

Alle *match* und *insert states* haben die Möglichkeit, jede der 20 Aminosäuren zu emittieren. *Delete states* haben eine Emissionswahrscheinlichkeit von 0. B bezeichnet einen Anfangszustand, E einen Endzustand. Die Pfeile kennzeichnen die Übergangswahrscheinlichkeiten zwischen den states von links nach rechts.

Formen wir nun ein reales Alignment in ein HMM um. Abb. 1.61 B zeigt das multiple Alignment der konservierten Domäne von 20 Proteinen der

PDGF-Familie (platelet-derived growth factor). Einige Positionen (z. B. Säule 1) sind hochkonserviert, andere weniger (z. B. Säule 6). In Position 17 des Alignments haben 25 % der Sequenzen ein Prolin P, 25 % ein Arginin R, der Rest hat in dieser Position ein gap. Man geht bei der Entwicklung des HMM davon aus, daß jedes neue Mitglied dieser Sequenzfamilie sich in der entsprechenden Position ähnlich verhält, also mit je 25 % Wahrscheinlichkeit ein Prolin oder Arginin, mit 50 % Wahrscheinlichkeit ein gap aufweist. Da jedes reale Alignment nur ein Ausschnitt der real existierenden Menge von Sequenzen sein kann, muß bei einer HMM Beschreibung eines solchen Alignments jeder Position eine zwar kleine, aber positive Wahrscheinlichkeit auch für jede andere Aminosäure zugeordnet werden. Das HMM beschreibt also auf der Basis eines realen Alignments die Wahrscheinlichkeiten, mit denen wir Aminosäuren in äquivalenten Positionen bei anderen Sequenzen dieser Familie erwarten dürfen. Ein HMM ist ein finites Modell, das die Wahrscheinlichkeitsverteilung in einer beliebig großen Zahl von Sequenzen einer Sequenzfamilie beschreibt. Abb. 1.61 C zeigt das HMM für die Positionen 16–19 des Alignments. M16 ist der *match state*, wie wir ihn in Position 16 des Alignments beobachten: 95 % D und 5 % S. Aus M16 schreitet das System mit 50 % Wahrscheinlichkeit zu D17 fort. Dies bedeutet, für 50 % der Sequenzen ist Position 17 nicht mit einer Aminosäure besetzt (gap). Die übrigen 50 % Wahrscheinlichkeit entfallen auf M17 als nächsten Zustand, wobei in dieser Position mit gleicher Wahrscheinlichkeit, d. h. 0,5 x 50 = 25 %, ein R oder ein P emittiert wird. (Die Darstellung ist vereinfacht, da ja Übergangswahrscheinlichkeiten von 0 bzw. 100 % eigentlich nicht erlaubt sind.)

Sequenzen, die sich in M17 aufhalten, gehen mit 100 % Wahrscheinlichkeit in *state* M18 über, der ausschließlich T emittiert, und weiter mit ebenfalls 100 % Wahrscheinlichkeit zu M19, ein *match state*, der 25 % S, 25 % N und 50 % E emittiert. Sequenzen, die sich in D17 befinden, gehen mit 100 % Wahrscheinlichkeit über D18 (ein weiteres gap) in M19 über. Soll jetzt eine neue Proteinsequenz daraufhin untersucht werden, ob sie die durch dieses Alignment beschriebene Domäne enthält, so wird sie statt direkt mit dem Alignment mit der HMM Beschreibung dieses Alignments verglichen.

Die Erstellung eines multiplen Alignments und seine Umsetzung in ein Profil-HMM erfolgt automatisch über Programme wie HMMER [http://hmmer.wustl.edu/] und SAM [http://www.cse.ucsc.edu/research/compbio/sam.html]. Diese Programme sind darüber hinaus auch in der Lage, mit einem erstellten Profil-HMM eine Datenbanksuche durchzuführen, um weitere Mitglieder der Sequenzfamilie zu identifizieren. Alle Profil-Server sind in rascher Entwicklung begriffen, und es ist dem Benutzer stets anzuraten, mehrere dieser Datenbanken auszuprobieren, da sie durchaus unterschiedliche Daten enthalten.

Beim Alignment einer query-Sequenz gegen ein Profil-HMM, oder bei Datenbanksuche mit einem solchen HMM, werden ähnlich wie in BLAST addi-

A

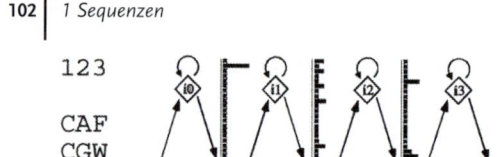

```
         1 2 3
CAF
CGW
CDY
CVF
CKY
```

B
```
             :     ..:. *.** : ** ***.   :.*         ::: ::        .         :     : :. *
VEGF_HUMAN   CHPIETLVDIFQEYPD--EIEYIFKPSCVPLMRCGGCCNDEGLECVPTEESNITMQIMRIKPH-QGQHIGEMS--FLQHNKCE
  VEGF_PIG   CRPIETLVDIFQEYPD--EIEYIFKPSCVPLMRCGGCCNDEGLECVPTEEFNITMQIMRIKPH-QGQHIGEMS--FLQHNKCE
VEGF_BOVIN   CRPIETLVDIFQEYPD--EIEFIFKPSCVPLMRCGGCCNDESLECVPTEEFNITMQIMRIKPH-QSQHIGEMS--FLQHNKCE
VEGF_SHEEP   CRPIETLVDIFQEYPD--EIEFIFKPSCVPLMRCGGCCNDESLECVPTEEFNITMQIMRIKPH-QGQHIGEMS--FLQHNKCE
VEGF_CAVPO   CRPIEMLVDIFQEYPD--EIEYIFKPSCVPLMRCGGCCNDESLECVPTEEFNITMQIMRIKPH-QGQHIGEMS--FLQHSKCE
VEGF_MOUSE   CRPIETLVDIFQEYPD--EIEYIFKPSCVPLMRCAGCCNDEALECVPTSESNITMQIMRIKPH-QSQHIGEMS--FLQHSRCE
  VEGF_RAT   CRPIETLVDIFQEYPD--EIEYIFKPSCVPLMRCAGCCNDEALECVPTSESNVTMQIMRIKPH-QSQHIGEMS--FLQHSRCE
  AF297627   --------DIFQEYPD--EIEYIFKPSCVPLMRCGGCCSDEALECVPTSESNITMQIMRVKPH-QSQHIGEMS--FLQHSRCE
PLGF_HUMAN   CRALERLVDVVSEYPS--EVEHMFSPSCVSLLRCTGCCGDEDLHCVPVETANVTMQLLKIRSG-DRPSYVELT--FSQHVRCE
PLGF_MOUSE   CRPMEKLVYILDEYPD--EVSHIFSPSCVLLSRCSGCCGDEGLHCVPIKTANITMQILKIPPNRDPHFYVEMT--FSQDVLCE
PDGA_HUMAN   CKTRTVIYEIPRSQVDPTSANFLIWPPCVEVKRCTGCCNTSSVKCQPSRVHHRSVKVAKVEYVRKKPKLKEVQVRLEEHLECA
PDGA_MOUSE   CKTRTVIYEIPRSQVDPTSANFLIWPPCVEVKRCTGCCNTSSVKCQPSRVHHRSVKVAKVEYVRKKPKLKEVQVRLEEHLECA
PDGA_RABIT   CKTRTVIYEIPRSQVDPTSANFLIWPPCVEVKRCTGCCNTSSVKCQPSRVHHRSVKVAKVEYVRKKPKLKEVQVRLEEHLECA
  PDGA_RAT   CKTRTVIYEIPRSQVDPTSANFLIWPPCVEVKRCTGCCNTSSVKCQPSRVHHRSVKVAKVEYVRKKPKLKEVQVRLEEHLECA
PDGA_XENLA   CKTRTVIYEIPRSQIDPTSANFLIWPPCVEVKRCTGCCNTSSVKCQPSRIHHRSVKVAKVEYVRKKPKLKEVLVRLEEHLECT
PDGB_FELCA   CKTRTEVFEVSRRLIDRTNANFLVWPPCVEVQRCSGCCNNRNVQCRPTQVQLRLVQVRKIEIVRKKPVFKKATVTLEDHLACK
PDGB_HUMAN   CKTRTEVFEISRRLIDRTNANFLVWPPCVEVQRCSGCCNNRNVQCRPTQVQLRPVQVRKIEIVRKKPIFKKATVTLEDHLACK
PDGB_MOUSE   CKTRTEVFQISRNLIDRTNANFLVWPPCVEVQRCSGCCNNRNVQCRASQVQMRPVQVRKIEIVRKKPIFKKATVTLEDHLACK
  PDGB_RAT   CKTRTEVFQISRNLIDRTNANFLVWPPCVEVQRCSGCCNNRNVQCRASQVQMRPVQVRKIEIVRKKPVFKKATVTLEDHLACK
  CAA65790   CKTRTEVSEISRRLIDRTNANFLVWPPCVEVQRCSGCCNNRNVQCRPTQVQDRKVQVKKIEIVRKKKIFKKATVTLVDHLACR
     ruler   1.......10........20........30........40........50........60........70........80...
```

C

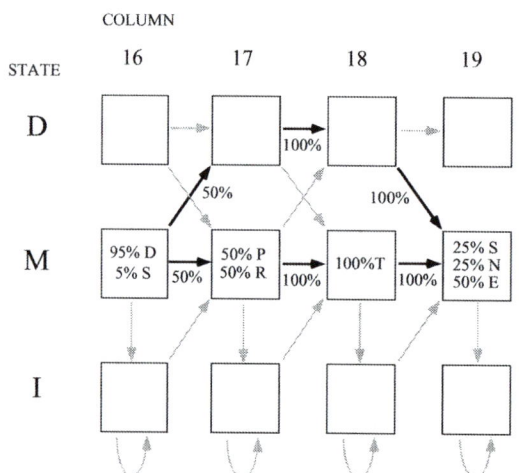

1.61 A) Umsetzung von Alignments in Profil-HMMs. Das Alignment der fünf kurzen Sequenzen hat drei Säulen. Die Umsetzung erfolgt in einem framework aus *match*, *insert* und *delete state* (siehe Text). Der Indikator über dem *match state* symbolisiert die emittierten Aminosäuren von A bis Y. (nach Eddy, *Bioinformatics* 1989, 14: 755–763; *Curr Op Strc Biol* 1996, 6: 361–365)

B) 20 Sequenzen von Proteinen, die zur PDGF Familie gehören, sind mit Clustalx in ein Alignment gebracht worden.
C) Das HMM wird für die Positionen 16 bis 19 entwickelt. Wie in A) kennzeichnen D, M und I *delete*, *match* und *insert state*. Die im Alignment enthaltenen Sequenzen folgen den schwarzen Pfeilen dieses Modells (s. Text). (nach Amitai, *Science* 1998, 282: 1436–1437).

tive log-odds scores verwendet. Besonders wichtig ist der Ansatz, ein neues unbekanntes Protein mit einer ganzen Bibliothek von Profil-HMMs zu vergleichen. So lassen sich eine oder mehrere Domänen in der neuen Sequenz identifizieren.

Ein Profil-HMM einer Proteinsequenzfamilie läßt sich auch in ein Nukleinsäure HMM umformen (extended HMM). Mit diesem können dann neue Proteine dieser Familie in Nukleotiddatenbanken identifiziert werden. Dazu muß die Wahrscheinlichkeit für positionsspezifische Aminosäuren in die für die zugehörigen möglichen Codons umgesetzt werden. Bei der Umformulierung eines Protein HMM in Nukleotidform wird – da Nukleotiddatenbanken auch die Sequenzierfehler enthalten – Fehlern, die typischerweise ein bestimmtes Codon korrumpieren, ein kleines Wahrscheinlichkeitsinkrement zugeordnet. Introns in DNA-Sequenzen werden automatisch erkannt und nicht in ein Alignment aufgenommen. HMMs können neue DNA-Sequenzen oder abgeleitete Proteinsequenzen automatisch scannen und homologe Proteine identifizieren. Auf diese Weise werden HMMs zu einem wichtigen Werkzeug bei der Annotierung von genomischen Massendaten.

Datenbanken, die sich speziell mit Proteinmotiven beschäftigen, verwenden zum Teil HMMs, um die gefundenen Sequenzhomologien statistisch zu beschreiben. Es ist stets empfehlenswert, mit einer query-Sequenz neben einer BLAST Suche auch mehrere Domänendatenbanksuchen durchzuführen.

1.6.4
Motive und Domänen: Prosite, Blocks, Pfam, Prodom

PROSITE ist Teil des Schweizer ExPaSy-Systems und katalogisiert biologisch signifikante Abschnitte in Proteinen, die sich als Motive oder Sequenzpattern definieren. Sehr oft sind solche Motive in aktiven Zentren oder Bindungsstellen für Substrate, Coenzyme oder posttranslationale Modifikationen lokalisiert, können also einer Funktionsvorhersage in einem unbekannten Protein dienen. Version 16.25 (31. August 2000) hat 1.064 Einträge, die 1.424 *pattern* bzw. *profiles* beschreiben. Das Primärsequenzmaterial stammt aus der Swiss-Prot Proteinsequenz-Datenbank. Relativ kleine Motive werden durch einen kurzen pattern-Eintrag beschrieben. Daneben gibt es aber auch profile (matrix)-Einträge, die ein Sequenzmotiv statistisch beschreiben. Die hier gesammelten profiles versuchen im Gegensatz zu den relativ kleinen patterns (10–20 AA) eine Proteinfamilie oder -domäne in ihrer vollen Länge zu beschreiben. So sind zum Beispiel die Proteine der Ribonuklease III -Familie gleich dreifach in Prosite erfaßt (Abb. 1.62). Die beiden wichtigsten Werkzeuge zur Benutzung von Prosite sind ScanProsite und ProfileScan. ScanProsite läßt eine neue Proteinsequenz gegen die Prosite Datenbank bzw. ein Pattern (auch benutzerdefinierte) gegen SwissProt laufen, während ProfileScan [http://www.isrec.isb-

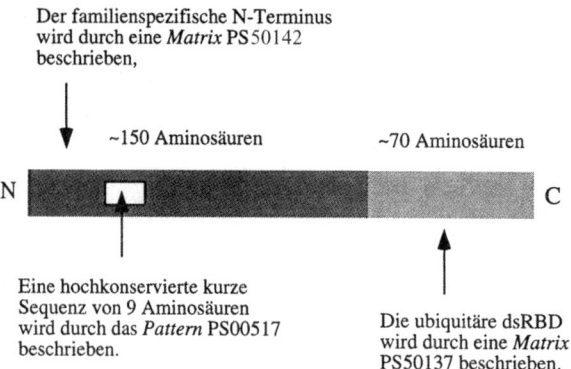

1.62 Charakteristika einer Proteinfamilie (hier die Familie der RNAse III Proteine), wie sie in Prosite erfaßt sind. Sowohl familienspezifische als auch generelle Motive werden als Pattern oder als Matrix erfaßt.

sib.ch/software/PFSCAN_form.html] eine Sequenz mit den Profileinträgen in Prosite und PFAM vergleicht.

BLOCKS [http://www.fhcrc.org/] ist eine Motivdatenbank, deren Einträge aus Alignments mit einem oder mehreren ungegapten Blöcken bestehen. BLOCKS leitet sich von Prosite ab und hat zur Zeit (v.12) mehr als 4.000 Einträge. Einträge in BLOCKS werden in einem automatisierten Prozeß aus den am höchsten konservierten Regionen in PROSITE und den dazugehörigen Alignments entnommen. Ein Protein kann also eine Abfolge mehrerer solcher Blöcke besitzen. Wird die Datenbank mit einer query-Sequenz gescannt, wird dabei diese Sequenz mit allen Blöcken verglichen und ein score errechnet. Enthält die query-Sequenz mehrere Motive, werden alle Treffer gemeldet (Abb. 1.63).

Nur solche Suchen mit einer query-Sequenz gegen BLOCKS sind aussagekräftig, bei denen mehr als nur ein BLOCK-Hit in definierter Reihenfolge gefunden wird. Diesem Motiv-orientierten Ansatz fehlen also die *insert* und *delete states*, die – wie z. B. in der PFAM und der PROSITE Profile Datenbank – in einem wirklichen Profil-HMM jedem *match*-state zugeordnet sind.

Die **PFAM** Datenbank [http://www.sanger.ac.uk/Software/Pfam/index.shtml] ist eine Datenbank bereits erstellter Profil-HMMs von Proteindomänen. Die gegenwärtige Version (5.3) enthält multiple Sequenzalignments und HMMs für 2.216 Proteindomänen, die mehr als 65 % aller Proteine in Swiss-Prot abdecken. Diese multiplen Alignments sind mit Expertenwissen manuell erstellte Alignments sehr hoher Qualität. Von solchen Alignments werden die zugehörigen HMM abgeleitet.

PRODOM (Protein Domain Database [http://protein.toulouse.inra.fr/prodom.html]) (Abb. 1.64) untersucht die in SwissProt enthaltenen Proteinsequenzen auf das Vorkommen von Domänen, also Aminosäureabschnit-

A

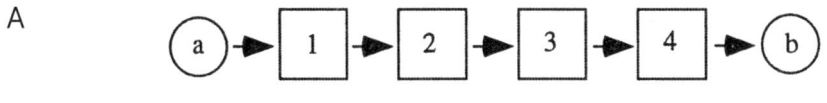

B

```
>IPB000629 5/5 blocks Combined E-value= 9.2e-95: ATP-dependent helicase, DEAD-box subfamily
Block       Frame    Location (aa)    Block E-value
IPB000629A  0        21-59            3.3e-26
IPB000629B  0        77-89            7e-06
IPB000629C  0        148-171          5.1e-13
IPB000629D  0        180-208          5.5e-09
IPB000629E  0        305-355          1.3e-35
Other reported alignments:

                    |--- 209 amino acids---|
       IPB000629 AAAAA:.....BB:........CCC:.......DDD::::::::..........EEEEEE
              65           ::AAAAA::BB::::::::CCC:DDD::::::::::::EEEEEE

IPB000629A       <->A    (11,770):20
DEAD_ECOLI|P23304 42      GYEKPSPIQAECIPHLLNGRDVLGMAQTGSGKTAAFSLP
                          ||| |||| || ||||||| |||| ||||| | ||
              65      21  GYETPTPIQAGAIPPALEGRDVLGIAQTGTGKTASFTLP

IPB000629B       A<->B   (12,57):17
DBPA_ECOLI|P21693 75      LVLCPTRELADQV
                          ||||||||||| ||
              65      77  LVLCPTRELAAQV

IPB000629C       B<->C   (7,71):58
O28030           151     VRFFVLDEADRMLDMGFIDDIERI
                          |  |  ||||||||||| |||||
              65     148  VQIMVVDEADRMLDMGFIPDIERI

IPB000629D       C<->D   (7,63):8
IF41_ARATH|P41376 214     QVGVFSATMPPEALEITRKFMSKPVRILV
                          |   ||||||  ||||| |  |   ||||
              65     180  QTLFFSATMAPEIERITNTFLHaPARIEV

IPB000629E       D<->E   (61,155):96
RHLB_ECOLI|P24229 308     ILVATDVAARGLHIPAVTHVFNYDLPDDCEDYVHRIGRTGRAGASGHSISL
                          |  ||||||||| ||||| ||||||||   ||||||||||||||   |  |
              65     305  LLIASDVAARGLDIPAVSHVFNYDLPSHAEDYVHRIGRTGRAGRLGTAYSI
```

1.63 BLOCKS-Einträge folgen einer simplen HMM-Struktur (A): Jeder *match state* (hier 1–4) kann jede der 20 Aminosäuren emittieren. Das Motiv enthält keine gaps, es besitzt keine *insert* und *delete states*. (B) Führen wir eine Suche mit einer neuen Sequenz gegen BLOCKS durch, so werden alle gefundenen Treffer als gap-lose Alignments angezeigt. In diesem Falle finden sich in der Query-Sequenz 5 BLOCKS Einträge, die charakteristisch sind für die Familie der ATP-abhängigen ATPasen.

ten, die während der Protein-Evolution in mehreren verschiedenen Proteinen verwendet wurden. Die Datenbank wird unter Anwendung von PSI-Blast und manuell erstellten Pfam Alignments automatisch erstellt. Individuelle Sequenzen, die in der gleichen Domänenfamilie (domain family PD#) zusammengefaßt sind, zeigen hohe Ähnlichkeit im Bereich dieser Domäne. Eine solche Familie kann eine sehr unterschiedliche Anzahl an Mitgliedern haben, mit mehr oder weniger Homogenität. Zur Zeit enthält ProDom mehr als 175.000 solcher domain families. Die graphische Darstellung zeigt die einzelnen Domänen, aus denen ein Protein aufgebaut ist (Abb. 1.65). Es lassen sich zu einem gegebenen Protein oder einer Domäne alle Proteine anzeigen, die die gleiche Domäne besitzen. Multiple Alignments, die die Sequenzen einer domain family und den Konsensus zeigen, sind abrufbar. Ein unbekanntes Protein läßt sich

ProDom 2000.1 Statistik

Sequenzdaten

Proteinumfang	185 281
(non fragmentary sequences from SwissProt38	
+TREMBL+TREMBL updates -> Oct 22th, 1999)	

Domänenfamilien

Domänenfamilien mit wenigstens 2 Sequenzen	51 303
Domänenfamilien	174 952
Domänenfamilien mit Links zur PDB	2 913
Prosite Links	6 194
Pfam-A Links	17 155
durchschnittliche Anzahl von Domänen/Sequenz	~2.8
durchschnittliche Domänenlänge (aa)	132

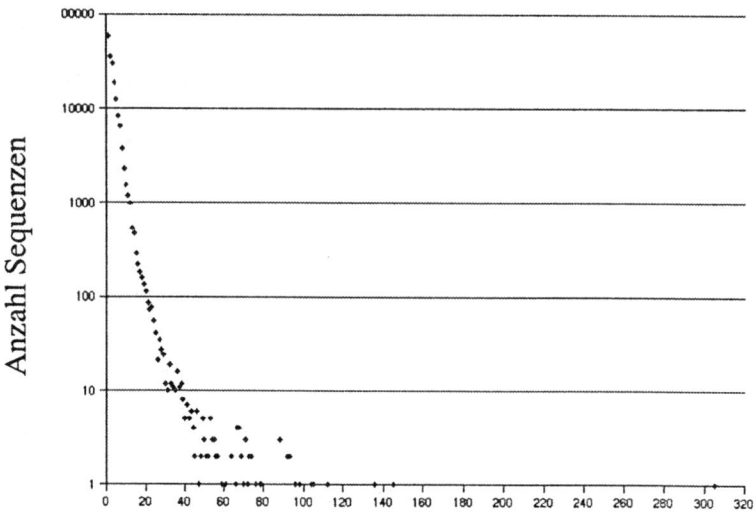

1.64 Statistik der gegenwärtigen Version von ProDom mit einer Darstellung der statistischen Verteilung der Domänen auf Sequenzen [http://protein.toulouse.inra.fr/prodom.html].

mit BLAST gegen alle definierten Domänen vergleichen. So lassen sich wertvolle Hinweise auf den modularen Aufbau des unbekannten Proteins, seine Funktion und evolutionäre Verwandtschaft gewinnen. Einen ähnlichen Ansatz verfolgt auch das NCBI DART-tool (domain architecture retrieval tool) [http://www.ncbi.nlm.nih.gov/Structure/lexington/html/overview.html].

A
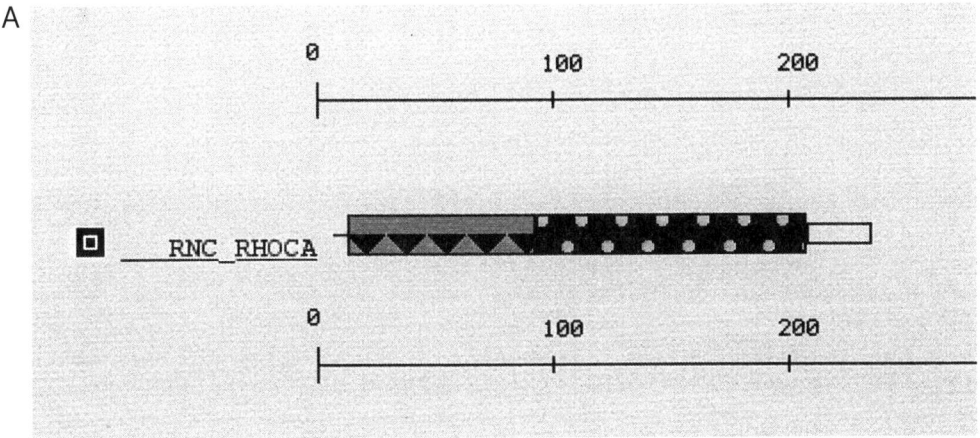

B
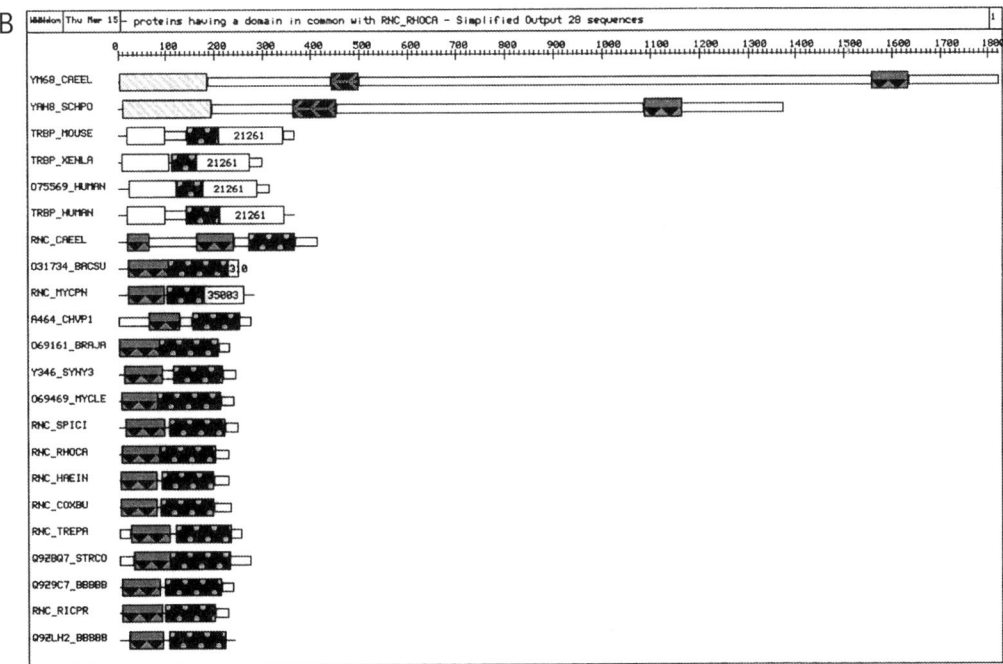

1.65 ProDom Domänendatenbank. Die Sammlung der Proteindomänen läßt sich über BLAST mit einer neuen Proteinsequenz durchsuchen. Findet BLAST eine bereits in der Datenbank vorhandene Domäne im neuen Protein, so wird ein Alignment der bereits zu dieser Domänenfamilie gehörenden Sequenzen angezeigt. Für bereits erfaßte Proteine wird deren Domänenstruktur schematisch gezeigt (A). Jede farbkodierte Domäne ist ein Link zu einem Alignment. Auch lassen sich alle Proteine anzeigen, die die gleiche Domäne besitzen (B).

2
Strukturen

2.1
Wie falten sich Proteine?

2.1.1
Grundlegende Konzepte

Im folgenden sollen einige jüngere Ansätze vorgestellt werden, die mit Computerunterstützung zur Lösung dieser Probleme beitragen. Für eine umfassende Analyse der Strukturthematik in Proteinen sei auf das Buch *Introduction to Protein Structure* von Branden und Tooze (Garland Publ., New York, 1998, 2. Auflage) hingewiesen.

Zunächst die wichtigsten zum Thema gehörenden Begriffe. Struktur in Proteinen läßt sich auf verschiedenen Ebenen definieren. Mit *Primärstruktur* wird die Aminosäuresequenz eines Proteins bezeichnet. *Sekundärstruktur* ist die Abfolge der Sekundärstrukturelemente, also die Ordnung von α-Helices, β-Strängen (bzw. β-Faltblatt) und turn-Elementen (Abb. 2.1). Diese kleinen lokalen Strukturen sind z. T. durch die Primärsequenz bestimmt, da bestimmte Aminosäureabfolgen vorhersagbar bestimmte Sekundärstrukturen favorisieren. Sekundärstrukturelemente ordnen sich durch Interaktionen ihrer Seitenketten eng zueinander an und bilden so Motive. Mehrere Motive bilden dann eine Domäne. *Tertiärstruktur* bezeichnet die Faltung einer Polypeptidkette in eine oder mehrere Domänen. Bisher hat sich stets bewahrheitet, daß eine signifikante Homologie auf der Ebene der Primärsequenz zweier Domänen in zwei verschiedenen Proteinen mit einer ähnlichen Tertiärstruktur einhergeht. Wie wir sehen werden, gilt die Umkehrung dieses Satzes nicht. *Quartärstruktur* beschreibt die Zusammensetzung eines Proteins aus mehreren identischen oder verschiedenen Untereinheiten (Polypeptiden).

Für eine Diskussion der Proteinstruktur müssen wir noch einen Schritt zurückgehen zur eigentlichen Peptidbindung (Abb. 2.1). Die N – C' Bindung besitzt aufgrund ihrer chemischen Beschaffenheit keine freie Drehbarkeit. Freie Drehbarkeit besteht hingegen in den N – C_α und C_α – C' Bindungen. Diese

110 | *2 Strukturen*

A

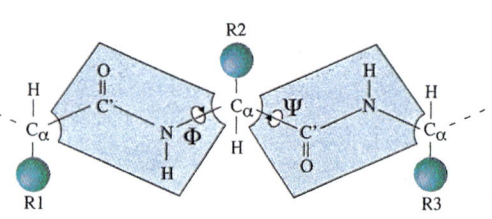

B

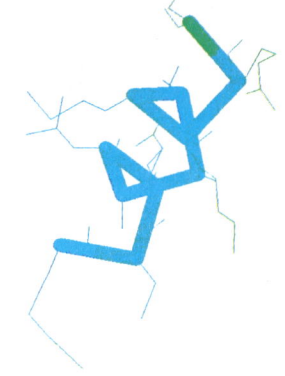

C

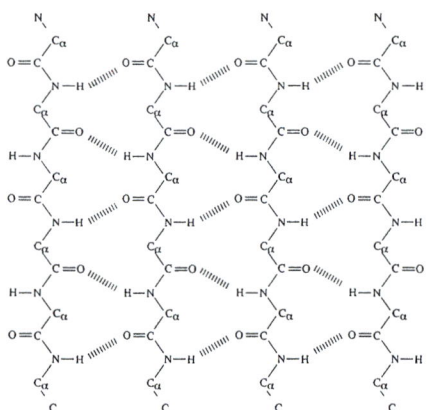

D

E

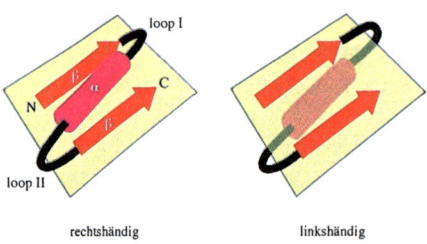

rechtshändig   linkshändig

F

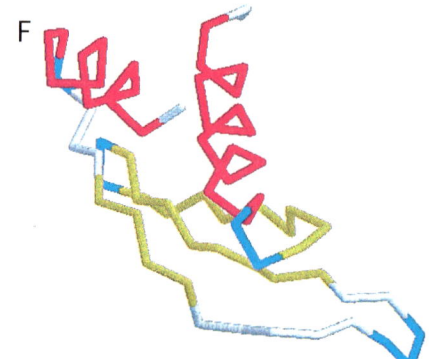

2.1 A) Die C'-N Bindung besitzt keine freie Drehbarkeit. Φ und Ψ Winkel, sowie die Orientierung der Seitenketten bestimmen die Freiheitsgrade einer Aminosäurekette. B) Das Protein-Sekundärstrukturelement α-Helix (hier 11 Aminosäuren aus dem N-Terminus von Lysozym). C) Paralleles β-Faltblatt aus 4 β-Strängen, die in gleicher N→C Anordnung nebeneinander liegen und durch Wasserstoffbrückenbindungen verknüpft sind. D) Antiparalleles β-Faltblatt mit alternierender Orientierung der β-Stränge. E) Das β-α-β Motiv. In diesem einfachen Proteinmotiv sind zwei parallele β-Stränge durch eine α-Helix verbunden. Diese Art der Verbindung der beiden β-Strang Sekundärstrukturelemente wird bei parallelen Strängen nahezu immer beobachtet. Dabei tritt ausschließlich die rechtshändige Form auf, bei der sich die Helix über der Ebene des β-Faltblatts befindet (s. aber Tyrosine-dependent oxidoreductases Abb. 2.32). Loop I ist oft an der Ausbildung eines aktiven Zentrums beteiligt. Treten mehrere solcher und ähnlicher Motive zusammen, bilden sie eine kompakte globuläre Struktur, eine Domäne. So kann man sich z. B. das (βα)8 barrel fold (TIM barrel) in Abb. 2.36 aus acht überlappenden β-α-β Motiven gebildet vorstellen. F) Die kompakte Proteindomäne dsRBD (doppelsträngige RNA bindende Domäne), die in mehreren funktionell sehr verschiedenen Proteinen gefunden wird. Sie besteht aus zwei terminalen α-Helices, die vor einem antiparallelen β-Faltblatt aus drei β-Strängen angeordnet sind.

Freiheitsgrade bestimmen daher die theoretische Anzahl möglicher Konformationen. Für diese Freiheitsgrade der Winkel psi und phi bestehen Einschränkungen, die von der Seitenkette des C_α abhängen. Die erlaubten Winkelkombinationen zeigt der Ramachandran Plot (Abb. 2.2).

Das Faltungsproblem beschäftigt die Biochemie seit den frühen 60er Jahren. Ein neu translatiertes Protein ist ungefaltet und muß erst seine korrekte 3D-Struktur finden. Anfinsen untersuchte dies zuerst an Ribonuklease A und wies auf die Bedeutung von Disulfid-Brücken als Strukturbildner hin. Zu dieser Zeit war lediglich die Proteinstruktur des Myoglobins bekannt. In einem einfachen Modell ging man zunächst davon aus, daß der gefaltete Zustand und der ungefaltete Zustand in einem reversiblen 2 state-Modell ohne

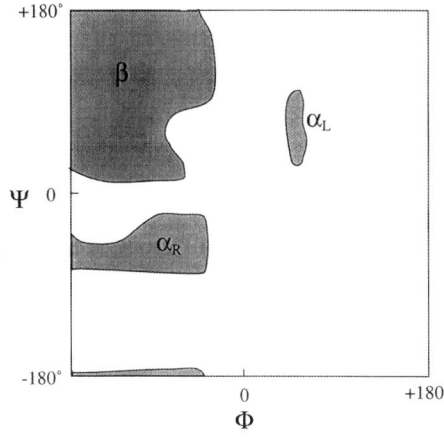

2.2 Dieser Ramachandran Plot gibt die erlaubten Winkelkombinationen Φ/Ψ wieder, die für die natürlichen Aminosäuren mit der Ausnahme von Glycin erlaubt sind. (Glycin nimmt aufgrund der kleinen Seitenkette einen größeren Raum ein.) β ist der erlaubte Raum für β-Faltblätter, $α_R$ der für rechtshändige Helices, $α_L$ der theoretische Raum der nicht beobachteten linkshändigen Helices.

Intermediate existieren. In den 70er und 80er Jahren erkannte man die Bedeutung der Domänen als Einheit der Proteinfaltung. 1968 formulierte Levinthal sein berühmtes Paradoxon: „Wenn ein Protein ohne Intermediate faltete und sich per Zufallssuche durch alle möglichen Konformationen hindurch probierte, würde die Faltung längern als das Alter des Universums dauern." Es muß also einen mehr oder weniger definierten (vielleicht verzweigten) Weg geben, mit zunächst lokalen Strukturen und später hinzutretenden tertiären Interaktionen. Dies ist das hierarchische Modell der Proteinfaltung. Seitdem ist *folding* nicht nur eine experimentelle Wissenschaft, sondern auch eine Angelegenheit für den Computer.

In den 70er Jahren konnten Intermediate experimentell durch schnelle Kinetiken nachgewiesen werden. Sie gaben Hinweise auf das Vorhandensein von schnellen und langsamen Faltungsphasen. Die gegenwärtige Sichtweise sieht ein sich faltendes Protein als ein statistisches Ensemble von Zuständen. Diese Zustände folgen einer komplexen, mehrdimensionalen Potentialfunktion, dem Faltungstrichter (Abb. 2.3 und 2.4). Während für ein ungefaltetes Protein eine große Anzahl erlaubter Zustände existiert, gibt es für ein gefaltetes Protein nur wenige. Die Trichterbreite definiert die Konfigurationen-Entropie, die Trichtertiefe die freie Energie (ohne die internen Freiheitsgrade des Proteins). Faltung bedeutet also Abnahme der freien Energie und Verlust von Entropie (Dill, Chan, *Nat Struct Biol* 1997, 4: 10-19; Radford, *TIBS* 2000, 25: 611-618).

Die Bedeutung lokaler sekundärer Strukturen für die Gesamtfaltung ist heute bestätigt. Man spricht dabei von sogenannter *nucleation propagation* als frühesten Faltungsereignissen, wobei einige Sekundärstrukturen lediglich transient sein können. Insbesondere Helices sind die treibende Kraft in diesem Prozeß. Das Verständnis von Faltungsmechanismen ist wichtig für die Faltungsvorhersage und das Erkennen von potentiellen lokalen Faltungsmotiven (Sekundärstrukturen) in einer Primärsequenz.

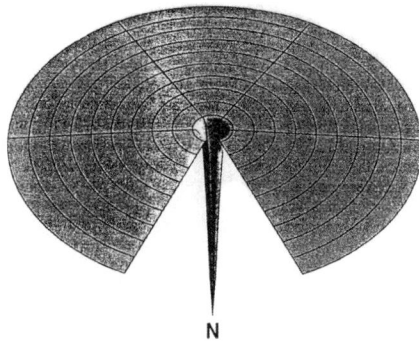

2.3 Faltungstrichter, der das Levinthal Paradoxon verdeutlicht. Würde ein Protein ohne Intermediate falten, so müßte es seinen Weg aus der Energieebene der ungefalteten Konformationen in die gefaltete Konformation N per Zufall finden. Dies würde zu lange dauern. (aus Dill und Chan, *Nat Struct Biol* 1997, 4: 10–19)

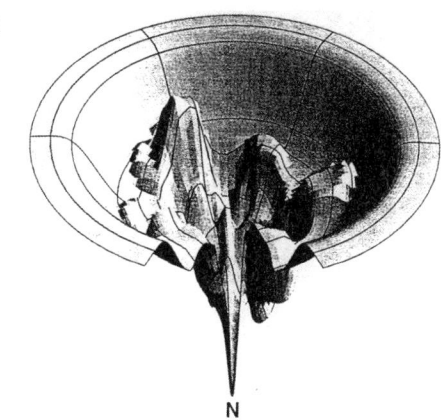

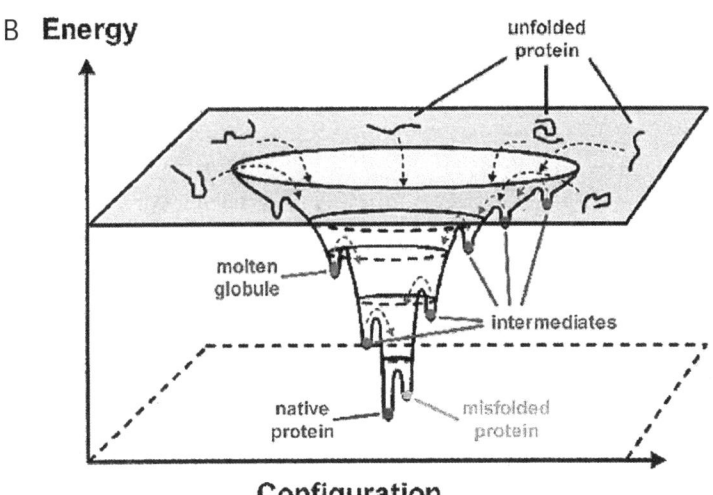

2.4 A) Ein Faltungstrichter mit 'gebirgiger' Energielandschaft beschreibt die komplexe Faltungskinetik eines Proteins vom ungefalteten Zustand zum nativen Protein. (aus Dill und Chan, *Nat Struct Biol* 1997, 4: 10–19) B) Die Energielandschaft des Faltungstrichters ist jetzt nicht mehr glatt, sondern enthält sekundäre Hügel und Täler. Lokale Minima (kinetic traps), Energiebarrieren und eventuell mißgefaltete Intermediate sind Teil des komplizierten Faltungsverlaufs. (aus Schultz, *Nat Struct Biol* 2000, 7: 7–10)

2.1.2
Strukturvorhersage

Diese Disziplin hat in den letzten Jahren eine ungeheure Entwicklung erfahren. Eine der Triebfedern ist die sich auftuende Kluft zwischen der Zahl der ständig neu hinzukommenden Sequenzen und dem langsameren Anstieg an bekannten 3D-Strukturen. Bedarf ein Strukturvorschlag auch immer einer experimentellen Bestätigung, so kann doch eine der Realität nahekommende Vorhersage ein wertvolles Hilfsmittel auch für den Kristallographen sein. Das Angebot im Internet an Programmen, Websites, didaktischen Hilfsmitteln zum Thema Strukturvorhersage in Proteinen ist kaum zu überblicken. Siehe hierzu z. B. die Adressen [http://cmgm.stanford.edu/WWW/www_predict.html], [http://www.ysbl.york.ac.uk/~tom/structure.html] und [http://biology.technion.ac.il/biolsite/biotools9.html].

Es lassen sich drei wichtige Ansätze in der Strukturvorhersage unterscheiden:

Zeigt ein Protein mit unbekannter Struktur eine signifikante Homologie zu anderen Proteinen mit bekannter Struktur, so kann für dieses Protein ein 3D-Modell entwickelt werden. Dieser Ansatz heißt *homology modeling* oder auch *comparative modeling*. Die Entwicklung des Modells gliedert sich dabei in die Teilschritte *backbone*-Superpositionierung der C_α-Atome, Seitenkettenorientierung, loop-Bildung und Modellverbesserung durch Energieoptimierung.

Der zweite Fall ist der, daß sich für ein Protein mit unbekannter Struktur keine homologen Proteine finden lassen. Aber auch ohne signifikante Sequenzähnlichkeiten können die 3D-Strukturen von Proteinen sehr ähnlich sein. Man kann daher testen, wie gut eine Sequenz in eine bereits bekannte 3D-Faltung „paßt". Dies wird über einen score-Wert beurteilt. Hierbei werden also Sequenzen zu strukturellen Templates in Beziehung gesetzt, die Sequenz des Templates geht nicht ein. Man nennt diesen Ansatz *fold recognition* oder *threading*. Diese Ansätze werden durch Programme mit äußerst komplexen Strukturen bearbeitet, wobei ein breites Feld konkurrierender Ansätze besteht. Wir werden im Zusammenhang mit der SCOP Datenbanken sehen, daß neue experimentell ermittelte Proteinstrukturen oft Faltungen (*folds*) enthalten, die bereits von anderen Proteinen bekannt sind, obwohl keine Sequenzähnlichkeit besteht. Da die Anzahl der im Verlauf der Proteinevolution erfundenen folds sehr begrenzt ist, ist der Zeitpunkt absehbar, an dem alle existierenden folds bekannt sind. Daher ist die Methode der fold-Identifizierung mittels bloßer Primärsequenzen so vielversprechend. Hier finden HMMs als fortschrittlichste Methode der distant homology detection breite Anwendung und Programme, die sich speziell der Vorhersage von Sekundärstrukturelementen widmen.

Eine dritte Methode der Strukturvorhersage sind die *ab initio*- oder *de novo*-Vorhersagen, bei denen unter Anwendung eines möglichst kompletten Sets biophysikalischer Gesetze der atomaren Interaktionen der Proteinfaltung eine Aminosäurekette gefaltet wird. Die de novo Vorhersage dreidimensionaler Struktur (also Tertiärstruktur) durch die Anwendung fundamentaler Prinzipien einer Faltungstheorie ist sehr komplex, da man die Sequenzelemente, die die 3D-Struktur kodieren, nicht kennt. Die Forschungsgebiete, die sich so computergestützt mit der Vorhersage von Struktur beschäftigen, sind „molecular mechanics" oder „molecular dynamics". Hier beschäftigt man sich eingehend mit der Vielzahl der Interaktionen, die Aminosäure-Seitenketten eingehen.

Die Leistungsfähigkeit unterschiedlicher Ansätze der drei Hauptmethoden wird alle 2 Jahre in einer Art internationalem Wettbewerb CASP (<u>C</u>ritical <u>A</u>ssessment of Techniques for Protein <u>S</u>tructure <u>P</u>rediction) getestet, in dem sich die Vorhersagemethoden verschiedener Labors an einem Set von Proteinen bewähren müssen, deren 3D Bestimmung kurz vor dem Abschluß steht. Die Vorhersagen müssen eingeschickt werden bevor die experimentellen Strukturen abgeschlossen und öffentlich zugänglich sind. Modell und experimentelle Strukturen werden dann verglichen. Zur Zeit läuft CASP 4.

Wie wichtig das Verständnis von Proteinfaltung über das akademische Problem hinaus ist, führt die stetig wachsende Liste besonders neurodegenerativer Krankheiten vor Augen, in denen mißgefaltete Proteine eine Rolle zu spielen scheinen. Darüber hinaus sind Proteine heute bedeutende industrielle Katalysatoren und die Hauptmenge der heutigen Biotech-Drugs sind rekombinante Proteine. Korrekt gefaltete Proteine sind somit ein wichtiger wirtschaftlicher Faktor.

2.1.3
Ansätze zur *de novo* Faltungsvorhersage

Zwei Beispiele der *de novo* oder *ab initio* Vorhersage zeigen eindrucksvoll den gegenwärtigen Fortschritt auf diesem Gebiet. Die Fragestellung im ersten Beispiel lautet: „Ich brauche ein Protein von einer bestimmten Struktur, Computer mache ein Design dieser Struktur unter Verwendung der 20 natürlichen Aminosäuren." Die Strukturmöglichkeiten sind in der Tat enorm! Bei 20 Aminosäuren gibt es für ein Dekapeptid allein 20^{10} mögliche Primärsequenzen. Es ist also unmöglich, jede Variante herzustellen um herauszufinden, ob sie einer gewünschten Struktur entspricht. Dahiyat und Mayo (*Science* 1997, 278: 82-87) widmeten sich mit dieser Fragestellung einem Protein, dessen 3D-Struktur genau bekannt war, dem ββα Protein-Motiv des natürlichen Zinkfingers Zif268 (Abb. 2.5). Die Autoren nahmen sich vor, ein völlig neues Protein zu <u>berechnen</u>, das die möglichst exakt gleiche Struktur hat. Der Computer berechnet eine mögliche Primärsequenz, diese wird synthetisiert, dann kristallisiert. In

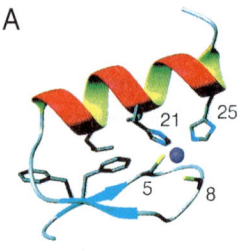

2.5 A) Das natürliche Zinkfingerprotein Zif268. Die Aminosäuren 3, 7, 12, 18, 21–22 und 25 werden für die Berechnung als *transition*, die Aminosäure 5 wird als *core*, der Rest als *surface* eingestuft (siehe Text). B) Die Superpositionierung der Struktur des natürlichen Zinkfingers (rot) und des errechneten Zinkfingers (blau). (aus Dahiyat und Mayo, *Science* 1997, 278: 82–87; Abdruck mit Genehmigung der American Association for the Advancement of Science)

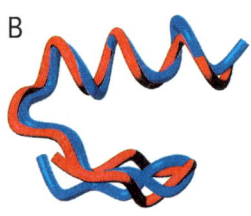

blau FSD-1
rot Zif268

einer Art Erfolgskontrolle wird geprüft, ob die gewünschte 3D Struktur erreicht wurde. Gegebenenfalls muß der Algorithmus verändert werden mit erneuter Synthese etc., um sich so dem Ziel zu nähern (feedback).

Das Computation Problem ist beträchtlich. Wir erinnern uns der Phi/Psi Winkel: Nimmt man an, daß eine typische Aminosäure etwa 25 Rotamerkonfigurationen einnehmen kann, so ergibt sich bei einem 20er Peptid und 20 natürlichen Aminosäuren die Zahl von $9{,}5 \times 10^{53}$ Rotameren. Könnte man eine Milliarde Sequenzen/sec berechnen (was utopisch ist), bräuchte man insgesamt 10^{19} Jahre. Nun sind zudem die kleinsten natürlichen Proteindomänen wenigstens 30 Aminosäuren lang. Ein 100 Aminosäuren Protein hätte $7{,}9 \times 10^{269}$ Rotamere. Das ist eine Zahl größer als die Zahl der Protonen im Universum. Es mußten also Computerprogramme entwickelt werden, die die Zahl der Rotamere dramatisch auf die wahrscheinlichsten reduzieren. Man entwickelte zunächst Algorithmen, die Teilaspekte der Gesamtfaltung behandeln, um die Rechenkomplexität zu reduzieren. Zu diesem Zweck untersuchte man zunächst eine sogenannte *coiled coil* Struktur (Hefe GCN4-p1). Dies ist ein Proteinmotiv zweier Seite an Seite liegender Helices (Abb. 2.6).

Dieses *coiled coil* besteht aus zwei Helices, die aus je vier identischen Einheiten von 7 Aminosäuren aufgebaut werden. Die Aminosäuren b, c, f bilden die Oberfläche (surface), die Aminosäuren a und d das core und die Aminosäuren e und g die Übergangszone (transition zone). Für jeden der drei Faltungsbereiche *core*, *surface* und *transition zone* wurden Algorithmen entwickelt, die die spezifischen Interaktionen zwischen Seitenketten und Peptid-Backbone, sowie zwischen den Seitenketten untereinander, in Abhängigkeit von den speziellen Erfordernissen ihrer Position in der Gesamttopologie des Proteinmo-

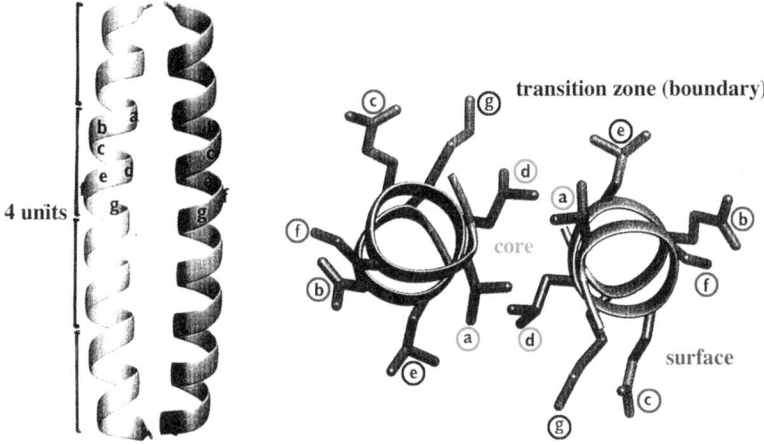

2.6 Die Teilalgorithmen wurden an dieser *coiled coil* Proteinstruktur entwickelt. Sie besteht aus 2x vier Einheiten (a–g). a und d sind *core*, e und g *transition zone*, b, c und f *surface* (siehe Text). (aus *Engineering and Science*, Volume LX (4), 1997, California Institute of Technology)

tivs beschreiben. Zur Vereinfachung der rechnerischen Problematik wurden auf den core-Positionen a und d nur hydrophobe Aminosäuren zugelassen.

Die entwickelten Algorithmen sagen voraus, welche Aminosäuren den besten stabilisierenden Effekt für die jeweilige Strukturposition bieten. Selbst die Berechnung dieser Probleme erfordert bereits hochparallel arbeitende Computer. Für das Core sagte der entwickelte Algorithmus vorher, daß die natürliche Sequenz die stabilste ist. Ebenso wurden Algorithmen für die ideale *surface* des *coiled coils* (Reste b, c, f) und für die Berechnung optimaler Aminosäuren für die *transition zone* Positionen e und g erarbeitet. Die so entwickelten Algorithmen waren erfolgreich in der Lage, Vorschläge für Aminosäuresequenzen zu machen, die ein gutes *coiled coil* bilden.

Der definitive Test war dann, die entwickelten Teilalgorithmen, die ja allgemeine Gültigkeit haben sollen, auf ein anderes Protein, eben den oben erwähnten Zinkfinger Zif268 anzuwenden. Mit Hilfe der drei Teilprogramme suchte der Computer aus $1,9 \times 10^{27}$ verschiedenen Primärsequenzen (und entsprechend mehr Rotameren) in 90 h Rechenzeit mit 10 Parallelprozessoren nach einer Lösung, sprich einer Primärsequenz, die sich in die gewünschte Struktur des Zif268 faltet. Das Programm entscheidet dabei, zu welchem Teil (*core, surface, transition*) die Aminosäure-Positionen der gewünschten Struktur gehören (siehe Abb. 2.5). Für *core* und *surface* darf das Programm nur geeignete Aminosäuren wählen (polar-hydrophil), für die *transition zone* alle 20 natürlichen Aminosäuren.

Die errechnete optimale *winning sequence* FSD1 (Abb. 2.7) wurde synthetisiert und kristallisiert. Sie stimmt hervorragend mit der target-Vorgabe überein

(Abb. 2.5). Der Computer fand ca. 1.000 weitere Lösungen (Sequenzen), die wahrscheinlich ebenso gut übereinstimmen. (Einige Positionen in diesen Sequenzen sind stark konserviert.)

FSD1 gleicht der Struktur des Zinkfingers Zif268, diese Konformation ist im Gegensatz zum Zinkfinger aber auch ohne Zn stabil. FSD1 ist in der Tat eine der kleinsten beständigen Proteinstrukturen, die ohne Me^{n+} Ionen oder Disulfidbrücken stabil ist.

Ein zweiter Ansatz, die dreidimensionale Struktur einer Sequenz vorherzusagen, ist die Computersimulation der eigentlichen Proteinfaltung aus dem denaturierten Status zum nativen Status. Diese MD Simulationen (molecular dynamics) benutzen Sets von experimentell bestimmten atomaren Interaktionen. Da an der Faltung mehrere Tausend Atome beteiligt sind, wachsen die nötigen Rechenleistungen schnell ins Extreme. Weitere rasche Fortschritte

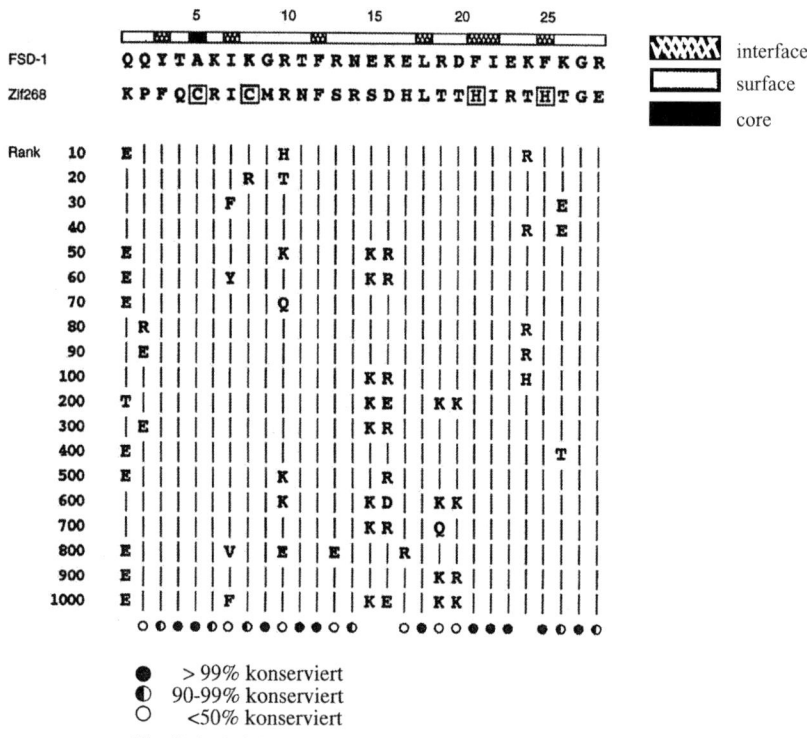

2.7 Das Diagramm zeigt die 'winning sequence' FSD-1 und andere errechnete Lösungen (Rank 10–1.000) im strukturellen Alignment mit dem natürlichen Target Zif268. Deutlich wird der unterschiedliche gestalterische Spielraum in einzelnen Positionen des errechneten Zinkfingers (aus Dahiyat und Mayo, Science 1997, 278: 82–87; Abdruck mit Genehmigung der American Association for the Advancement of Science)

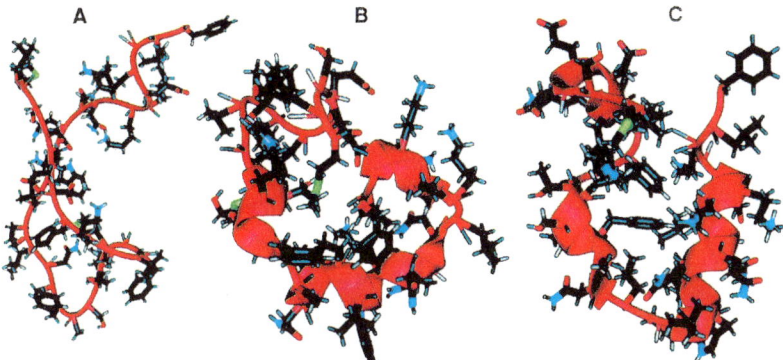

2.8 MD Simulation der Faltung des HP36 Peptids. A) gibt den ungefalteten Zustand, B) den partiell gefalteten Zustand nach 980 nsec und C) den nativen Zustand wieder. Treibende Kraft der Proteinfaltung ist die rasche Ausformung lokaler helikaler Strukturen. (aus Duan und Kollman, *Science* 1998, 282: 740–744; Abdruck mit Genehmigung der American Association for the Advancement of Science)

auf diesem Gebiet sind also abhängig von der Entwicklung neuer hochparallel arbeitender Prozessor-Architekturen, wie z. B. in dem von IBM geplanten Blue Gene Projekt. Duan und Kollman (*Science* 1998, 282: 740-744) beschreiben die Faltungssimulation des 36 Aminosäure Peptids HP36 inclusive der ca. 3.000 beteiligten Wassermoleküle für die erste µsec des Faltungsvorganges. Dazu wurde ein massiv parallel arbeitender Cray-Computer mit mehreren hundert CPUs verwendet. Das HP36 ist eines der kleinsten autonom faltenden Proteine. Seine Gesamtfaltungszeit liegt nach Schätzungen zwischen 10 und 100 µsec. Die Faltung scheint zunächst über die rasche Ausbildung von Helices zu verlaufen, die von einer raschen Hydrophobie-getriebenen Verdichtung begleitet wird (Abb. 2.8). 50 % helikaler Gehalt sind bereits nach 60 nsec erreicht. Es folgt dann eine langsamere Korrekturphase, in der der helikale Gehalt von >50 % auf <20 % absinkt (un/refolding). Es erscheint, als würde die Population der sich faltenden Moleküle eine Reihe von Clustern mit bevorzugten Faltungszuständen durchlaufen. Diese Cluster sind bidirektional verbunden, spiegeln also den Pfad des Faltungsvorgangs wider (Abb. 2.9).

Nun waren diese beiden Beispiele, die den Fortschritt auf einem Gebiet illustrieren sollten, das vor wenigen Jahren noch als Utopie galt, natürlich keine Hilfsmittel für ein normales Forschungslabor. Wir wollen uns nun Hilfsmitteln zuwenden, die jedem erlauben, eine Vorstellung von der Struktur seines ihn interessierenden Proteins zu bekommen. Dabei ist es für den normalen Bioinformatik-Benutzer weniger wichtig, die ohnehin ständig in Entwicklung befindlichen Programmstrukturen zu kennen, als die Möglichkeiten, diese Hilfsmittel über das Internet zu benutzen.

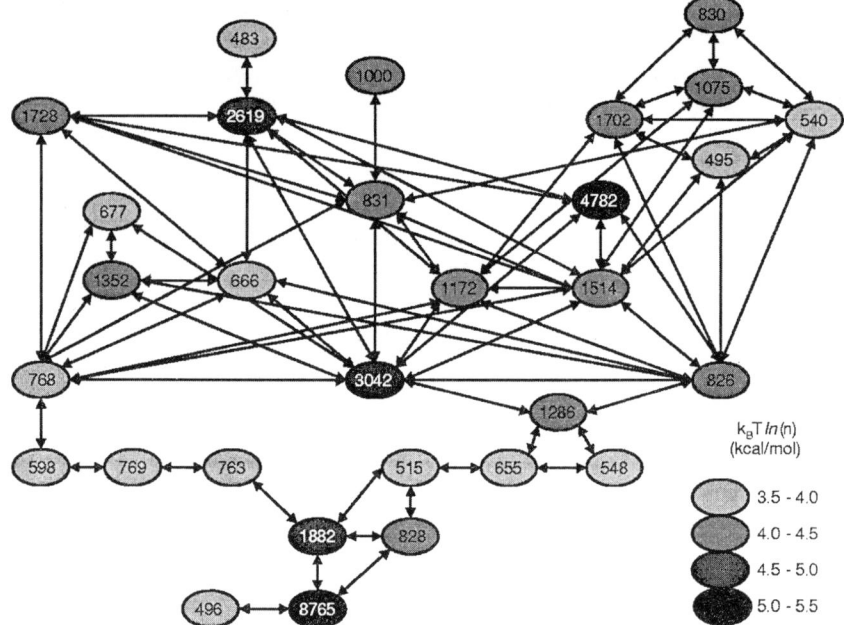

2.9 Die MD Simulation sagt voraus, das ein Netzwerk von bidirektional verbundenen Clustern existiert, die ineinander übergehenden Populationen der sich faltenden Moleküle entsprechen. Die Zahlen geben ein Maß der Populationsgröße der einzelnen Cluster. Dicht bevölkerte Cluster sind dabei kinetisch weniger stabil. Man vergleiche diese Darstellung mit Abb. 2.4. (aus Duan und Kollman, *Science* 1998, 282: 740–744; Abdruck mit Genehmigung der American Association for the Advancement of Science)

2.1.4
Sekundärstrukturvorhersage in Proteinen

Es gibt heute eine Reihe von online-Adressen, die eine Vorhersage für die Sekundärstruktur von Proteinsequenzen machen. Stellvertretend sei eine der bekanntesten Websites vorgestellt, Burkhard Rost's PredictProtein an der Columbia University New York [http://cubic.bioc.columbia.edu/predictprotein/predictprotein.html] oder die Mirror-site [http://www.embl-heidelberg.de/predictprotein/] am EMBL Heidelberg. Eine Sequenz wird dem Server per e-mail zur Sekundärstrukturanalyse zugeschickt. Diese Sequenz wird zunächst als query-Sequenz für eine Swiss-Prot Suche benutzt. Die Swiss-Prot Proteindatenbank ist Teil des ExPASy (Expert Protein Analysis System) des Swiss Institute for Bioinformatics. Falls in dieser Suche homologe Sequenzen gefunden werden, erzeugt der MaxHom Algorithmus des PredictProtein Servers ein multiples Sequenzalignment dieser Sequenzen. Zunächst werden alle gefundenen Sequenzen mit der query-Sequenz in ein Alignment gebracht, mit diesem wird ein Profil erzeugt (siehe Seite 98 ff). Mit diesem Profil wird Swiss-Prot erneut nach zusätzlichen Sequenzen durchsucht. Das multiple Alignment wird dann in ein sogenanntes „neural network" von Strukturprogrammen gefüttert. Ein „neural network" ist ein Netzwerk von Programmkomponenten, das „lernfähig" ist. Die Komponenten verarbeiten die eingehenden Daten parallel und unabhängig voneinander und sind dann mit höheren Programmhierarchien verknüpft. Das Netzwerk lernt, indem man es mit einem vollständigen Datenset aus Input- und Output-daten, einem Trainings-Set, füttert. Dies entspricht in diesem Falle Sequenzen mit bereits bekannten Sekundärstrukturen. Man bringt dem Programm also durch Justieren der Programmparameter bei, was es bei bestimmten Input-Daten als Output zu liefern hat.

Das Programm PHDsec des PredictProtein Servers ordnet nun jeder Aminosäure der query-Sequenz eine Sekundärstruktur zu, inklusive der Wahrscheinlichkeit für die Richtigkeit dieser Vorhersage. Im Durchschnitt ist die Vorhersagegenauigkeit >72%, in günstigen Fällen >90%. Das umfangreiche Antwort-file, das man per e-mail erhält, enthält zunächst das Alignment, und falls eine homologe Sequenz mit bereits bekannter 3D-Struktur gefunden wurde, wird dieses angezeigt. Es folgt die eigentliche Sekundärstrukturvorhersage (Abb. 2.10). Da komplexe dreidimensionale Strukturen (folds) aus einer Abfolge von Sekundärstrukturelementen bestehen, sind Programme zur Vorhersage von Sekundärstrukturen auch nützlich für die Vorhersage von fold-Ähnlichkeiten, die ja unabhängig sind von Sequenzähnlichkeiten. Abb. 2.11 zeigt einen Leistungsvergleich mehrerer Webadressen für Sekundärstrukturvorhersage.

Neben den Programmen, die allgemein Sekundärstrukturelemente wie α-Helices und β-Stränge vorhersagen, gibt es eine Reihe von Spezialprogrammen, die eine query-Sequenz hinsichtlich ihres Potentials für *coiled coil*, Transmembranregion oder Signalpeptidcharakter und ähnliches untersuchen. Die Trainingssets solcher Programme bestehen aus Sequenzen mit entsprechender 3D-Struktur (siehe [http://maple.bioc.columbia.edu/pp/submit_meta.html]).

2.1.5
Threading (fold recognition) Methoden

Neben den reinen *threading*-Ansätzen (z.B. des THREADER Programms) im Sinne der oben gegebenen Definition gibt es eine Reihe von Mischformen, die z.B. auch HMMs in ihrer Methode implementieren. Als Beispiel für einen solchen threading-Ansatz sei eine Konzeption der Strukturvorhersage vorgestellt, wie sie von Sander und Mitarbeitern entwickelt wurde (Karplus et al., Predicting protein structure using hidden Markov models. *Proteins*

```
PHD results (normal)

        ....,....1....,....2....,....3....,....4....,....5....,....6
AA      MKVAADLSAFMDRLGHRFTTPEHLVRALTHSSLGSATRPDNQRLEFLGDRVLGLSMAEAL
PHD_sec     HHHHHHHHHHHH    HHHHHHH         HHHHHHHHH  HHHHHHHHHHHH
Rel_sec 997 899999999   8 9999999    77789987  78778 799999999999
SUB_sec LLLHHHHHHHHHHH....LL.HHHHHHH...LLLLLLLL..HHHHHHHHH.HHHHHHHHHHHH

P_3_acc eeeeeebeebbeeeebb ebeeeeebbeebbbb b eeeeeeeeebb bbb bbbbbbbbebb
Rel_acc                         97              9 665  88  87  8
SUB_acc      .b. .b. ..b.         bb. bb.              .bbb.bbb.b.bb..b

        ....,....7....,....8....,....9....,...10....,...11....,...12
AA      FHADGRASEGQLAPRFNALVRKETCAAVARDIDLGAVLKLGRSEMMSGGRRKDALLGDAM
PHD_sec HHH      HHHHHHHHH   HHHHHHHHHH    EEE              HHHHHHHH
Rel_sec 997 97   779999998   899999997 77            9998  7889999
SUB_sec HHHLLLLL..HHHHHHHHH.L.HHHHHHHHHH.LL....LL....LLLLL..HHHHHHHH

P_3_acc beebeeeeebebbeb bbbbeeebbbebbeebebbebbbbbeeeb eeeeeeebbbbebb
Rel_acc               56    56         5              72  6
SUB_acc .b..........bb..b..bb........b................b..bb

        ....,...13....,...14....,...15....,...16....,...17....,...18
AA      EAVIAAVYLDAGFEVARALVLRLWAARIQSVDNDARDPKTALQEWAQARGLPPPRYETLG
PHD_sec HHHHHHHHHH    HHHHHHHHHHHHHHHH      HHHHHHHHHH     HHHH EEEEE
Rel_sec 99999977      99999999999999977  7   8999999999 9988  98
SUB_sec HHHHHHHHH....HHHHHHHHHHHHHHHH..LLL.HHHHHHHHHH.LLLL.EEEE

P_3_acc hhbbbbbbbbebbeebeebbbebbeeebeebeeeeeebeeebeebbeeeeeeebebbe
Rel_acc 87779755    5   7                       6
SUB_acc .bbbbbbbb.....b..bb.......................b......bb.

        ....,...21....,...22....,...23....,...24....,...25
AA      RDGPDHAPQFRIAVVLASGETEEAQAGSKRNAEQAAAKALLERLERGA
PHD_sec         EEEEEEEEE      HHHHHHHHHHHHHHHHHHHHH
Rel_sec  79   4   999998  777 7799 79999999999999997 89
SUB_sec .LLLL....EEEEEEB.LLLLLLLL.HHHHHHHHHHHHHHHHHHHHH.LL

P_3_acc eebee heebebbbebeeeeeeeeeeeeeebeeebbeebbeeheeee
Rel_acc       6 6 8 5         6  76 63    5 5
SUB_acc .....b.b.b.b........b...bb.b...a.a
```

2.10 Sekundärstrukturvorhersage mittels PredictProtein. Diese Darstellung ist Teil des Antwort-files, das der Benutzer per e-mail erhält. Die Buchstaben H, E und L der PHD Zeile bedeuten Vorhersage von α-Helix, β-Strang und Loop-Region, alle anderen Positionen sind *random coil*. Die Zahlen 0 bis 9 der Rel Zeile geben ein Maß der Zuverlässigkeit dieser Vorhersage wieder (mit 9 als maximaler Zuverlässigkeit).

2.11 Vergleich der Sekundärstrukturvorhersagen verschiedener Programme für ein Protein. Für diesen Vergleich wurde die Flavodoxin Sequenz benutzt. Die mit 1OFV bezeichnete Zeile gibt die experimentell ermittelte Struktur dieses Proteins wieder (aus Baxevanis, Oullette: *Bioinformatics*. Wiley-Liss, New York, 1998).

2.1 Wie falten sich Proteine? | 123

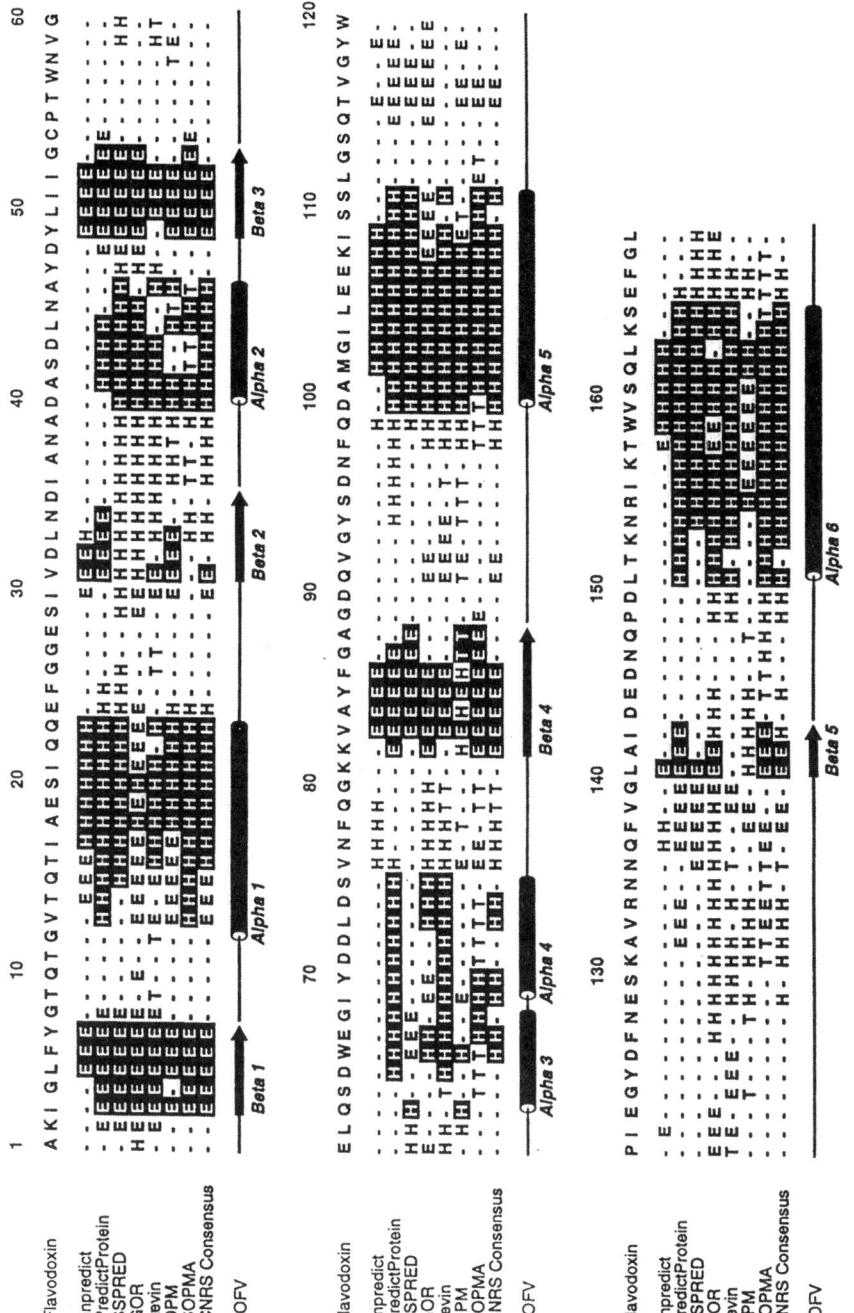

1997, Suppl. 1: 134-139). Um die Struktur eines Targets vorherzusagen, wird für die Targetsequenz und identifizierte Homologe ein HMM erstellt. Letzteres wird mit den Sequenzen in der PDB-Datenbank verglichen. Die Targetsequenz wird außerdem mit einer Bibliothek von HMMs verglichen, die von repräsentativen PDB-Strukturen abgeleitet sind. Die HMMs dieser Bibliothek sind unter Benutzung von Alignments erstellt, die bereits in der sog. HSSP Datenbank vorliegen (HSSP für homology-derived structures of proteins; Dodge et al., *Nucleic Acids Res* 1998, 26: 313-315). Bei der Erstellung dieser Datenbank wurde jedes Protein mit bekannter 3D-Struktur in ein multiples Alignment mit Homologen gebracht. Das Alignment vereinigt also Informationen über Sequenzvariabilität mit positionsspezifischer Information über Sekundär- und Tertiärstruktur. Damit wird wiederum dem Grundgedanken Rechnung getragen, daß auch beträchtlich unterschiedliche Sequenzen die gleiche 3D-Struktur bilden können.

2.1.6
Homology Modeling mit SWISS-Model

Einen neuen Weg, einen Strukturvorschlag für ein in seiner 3D-Struktur unbekanntes Protein zu erhalten, bietet SWISS-Model [http://www.expasy.ch/swissmod/SWISS-MODEL.html] (Guex et al., *TIBS* 1999, 24: 364-367).

Die zu modellierende Targetsequenz wird zunächst online an den Swiss Model Server geschickt. Dessen integrierte Sequenzhomologiesuche fahndet zunächst nach Sequenzen mit ausreichender Sequenzhomologie ($\geq 25\%$ Identität) und bekannter 3D-Struktur. Werden ein oder mehrere Templates gefun-

2.12 *Homology modelling* mit Swiss-Model. In unserem Beispiel verwenden wir die Sequenz der dsRBD (für dsRNA-bindende Domäne) der Ribonuklease III aus *R. capsulatus*. Dieses Protein ist in seiner 3D-Struktur noch nicht bekannt. In diesem Falle findet Swiss-Model gleich drei Templates mit hoher Homologie und bekannter 3D-Struktur: 1STU_, die dsRBD aus dem Drosophila Protein *Staufen*, 1QU6A, die dsRBD der menschlichen Proteinkinase PKR, und 1DI2, die dsRBD des RNA-bindenden Protein A aus *Xenopus*, (XlrbpA). Die dsRBD hat die Struktur N α_1-β_1-β_2-β_3-α_2 C (siehe C). Das Alignment (A) zeigt die recht ausgeprägte Homologie der drei Templatesequenzen mit der Targetsequenz. Die Abbildung verdeutlicht auch die vorhandenen Sekundärstrukturelemente und Regionen, die kritisch für die Substraterkennung sind. (B) zeigt die Superpositionierung der drei bekannten dsRBD Strukturen und die modellierte Targetsequenz. Zum Zwecke der besseren Übersichtlichkeit ist nur der Teil [β_1]-β_2-β_3-α_2 der Gesamtstruktur gezeigt. Die *Viewer* Software bietet die Möglichkeit, bestimmte Molekülabschnitte besonders deutlich zu präsentieren. So wurden in diesem Beispiel die *turn*-Regionen 2 und 3 (s. A), die für die Substraterkennung der dsRBD besonders wichtig sind, speziell farbkodiert: rot (PKR), magenta (XlrbpA) und gelb (Staufen). Die entsprechenden Regionen in der eingepaßten Targetsequenz sind grün dargestellt. (D) zeigt die kritischen Regionen 2 und 3 in stärkerer Vergrößerung. Die Teile B), C) und D) dieser Abbildung sind mit dem SwissModel Viewer erstellt.

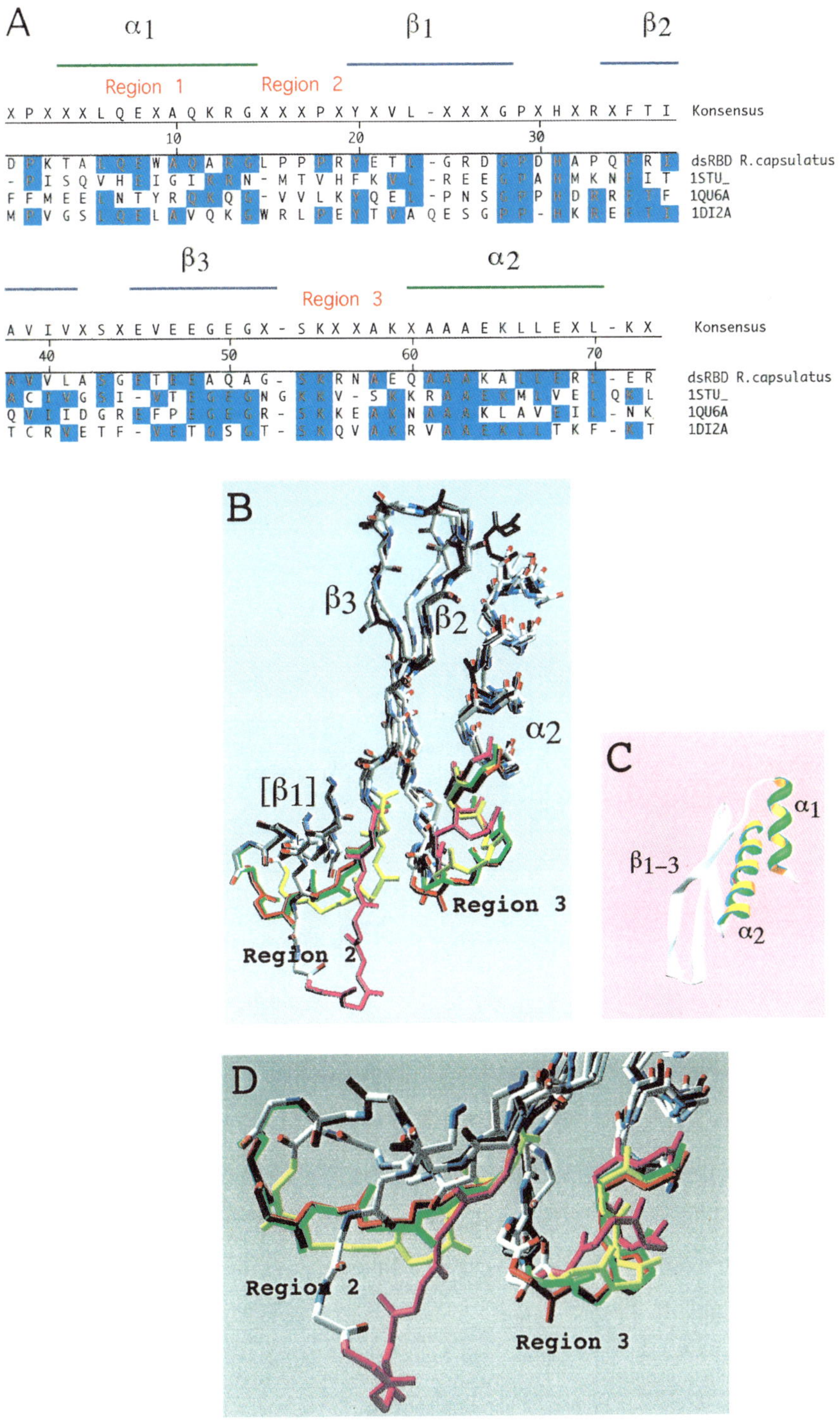

2.1 Wie falten sich Proteine?

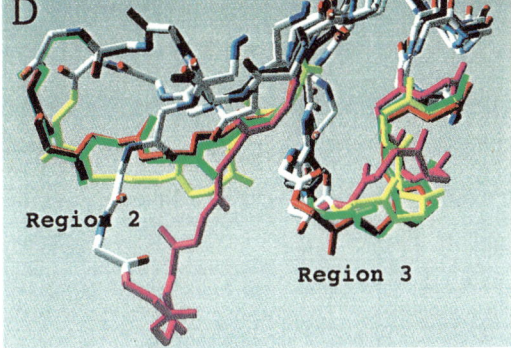

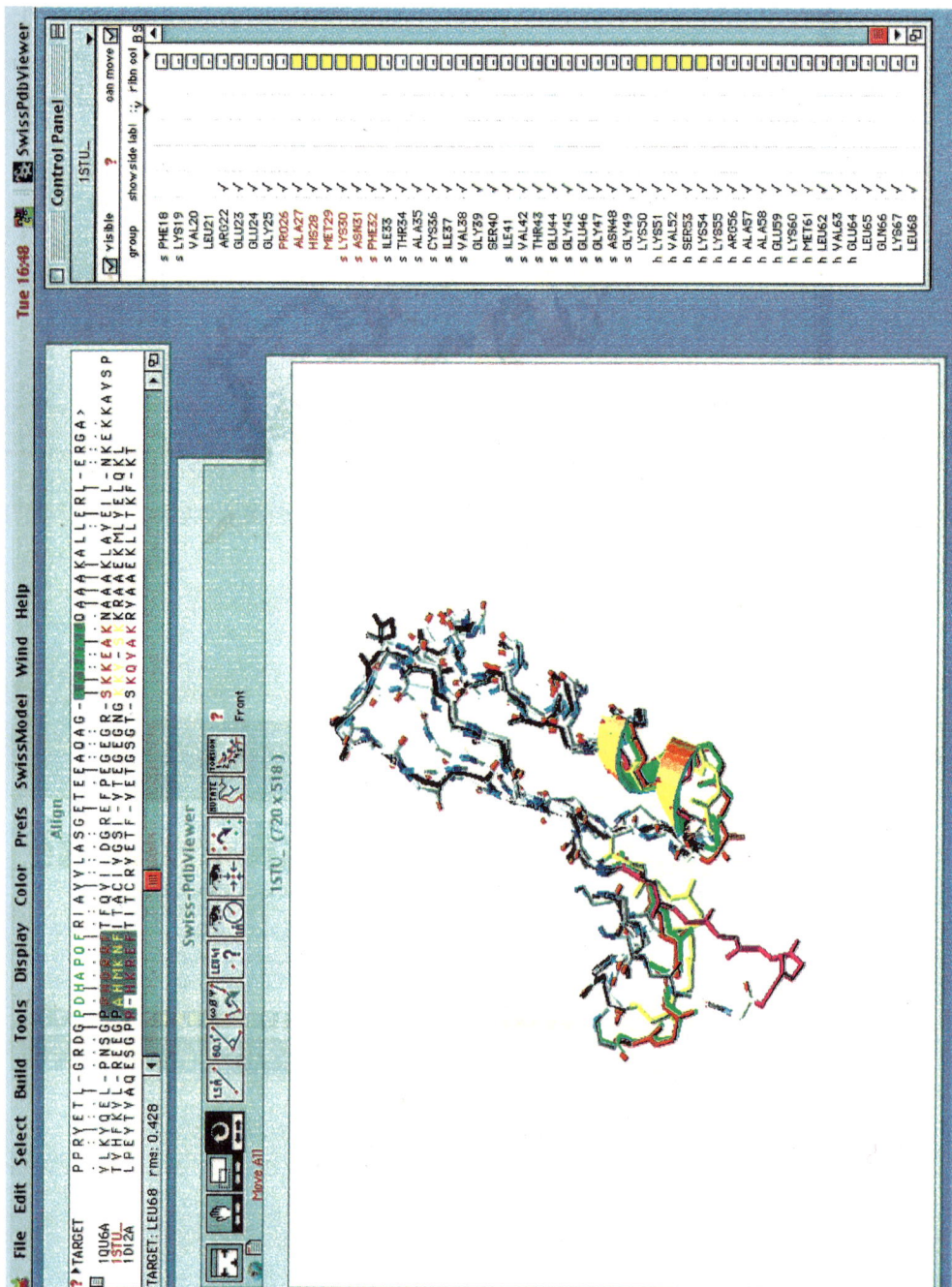

◀ **2.13** Oberfläche des SwissModel Viewers. Die interagierenden Fenster bieten eine Vielzahl von Visualisierungsmöglichkeiten. Das Tool-Fenster zeigt einige Möglichkeiten im Sinne einer wirklichen modelling-Software. Dieser Viewer verwendet den MIME Type „chemical/x-pdb". Daher muß bei Betrieb des Viewers innerhalb eines Web-Browsers die Einstellung der Browser preferences auf <application> spdbviewer umgestellt werden, falls die Einstellung für diesen MIME Type z. B. auf <Plugin> Chime Plugin steht. SwissModel arbeitet aber auch als stand-alone-application.

den, werden diese zurückgemeldet. Der Benutzer wählt die gewünschten PDB files aus und Swiss Model erstellt ein multiples Alignment und superpositioniert korrespondierende Aminosäuren im 3D-Raum. Die Targetsequenz wird dabei nach den Regeln einer Faltungsoptimierung eingepaßt. Das Ergebnis sendet der Server als e-mail zurück. Das hierin enthaltene Strukturfile wird mit der auf der gleichen Website frei erhältlichen Software Swiss PdbViewer visualisiert und bearbeitet (Abb. 2.12).

Unabhängig von seiner Verwendung in diesem online *modelling*-Ansatz ist dieser Viewer die derzeit beste frei erhältliche Software zur Betrachtung von dreidimensionalen Strukturen biologischer Makromoleküle, mit zahlreichen Möglichkeiten der Ansicht, Darstellung und Bearbeitung von makromolekularen Strukturen auf der Basis von PDB files. Der Viewer ist mit seiner Einteilung in interagierende Sequenz- bzw. Alignment-, Tool-, Molekül- und Controlfenster sehr benutzerfreundlich konzipiert, für verschiedene Computersysteme frei erhältlich und bietet Möglichkeiten, die bisher nur kommerzielle Software bot (Abb. 2.13). Bei ausreichender Homologie zwischen Targetsequenz und Sequenz des Templates (>30%) liefert diese Methode sehr gute Resultate.

2.2
Strukturdatenbanken

Strukturen biologischer Makromoleküle wie RNAs und Proteine werden heute in rasch wachsender Zahl durch Röntgenstrukturanalyse oder NMR-Methoden ermittelt. Die drei wichtigsten Datenbanken, die sich unmittelbar mit Strukturen beschäftigen, sind:

PDB, für P̲rotein-D̲ata-B̲ank [http://www.rcsb.org/pdb/] (Abb. 2.14). PDB, früher beheimatet am Brookhaven National Laboratory (seit 1999 betreut durch RCSB, R̲esearch C̲ollaboratory for S̲tructural B̲iology, Rutgers University und UC San Diego) ist die zentrale Datenbank für die Erfassung und Archivierung neuer 3D-Strukturen, die experimentell ermittelt wurden. PDB führt vor der Aufnahme einer neuen Struktur in die Datenbank einen aufwendigen, langwierigen Prüfungsprozeß der Daten durch. Jeder Struktur wird ein ID zu-

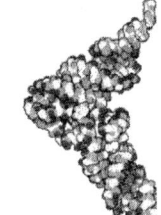

2.14 PDB —Homepage [http://www.rcsb.org/pdb/]. (siehe auch Berman et al., The Protein Data Bank. *Nucleic Acids Res* 2000, 28: 235–242)

geteilt. PDB bietet zahlreiche Suchfunktionen und visuelle Hilfsmittel zum Betrachten und Analysieren der Struktur. Zum Wachstum dieser Datenbank siehe (s. Abb. 2.26).

SCOP, für Structural Classification of Proteins. Diese Datenbank widmet sich speziell dem klassifizierenden Aspekt, also dem Erkennen von Ordungskriterien in der Vielfalt der Proteinstrukturen. Diese Datenbank und ihr Beitrag zu unserem heutigen Verständnis von Protein-Evolution soll daher im Abschnitt Genomics eingehender beschrieben werden.

MMDB, für Molecular Modeling DataBase. Diese Datenbank baut auf PDB files auf und ist Teil des Datenbankverbundes des NCBI.

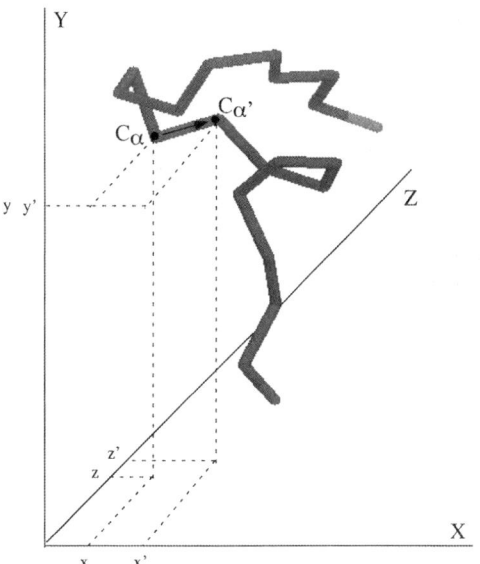

2.15 Teilsegment einer Proteinstruktur im Koordinatenraum. Zwei C_α Atome mit einer Differenz der Ursprungsvektoren von 1.5 Å müssen zu zwei benachbarten Aminosäuren gehören.

Diese drei Datenbanken gehören zum Wertvollsten, was das Internet dem strukturorientiert Arbeitenden zu bieten hat. Wohlorganisierte Information, hoher Vernetzungsgrad der Daten, ständige Qualitätsverbesserung und natürlich die Schönheit der präsentierten Moleküle sind Kennzeichen von Strukturdatenbanken.

2.2.1
Protein Database Files

Jede Struktur eines biologischen Makromoleküls ist eine durch harte experimentelle Arbeit ermittelte Information, die nicht in der Primärsequenz steht, zumindest nicht in einer für uns zum heutigen Zeitpunkt erkennbaren Form. Was enthält nun ein Datenbankeintrag, der z. B. die 3D-Struktur eines Proteins beschreibt? Diese Struktur ist in einem dreidimensionalen Raumgitter angeordnet (Abb. 2.15). Sie besteht aus Atomen, die über Bindungen in Wechselwirkung treten. Jedes Atom hat im Raumgitter eine Position, die durch eine x-, y-, z-Koordinate relativ zum Nullpunkt bestimmt wird. Weitere Informationen, die einem Atom zugeordnet sein müssen, sind Atomcharakter, Bindungen und Wechselwirkungen. All diese Informationen müssen maschinenlesbar sein.

Ein file solchen Inhalts ist das sogenannte Koordinatenfile, das eine Liste mit labeling-Informationen und x, y, z -Koordinaten für jedes Atom enthält (Abb. 2.16). Die bloße chemische Verbindung aller Atome eines Biomoleküls ergibt sich ja bereits aus der Sequenz. Die Primärsequenz entspricht dem so-

PDB
PROTEIN DATA BANK

Structure Explorer - 1A79

Title **Crystal Structure Of The tRNA Splicing Endonuclease From Methanococcus Jannaschii**
Classification **Endonuclease**
Compound **Mol_Id: 1; Molecule: tRNA Endonuclease; Chain: A, B, C, D; Engineered: Yes**
Exp. Method **X-ray Diffraction**

Download/Display File

Summary Information

View Structure

Download/Display File

Structural Neighbors

Geometry

Other Sources

Sequence Details

[Explore]
SearchLite SearchFields

Save full entry to disk

```
HEADER    ENDONUCLEASE                            23-MAR-98   1A79
TITLE     CRYSTAL STRUCTURE OF THE TRNA SPLICING ENDONUCLEASE FROM
TITLE    2 METHANOCOCCUS JANNASCHII
COMPND    MOL_ID: 1;
COMPND   2 MOLECULE: TRNA ENDONUCLEASE;
COMPND   3 CHAIN: A, B, C, D;
COMPND   4 ENGINEERED: YES
SOURCE    MOL_ID: 1;
SOURCE   2 ORGANISM_SCIENTIFIC: METHANOCOCCUS JANNASCHII;
SOURCE   3 EXPRESSION_SYSTEM: ESCHERICHIA COLI;
SOURCE   4 EXPRESSION_SYSTEM_STRAIN: BL21;
SOURCE   5 EXPRESSION_SYSTEM_VARIANT: BLR (DE3);
SOURCE   6 EXPRESSION_SYSTEM_VECTOR: PET11A
KEYWDS    ENDONUCLEASE, TRNA ENDONUCLEASE
EXPDTA    X-RAY DIFFRACTION
AUTHOR    H.LI,C.R.TROTTA,J.N.ABELSON
REVDAT   1   01-JUN-99 1A79    0
REMARK   1
REMARK   1 REFERENCE 1
REMARK   1  AUTH   H.LI,C.R.TROTTA,J.ABELSON
REMARK   1  TITL   CRYSTAL STRUCTURE AND EVOLUTION OF A TRANSFER RNA
REMARK   1  TITL 2 SPLICING ENZYME
```

```
SEQRES   1 A  171  LYS ILE THR GLY LEU LEU ASP GLY ASP ARG VAL ILE VAL
SEQRES   2 A  171  PHE ASP LYS ASN GLY ILE SER LYS LEU SER ALA ARG HIS
SEQRES   3 A  171  TYR GLY ASN VAL GLU GLY ASN PHE LEU SER LEU SER LEU
SEQRES   4 A  171  VAL GLU ALA LEU TYR LEU ILE ASN LEU GLY TRP LEU GLU
SEQRES   5 A  171  VAL LYS TYR LYS ASP ASN LYS PRO LEU SER PHE GLU GLU
SEQRES   6 A  171  LEU TYR GLU TYR ALA ARG ASN VAL GLU GLU ARG LEU CYS
SEQRES   7 A  171  LEU LYS TYR LEU VAL TYR LYS ASP LEU ARG THR ARG GLY
SEQRES   8 A  171  TYR ILE VAL LYS THR GLY LEU LYS TYR GLY ALA ASP PHE
SEQRES   9 A  171  ARG LEU TYR GLU ARG GLY ALA ASN ILE ASP LYS GLU HIS
SEQRES  10 A  171  SER VAL TYR LEU VAL LYS VAL PHE PRO GLU ASP SER SER
SEQRES  11 A  171  PHE LEU LEU SER GLU LEU THR GLY PHE VAL ARG VAL ALA
SEQRES  12 A  171  HIS SER VAL ARG LYS LYS LEU LEU ILE ALA ILE VAL ASP
SEQRES  13 A  171  ALA ASP GLY ASP ILE VAL TYR TYR ASN MET THR TYR VAL
SEQRES  14 A  171  LYS PRO
SEQRES   1 B  171  LYS ILE THR GLY LEU LEU ASP GLY ASP ARG VAL ILE VAL
SEQRES   2 B  171  PHE ASP LYS ASN GLY ILE SER LYS LEU SER ALA ARG HIS
SEQRES   3 B  171  TYR GLY ASN VAL GLU GLY ASN PHE LEU SER LEU SER LEU
SEQRES   4 B  171  VAL GLU ALA LEU TYR LEU ILE ASN LEU GLY TRP LEU GLU
SEQRES   5 B  171  VAL LYS TYR LYS ASP ASN LYS PRO LEU SER PHE GLU GLU
SEQRES   6 B  171  LEU TYR GLU TYR ALA ARG ASN VAL GLU GLU ARG LEU CYS
SEQRES   7 B  171  LEU LYS TYR LEU VAL TYR LYS ASP LEU ARG THR ARG GLY
SEQRES   8 B  171  TYR ILE VAL LYS THR GLY LEU LYS TYR GLY ALA ASP PHE
SEQRES   9 B  171  ARG LEU TYR GLU ARG GLY ALA ASN ILE ASP LYS GLU HIS
SEQRES  10 B  171  SER VAL TYR LEU VAL LYS VAL PHE PRO GLU ASP SER SER
SEQRES  11 B  171  PHE LEU LEU SER GLU LEU THR GLY PHE VAL ARG VAL ALA
SEQRES  12 B  171  HIS SER VAL ARG LYS LYS LEU LEU ILE ALA ILE VAL ASP
SEQRES  13 B  171  ALA ASP GLY ASP ILE VAL TYR TYR ASN MET THR TYR VAL
SEQRES  14 B  171  LYS PRO
```

```
ATOM      1  N   LYS A   9      14.082  -6.890  65.966  1.00 35.08           N
ATOM      2  CA  LYS A   9      15.079  -6.073  65.213  1.00 43.95           C
ATOM      3  C   LYS A   9      16.193  -5.575  66.130  1.00 45.37           C
ATOM      4  O   LYS A   9      16.025  -4.574  66.822  1.00 52.74           O
ATOM      5  CB  LYS A   9      14.389  -4.873  64.573  1.00 43.58           C
ATOM      6  CG  LYS A   9      15.270  -4.106  63.608  1.00 37.13           C
ATOM      7  CD  LYS A   9      14.867  -4.400  62.178  1.00 34.61           C
ATOM      8  CE  LYS A   9      14.354  -3.157  61.482  1.00 35.68           C
ATOM      9  NZ  LYS A   9      14.431  -3.277  59.999  1.00 32.27           N
ATOM     10  N   ILE A  10      17.332  -6.263  66.125  1.00 40.67           N
ATOM     11  CA  ILE A  10      18.454  -5.883  66.980  1.00 36.09           C
ATOM     12  C   ILE A  10      18.886  -4.442  66.755  1.00 35.88           C
ATOM     13  O   ILE A  10      19.055  -4.006  65.621  1.00 41.16           O
ATOM     14  CB  ILE A  10      19.676  -6.793  66.746  1.00 32.86           C
ATOM     15  CG1 ILE A  10      19.248  -8.264  66.789  1.00 32.67           C
ATOM     16  CG2 ILE A  10      20.734  -6.512  67.808  1.00 34.86           C
ATOM     17  CD1 ILE A  10      20.200  -9.233  66.097  1.00 26.50           C
ATOM     18  N   THR A  11      19.051  -3.693  67.838  1.00 37.97           N
ATOM     19  CA  THR A  11      19.486  -2.307  67.715  1.00 41.96           C
ATOM     20  C   THR A  11      20.920  -2.171  68.205  1.00 41.43           C
ATOM     21  O   THR A  11      21.325  -2.820  69.167  1.00 42.22           O
ATOM     22  CB  THR A  11      18.570  -1.313  68.503  1.00 45.55           C
ATOM     23  OG1 THR A  11      19.381  -0.348  69.188  1.00 42.96           O
ATOM     24  CG2 THR A  11      17.689  -2.047  69.501  1.00 43.80           C
ATOM     25  N   GLY A  12      21.689  -1.341  67.511  1.00 41.97           N
ATOM     26  CA  GLY A  12      23.071  -1.132  67.880  1.00 39.87           C
ATOM     27  C   GLY A  12      23.325   0.336  68.129  1.00 41.64           C
```

◀ **2.16** PDB Koordinatenfile. SEQRES Zeilen enthalten chain IDs und die *explicit* Sequenz, ATOM Zeilen die Koordinaten der *implicit* Sequenz.

genannten kompletten „chemical graph" der 3D-Struktur. Ein Computer könnte unter Benutzung eines „residue dictionary", also einer Tabelle der Atomtypen und Atombindungen in Aminosäuren oder Nukleotiden, aus der Sequenz einen *chemical graph* skizzieren.

Die im Strukturfile gespeicherte Information muß durch Software für die Visualisierung molekularer Graphik als frei drehbares 3D-Bild der Struktur sichtbar gemacht werden. Das Programm verbindet dazu die Atompunkte mit Strichen, sprich Bindungen. Wichtige Viewer Programme sind Swiss PDB Viewer, Cn3D, Chime und RasMol (-Mac). Sie sind frei im Internet erhältlich und können als Plug in des Webbrowsers oder als stand-alone Anwendung installiert werden. Zwischen den verschiedenen Viewern bestehen deutliche Unterschiede in Nutzungsmöglichkeiten und Benutzerfreundlichkeit (Abb. 2.17).

Bei der Visualisierung existieren generell zwei Ansätze:

A) Der „chemistry rules Ansatz" läßt sich so beschreiben: „Die Standardlänge einer C-C Bindung ist ca. 1,5 Å. Alle Atomkoordinaten, die zu C-Atomen gehören und ca. 1,5 Å Entfernung voneinander haben, stellen eine C-C Einfachbindung dar" (Abb. 2.15). Wenn das Programm diese starren „chemistry rules" implementiert, braucht man keine Bindungsinformationen im Strukturfile. Dieser Ansatz bildete die Basis für die PDB-files der Brookhaven Datenbank (heute RCSB). Die files enthalten keinen chemical graph, kein residue dictionary und keine komplette Bindungsinformation, nur eine Tabelle von Bindungslängen und -typen. Jede Software, die ein PDB-file einliest, muß die Atombindungen rekonstruieren. Dies heißt, daß in diesen Programmen eine korrekte Interpretation der PDB files implementiert sein muß. So muß z. B. dafür gesorgt sein, daß Ausnahmen von den Bindungsregeln korrekt erkannt werden.

B) Programme könnten weitaus einfacher sein, wenn die PDB files Bindungsinformationen und *chemical graph* enthielten. Eben diesen zweiten Ansatz wählen die files vom Molecular Modeling Database Typ (MMDB). Diese files sind von PDB files abgeleitet, benutzen aber *residue dictionaries*, also Verzeichnisse der Aminosäuren und Nukleotide mit ihren jeweiligen Standardatomen und Bindungen (chemical graph). Liest ein Programm ein MMDB-file, benutzt es die Bindungsinformationen des dictionary zur Verbindung von Atomen, ohne sich an die starren Regeln der chemistry rules halten zu müssen. Auf diese Weise kann die Software die 3D-Koordinaten konsistent interpretieren. Derartige Software läßt sich auch einfacher programmieren, da Ausnahmen von Bindungsregeln bereits im MMDB file enthalten sind.

	MIME Type	application	plug in
Cn3D (RAM-intensiv)	chemical/ncbi-asn1-binary (prozessiert nur MMDB)	X (auch als Client)	
Chemscape Chime 2.0a (schnelles RasMol Derivat, wichtig für didaktische Sites)	chemical/x-pdb (z.Bsp in SCOP, PDB)		X
RasMol bzw. RasMac (viele Möglichkeiten der Visualisierung, gute Graphik, schnell, aber Benutzung wenig intuitiv)	chemical/x-ras (PDB, MMDB, SCOP)	X	
Swiss-PdbViewer (ExPASy) lesbares Manual! didaktisch begleitet Bietet modelling Möglichkeiten.	chemical/x-pdb	X (auch als client)	
Mage 5.8 besonders für didaktisch aufbereitete Files geeignet	chemical/x-kinemage	X	
Protein Explorer (Chime Weiterentwicklung) benötigt Chime	chemical/x-pdb	X (als HTML client)	
Einen guten Überblick über die gesamte RasMol Familie bietet Eric Martz' Webpage [http://www.umass.edu/microbio/rasmol/]			

2.17 Programme, die der Visualisierung von Strukturfiles dienen. Sie lassen sich als *stand alone application* verwenden, oder werden in den Präferenzen des Webbrowser als *application* oder *plug in* angemeldet, um bestimmte file-spezifische MIME types zu erkennen.

3D-Datenbank-files sind selten komplett. *completeness* definiert sich dabei so: Es existiert wenigstens ein Koordinatenwert für jedes Atom des chemical graph. Bisweilen fehlen aber Teile der experimentellen Struktur. Auch Koordinaten für H-Atome sind nicht enthalten, diese werden meist simuliert durch die Modelling-Software. Aufgrund der nicht garantierten completeness enthält ein PDB-file de facto zwei Sequenzen. Die *explicit sequence* (in Zeilen, die mit SEQRES beginnen) und die *implicit sequence*, die sich aus den tatsächlichen Koordinaten ableiten läßt (im file die Zeilen, die mit ATOM beginnen).

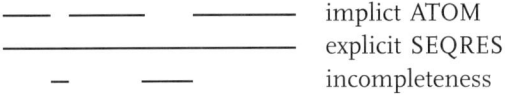

Programme, die nur die *implicit sequence* eines inkompletten Moleküls lesen und daraus einen chemical graph rekonstruieren (wie z. B. RasMol), produzieren Numerierungsartefakte. Beide Sequenzen müssen miteinander verglichen werden, nur so kann *incompleteness* erkannt werden. Dieser Abgleich wird bei Erstellung von MMDB-files automatisch durchgeführt; MMDB-files ist also ein *explicit chemical graph* hinzugefügt.

SEQRES-Einträge eines PDB-file tragen eine Kettenidentifikation (chain ID) (Abb. 2.16). Gehören zur kristallographischen Einheitszelle z. B. 2 Moleküle eines dimeren Proteins, so ergeben sich bereits 4 Ketten A, B, C, D. Diese Erläuterungen sind nicht explizit enthalten, während in MMDB Ketten leicht zu identifizieren sind. Die PDB Datenbank wird zur Zeit einer mehrere Jahre in Anspruch nehmenden file-Revision unterzogen, die Inkonsistenzen durch Einführung eines neuen Formates, mmCIF (macromolecular crystallographic information file), bereinigen soll (s. Bhat et al., *Nucleic Acids Res* 2001, 29: 214-218). Dieses maschinenlesbare Format wird die file-Inhalte durch formalisierte Sprache und Syntax und ein definiertes Datenformat vereinheitlichen.

2.2.2
Molecular Modeling Database des NCBI

Am NCBI entstand somit eine zweite wichtige Adresse, die sich mit Strukturen biologischer Makromoleküle befaßt. Wie in allen Bereichen des NCBI Datenverbundes ist die didaktische Betreuung des Benutzers auch hier vorbildlich. MMDB Datenbankeinträge werden aus PDB files entwickelt. Zur Zeit sind mehr als 10.000 Struktureinträge mit ca. 20.000 Ketten, die ca. 35.000 Domänen entsprechen, verfügbar. Als Teil des NCBI Entrez Systems sind alle MMDB-assoziierten Sequenzen über BLAST mit Sequenznachbarn per Link verbunden, bzw. erscheinen als Sequenznachbarn anderer Sequenzen in Entrez. Ein MMDB File ist primär ein Strukturfile, und im Einklang mit der Entrez-Philosophie werden für jede Kette (oder auch einzelne Domäne), die zu einem MMDB-file gehört, die Strukturnachbarn angegeben (Abb. 2.18).

Zur Erstellung der Liste von Strukturnachbarn wird der VAST-Algorithmus (für <u>v</u>ector <u>a</u>nalysis <u>s</u>earch <u>t</u>ool) benutzt. Bei Erstellung eines neuen MMDB-files wird die Liste der Strukturnachbarn durch Vergleich mit den bereits vorhandenen MMDB-files erstellt und bei Wachstum der Datenbank einem Update unterzogen. VAST berechnet die Ähnlichkeit von 3D-Strukturen mit

2 Strukturen

2.18 Arbeitsweise in der MMDB Datenbank.

Zunächst suchen wir in PubMed nach PTEN. Dieses Vorgehen ist besonders geeignet, wenn man nach einem Protein sucht, das noch nicht in seiner Struktur bekannt ist. Wir finden 475 Einträge, verstellen <Show> auf 500 und erhalten die Summaries auf einer Seite.

Wir rufen nun ab <display protein links> (ergibt 50 Proteine), dann auf dem nächsten screen <display structural links>. Dies ergibt das link zum file 1D5R, der Struktur des menschlichen PTEN.

Verfolgen wir das aktive Link <1D5R>, gelangen wir zum MMDB file für PTEN. Verfolgen wir hier das Link <Structural Neighbors>, gelangen wir zur Screen Structures similar to 1D5R. Die hier gelisteten Proteinstrukturen sind nach VAST Analyse als strukturell ähnlich zu 1D5R klassifiziert worden. Die Liste läßt sich verlängern, indem man in <Display Subset> den Schwellenwert verstellt.

In dieser Liste werden die interessanten Vergleichsstrukturen mit einem Checkmark versehen und <View/Save Alignments> gewählt. Es beginnt der Download des Ergebnisfile für diesen Vergleich. Dieses File wird automatisch in Cn3D geöffnet, wenn dieser Viewer als Browser-plugin installiert ist.
Das File enthält ein auf Strukturen (!) basierendes Alignment und eine graphische dynamische Superpositionierung der gewählten Strukturen.

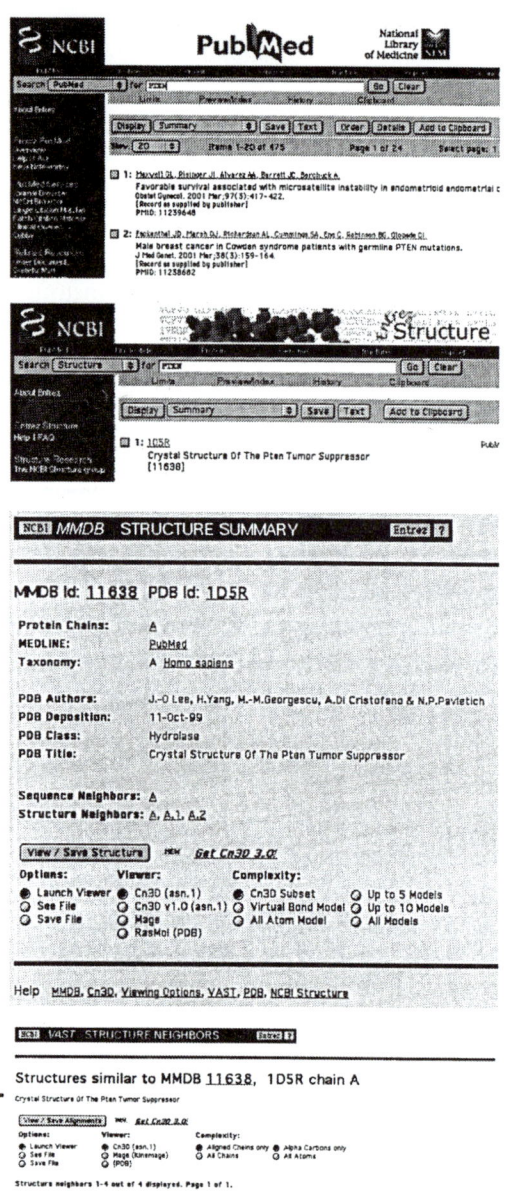

2.2 Strukturdatenbanken | 135

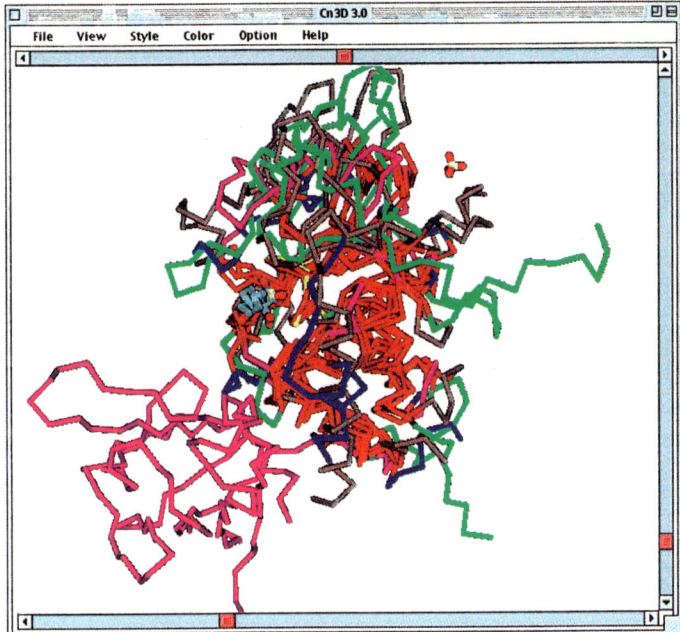

Man erkennt in der Superpositionierung sehr gut die Bereiche, in denen diese Proteine die gleiche Struktur besitzen. Dies ist auf der Ebene des Sequenzalignments kaum zu erkennen.

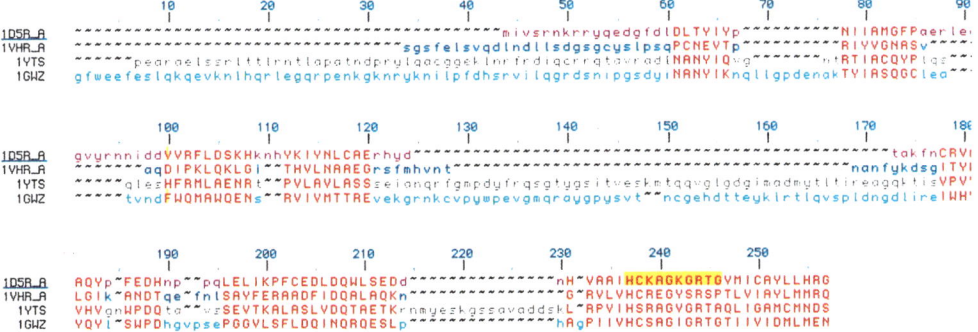

Gezeigt ist hier ein Teil dieses Alignments. Auffällig ist die hohe Konservierung eines sehr kleinen Sequenzabschnitts (Gelb, auch im 3D Diagramm). Dieses ist der Bereich, in dem bei allen Proteinen sensitive Punktmutationen liegen. Es handelt sich um die Substratbindungsstelle.

Diese Arbeitsweise in der MMDB Datenbank ist besonders dann vielversprechend, wenn es sich bei PTEN z. Bsp. um ein Target handelte, dessen Struktur nicht bekannt ist. Man könnte dann über die Suche nach bekannten Strukturen unter den <protein neighbors> des Targets (also entfernten Sequenzverwandten) Strukturen entdecken, die auch für das Target gelten könnten. Eine Sequenz eines Proteins mit unbekannter Struktur läßt sich in das Cn3D Alignmentfenster importieren.

3D-Vektorelementen, die von Sekundärstrukturelementen (SSE) abgeleitet sind, eine Sequenzinformation geht dabei nicht ein! Die Einheit der Ähnlichkeit sind Paare von SSEs, die sich im Bautyp, der relativen Orientierung und in ihrer Verbindung zu benachbarten Elementen ähneln. Insignifikante zufällige Übereinstimmungen zwischen kleinen Strukturelementen werden dabei nicht berücksichtigt. VAST entdeckt somit durch ein Strukturalignment Ähnlichkeiten zwischen Proteinen, die auf Grund zu niedriger Sequenzähnlichkeit mit Sequenzalignments nicht detektierbar sind.

Das Viewer Programm, das in der MMDB Database die VAST-Berechnungen und die entsprechenden 3D-Superpositionierungen sichtbar macht, ist Cn3D v.3.0. Cn3D zeigt neben der Superpositionierung der 3D-Strukturen auch ein auf der Basis des Strukturalignments erstelltes Sequenzalignment. Die durch VAST entdeckten 3D-Ähnlichkeiten sind sehr oft Ausdruck von entfernten Homologien im Sinne einer direkten evolutionären Verwandtschaft. Es existiert aber auch ein Grenzbereich, in dem nicht entschieden werden kann, ob es sich um eine strukturelle Ähnlichkeit handelt, die eine phylogenetische Beziehung reflektiert, oder ob eher die physikalischen Zwänge der Proteinfaltung in wäßrigem Milieu oder Zufall die Gründe für die Ähnlichkeit sind.

> Um die Möglichkeiten zu zeigen, die durch MMDB-files gegeben sind, soll hier ein Beispiel folgen, bei dem es um das Genprodukt des menschlichen PTEN Gens geht. Mutationen in diesem Gen verursachen eine Reihe von Krankheitsbildern (einige Krebsarten, die sog. Cowden disease, autosomal dominant cancer predisposition syndrome). Die Frage soll sein, ob der Vergleich der 3D Struktur mit verwandten Strukturen einen Hinweis auf die Mechanismen dieser Mutationen gibt Abb. 2.18.
>
> Das Ergebnis sieht also so aus, als würde das PTEN Protein einen ähnlichen Mechanismus benutzen wie z. B. das Protein der 1 VHR Struktur (eine Phosphatase), das ebenso empfindlich ist gegenüber Mutationen in der gleichen Region. Im 1 VHR Kristall ist in dieser Region das Substratanalog gebunden, bei 1 YTS ein Sulfation. Mutationen in dieser Region sind im PTEN Protein mit dem krankheitsauslösenden Effekt verbunden.

2.3
Vorhersage von RNA-Strukturen

Wohl kaum eine Molekülklasse hat in den letzten 20 Jahren die biologische Forschung so sehr befruchtet wie RNA. Stichworte wie self-splicing group I Introns, Ribozyme, RNase P, mRNA Spleißen und rRNA-Phylogenie belegen dies. Weniger spezifische Sequenzen als vielmehr vielfältige 3D Strukturen sind die Basis für komplexe Wechselwirkungen, die RNA mit Proteinen eingeht. Die Strukturaufklärung gerade von Ribonukleoproteinkomplexen, wie sie 2000 in der Kristallstruktur des Ribosoms kulminierte (N.Ban et al., *Science* 2000, 289: 905-920), hat unser Verständnis makromolekularer Wechselwirkungen enorm erweitert.

RNA kann wie DNA als Informationsspeicher dienen, kann aber auch als echter Katalysator fungieren. RNA formt nicht nur zahlreiche Sekundärstrukturen aus, sondern auch komplexe hochkompakte 3D Strukturen (Tertiärstrukturen), die Proteinstrukturen ähneln (Abb. 1.5). Dieses wird zum Teil mittels koordinierter Me^{n+} erreicht. An tertiären Strukturen sind Wechselwirkungen zwischen Basen, Phosphaten und Zuckern beteiligt. Die möglichen Sekundärstrukturelemente, wie wir sie z. B. in der Sekundärstruktur der *E. coli* 23S rRNA wiederfinden (Abb. 2.19), zeigt Abb. 2.20. Während für die Vorhersage von tertiärer Struktur nur sehr vorläufige Ansätze bestehen (siehe hierzu die RNA-Website von M. Zuker [http://bioinfo.math.rpi.edu/~zukerm/] oder die RNA World Website des IMB Jena [http://www.imb-jena.de/RNA.html]), sind die Möglichkeiten einer Sekundärstrukturvorhersage sehr gut. Eine lineare oder zirkuläre RNA wird gefaltet, indem von ihrem 5' zum 3' Ende mögliche Sekundärstrukturelemente berechnet werden. Jede Sekundärstruktur zerlegt eine RNA in loops und stems.

Eines der wichtigsten Programm ist Michael Zuker's MFOLD (v.3.1) [http://bioinfo.math.rpi.edu/~mfold/rna/form1.cgi]. Dieses Programm kann lokal oder online verwendet werden (Abb. 2.21). Eine Sequenz wird durch Berechnung der thermodynamisch optimalen möglichen Sekundärstrukturen gefaltet (minimales ΔG). Jede Teilstruktur der Gesamtfaltung ist ein Set von Basenpaaren. Ein Basenpaar zwischen den Nukleotiden r_i und r_j ist gekennzeichnet durch i.j.

RNA Faltung bedeutet nicht Berechnung einer Struktur mit der maximalen Zahl von Basenpaarungen! MFOLD benutzt tabellierte thermodynamische Energieinkremente für alle strukturellen Details in Sekundärstrukturen: stacking benachbarter Basenpaare, terminal ungepaarte Basenpaare, bulges, interior loops, multibranched loops und berechnet so die optimale Sekundärstruktur (z. B. Abb. 2.22). MFOLD erlaubt nur einfache Watson/Crick Basenpaare oder G·U Paare. Dies schließt Nichtstandard-Wechselwirkungen zwischen Nukleotiden, wie man sie zuerst in tRNAs fand, von vornherein aus.

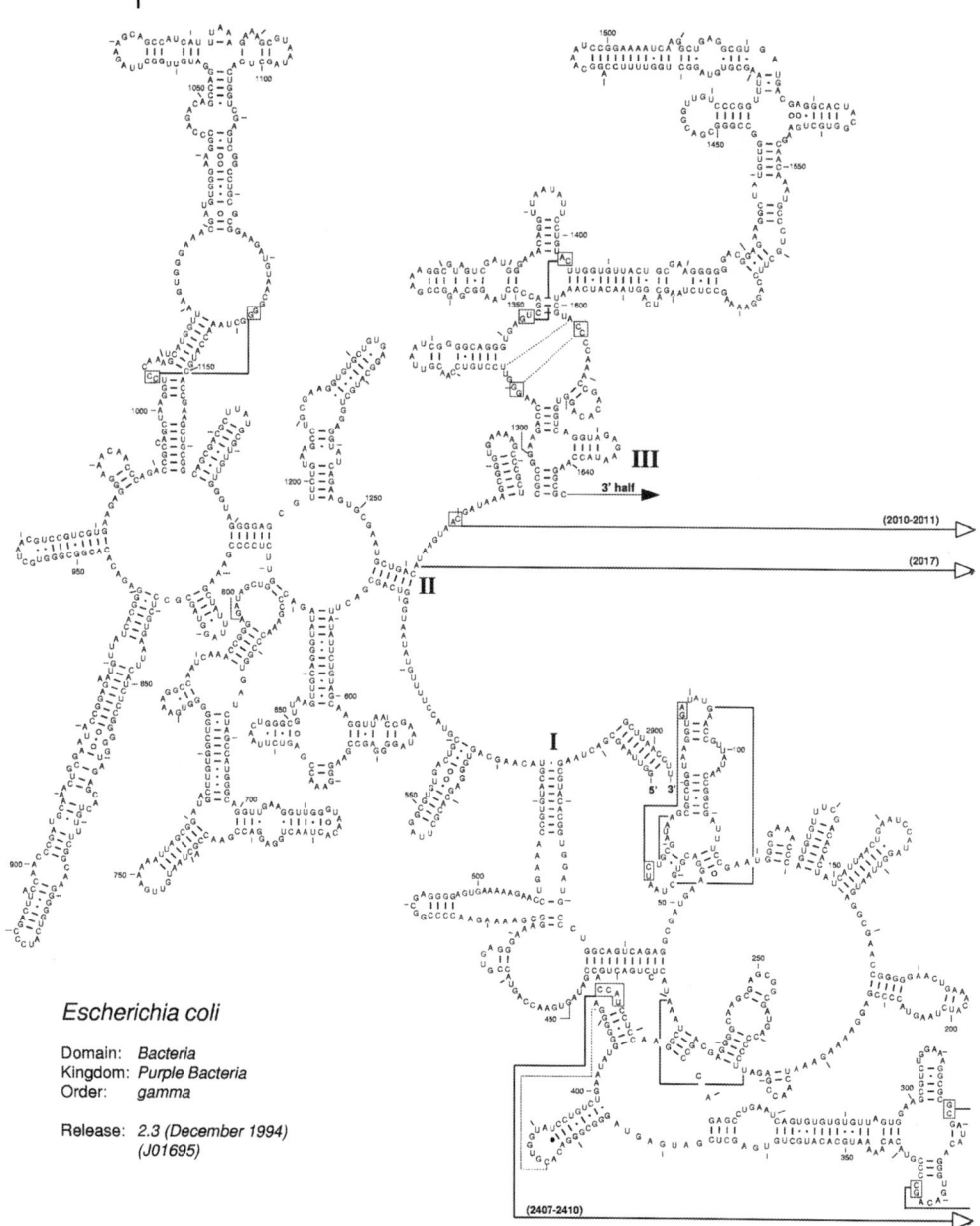

2.19 Ausschnitt aus der 5'-Hälfte (ca. 1.650 nt) der ribosomalen RNA der großen ribosomalen Untereinheit aus E. coli [http://rdpwww.life.uiuc.edu/RDP/data/LSU_secstruct.html]. Die Darstellung zeigt die Sekundärstruktur.

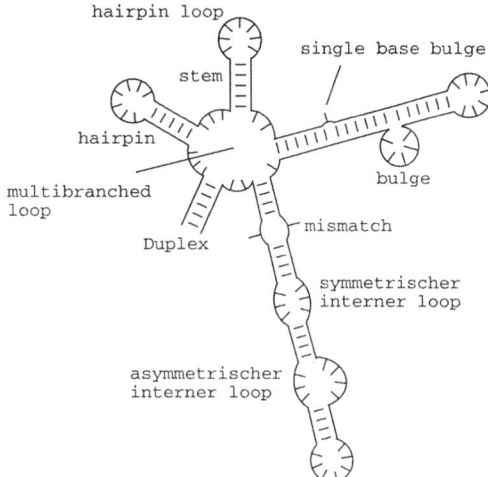

2.20 Sekundärstrukturelemente in RNA. Die Darstellung von RNA Molekülen in solcher Sekundärschreibweise gibt stets ein von der Realität stark abweichendes Bild wieder, da ungewöhnliche Basenpaarungen und Interaktionen besonders in ungeordnet erscheinenden loop-Regionen und Interaktionen zwischen Nukleotiden, die in der 3D Struktur nahe beieinander, in der Sequenz aber weit voneinander liegen, nicht dargestellt werden.

Das Programm kann gezwungen werden, suboptimale Faltungen zu zeigen (Abb. 2.23). Diese können durchaus biologisch relevant sein. Eine vorhergesagte optimale Struktur bedarf also stets der Bestätigung durch experimentelle Methoden wie enzymatisches oder chemisches Probing. Diese Experimente lassen sich aber viel sinnvoller angehen, wenn man durch die Computeranalyse ansatzweise weiß, wonach man sucht. Da RNA zunehmend auch als vielversprechendes mögliches Targetmolekül für Pharmaka betrachtet wird (Asish Xavier et al., *TIBTECH* 2000, 18: 349-356), ist eine Art *structural genomics* und eine leistungsfähige Strukturvorhersage auch für RNA von wirtschaftlichem Interesse.

140 | *2 Strukturen*

▪ Enter a name for your sequence: [   ]

▪ Enter the sequence to be folded in the box.
All blanks and non-alphabet characters will be edited out.

[   ]

▪ Enter **constraint information** in the box at the right. (optional) You may:
1. force bases $i, i+1, ..., i+k-1$ to be double stranded by entering:
   <u>F i 0 k</u> on 1 line in the constraint box.
2. force consecutive base pairs $i.j, i+1.j-1, ..., i+k-1.j-k+1$ by entering:
   <u>F i j k</u> on 1 line in the constraint box.
3. force bases $i, i+1, ..., i+k-1$ to be single stranded by entering:
   <u>P i 0 k</u> on 1 line in the constraint box.
4. prohibit the consecutive base pairs
   $i.j, i+1.j-1, ..., i+k-1.j-k+1$ by entering:
   <u>P i j k</u> on 1 line in the constraint box.
5. prohibit bases i to j from pairing with bases k to l by entering:
   <u>P i-j k-l</u> on 1 line in the constraint box.

▪ The RNA sequence is

▪ Folding temperature is fixed at 37°.

▪ Ionic conditions: 1M NaCl, no divalent ions.

▪ Enter the *percent suboptimality* number. [5]

▪ Enter an <u>upper bound</u> on the number of computed foldings. [50]

▪ Enter the <u>window</u> parameter if you wish. [default]

▪ Enter the <u>maximum distance between paired bases</u> if you wish. [no limit]

▪ Your job can be processed while you wait (the default) or can be submitted for batch processing by pressing the button below. In this case, you will be notified at a later time that the job is finished. If you select a *batch job*, please make sure your E-mail address is correct in the window below.

▪ Select: [An immediate ▼] job for: [your_name@RAS2-19.gwdg.de]

▪ Choose <u>image resolution</u> for gif files: Low: ○ Regular: ● Medium: ○ High: ○

▪ Choose <u>structure format:</u> Automatic: ● Bases: ○ Outline: ○

▪ Grid lines in *energy dot plot*: On: ● Off: ○

▪ Choose <u>base numbering frequency:</u> [default ▼]

▪ Choose <u>structure rotation angle (in degrees):</u> [0]

▪ Choose <u>structure annotation:</u> None: ● p-num: ○ ss-count: ○

Current limits: 500 bases for an immediate job, 3000 for batch.

2.21 Suchmaske der Online Version von MFOLD 3.1. Die RNA Sequenz wird im Sequenzfenster eingetragen. Besitzt der Benutzer bereits experimentelle Informationen, welche Basenpaare existieren oder welche Nukleotide einzelsträngig vorliegen, so kann er diese Information in einer einfachen Syntax im *constraint info* Fenster eingeben. So bedeutet z. B. <u>F i 0 k</u>, daß die Nukleotide $r_i, r_{i+1}, ..., r_{i+k-1}$ zwingend in Basenpaarungen vorliegen müssen. <u>F i j k</u> bedeutet, daß die Basenpaare $r_i\text{-}r_j, r_{i+1}\text{-}r_{j-1}, r_{i+2}\text{-}r_{j-2}, ..., r_{i+k-1}\text{-}r_{j-k+1}$ vorgeschrieben sind, die somit eine Helix bilden. Alternative Faltungen zur thermodynamisch optimalen lassen sich durch die Veränderung der *percent optimality* (P Wert) und des *window parameter* (W Wert) erreichen. Der berechnete Output läßt sich in einer Reihe von Formaten anzeigen, die vom Operating System des Benutzers abhängen. Viele Benutzer werden es am einfachsten finden, die Output Graphik in einem Graphikprogramm nachzubearbeiten.

2.22 Faltungsvorschlag für eine 21 nt RNA durch MFOLD v.3.1. Eine der zahlreichen Tabellen (hier für ein Stack) ist gezeigt. Der untere Teil der Abbildung zeigt die Faltung und die in die Berechnung eingegangenen Inkremente (jeweils in kcal/mol). Die Bilanz für diese Faltung ergibt ein Gesamt ΔG von –5.6 kcal/mol. Die Faltungsberechnung erfolgte für Standardbedingungen (37 °C, 1M NaCl).

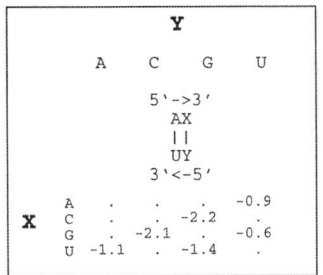

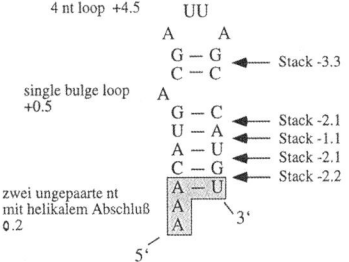

2.23 Optimale (links, –9.8 kcal/mol) und suboptimale (rechts, –9.5 kcal/mol) Faltung einer RNA Sequenz nach Veränderung des W-Parameters von 2 auf 0.

2.4
Pattern-Suche

PatScan ist ein Pattern-Suchprogramm (Autor: Ross Overbeek), das Nukleinsäure- und Proteindatenbanken nach Benutzer-definierten Sequenzpattern durchsucht. Der Benutzer beschreibt dazu das gesuchte Sequenzmuster in einer einfachen Syntax. Input für dieses Programm ist also ein Pattern, keine Sequenz! Das Programm sagt also nicht Sekundärstrukturen in einer Sequenz voraus, sondern es sucht im Gegenteil in Sequenzdatenbanken nach Sequenzen, die einem bestimmten vorgegebenen Muster entsprechen. PatScan ist zur Zeit in der Website von *Integrated Genomics* implementiert [http://wit.integratedgenomics.com/ERGO/CGI/sim_search.cgi?user=;org=; search = pattern]. Hier findet man auch die Beschreibung der Script-Regeln.

Kurze Beispiele sollen die Arbeitsweise des Programms verdeutlichen (Abb. 2.24 und 2.25). Man beachte den Unterschied zwischen einer Homologiesuche und der Suche nach einem Sequenzpattern. Mit derartigen Programmen lassen sich insbesondere ganze Genome screenen, um eine schnelle Katalogisierung von Sequenzen mit distinkten Motiven durchzuführen (z. B. RNAs). Die Möglichkeit einer Patternsuche sollte daher Teil jeder zu einem Genomprojekt gehörenden Website sein. Diese Möglichkeit ist z. B. für Hefe (SGD, Stanford) und *Drosophila* (BDGP, Berkeley) gegeben, unter [http://genome-www.stanford.edu/Saccharomyces/sequence_resources.html] bzw. [http://www.fruitfly.org/seq_tools/patscan.html].

Einen etwas anderen Ansatz wählt PHI-BLAST (für pattern-hit initiated BLAST), ein Teilprogramm des BLAST Paketes. Es erlaubt die Suche nach einem Pattern in Verbindung mit einem lokalen Alignment der Pattern-Umgebung. Der Benutzer beschreibt dabei das gesuchte Pattern P mit einer einfachen regulären Syntax und gibt außerdem eine Sequenz S vor, die dieses Pattern enthält. PHI-BLAST sucht dann nach Sequenzen, die homolog sind zu S und P.

2.24 PatScan Suchen werden mit einem Patternskript in Protein- oder Nukleotiddatenbanken durchgeführt. Das Script wird in das Scriptfeld der Website eingetragen, die Antwort erfolgt online. In diesem Beispiel wurden in SwissProt 32 Sequenzen gefunden, die dem Pattern entsprechen.

2.4 Pattern-Suche

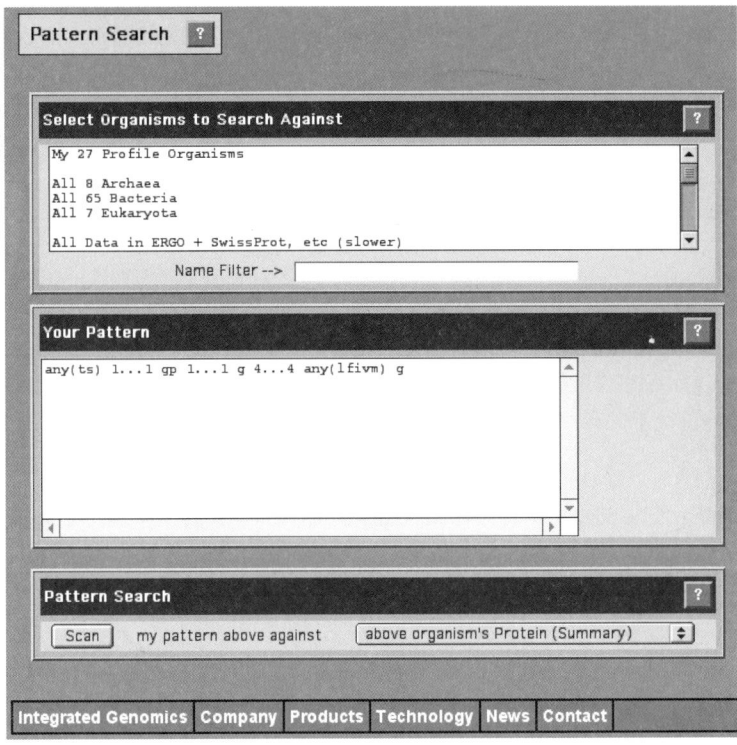

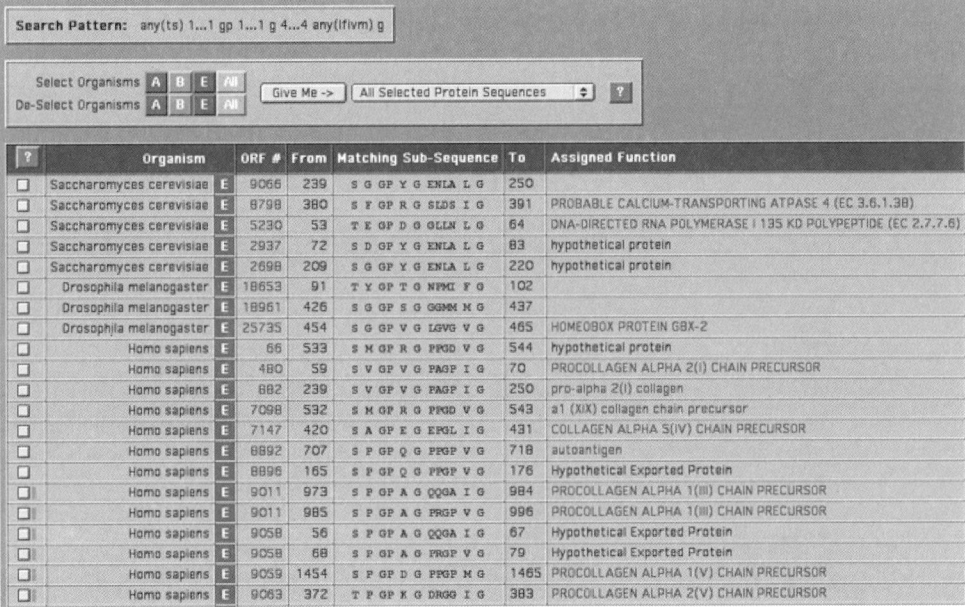

2 Strukturen

2.25 Beispiele der PatScan Syntax für Nukleotid- und Proteinpattern. Wenn sich eine Struktur als Sequenzpattern beschreiben läßt, so kann man so mittelbar auch nach Strukturmotiven suchen.

Nukleinsäuresequenzen

Sequenznomenklatur:	5' ATATATCCCGGCG 3'	Input
	5' GCGGCCCTATATA 3'	reverse Sequenz
	5' TATATAGGGCCGC 3'	komplementäre Sequenz
	3' TATATAGGGCCGC 5'	inverse Sequenz (reverses Komplement)

Beispiel 1

p1=8...9 3...8 ~p1

Diese Zeile beschreibt ein Pattern, das aus drei *pattern units* besteht, die durch ein Leerzeichen getrennt sind. Die Abfolge der units entspricht der Abfolge der Eigenschaften einer zu findenden Sequenz.

p1=8...9 ist eine named pattern unit, die bedeutet "finde 8 bis 9 Zeichen und nenne sie p1"

3...8 ist eine basic pattern unit, die sagt "finde 3 bis 8 Zeichen"

~p1 ist eine complement pattern unit, die sagt "finde reverses Komplement zu p1"

Diesem Pattern würde z. Bsp. folgende Sequenz genügen:

CGTAACCAA GGTTAACC TTGGTTACG

Diese Sequenz besitzt das Potential, folgende Sekundärstruktur zu bilden:

Beispiel 2

r1={au,ua,gc,cg,gu,ug,ga,ag}
p1=2...3 0...4 p2=2...5 1...5 r1~p2 4...4 ~p1

Die erste Zeile ist ein pattern unit, das lediglich die erlaubten Basenpaarungen beschreibt (Standard und Nicht-Standard BP). Die zweite Zeile besteht aus sechs units:

p1=2...3 Finde 2 bis 3 Zeichen, nenne sie p1

0...4 Finde 0 bis 4 Zeichen.

p2=2...5 Finde 2 bis 5 Zeichen, nenne sie p2

1...5 Finde 1 bis 5 Zeichen.

r1~p2 Finde das reverse Komplement von p2, benutze dazu die Regeln, die r1 gibt.

4...4 Finde 4 Zeichen

~p1 Finde das reverse Komplement von p1 (benutze Standardbasenpaarung gc, cg, at, ta)

```
         C
      A     C
      G   A
      A - T
      T • G
      C - G
      C - G
      G • T
      G       A G
      A     C  G
       G - C
       C - G
       C - G
```

Beispiel 3

p1=10...10 3...8 ~p1[1,2,1]

p1=10...10 Finde Sequenz von genau 10 Zeichen.

3...8 Finde Sequenz von 3 bis 8 Zeichen.

~p1 Finde reverses Komplement zu p1. Der Qualifier [mismatch, deletion, insertion] bedeutet, daß im reversen Komplement zu p1 ein mismatch, zwei deletions und eine insertion erlaubt sind.

Die Sequenz ACGTACGTAC GGGGGGGG GCGTTACCT erfüllt diese Vorgaben. Im Sinne einer Sekundärstruktur entspräche dies einem nicht sehr stabilen Stem-loop:

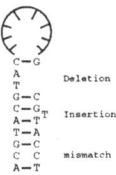

```
   C - G
   A
   T           Deletion
   G - C
   C - G
   C - G T     Insertion
   A - T
   T - A
   G - C
   C   C       mismatch
   A - T
```

Proteinsequenzen

Die Patternsuche erfolgt in den Datenbanken Swiss-Prot, TrEMBL oder PDB.

Ein einfaches Pattern, das aus einer pattern unit besteht könnte so aussehen:

GPXGXXXXXXXXPXXXXXXFLERGXXXXXH

Dies ist eine Sequenz mit 30 Zeichen. 10 Zeichen müssen exakt mit diesen Abständen gefunden werden.

Will man dieses Pattern etwas weniger stringent suchen, so können auch hier wieder [mismatch,deletion,insertion] zugelassen werden:

GPXGXXXXXXXXPXXXXXXFLERGXXXXXH[1,0,0]

etwa würde unter den 10 spezifischen Aminosäuren einen mismatch zulassen.

Komplexere Pattern können wieder aus mehreren units bestehen:

any(TS) 1...1 GP 1...1 G 4...4 any(LFIVM) 4...4 G 5...5 NDG 10...11 P

ist ein Pattern mit 13 Units. Hierbei bedeuten **any(TS)** bzw. **any(LFIVM)**, daß entweder ein T oder ein S am Anfang der Sequenz steht, bzw. daß in der anderen Position eine von fünf Aminosäuren erlaubt ist. 4...4 bedeutet, daß hier genau vier Aminosäuren stehen, GP erfordert eine Sequenz GP an dieser Stelle etc.

2.5
Die Klassifizierung von Proteinstrukturen

Wenn wir die Geschichte der Biologie der letzten 50 Jahre betrachten und die Zunahme von Wissen anhand der Anzahl bekannter Sequenzen und Strukturen messen, so sehen wir zunächst die Phase jeweils epochemachender Erst-Ereignisse, *erster* Sequenzen, *erster* Strukturen (s. Abb. 1.11). Seit 1990 nun explodieren die Datenmengen, da das Sequenzieren und die Bestimmung von 3D Strukturen ungeheure technische Fortschritte gemacht haben. Bereits mehr als 14.000 Kristallstrukturen biologischer Makromoleküle liegen vor, ca. 100 Genome sind mehr oder weniger komplett sequenziert – ein Großteil davon öffentlich zugänglich – und 5 Millionen DNA-Sequenzen finden sich in den Datenbanken.

Bei mehr als 14.000 3D Strukturen in der Strukturdatenbank (Stand 2/2001) und einer Zuwachsgeschwindigkeit von zur Zeit ca. 5 neuen Strukturen pro Tag (Abb. 2.26) könnte man nun irrtümlich meinen, „14.000 Strukturen und jede anders, was soll's?". Wir werden sehen, daß diese Sichtweise falsch ist.

2.26 Neben dem absoluten Wachstum der PDB Datenbank (oben) zeigt diese Statistik [http://www.rcsb.org/pdb/holdings.html] die abnehmende Tendenz bei der Entdeckung neuer, bisher nicht in der Klassifizierung enthaltener *folds* (Mitte und unten. Diese beiden Diagramme berücksichtigen Strukturen bis Juli 1999). ▶

2.5 Die Klassifizierung von Proteinstrukturen

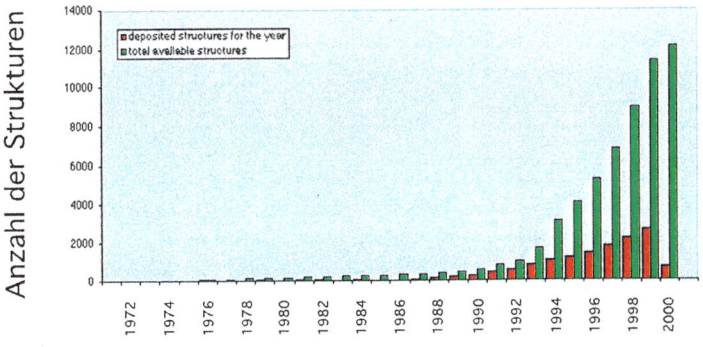

Wachstum der PDB Datenbank

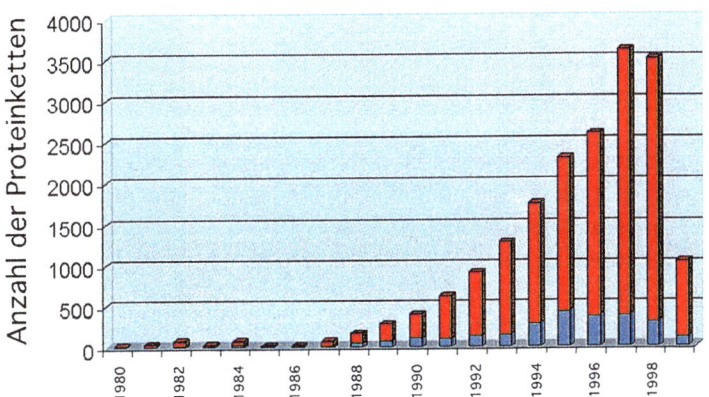

Proportion alter zu neuen folds für ein bestimmtes Jahr

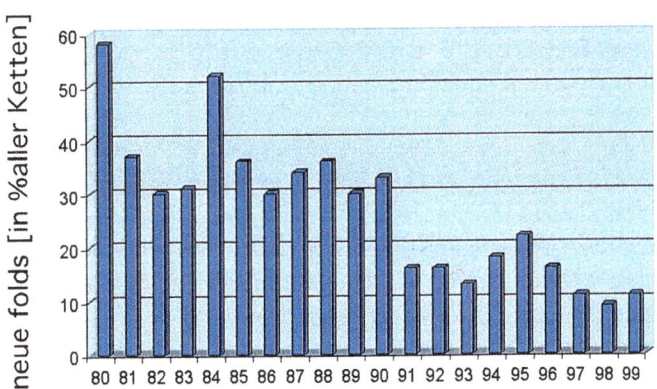

Proportion "neuer folds" relativ zu allen Proteinketten für ein bestimmtes Jahr.

Nach der Phase der Sequenzen, deren Boom wir gerade erleben und die bereits durch die Phase des *functional genomics* abgelöst wird, wird künftiges biologisches Wissen vermehrt direkt aus Strukturen resultieren. So sind Sequenzvergleiche Strukturvergleichen deutlich unterlegen, wenn es um die Entdeckung entfernter evolutionärer Beziehungen geht. BLAST u. ä. Programme entdecken vielleicht 50 % der evolutionären Beziehungen zwischen Proteinen mit 20–30 % Sequenzidentität. Für Proteine mit einer Identität <20 % ist die Erfolgsquote weitaus niedriger. Insgesamt werden so nur ca. 10 % der Beziehungen entdeckt, die durch Strukturvergleiche in PDB aufgedeckt wurden. Proteine mit insignifikanter Sequenzähnlichkeit können sehr ähnliche 3D Strukturen besitzen! Man kann durch Strukturvergleiche Verwandtschaften jenseits der *twilight-zone* finden (Abb. 1.30).

Ein vertieftes Verständnis von Proteinstrukturen ermöglicht nicht nur ein Verständnis wie Proteine funktionieren, es ist auch der Schlüssel zum Verständnis der treibenden Kräfte der Protein-Evolution. Strukturen verstehen, erfordert Anstrengungen auf zwei Gebieten: zum einen muß man die Biophysik des Faltungsvorganges eines Polypeptides beschreiben, zum anderen ist eine vergleichende Analyse der Strukturen nötig, die wir in realen Proteinen finden. Es gibt seit einigen Jahren Bioinformatikansätze, die versuchen, Strukturen in einem rationalen Klassifizierungssystem zu ordnen. Die stetig zunehmende Masse an Einzelstrukturen wird also mit Ordnungskriterien versehen, – ein bewährtes Vorgehensmuster in der Geschichte der Biologie. Die zur Zeit bekanntesten Klassifizierungssysteme sind SCOP (für structural classification of proteins), CATH (für class architecture topology homology) und FSSP (für families of structurally similar proteins). Im folgenden sollen nur die SCOP Datenbank und der ihr zugrunde liegende Gedanke vorgestellt werden.

2.5.1
Die hierarchische SCOP Klassifizierung

Die Struktur eines Proteins ist aus distinkten globulären Domänen zusammengesetzt. Die gängige Definition einer Domäne ist dabei die einer kompakten, mehr oder weniger unabhängigen Faltungseinheit, die aus wenigen Sekundärstrukturelementen (also α-Helices und β-Strängen) zusammengesetzt ist (Abb. 2.27). Jede Domäne hat ihr eigenes hydrophobes core und sie interagiert nur limitiert mit dem Rest des Proteins. Proteine werden zum Zwecke der Klassifizierung zunächst in diese Domänen zerlegt. Diese Zerlegung ist natürlich oft schwierig und nicht unbedingt eindeutig, ist abhängig von den verwendeten Kriterien. Gewöhnlich ist eine Domäne colinear mit einem Sequenzabschnitt, bisweilen aber ist eine Domäne in eine andere insertiert oder zwei Domänen haben Teile untereinander getauscht (Abb. 2.28) Die Domäne ist also die Basiseinheit der Protein-Evolution und des hierarchisch organisierten Klassifizierungssystems, das nun vorgestellt werden soll.

2.5 Die Klassifizierung von Proteinstrukturen | 149

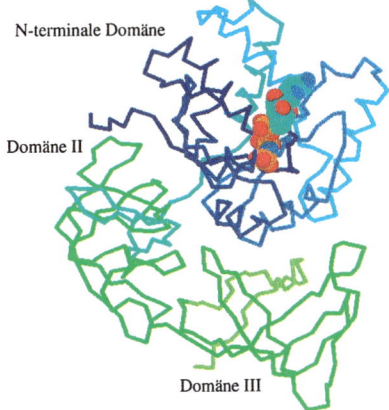

2.27 Die Darstellung der Domänenstruktur des Elongationsfaktors-Tu aus *T. thermophilus* (PDB: 1EXM) zeigt die drei distinkten globulären Domänen. Die N-terminale Domäne bindet das G-Nukleotid.

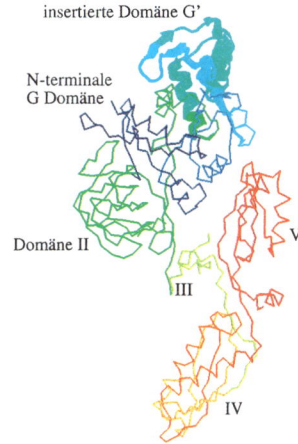

2.28 Domänendarstellung des Elongationsfaktors-G aus *T. thermophilus* (PDB: 1DAR). In diesem Falle ist die Differenzierung der Domänen etwas schwieriger. Die N-terminale Domäne wird durch eine insertierte zusätzliche Domäne G' unterbrochen.

Nachdem das Rohmaterial, die Proteinstrukturen, in Domänen zerlegt wurde, nun zur hierarchischen Klassifizierung dieses Materials in SCOP (Abb. 2.29):

A Auf dem niedrigsten Klassifizierungslevel *family* finden wir zumeist Familien homologer Proteine mit hoher Sequenzähnlichkeit und/oder hoher Ähnlichkeit ihrer Struktur und der Funktion. Es liegt also eine klare phylogenetische Beziehung vor.

B Auch auf der Ebene der *superfamilies* ist eine evolutionäre Beziehung mit hoher Wahrscheinlichkeit vorhanden. Während die Sequenzähnlichkeit gering ist, belegen ein gemeinsames strukturelles Gerüst und eine gewöhnlich ähnliche Funktion diese Beziehung. Besser ist die Formulierung, daß Mitglieder einer Superfamilie „eine gemeinsame mechanistische Stra-

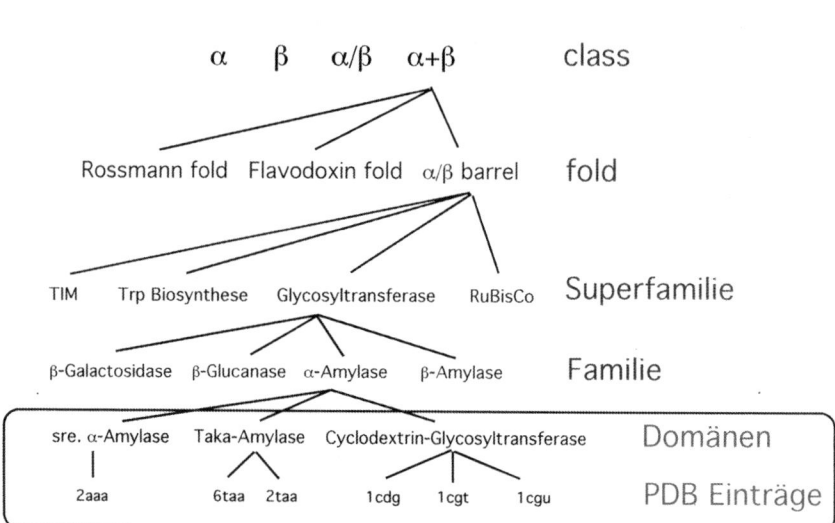

2.29 Ausschnitt aus dem hierarchischen Klassifizierungsschema in SCOP. Das Ausgangsmaterial sind die anhand ihrer 3D-Struktur in ihre Domänen zerlegten Proteine. (nach Brenner et al., Understanding protein structure: Using Scop for fold interpretation. In: Methods in Enzymology, Vol. 266, *Computer Methods for Macromolecular Sequence Analysis*, R. F. Doolittle, ed, San Diego, 1996)

tegie, bei verschiedenartiger Gesamtreaktion" besitzen (siehe hierzu im folgenden das ClpP Beispiel). Nahm man lange Zeit an, daß strukturelle Ähnlichkeit Katalyse identischer chemischer Reaktionen impliziert, so hat man heute erkannt, daß man die katalytische Aktivität eines neuen Proteins nicht aus der katalysierten Gesamtreaktion homologer Proteine ableiten darf. (s. Babbitt, Gerlt, *J Biol Chem* 1997, 272: 30591-30594). Der Faltungsteil, der eine superfamily definiert, kann – wenn er das aktive Zentrum umfaßt – einen relativ kleinen Teil des Gesamtproteins ausmachen.

C Die strukturelle Ähnlichkeit, die für eine gemeinsame Klassifizierung von Superfamilien im nächsthöheren Level, – *fold* -, erforderlich ist, ist deutlich umfassender. Superfamilien besitzen das gleiche fold, wenn ihre Proteine das gleiche generelle Design von Sekundärstrukturen bei gleicher Anordnung und Abfolge dieser Elemente besitzen. Die korrekte Zuordnung einer individuellen Domäne zu einem fold ist der kritische Punkt der Klassifizierung. Zur Zeit lassen sich die Domänen aller bekannten Proteinstrukturen mit der relativ kleinen Anzahl von weniger als 500 verschiedenen folds (für die 4 Topklassen in SCOP) klassifizieren. Circa ein Dutzend folds kommt dabei sehr häufig vor (diese folds enthalten also viele Superfamilien).

Structural Classification of Proteins

Root: scop

Classes:

1. All alpha proteins (128)
2. All beta proteins (87)
3. Alpha and beta proteins (a/b) (93)
   Mainly parallel beta sheets (beta-alpha-beta units)
4. Alpha and beta proteins (a+b) (168)
   Mainly antiparallel beta sheets (segregated alpha and beta regions)
5. Multi-domain proteins (alpha and beta) (25)
   Folds consisting of two or more domains belonging to different classes
6. Membrane and cell surface proteins and peptides (11)
   Does not include proteins in the immune system
7. Small proteins (52)
   Usually dominated by metal ligand, heme, and/or disulfide bridges
8. Coiled coil proteins (5)
9. Low resolution protein structures (10)
10. Peptides (65)
    Peptides and fragments
11. Designed proteins (19)
    Experimental structures of proteins with essentially non-natural sequences

Enter search key: [   ] [Search]

Generated from scop database 1.53 release with scopm 1.095 on Thu Sep 21 07:39:06 2000
Copyright © 1994-2000 The scop authors / scop@mrc-lmb.cam.ac.uk

2.30 Root level der SCOP Strukturdatenbank mit zur Zeit 11 Klassen [http://scop.mrc-lmb.cam.ac.uk/scop/data/scop.1.html]. Alle klassifizierten Domänen können mit den Strukturviewern Chime bzw. Rasmol betrachtet werden.

D Die Klassifizierung schließt ab mit dem höchsten Level, der *class* (Abb. 2.30). Prominente Klassen bilden z. B. Proteine, die nur aus α-Helices oder nur aus β-Strängen bestehen (Abb. 2.31). Diese Zuordnung ist relativ einfach. Bei der Begutachtung einer Domäne wird stets nur ihr core berücksichtigt. Unter α/β Domänen versteht man solche, die aus einem einzigen β-Faltblatt bestehen, dessen einzelne Strangenden durch dazwischenliegende α-Helices gebrückt werden. Sind die in einer Domäne vorhandenen α- und β-Elemente sequenzmäßig eher voneinander getrennt, haben wir es hingegen mit der α + β class zu tun. Hier sind β-Stränge gewöhnlich durch hairpins verbunden, was zu antiparallelen β-Faltblättern führt (Abb. 2.31). Eine fünfte Klasse umfaßt nichtklassifizierbare Proteine, die anderen Klassen enthalten Nichtproteine.

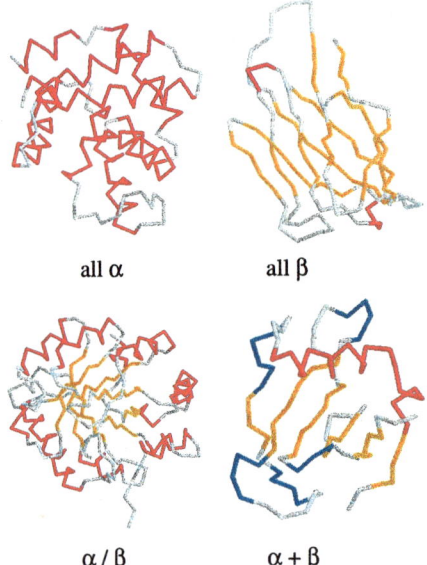

2.31 Typische Vertreter der vier wichtigsten class-level Einteilungen in SCOP. Hemoglobin I, All α (PDB: 3SDH); Myelin PO Protein, All β (PDB: 1NEU); Ribulose Phosphat 3 Epimerase, α/β (PDB: 1RPX); Ribonuclease, α+β (PDB: 1RGE).

SCOP ist eine Klassifizierung, die manuell durchgeführt wird. Sie stellt Verwandtschaften zwischen Proteinen auf der Basis von Strukturen her. SCOP ist unabhängig von einem Strukturvergleichsalgorithmus, basiert vielmehr auf visueller Inspektion von Strukturen und auf Expertenwissen. SCOP wird daher oft als externer Qualitätsstandard für Methoden benutzt, die solche Algorithmen verwenden, um Beziehungen zwischen Proteinen zu entdecken.

Zurück aber zur fold Ebene. Proteine, die zum gleichen fold gehören, besitzen beträchtliche strukturelle Ähnlichkeit, – dies gilt hingegen nicht notwendigerweise auch für Sequenz und Funktion. Ein und dasselbe fold kann für verschiedene Funktionen benutzt werden, ebenso kann sich ein und dieselbe Funktion verschiedener folds bedienen. <u>An diesem Punkt trennen sich also Struktur, Funktion und Sequenz!</u> Auf der Klassifizierungsebene fold ist selbst eine schwache evolutionäre Beziehung nur selten vorhanden (siehe aber im folgenden die Ausführungen zum $(\beta\alpha)_8$ barrel, S. 163 ff). Viele folds enthalten Superfamilien unterschiedlicher katalytischer Aktivität. Ebenso tauchen Proteine mit gleichen biochemischen Eigenschaften an mehreren verschiedenen Stellen der Klassifizierung auf. Siehe hierzu das Beispiel der NAD(P)-bindenden Proteine in Abb. 2.32. Diese Verteilung weist auf einen multiplen evolutionären Ursprung der Funktion hin.

2.32 Die NADP(P)-bindenden Proteine erscheinen an mehreren Stellen der SCOP-Klassifizierung. Diese biochemische Eigenschaft ist also mit verschiedenen *folds* und verschiedenen *classes* assoziiert. Die Superfamilie der NAD(P)-bindenden Rossmann-fold ist in ihrer Familienstruktur näher gezeigt. *Families* definieren sich durch familien-spezifische Eigenschaften.

NADP(P)-bindende Proteine in SCOP

CLASS	FOLD	Superfamily (SF)
all β	SH3-like	Electron transport accessory proteins (+ 6 weitere SF)
α/β	β/α barrel	NAD(P) oxidoreductases (+ 23 weitere SF)
	--*	FAD (also NAD)-binding motif
	--	**NAD(P)-binding Rossmann-fold domain**
	--	Ferredoxin reductase-like, C-terminal NADP-linked domain
	--	Dihydrofolate reductases
	--	Isocitrate and isopropylmalate dehydrogenase
	--	Nucleotide-binding domain
	--	Aldehyde reductase (dehydrogenase), ALDH
	--	DHS-like NAD/FAD-binding domains
α+β	Ferredoxin-like	HMG-CoA reductase, N-terminal domain (+ 30 weitere SF)
	--	ADP-ribosylation toxins
	--	NADH oxidase/flavin reductase
	CO dehydrogenase-flavoprotein C-domain like	FAD/NAD-linked reductases, dimerisation (C-terminal) domain (+ 1 weitere SF)
Multidomain	--	Heme-linked catalases

NAD(P)-binding Rossmann-fold domains Superfamily

FAMILY und PROTEIN DOMAINS	SPEZIFISCHE EIGENSCHAFTEN DER FAMILY

Tyrosine-dependent oxidoreductases [16]**
    Short-chain dehydrogenases
    Dihydropteridin reductase
    UDP-galactose epimerase
    Enoyl-ACP reductase
	extensive structural similarity; coenzyme-binding and catalytic site are in one domain; rare left-handed βαβ unit in extension of superfamily fold

Lactate and malate dehydrogenases
    Lactate dehydrogenases
    Malate dehydrogenases
    L-2-hydroxyisocapronate dehydrogenases
	sequence similarity; extensive structural similarity; C-terminal catalytic domain has an unusual α+β fold

Alcohol dehydrogenase
    Alcohol dehydrogenase
    Glucose dehydrogenase
    Quinone reductase
    bacterial secondary alcohol dehydrogenase
	extensive structural similarity; N-terminal catalytic domain has a GroES-like all-β fold

Formate dehydrogenase [8]
    Formate dehydrogenase
    D-Glycerate dehydrogenase
    Phosphoglycerate dehydrogenase
	extensive structural similarity; catalytic domain is formed by N-and C-terminal regions and has common flavodoxin-like α/β fold; NAD-domain interrupts this domain

Glyceraldehyde-3-phosphate dehydrogenase [7]
   Glyceraldehyde-3-phosphate dehydrogenase
   Glucose-6-phosphate dehydrogenase

Common α+β fold in the catalytic domain, inserted in coenzyme domain in same topological location

6-Phosphogluconate and acyl-CoA dehydrogenases [5]
   6-Phosphogluconate dehydrogenase
   Acyl-CoA dehydrogenase

superfamily fold is similarly extended; common all-α fold in the catalytic C-terminal domain

Amino-acid dehydrogenase-like [5]
   Glutamate dehydrogenase
   Leucine dehydrogenase

Succinyl-CoA synthetase, alpha-chain, N-terminal (CoA binding) domain
   Succinyl-CoA synthetase, alpha-chain, N-terminal (CoA binding) domain

*   -- bedeutet, daß dieses FOLD nur eine Superfamily gleichen Namens enthält.
**   Zahlen in Klammern geben die Anzahl der in der FAMILY enthaltenen PROTEIN DOMAINS an.
    (Daten auf der Basis von SCOP release 1.53 und Brenner et al. Understanding protein structure.Using Scop
    for fold interpretation. In Methods in Enzymology Vol.266 Computer Methods for Macromolecular Sequence Analysis
    ed. Russell F.Doolittle, Academic Press, San Diego 1996

2.5.2
Die Beziehung zwischen Sequenz, Struktur und Funktion

Die in der Protein-Evolution immer wieder verwendeten Strukturmotive (folds) sind Beleg dafür, daß die Biophysik des wäßrigen Milieus die Proteinfaltung regiert. Gerade diese Einbeziehung des physikalischen Aspektes (durch das fold Level) ist die große Besonderheit der SCOP-Klassifizierung. Der „Innenraum" einer Domäne mit seinen hydrophoben Gruppen ist gegen das Solvens Wasser abgeschirmt. Alle Gruppen des zum Innenraum gehörigen backbones sind in H-Brücken des Innenraums involviert. So wird das nötige Gegengewicht zu Interaktionen mit dem Solvens gebildet. Diese H-Brücken können nur durch α-Helices und β-Stränge bereitgestellt werden; sie bilden daher mit einigen verbindenden turn-Bereichen das core einer Domäne.

Ein typisches core ist etwa 100 Aminosäuren lang. Dies entspricht ca. 10 α bzw. β Elementen. Es sind daher ca. nur $2^{10} = 1.024$ Varianten möglich (multipliziert mit einer Zahl n für die Anzahl der möglichen turn-Positionen) (Przytycka et al., *Nature Strc Biol* 1999: 6: 672-682). Statistische Vorhersagen der Gesamtfoldzahl unter Zuhilfenahme bereits vorhandener Strukturdatenbanken kommen zu ähnlichen Ergebnissen (Wolf et al., *JMB* 2000, 299: 897-905). Dem Faltungsraum (das ist das Set der theoretisch möglichen Faltungen einer Domäne) und damit der Protein-Evolution sind durch die Chemie des wäßrigen Milieus also deutliche Grenzen gesetzt. Reale Proteine können nur die erlaubten Sektoren dieses Faltungsraums „besiedeln". Die zugehörigen natürlich vorkommenden Sequenzen sind ebenso nur ein Bruchteil des gesamten Sequenzraums.

Es ist interessant, sich unter diesem Aspekt das Wachstum der PDB noch einmal anzusehen (Abb. 2.26): Neben dem jährlichen absoluten Wachstum der Anzahl der Struktureinträge, sieht man bereits die relative Abnahme an jährlich entdeckten neuen folds.

Identische Reaktionen können durch nicht-orthologe Enzyme katalysiert werden (non-orthologous gene displacement), die strukturell keine Beziehung zueinander haben. Vergleicht man Genome von Mikroorganismen, so scheint dieses Phänomen weit verbreitet zu sein (Koonin, Galperin, *Curr Opin Genet Dev* 1997, 7: 757-763). Man spricht in einem solchen Falle auch von analogen Enzymen, bzw. funktioneller Konvergenz. Bei derartigen Enzymen handelt es sich um unabhängige evolutionäre Lösungen für die Katalyse identischer Reaktionen. Die Verwendung des Begriffes „konvergent" sollte allerdings auf Fälle beschränkt bleiben, in denen ein unabhängiger Ursprung, der von unterschiedlichen Folds ausging, wirklich mit hoher Wahrscheinlichkeit angenommen werden kann.

Konvergenz ist nur gegeben, wenn sichergestellt ist, daß keine noch so subtilen Sequenzähnlichkeiten übersehen wurden. Sequenzähnlichkeit kann, unter Beibehaltung struktureller Ähnlichkeit, vollständig verloren gehen, so daß Orthologie nicht mehr als solche erkennbar ist. Proteine mit identischer Katalyse und deutlich unterschiedlicher fold-Struktur sind hingegen vielversprechende Kandidaten für wahre Konvergenz. Mit Datenbanksuchen ließen sich solche Enzympaare in der Tat entdecken. Als Ursprung solcher Paare vermutet man veränderte Substratspezifitäten oder veränderte Katalysemechanismen in bereits existierenden Enzymen, die dann für neue Aufgaben rekrutiert wurden (Galperin et al., *Genome Res* 1998, 8: 779-790) (Abb. 2.33).

Hegyi und Gerstein (*J Mol Biol* 1999, 288: 147-164) konnten in einer umfassenden Analyse des Hefegenoms neben einigen Enzymreaktivitäten, die 3 bis 6 verschiedene Folds benutzen, zwei Enzymreaktivitäten identifizieren (Hydrolyasen EC 3.2.1 und O-Glycosyl-glucosidasen EC 4.2.1), die mit je sieben verschiedenen folds assoziiert sind. Für das „Installieren" einer Funktion in einem Polypeptid bestehen nur geringe Limitationen. Eine Funktion hängt lediglich vom Vorhandensein weniger Reste ab, die in geeignetem Abstand in einer Sequenz, bzw. der zugehörigen 3D-Struktur „aufgehängt" sind. <u>Verschiedenartige</u> Funktionen können in <u>identischen</u> Faltungen installiert werden, bzw. <u>gleichartige</u> Funktionen in <u>unterschiedlichen</u> folds. Im Verlauf der Protein-Evolution war es also nicht nötig, für jede neue Funktion auch ein neues fold zu erfinden. Bei der Installation von katalytisch wichtigen Resten kann es im Evolutionsverlauf in einer Superfamilie zu „Wanderungen" dieser Reste innerhalb eines identischen folds kommen (Abb. 2.34 C).

Ein hoch interessanter Fall ist die Protease-Untereinheit der Clp Protease, ClpP. Das ClpP Holoenzym besteht aus 2x7 Clp Protease Untereinheiten und zusätzlichen ATPase Komponenten. Die Protease Untereinheiten bilden eine quartäre Barrel-Architektur, wie man sie auch von ATP-abhängigen ATP-

Enzym (EC No.)	analoge Enzyme	paralog zu
Fructokinase (2.7.1.4)	SCRK_ECOLI	Ribokinase (2.7.1.15)
	SCRK_ZYMMO	Glucokinase (2.7.1.2)
6-Phosphofructokinase (2.7.1.11)	K6P1_ECOLI	PP$_i$-abhä. 6-Phospho-Fructokinase (2.7.1.90)
	K6P2_ECOLI	1-Phospho-Fructokinase (2.7.1.56)
		Ribokinase (2.7.1.15)
Gluconokinase (2.7.1.12)	GNTK_ECOLI	-- (P-loop containing fold)
	GNTK_BACSU	Glycerolkinase (2.7.1.30) (Actin-like ATPase domain)
Phosphatidylserin Synthase (2.7.8.8)	PSS_ECOLI	--
	PSS_YEAST	Phosphatidylglycerophosphat-Synthase (2.7.8.5)
β-Galactosidase (3.2.1.23)	BGAL_ECOLI	β-Glucuronidase (3.2.1.31) (komplexes fold)
	BGAL_HUMAN	β-Glucosidase (3.2.1.21) (TIM barrel)
Apyrase, ATP diphosphatase (3.6.1.5)	APY_AEDAE	5'-Nucleotidase (3.1.3.5) (metallo-dep. phosphatase fold)
	GDA1_YEAST	(ribonuclease H-like fold)
	1546841 (R. prolixus)	Inositol-1,4,5-triphosphat-5-Phosphatase (3.1.3.56) (DNAase 1-like fold)
Diadenosin 5', 5'''-tetraphosphatase (3.6.1.17)	AP4A_HUMAN	(NTP pyrophosphorylase fold) (3.6.1.-)
	APH1_SCHPO	ATP Adenylyltransferase (2.7.7.53) (HIT-like fold)
Phosphoglycerat-Mutase (5.4.2.1)	PMG1_ECOLI	Frc 2,6-bisphosphatase (3.1.3.46) (phosphoglycerate mutase like fold)
	PMGI_BACSU	Phosphopentomutase (5.4.2.7) (alkaline phosphatase fold)

2.33 Analoge Enzyme und ihr möglicher Ursprung. Die Tabelle zeigt enzymatische Funktionen (in der linken Spalte über ihre EC Nummer charakterisiert), die von mehr als einer Enzymform erfüllt werden. (Also analoge Enzyme, zumeist zwei, in einigen Fällen drei Formen. Die mittlere Spalte listet für jede Form exemplarische Vertreter auf, deren Aktivität experimentell belegt ist.) Die rechte Spalte zeigt zu den analogen Formen gehörende Paraloge (siehe Diagramm) und deren Fold-Struktur. Das Diagramm bildet ein mögliches Szenario der Entstehung eines Enzyms ab, das zu einem analogen Enzympaar gehört (hier GNTK_BACSU).
Die Erstellung dieser Liste erfordert eine komplexe Datenbanksuche, die Sequenz- und Strukturaspekte berücksichtigt. Zunächst wird GenBank nach Proteinen mit identischer EC Annotierung durchsucht. (Ein Hinweis darauf, daß das seit 40 Jahren entwickelte Enzyme Catalogue-System des Nomenclature Committee of the International Union of Biochemistry and Molecular

2.5 Die Klassifizierung von Proteinstrukturen

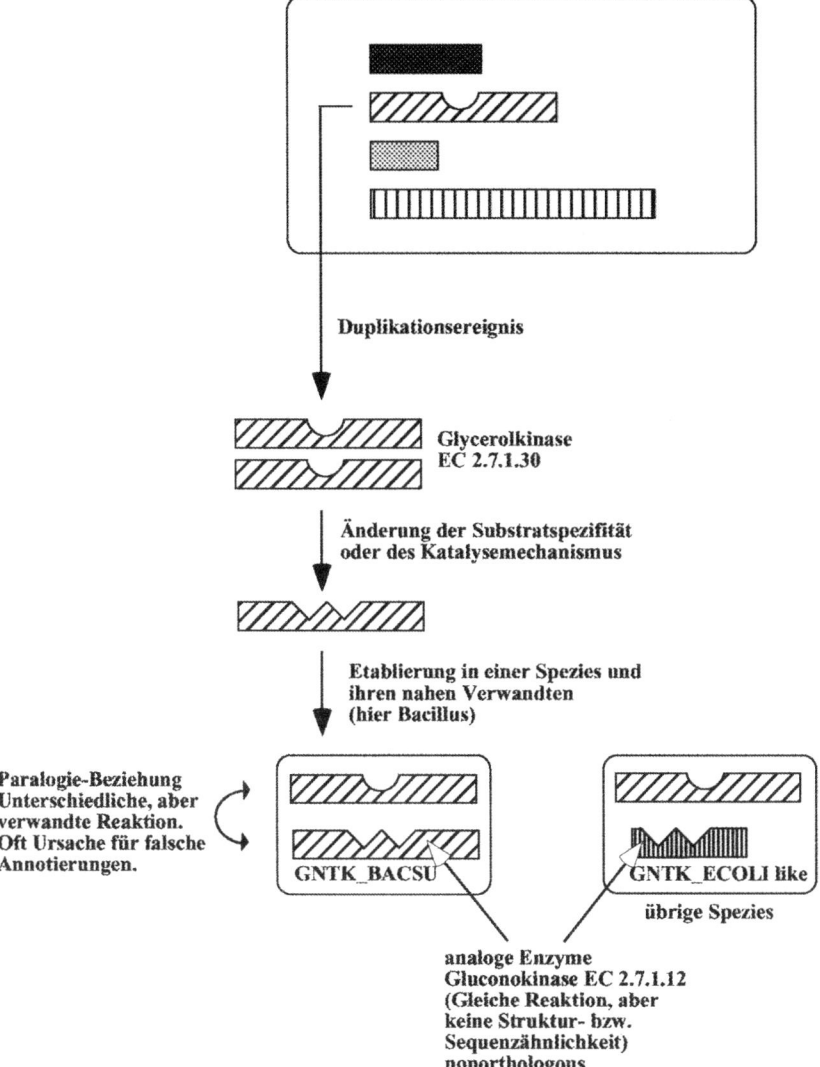

Biology IUBMB als Teil der Gesamtannotierung von hoher Bedeutung ist.) Den EC Nummern werden so Gruppen von Sequenzen zugeordnet. Nur EC Nummern mit 2 oder mehr distinkten Sequenzclustern werden weiter analysiert, wobei jedes Cluster durch eine typische Sequenz vertreten bleibt. Dieses Sequenzset wird durch PSI-BLAST Analyse und Suche nach gemeinsamen Proteinmotiven, sowie manuelle Bearbeitung weiter reduziert, um diejenigen Sequenzen zu selektieren, die wirklich jeweils gleiche Katalyse (EC Nummer) mit eindeutig unterschiedlicher Sequenz verbinden. Da nur für einige analoge Isoformen die 3D Struktur beider Analogen bekannt ist, wird in den anderen Fällen die unterschiedliche Struktur durch eine Homologie-gestützte 3D-Vorhersage geprüft. (Tabelle nach Galperin et al., Analogous enzymes: Independent inventions in enzyme evolution. *Genome Res* 1998, 8: 779–790 und [http://ncbi.nlm.nih.gov/Complete_Genomes])

158 | 2 Strukturen

A

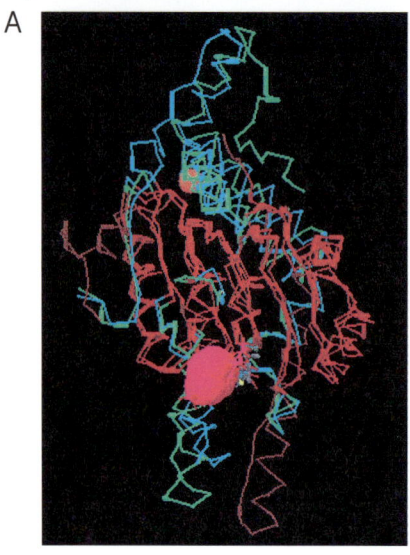

B (a)

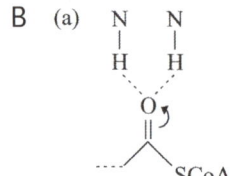

(b)

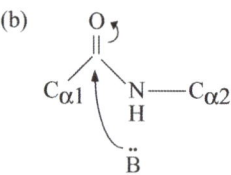

C (a)

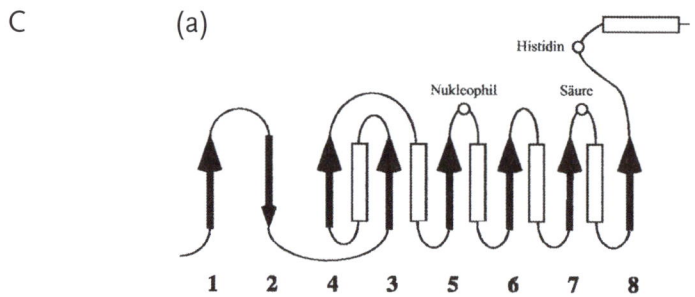

(b)   (c)   (d)

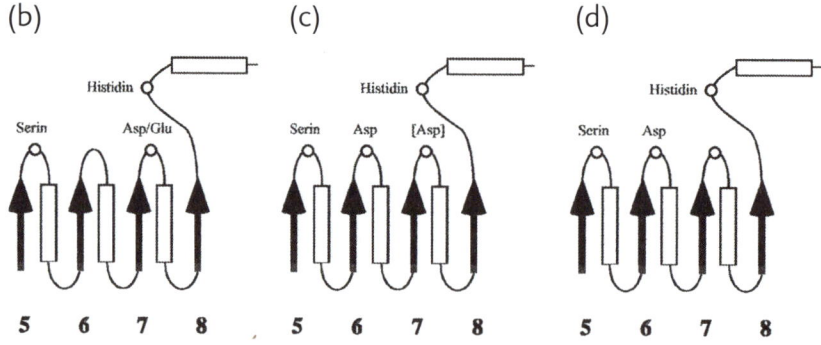

◀ **2.34** A) Superpositionierung von ClpP, Enoyl-CoA Hydratase und 4-Chlorbenzoyl CoA Dehalogenase (PDB: 1TYF, 2DUB, 1NZY). Diese Superpositionierung wurde online in der MMDB Datenbank (NCBI) mit dem Cn3D Programm durchgeführt. Die Clp Protease hat keinerlei strukturelle Beziehung zu anderen Serinproteasen, besitzt hingegen die gleiche fold-Struktur wie diese beiden katalytisch so verschiedenen Enzyme. Allen drei Enzymen ist aber das generelle katalytische Prinzip der Oxanion-Stabilisierung durch zwei backbone-NH gemeinsam.
B) Ging man zunächst davon aus, daß die Mitglieder der Crotonase-like Superfamilie Acylgruppen von Thioestern umsetzen (a), so ist die gemeinsame katalytische Strategie vielmehr die Stabilisierung eines Oxanions, wie es auch im Falle der Clp Protease als Intermediat erscheint (b).

C) Die Superfamilie der α/β Hydrolasen besitzt eine Foldstruktur wie sie in a) schematisch gezeigt ist. Pfeile symbolisieren β-Stränge, Rechtecke Helices. Kennzeichnend ist die Abfolge 1-2-4-3-5-6-7-8, wobei nur 2 antiparallel ist. Die Positionen der drei Aminosäuren der katalytischen Triade sind gekennzeichnet. b) Diese „klassische" Verteilung der Reste findet sich u. a. innerhalb der Acetylcholinesterase Unterfamilie. c) In der Familie zu der die menschliche Pankreas-Lipase gehört, ist die katalytisch aktive saure Aminosäure in den Loop nach Strang 6 gewandert, das kanonische Asp nach Strang 7 ist katalytisch nicht mehr kompetent. Diese Situation ist ein evolutionäres Intermediat. d) In der Familie der Lipoprotein-Lipasen ist das kanonische Asp nicht mehr vorhanden. (nach Todd et al., *J Mol Biol* 2001, 307: 1113–1143)

asen kennt. Die Protease Untereinheit hat keinerlei Beziehung zu bekannten Protease Strukturen, das aktive Zentrum zeigt aber die katalytische Triade der Serinproteasen (Ser, His, Asp) (Wang et al., *Cell* 1997, 91: 447-456). ClpP besitzt hingegen strukturelle und mechanistische Beziehungen zu Enoyl-CoA-Hydratase und 4-Chlorbenzoyl-CoA-dehalogenase und bildet mit beiden eine Superfamilie (Crotonase-like SF) (Abb. 2.34 A).

Diese beiden Enzyme polarisieren die Thioester C=O Bindung in einer konservierten Bindestelle, die durch zwei Hauptketten NH gebildet wird. Diese Bindungsstelle ist auch in ClpP konserviert und fungiert als Oxanion-Stabilisator für den Carbonylsauerstoff der Peptidbindung während der Katalyse (Xiang et al., *Biochemistry* 1999, 38: 7638). Alle drei Enzyme haben also einen gemeinsamen evolutionären Ursprung in einem fold, das dieses elektronische „Loch" für die Stabilisierung eines Oxanions besaß. Diese Eigenschaft ist der gemeinsame Nenner der Mitglieder dieser Superfamilie, nicht die Prozessierung von Thioester-Acylgruppen (Abb. 2.34 B). Die darüber hinausgehenden katalytischen Gruppen, wie eben die Serin-Proteasen-ähnliche katalytische Triade der ClpP wurden erst nachträglich installiert, nachdem die Abspaltung der ClpP von diesem Vorläufer erfolgt war. Solche Beziehungen gilt es bei der Veröffentlichung von neuen Strukturen durch Vergleich mit bereits vorhandenen zu erkennen. Die Charakterisierung der 3D-Struktur eines unbekannten Proteins muß allerdings nicht notwendigerweise sofort einen klaren Hinweis auf dessen Funktion liefern.

Ein weiteres schönes Beispiel zur Ordnung von Proteinstrukturen stammt von Holm und Sanders: Ureasen verschiedener Spezies sind gewöhnlich hoch konserviert, mit einer Identität >70%. Die gleiche Proteingrundstruktur

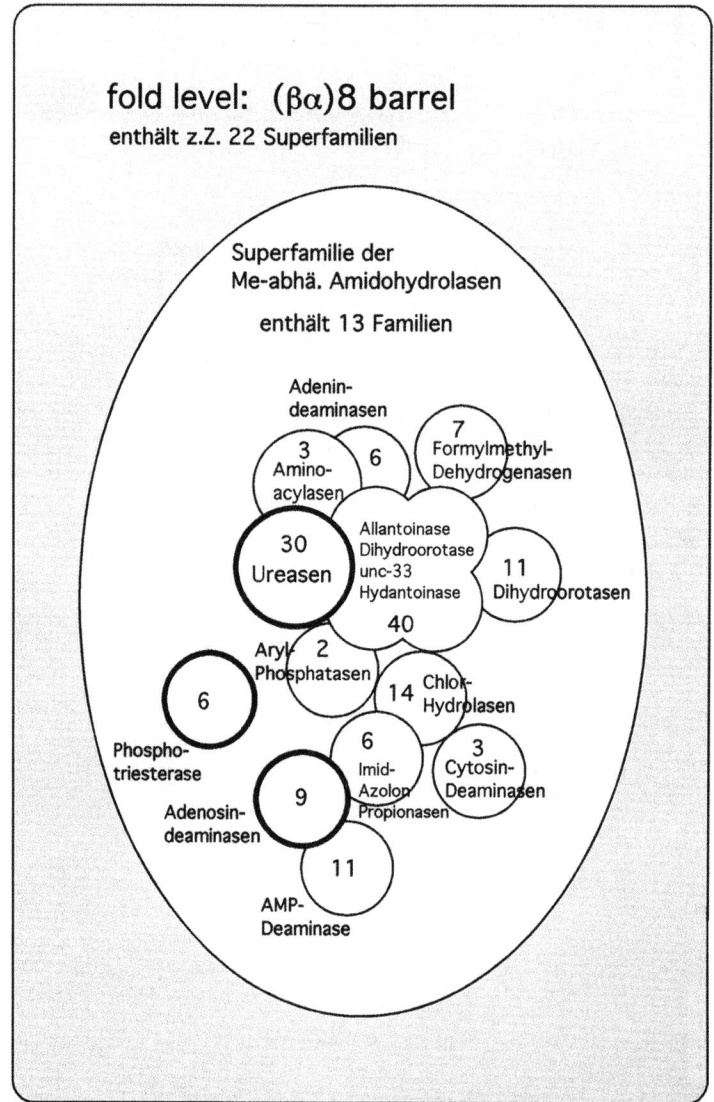

2.35 Das (βα)8 barrel *fold* enthält z.Zt. 22 Superfamilien. Eine dieser Superfamilien ist die der Me-abhängigen Amidohydrolasen, die wiederum 13 Familien enthält. Die Zahlen im Innern der Familien geben die Anzahl der enthaltenen Sequenzen wieder. Die Ähnlichkeiten innerhalb einer Familie liegen zwischen 25 und 30 %. Das Ausmaß der Überschneidung der Familien entspricht ihrer Sequenzverwandtschaft. (nach Holm, Unification of protein families. *Curr Opin Struct Biol* 1998, 8: 372–379)

zeigt sich auch in Adenosindeaminasen und Phosphotriesterasen. Diese drei Enzyme zeigen untereinander aber <20% Identität. Alle drei gehören zur SCOP Superfamilie der Me^{n+} abhängigen Amidohydrolasen (Abb. 2.35). Diese Superfamilie ist eine Untergruppe des sogenannten $(\beta\alpha)_8$ barrel folds (Abb. 2.36).

Dieses fold umfaßt in SCOP zur Zeit (SCOP release 1.53) 24 Superfamilien (u. a. die namengebende Triosephosphat-Isomerase (TIM)-Familie und die RuBisCo-Familie). Aufgrund der geringen Identität ist eine evolutionäre Beziehung innerhalb solcher Superfamilien mit gewöhnlichen Sequenzsuchen nicht zu entdecken (der kritische Schwellenwert liegt hierfür bei 25–30% Identität). Nur wenn die verwendeten Suchmethoden sehr entfernte Sequenznachbarn zulassen, kann man derartige Beziehungen erkennen. Abb. 2.37 zeigt die drei Sequenzen der Urease, Phosphotriesterase und Adenosindeaminase im Alignment. Nur wenige Positionen sind hoch konserviert. Allen drei Proteinen ist die $(\beta\alpha)_8$ barrel Struktur gemein. Die wenigen konservierten Aminosäuren sind weit über die Peptidkette verteilt, liegen aber in großer räumlicher Nähe zueinander im Zentrum des barrels.

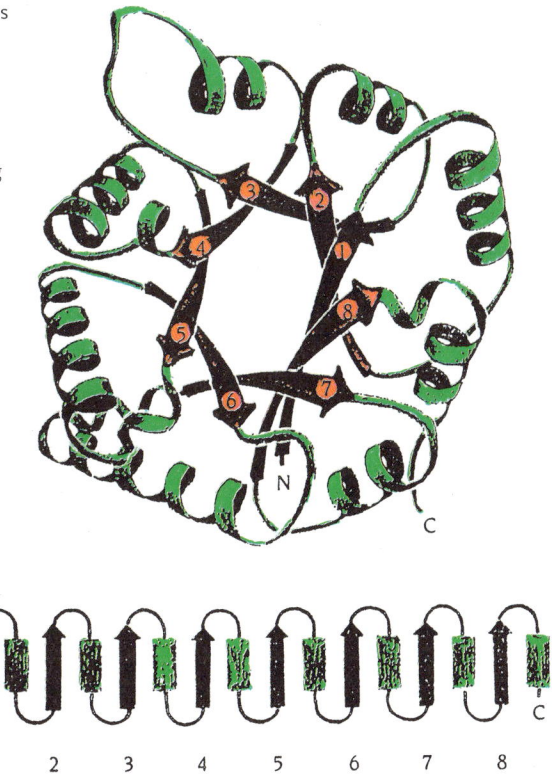

2.36 Das $(\beta\alpha)8$ barrel besteht aus alternierenden β-Strängen und α-Helices, die über rechtshändige β-α-β Motive verbunden sind. Das zentrale β-Faltblatt wird aus parallelen β-Strängen gebildet. (Abb. generiert unter Verwendung des 8TIM PDB-File)

162 | 2 Strukturen

Urease (U) Harnstoff + H_2O -> CO_2 + 2 NH_3

Phosphotriesterase (P)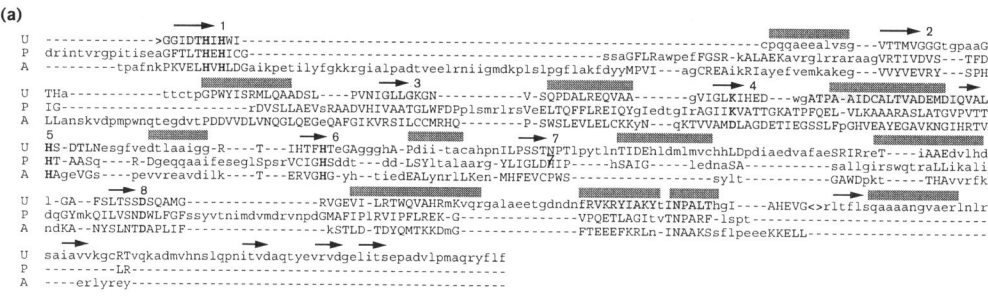

Adenosindeaminase (A) (d)Adenosine + H_2O -> Inosin + NH_3

(a)
```
                          ———▶ 1                                                                                       ———▶ 2
U    -------------->GGIDTHIHWI----------------------------------------------------------------cpqqaeealvsg---VTTMVGGGtgpaaG
P    drintvrgpitiseaGFTLTHEHICG-------------------------------------ssaGFLRawpefFGSR-kALAEKavrglrraraagVRTIVDVS---TFD
A    ---------tpafnkPKVELHVHLDGaikpetilyfgkkrgialpadtveelrniigmdkplslpgflakfdyyMPVI---agCREAikRIayefvemkakeg---VVYVEVRY---SPH
                                                           ———▶ 3                                           ———▶ 4
U    THa----------ttctpGPWYISRMLQAADSL----PVNIGLLGKGN---------V-SQPDALREQVAA-------gVIGLKIHED---wgATPA-AIDCALTVADEMDIQVAL
P    IG---------------------rDVSLLAEVsRAADVHIVAATGLWFDPplsmrlrsVeELTQFFLREIQYgIedtgIrAGIIKVATTGKATPFQEL-VLKAAARASLATGVPVTT
A    LLanskvdpmpwnqtegdvtPDDVVDLVNQGLQEGeQAFGIKVRSILCCMRHQ--------P-SWSLEVLELCKKyN---qKTVVAMDLAGDETIEGSSLFpGHVEAYEGAVKNGIHRTV
     5                                              ———▶ 6                     ———▶ 7
U    HS-DTLNesgfvedtlaaigg-R----T---IHTFHTeGAggghA-Pdii-tacahpnILPSSTNPTlpytlnTIDEhldmlmvchLDpdiaedvafaeSRIRreT----iAAEdvlhd
P    HT-AASq----R-DgeqqaaifeseglSpsrVCIGHSddt---dd-LSYltalaarg-YLIGLDHIP-----hSAIG-----lednaSA---------sallgirswqtraLLikali
A    HAgeVGs----pevvreavdilk----T---ERVGHG-yh--tiedEALynrlLKen-MHFEVCPWS---------------sylt---------GAWDpkt-----THAvvrfk
         ———▶ 8
U    l-GA--FSLTSSDSQAMG---------------RVGEVI-LRTWQVAHRmKvqrgalaeetgdndnfRVKRYIAKYtINPALThgI----AHEVG<>rltflsqaaaangvaerlnlr
P    dqGYmkQILVSNDWLFGFssyvtnimdvmdrvnpdGMAFIPlRVIPFLREK-G----------VPQETLAGItvTNPARF-lspt-----------------------------
A    ndKA--NYSLNTDAPLIF-----------------kSTLD-TDYQMTKKDmG--------------FTEEEFKRLn-INAAKSsflpeeeKKELL----------------------

U    saiavvkgcRTvqkadmvhnslqpnitvdaqtyevrvdgelitsepadvlpmaqryflf
P    ---------LR------------------------------------------------
A    ----erlyrey------------------------------------------------
```

(b)
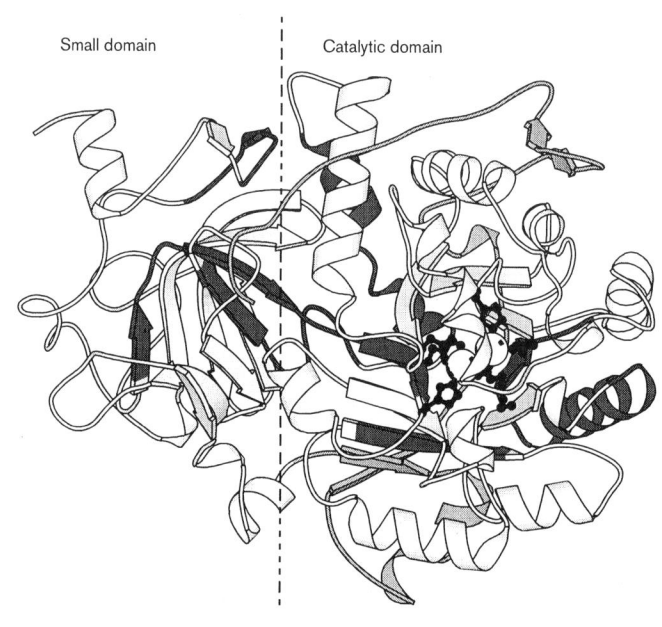

▸ **2.37** Urease, Phosphotriesterase und Adenosindeaminase besitzen untereinander eine nur geringe Sequenzähnlichkeit (<20%), gehören aber zur Superfamilie der Me-abhängigen Amidohydrolasen (s. Abb. 2.35). Das gezeigte Alignment ist auf der Basis eines *strukturellen* Alignments mit DALI [http://www.ebi.ac.uk/dali/] erstellt worden (Pfeile = β-Strang, Balken = Helix). Die dreidimensionale Struktur ist die der Urease. Die wenigen in allen drei Proteinen konservierten Reste liegen in großer räumlicher Nähe im Zentrum des *barrel*. Diese Reste werden für Metallbindung und Katalyse benötigt. Das Alignment macht deutlich, welche gewaltigen Anstrengungen in der Verbesserung sequenzgestützter Suchen nach entfernten Homologen notwendig sind, um die Leistungen strukturgestützter Verfahren zu erreichen. (nach Holm, Unification of protein families. *Curr Opin Struct Biol* 1998, 8: 372–379; Abdruck mit Genehmigung von Elsevier Science)

Es wurde bereits erwähnt, daß auf der Klassifikationsebene fold eine evolutionäre Beziehung zwischen den Superfamilien eines fold nicht zu entdecken ist. Nach einer Analyse von Copley und Bork (*J Mol Biol*, 2000, 303: 627-640) ist diese Betrachtungsweise zumindest für das $(\beta\alpha)_8$ barrel fold zu modifizieren. Diese Studie macht in faszinierender Weise klar, wie sehr die Methoden der Bioinformatik auf der Basis großer Datenbanken unsere Ideen von der Evolution der biologischen Makromoleküle bestimmen werden.

Das $(\beta\alpha)_8$ *fold* (oder TIM *fold*) ist eines der in Proteinen am häufigsten benutzten folds, wenn nicht sogar das häufigste. Die zum Zeitpunkt dieser Analyse im *fold* vereinigten 23 Superfamilien weisen eine breite Spannweite von Enzymfunktionen auf. Abb. 2.38 zeigt die häufige Benutzung des $(\beta\alpha)_8$ barrels im Bereich des zentralen Metabolismus. Die Autoren stellten sich die Aufgabe, die Evolution dieser Stoffwechselwege anhand der $(\beta\alpha)_8$ barrel-Verteilung in den beteiligten Enzymen zu analysieren. Als Mittel wählten sie die Detektion auch entfernter Sequenzhomologien mit PSI-BLAST Suchen. Sie konnten dabei zeigen, daß im Sinne einer divergenten monophyletischen Evolution für wenigstens 12 der 23 Superfamilien dieses folds ein gemeinsamer evolutionärer Ursprung in einem gemeinsamen ursprünglichen fold mit konservierter Phosphat-Bindungsstelle existiert.

Darin eingeschlossen sind nahezu alle bekannten $(\beta\alpha)_8$ barrel des zentralen Metabolismus (Abb. 2.38). Nahezu alle der $(\beta\alpha)_8$ barrel Enzyme dieses Bereichs sind Homologe! In einem gegebenen fold kann also ein breites Spektrum an sehr verschiedenen Funktionen evolvieren. Für die Entstehung von Stoffwechselwegen (s. a. Kapitel 5.5 Pathways) ist es somit denkbar, daß sie durch eine Vergesellschaftung einer Reihe promiskuitiver Enzyme mit ähnlichen katalytischen oder Substratbindungseigenschaften entstanden sind. Proto-Enzyme mit wenig ausgeprägter Substratspezifität konnten dabei mehrfache Verwendung finden. Einen wohlgemerkt durch die Sequenzanalysen gestützten Vorschlag der sukzessiven Akquisition von katalytischen Kompetenzen für die Enzyme des zentralen Metabolismus, ausgehend von nur einem lediglich Phosphat-bindenden fold, bietet Abb. 2.39.

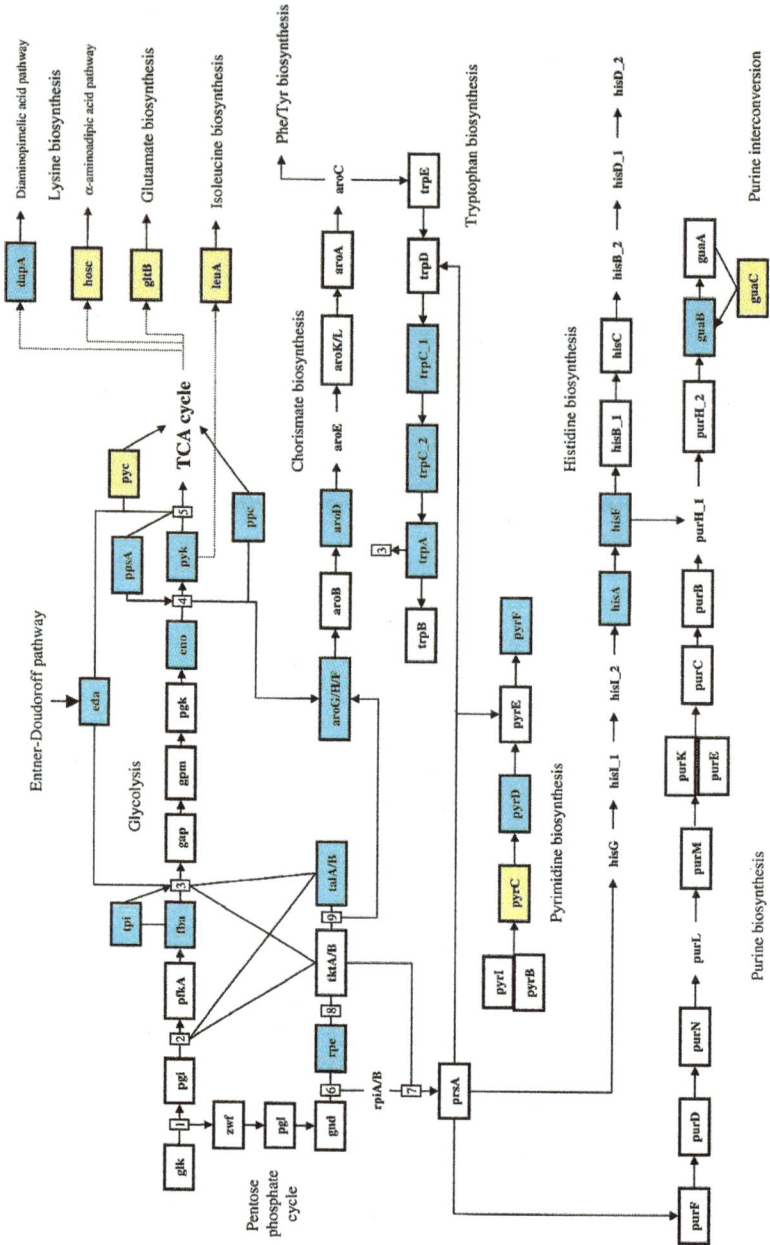

2.38 Dieses Schema zeigt die Verteilung von Enzymen mit $(\beta\alpha)_8$ barrel in den Stoffwechselwegen des zentralen Metabolismus. Bekannte $(\beta\alpha)_8$ barrel erscheinen blau, vorhergesagte gelb. Die Pfeile symbolisieren den konventionellen Substratfluß. Die Enzymbezeichnung folgt den Namen in *E. coli.* (Karp et al., *Nucleic Acids Res* 2000, 28: 56–59). (1) D-Glucose (2) Fructose 6-phosphat (3) Glycerinaldehyd 3-phosphat; (4) Phosphoenolpyruvat (5) Pyruvat (6) Ribulose 5-phosphat (7) Ribose 5-phosphat (8) Xyulose 5-phosphat (9) Erythrose 4-phosphat. (aus Copley and Bork, *J Mol Biol* 2000, 303: 627–640)

2.5 Die Klassifizierung von Proteinstrukturen

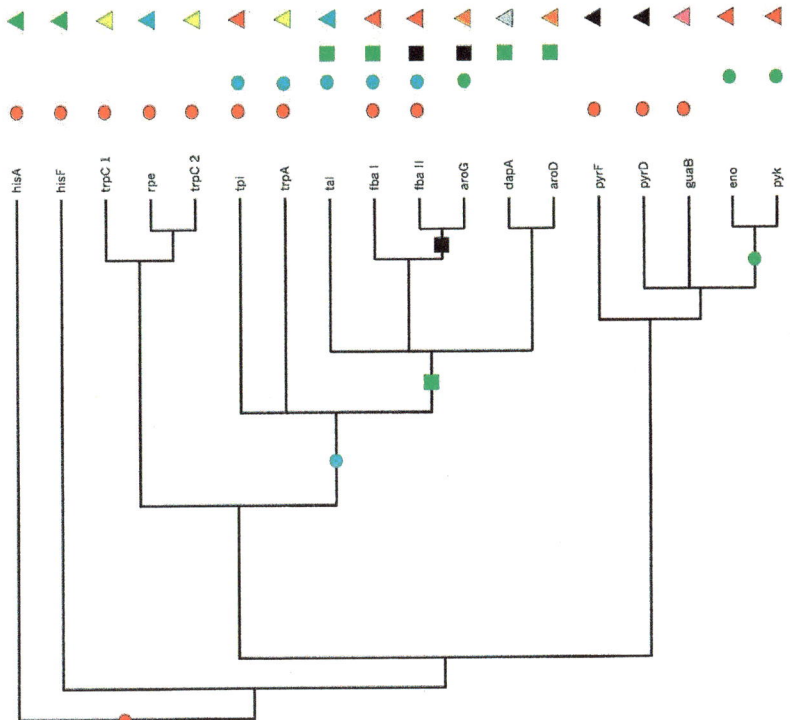

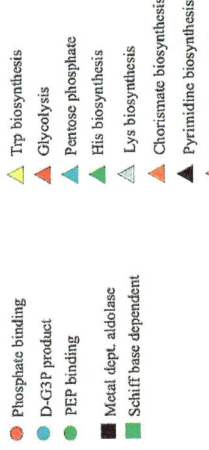

2.39 Vorschlag für eine funktionelle Phylogenie der Enzyme des zentralen Metabolismus mit $(\beta\alpha)_8$ barrel. Der Vorläufer dieser Enzymgruppe war ein fold mit einer Phosphatbindungsstelle. Dieses 'Grundmodell' differenzierte sich im Evolutionsverlauf durch den Erwerb zusätzlicher Substratbindungs- und Katalyseeigenschaften (farbige Symbole) so, daß in modernen Organismen das Spektrum der hier gezeigten Enzymaktivitäten in verschiedenen Stoffwechselwegen abgedeckt wird (farbige Symbole). Stets aber ist das ursprüngliche Fold vorhanden. fba(I): Fructose-1,6-bisphosphat-aldolase (Schiff Base), fba(II): Fructose-1,6-bisphosphat-aldolase (Metallabhängig), tpi: Triosephosphat-isomerase, eno: Enolase, pyk: Pyruvatkinase, rpe: Ribulose-5-P 3-phosphat-epimerase, tal: Transaldolase, aroG: 2-Dehydro-3-deoxyphosphoheptanoat-aldolase, aroD: 3-Dehydroquinase, trpC 1: Phosphoribosyl-anthranilat-isomerase, trpC 2: Indol 3-glycerol-P Synthase, trpA: Trp-Synthase a Untereinheit, hisA: P-Ribosylformimino-AICAR-P-isomerase, hisF: Imidazolglycerolphosphat Synthase, pyrD: Dihydroorotat-Dehydrogenase, pyrF: Orotidin-5′-P decarboxylase, guaB: Inosin 5′-P dehydrogenase, dapA: Dihydrodipicolinat-Synthase. (aus Copley and Bork, J Mol Biol 2000, 303: 627–640)

Class	Anzahl *folds*	Anzahl *superfamilies*	Anzahl *families*
all-α Proteine	128	197	296
all-β Proteine	87	158	251
α / β Proteine	93	153	323
α + β Proteine	168	237	345
Multi-domain Proteine	25	25	32
Membran/Zelloberflächen-proteine	11	17	19
kleine Proteine	52	72	102
Σ	564	859	1368

2.40 SCOP Klassifizierung. Diese Statistik ist auf der Basis des 1.53 release vom Juli 2000 erstellt und umfaßt 11.410 PDB Einträge, die in 26.219 Domänen resultierten.

Abb. 2.40 zeigt die Statistik der gegenwärtigen SCOP Klassifikation. Es wird deutlich, welch ein relativ beschränktes Set an folds der beobachteten Vielfalt existierender Proteine zugrunde liegt. Die vier wichtigsten Klassen vereinigen nicht einmal 500 folds in sich, mit ca. 1.200 Proteinfamilien. SCOP benutzt zur Klassifizierung Homologie, Struktur, Evolutionskenntnis und visuelle Beurteilung. Es wird an dieser Stelle deutlich, wie sehr eine solche klassifizierende Analyse von Einzeldaten wie Strukturen und Sequenzen nötig ist, will man nicht über der Vielfalt der beobachteten Lebensformen den Blick auf den großen evolutionären Bauplan verlieren. Unter dem Aspekt eines gemeinsamen Bauplans ist das Ergebnis einer nur beschränkten Anzahl von Proteinstrukturbausteinen nicht überraschend, da das Evolutionskonzept von einem gemeinsamen Vorläufer ausgeht.

Zur Zeit ist noch unklar, wieviele Proteinfamilien existieren. Unklar ist auch, wie sich im Verlauf der Evolution erste Strukturen formten, die dann später das Objekt evolutionärer Strukturkonservierung wurden. Zu welchem Zeitpunkt der Präorganismen-Evolution bildeten sich diese ersten Strukturen? Sind Proteindomänen zurück zu datieren auf eine frühe Phase des Übergangs aus der reinen RNA-Welt zur Protein/DNA Welt? Als Mechanismen, die neue Proteinfunktionen schaffen, kommen ab initio Schaffung eines neuen Gens und Genproduktes, die Rekrutierung existierender Gene in neue kontextabhängige Funktionen (Abhängigkeit von zellulärer Lokalisierung, pH, etc.), eine allmähliche Funktionsverschiebung durch Kumulation von Punktmutationen, Genfusionen, posttranslationale Modifikationen, Funktionsänderungen durch Oligomerisierung, sowie Genduplikation und Differenzierung (Paralogisierung) und das Shuffling von Untereinheiten in Betracht.

2.5.3
Structural Genomics – Strukturelle Klassifizierung von Genomen

Wir wollen uns nun bei der Klassifizierung von Proteinen ganzen Genomen zuwenden, und sehen, wie sich ein komplettes Proteom in einem solchen Klassifizierungssystem verhält. Mit diesen Überlegungen machen wir jetzt den Schritt in das Feld der structural genomics. *Structural genomics* als Sammelbegriff für alle Bioinformatikansätze, die genomische Sequenzinformationen in Strukturinformationen der entsprechenden Proteine umzusetzen versuchen, sind von hoher potentieller Bedeutung für strukturorientierte Ansätze im Drug-Design. Sowohl Targetidentifizierung als auch Targetvalidierung und die Entdeckung neuer potentieller Drug-Kandidaten (lead discovery) sind denkbare Abnehmer für Ergebnisse dieses Forschungsgebietes.

Strukturen sind besonders gut geeignet, entfernte Verwandtschaften zu vergleichen, da Strukturen besser konserviert werden als Sequenzen. Eine erste Studie aus dem Jahr 1997 analysierte hierzu drei Genome von Vertretern der drei evolutionären Hauptreiche: *Haemophilus influenzae* (Bacteria) (ca. 1.700 Proteine, durchschnittliche Länge einer Proteinsequenz 295 Aminosäuren), *Methanococcus jannaschii* (Archaea) (ca. 1.700 Proteine, 295 Aminosäuren) und *Saccharomyces cerevisiae* (Eukarya) (6.200 Proteine, 470 Aminosäuren).

Zu möglichst allen Proteinen der drei Proteome sollte eine zugehörige Struktur gefunden werden. Es wurden dazu, unter Anwendung aller zur Verfügung stehenden Homologiesuchprogramme, Identitäten und Homologien mit Sequenzen in SCOP gesucht, um die fold-Verteilung in den drei Proteomen zu erfassen. Die Analyse ergab hinsichtlich der Häufigkeit bestimmter folds ein auffälliges Muster. Während die Sequenzhomologien zwischen den drei Genomen eher niedrig sind (Abb. 2.41), sind die strukturellen Ähnlichkeiten weitaus ausgeprägter. Wiederum ein Hinweis darauf, daß Sequenzähnlichkeiten im Gegensatz zu Strukturen im Verlauf der Evolution schnell erodieren, bzw. darauf, daß bei der Protein-Evolution nie eine übermäßige Vielfalt zum Programm gehörte.

Die Proteine der drei Genome gehörten zu 355 Sequenzfamilien, wobei 68 Sequenzfamilien allen drei Genomen gemein sind. Von diesen 68 Familien ist für 45 eine Struktur bekannt (zumeist *class* α/β und α+β). Von diesen 45 folds stehen 5 auf der Liste der 10 häufigsten folds eines jeden der 3 Genome (Abb. 2.42). Es sind dies TIM-barrel, Rossmann-fold, flavodoxin-fold, thiamin-binding fold und P-loop-hydrolase fold. Diese fünf folds zeigen einen hohen Grad an Ähnlichkeit. Sie besitzen ein zentrales β-Faltblatt paralleler Stränge, periphere Helices und nahezu ausschließlich β-α-β Verbindungen (Abb. 2.43).

Man kann also davon ausgehen, daß diese fundamentalen folds im letzten gemeinsamen Vorläufer der Archaea, Eukarya und Bacteria bereits vorhanden waren. In den Top-10 Listen der drei Genome dominieren jeweils die α-β folds.

2 Strukturen

A
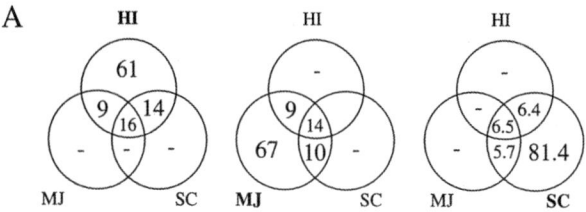

Prozentuale Sequenzähnlichkeit der drei Genome

B
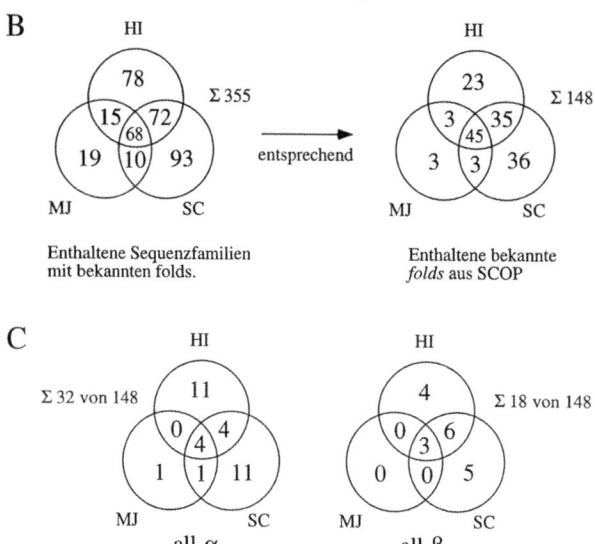

Enthaltene Sequenzfamilien mit bekannten folds.

Enthaltene bekannte folds aus SCOP

C

all-α   all-β

2.41 Vergleichende Analyse der Proteinstrukturen der drei Genome aus *H. influenzae* (HI), *M. jannaschii* (MJ) und *S. cerevisiae* (SC). A) zeigt die prozentuale Sequenzähnlichkeit der drei Genome. B) zeigt die Anzahl gemeinsamer Sequenzfamilien mit bekanntem fold für die drei Genome, bzw. die entsprechende Anzahl gemeinsamer folds. C) zeigt die fold-Verteilung der all-α und all-β folds. Die Zahlen in den Überlappungen sind jeweils für die beteiligten 2 bzw. 3 Genome gültig. (nach Gerstein, *J Mol Biol* 1997, 274: 562–576)

Eine Analyse aus dem Jahr 1998 auf der Basis von acht Genomen kommt für die 10 meistbenutzten folds zu einem Ergebnis, das in Abb. 2.44 dargestellt ist. Da zur Zeit nur 15–40 % eines Genoms mit einer Sequenz+Struktur gepaart werden können, werden die gegenwärtigen Zahlen für „meistbenutzte folds" sicherlich in den nächsten Jahren noch eine Modifikation erfahren.

Abb. 2.45 macht deutlich, daß es gezielter Anstrengungen auf dem Gebiet der Strukturaufklärung bedarf, um den Punkt einer vollständigen Strukturerfassung eines Proteoms zu erreichen. Bestimmte Sektoren des Proteoms sind offensichtlich bisher nicht ausreichend berücksichtigt worden (siehe auch Brenner, Target selection for structural genomics. *Nature Struct Biol*, Suppl Nov 2000, pp. 967–969).

Anzahl im Genom	Class	fold Name
Haemophilus influenzae		
18	α / β	**Rossmann fold**
13	α / β	**P-loop containing NTP hydrolases**
12	α / β	**Flavodoxin-like**
10	α / β	**TIM barrel**
10	α + β	Ferredoxin-like
10	α / β	Ribonuclease H-like
6	α / β	periplasmic binding protein-like II
5	α / β	periplasmic binding protein-like I
5	α + β	Class II aaRS and biotin synthetases
4	β	OB-fold
4	α / β	**Thiamin-binding fold**
Methanococcus jannaschii		
19	α + β	Ferredoxin-like
10	α / β	**P-loop containing NTP hydrolases**
7	α / β	**TIM barrel**
6	α / β	**Rossmann fold**
5	α	Histone-fold
4	α / β	**Thiamin-binding fold**
4	α / β	**Flavodoxin-like**
4	β	Reductase/isomerase/elongation factor common domain
3	α + β	ATP-grasp
3	α / β	PLD-dependent transferases
3	α / β	ATP pyrophosphatases
Saccharomyces cerevisiae		
84	α + β	Protein kinases (catalytic core)
49	α / β	**P-loop containing NTP hydrolases**
35	α / β	**Rossmann fold**
31	α / β	**TIM barrel**
25	α / β	Ribonuclease H-like
18	*small protein*	classic zinc finger
14	α + β	Ubiquitin conjugating enzyme
12	β	GroES-like
10	α / β	Thioredoxin-like
9	α / β	**Thiamin-binding fold**
[5x8]	...	...
7*	α / β	**Flavodoxin-like**

2.42 Top-10 Liste der in *H. influenzae* (HI), *M. jannaschii* (MJ) und *S. cerevisiae* (SC) am häufigsten verwendeten *folds*. Auffällig ist die Dominanz der α/β und α+β *folds*. Die Gruppe der fünf häufigsten folds in allen drei Genomen ist fett gedruckt (s. Text). Das Flavodoxin-fold liegt in Hefe auf Rang 16. (nach Gerstein, *J Mol Biol* 1997, 274: 562–576)

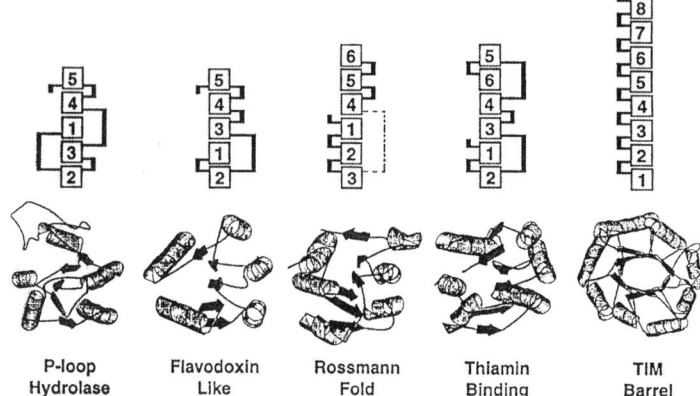

2.43 Vergleichende Analyse der Proteinstrukturen der drei Genome aus *H. influenzae* (HI), *M. jannaschii* (MJ) und *S. cerevisiae* (SC). Diese fünf *folds* sind die in allen drei Genomen am häufigsten verwendeten Proteindomänen. Alle fünf besitzen ein zentrales β-Faltblatt paralleler Stränge, die über α-Helices β-α-β verbunden sind (s.auch Abb. 2.1). Der obere Teil der Abbildung zeigt stark schematisiert die Topologie des zentralen Faltblatts (Boxen = β-Stränge). Die Bögen symbolisieren die rechtshändigen Helices. (aus Gerstein, *J Mol Biol* 1997, 274: 562–576)

Organismen:

S.cerevisiae, H.influenzae, M.genitalium, M.jannaschii, E.coli, Synechocystis, M.pneumoniae, H.pylori

meistbenutzte folds:

Reductase/isomerase/elongation factor common domain
OB-fold
TIM barrel
Ferredoxin-like
FAD binding
beta-grasp (ubiquitin-like)
P-loop containing NTP hydrolases
Rossmann fold
Thiamin-binding fold
class II aaRS and biotin synthetases

(Nach Gerstein Proteins 1998, 33:518-34)

Weiterführende Informationen zu dieser ständig fortschreitenden Analyse findet man unter [http://bioinfo.mbb.yale.edu/genome].

2.44 Die meistbenutzten Protein-*folds* auf der Basis von 8 sequenzierten Genomen.

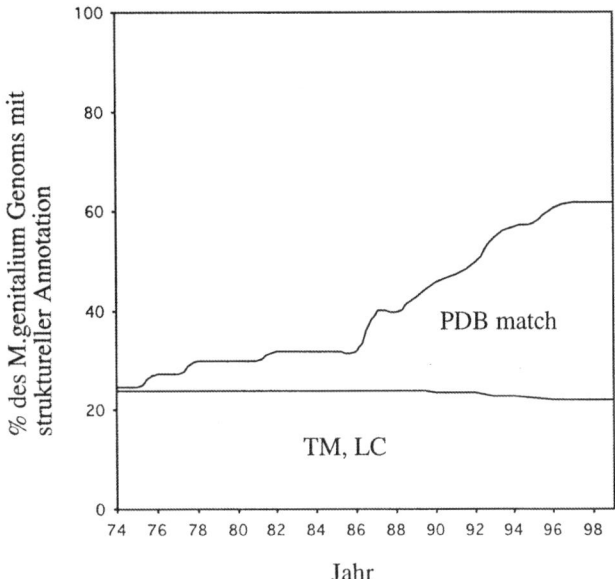

2.45 Das Diagramm illustriert eine interessante Überlegung zu einer angestrebten Strukturaufklärung des gesamten *Mycoplasma genitalium* Genoms. Angenommen, die Genomsequenz wäre seit 1974 bekannt gewesen und die modernen Methoden der Homologiesuche wie PSI-BLAST wären ebenfalls bekannt gewesen. Hätte man nun in jedem Jahr die neu erstellten 3D-Strukturen benutzt, um homologen Sequenzen in *Mycoplasma genitalium* eine Struktur zuzuweisen, so ergäbe sich der dargestellte PDB-match Sektor, der einen steigenden prozentualen Anteil (y-Achse) des Genoms mit struktureller Annotierung beschreibt. Die Entwicklung der Kurve weist nicht darauf hin, daß 100 % in naher Zukunft erreicht werden. Dazu müßten gezielte Anstrengungen unternommen werden, 3D-Studien in bisher nicht erforschten Proteombereichen zu betreiben (s. a. Abb. 2.26). TM und LC bezeichnen den Sequenzanteil, der eindeutig Transmembran- bzw. low complexity- Regionen zugeordnet werden kann. (nach Teichmann et al., *Curr Opin Strc Biol* 1999, 9: 390-399)

Eine interessante Analyse durch Koppensteiner et al. (*J Mol Biol* 2000, 296: 1139-1152) zeigt, welches Potential strukturbasierte Proteinvergleiche besitzen. Es wird so deutlich, daß in Zukunft biologisches Wissen vermehrt direkt aus Strukturdaten kommen wird. Dieses Beispiel zeigt auch wieder recht eindrucksvoll das Auseinanderklaffen von Struktur- und Funktionsähnlichkeiten (Abb. 2.46).

Zwei Datensets werden in dieser Analyse verglichen: SET A ist die Summe der bekannten 3D-Strukturen bis Ende 1997. SET B umfaßt die neuen Strukturen des Jahres 1998.

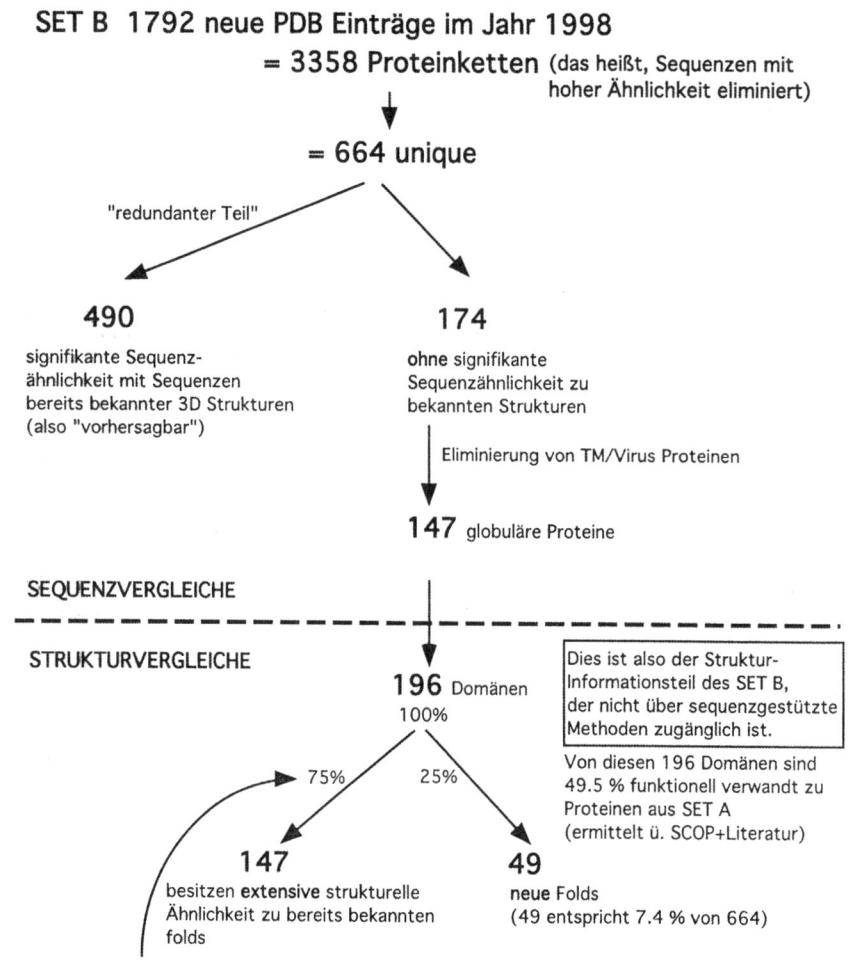

2.46 Proteomannotierung durch Strukturdatenbanken. Schema der Analyse von Koppensteiner et al., *J Mol Biol* 1999, 296: 1139–1152.

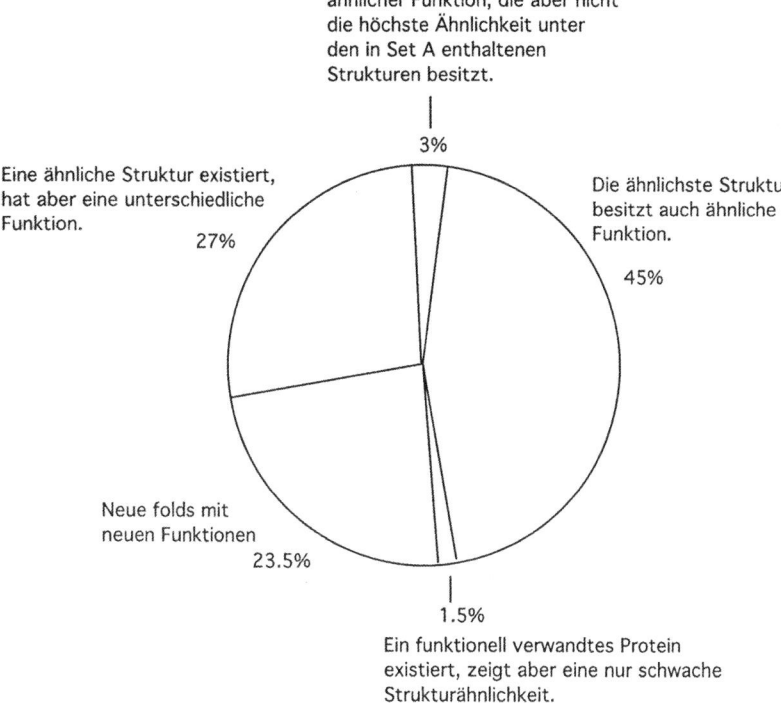

2.47 Detaillierte Beziehungen des Sets von 196 Domänen zu Proteinen des Datensets A. (nach Koppensteiner et al., *J Mol Biol* 1999, 296: 1139–1152)

Die Fragestellung lautete:

1. Wieviele Proteine aus B haben Strukturen, die ähnlich sind zu Strukturen aus Set A?
2. Wieviele Proteine aus B sind funktionell verwandt zu Proteinen aus A?
3. Sind strukturelle und funktionelle Ähnlichkeiten deckungsgleich?

Die Analyse ergibt nach Abzug der 490 Proteine mit signifikanter Sequenzähnlichkeit 147 globuläre Proteine, die 196 Domänen entsprechen. Letztere enthalten Information, die nicht über sequenzgestützte Methoden zugänglich ist. Während 75 % der 196 Domänen eine strukturelle Verwandtschaft mit PDB Strukturen zeigen, besitzen lediglich 49,5 % eine funktionelle Beziehung. Diese 75 % sind, da sie ja offensichtlich strukturelle Ähnlichkeiten besitzen, potentiell vorhersagbar, wenn es gelänge, die Methoden der Strukturvorhersagen von Sequenzen zu optimieren. Die Relation der 196 Domänen zu Strukturen des Datensets A ist in Abb. 2.47 noch einmal differenziert dar-

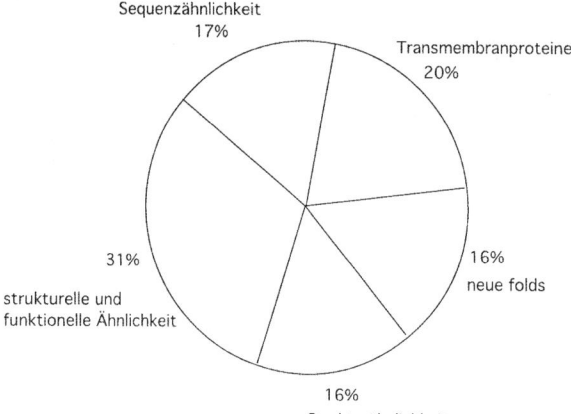

2.48 Proteomannotierung durch Vergleich mit Strukturdatenbanken. Für die strukturelle Annotierungen ganzer Proteome ergibt eine Schätzung, daß ≤ 17 % der Sequenzen eines Proteoms über sequenzgestützte Alignments modelliert werden können. Falls die Fold-Verteilung eines Proteoms der Foldverteilung der gegenwärtigen PDB entspricht, fallen weitere 20 % auf Transmembranproteine. Der geschätzte Anteil von Proteinen ohne Sequenzbeziehung, aber mit signifikanter Ähnlichkeit zu einer bereits bekannten Struktur ergibt sich zu 47 % (31+16 %). (nach Koppensteiner et al., *J Mol Biol* 1999, 296: 1139–1152)

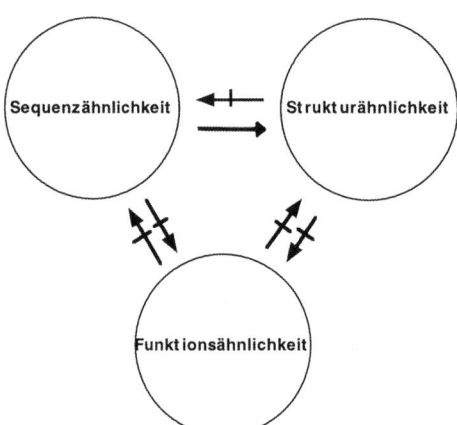

2.49 Die durch die Pfeile symbolisierten Beziehungen zwischen Sequenz-, Struktur- und Funktionsähnlichkeit sind so zu interpretieren, daß außer für einen Schluß von einer Sequenzähnlichkeit auf eine Strukturähnlichkeit keine zwingend notwendige Verbindung zwischen Ähnlichkeiten besteht.

gestellt (3 + 45 + 1,5 % entspricht den 49,5 % in Abb. 2.46. Der Vergleich der beiden Datensets erlaubt eine Abschätzung, welche maximale Informationsausbeute beim Vergleich neuer Proteinsets mit existierenden Strukturdatenbanken zu erwarten ist (Abb. 2.48).

Bei globaler Betrachtung der Protein-Evolution (also nicht bei Betrachtung bloßer Orthologer) ergibt sich nach den in diesem Kapitel versammelten Beispielen ein Bild wie es in Abb. 2.49 dargestellt ist. Sequenz, Struktur und Funktion bedingen einander nicht immer in ausschließender und zwingender Weise.

3
Genomics

3.1
Orthologe, Paraloge und globaler Aufbau von Genomen

Nachdem der Begriff *genomics* bereits an der einen oder anderen Stelle benutzt wurde, ist es Zeit, einen kurzen Überblick über den gegenwärtigen Stand der weltweiten Anstrengungen und Ansätze zum Studium ganzer Genome zu gewinnen. Wie bereits in der Einleitung erwähnt, sind Genomprojekte für Organismen aller größeren Gruppen des Organismenreiches in Arbeit. Mit dem Jahr 2000 waren ca. 50 Projekte abgeschlossen. Auch Genome höherer eukaryontischer Modellorganismen liegen bereits vor. Zwei vorläufige Fassungen des menschlichen Genoms wurden 2001 veröffentlicht.

Die Bandbreite bekannter Genome umfaßt dabei den Bereich von *Mycoplasma genitalium* mit 0,58 MB und 482 Genen bis Mensch mit ca. 3.000 MB und etwa 30.000 Genen (s. Abb. 1.8). Es sei an dieser Stelle noch einmal daran erinnert, daß vielleicht 90 % der Biodiversität des Planeten zum Bereich der Mikroorganismen gehören (s. Abb. 1.13). Es ist ein entscheidendes Verdienst der Mikrobiologie des späten 20. Jahrhunderts, sowohl der evolutionsrelevanten Forschung (Carl Woese) als auch der Bioinformatik entscheidende Impulse vermittelt zu haben.

Genomics werden die künftige Biologie entscheidend verändern, da wir es, wie wir nun schon mehrfach gesehen haben, nicht mit einem bloßen quantitativen Anstieg an Information zu tun haben, sondern mit einem qualitativen, der die Art und Weise verändert, wie wir Probleme angehen und ganz neue, vorher so nicht mögliche Ansätze, erlaubt. Im folgenden sollen einige Aspekte des Materials von Genomen und seiner Organisation vorgestellt werden. Wir haben bereits gesehen, daß die reine Bewältigung der Primärdaten die Entwicklung hochorganisierter Datenbanken nötig machte und daß ohne die Entwicklung des Internet Bioinformatik überhaupt nicht denkbar wäre. Mit jedem neuen Genom verändert sich die Ausgangslage für die Bearbeitung der DNA Rohdaten, da stets mit einem wachsenden Bestand an bereits vorhandenen Daten gearbeitet werden kann (Abb. 3.1).

Jahr	Organismus	Genzahl	Prozent der Gene mit Datenbank-match (zum Zeitpunkt der Veröffentlichung)		Neue Gene ohne Datenbank-match
			Anteil mit Funktionshinweis	Anteil hypothetische Proteine ohne Funktionshinweis	
1995	*Haemophilus influenzae*	1743	58%	20%	22%
1996	*Methanococcus jannaschii*	1738	38%	6%	56%
1996	*Saccharomyces cerevisiae*	~6200	~33%	~33%	~33%
	Saccharomyces cerevisiae Status 2000		60%	10%	30%
2000	*Neisseria meningitidis*	2158	54%	16%	25%
2000	*Drosophila melanogaster*	~14 000	46%	37%	17%

3.1 Mit jedem neuen Genom verbessert sich die Ausgangssituation für die Annotierung, da auf bereits vorhandenen Daten anderer Genome aufgebaut werden kann. Das heißt aber auch, daß für veröffentlichte Genome eine ständige Nachbearbeitung erforderlich ist, die neu hinzugekommenes Wissen ständig inkorporiert. Besonders vorbildlich ist dies im Falle der Hefe *Saccharomyces cerevisiae* gelöst (siehe *Saccharomyces* Genome Database SGD [http://genome-www.stanford.edu/Saccharomyces/] oder YPD™ [http://www.proteome.com/databases/index.html]. Man beachte den beträchtlichen Anstieg des Annotierungsgrades gegenüber der Erstveröffentlichung im Falle der Hefe.

An dieser Stelle einige Definitionen von Zentralbegriffen des *genomics* Arbeitsgebietes: Mit *Genom* bezeichnet man die Gesamtheit der unterschiedlichen Trägerformen kodierenden und nicht-kodierenden genetischen Materials einer Zelle. *Proteom* nennt man die Gesamtheit der kodierten Proteine eines Genoms. Mit *Transkriptom* wird die Gesamtheit der zellulären RNA-Transkripte bezeichnet.

Orthologie ist die Homologiebeziehung zwischen Gengruppen, die in vertikaler phylogenetischer Linie verwandt sind. Gewöhnlich wurde dabei im Evolutionsverlauf in den verschiedenen Organismen die gleiche Genfunktion beibehalten. *Paralogie* hingegen bezeichnet die Homologiebeziehung in einem Organismus zwischen verwandten Genen auch nicht-identischer Funktion, die durch Genduplikationsereignisse in diesem Genom entstanden sind, also eine horizontale Verwandtschaft. Der Grad an Paralogie in Bacteria und Archaea liegt bei 30–55 % und nimmt mit der Genomgröße zu (siehe Tatusov et al., *Curr Biol* 1996, 6: 279-291). Es ist bemerkenswert, daß die Paralogen sich in ihrer Mehrzahl auf nur wenige Klassen verteilen, die mit einigen Ausnahmen in allen sequenzierten Mikroorganismen die gleichen sind (Abb. 3.2 und 3.3).

Vergleicht man Genome zunächst auf einer grob topologischen Ebene miteinander, so bemerkt man, daß die Lokalisation der einzelnen Gene auf dem bakteriellen Chromosom anscheinend völlig zufällig ist (Koonin, Galperin, *Curr Opin Genet Dev* 1997, 7: 757-763). Abb. 3.4 zeigt, daß zwischen *H. influenzae* und *M. genitalium* außer einem hochkonservierten Cluster von 23 ribosomalen Proteinen und einem ATPase Gencluster von 8 Genen keine Konser-

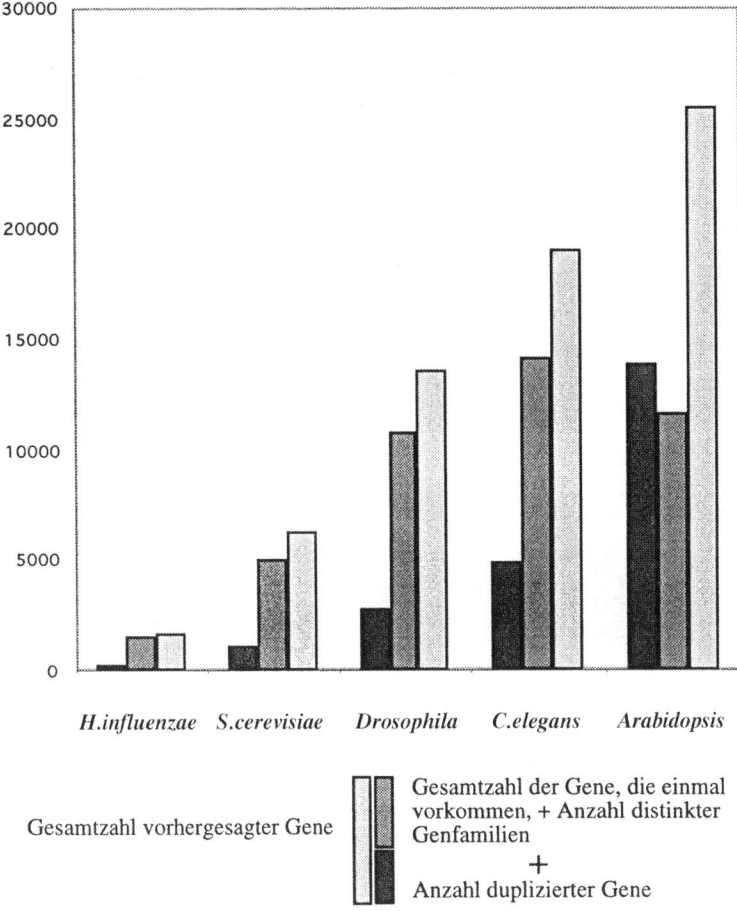

3.2 Aufstellung paraloger und orthologer Gene für eine Reihe sequenzierter Genome. In dieser Statistik zählt eine Familie von Paralogen in der Gesamtzahl distinkter Familien nur einmal. Mit steigender Gesamtgenzahl steigt der prozentuale Anteil duplizierter Gene. (Das *C. elegans* Genom ist etwas kleiner als das *Drosophila* Genom, 100Mb vs. 125Mb.) (Zahlen aus: The Arabidopsis Genome Initiative. *Nature* 2000, 408: 796-815)

vierung vorliegt. Nur 15 % der orthologen Gene sind zumindest in ihrer Eigenschaft als unmittelbare Nachbarn konserviert.

Detaillierte Vergleiche von Gesamtgenomen können extrem wertvolle Ergebnisse erzielen. Die Genabfolge ist zwar nur gering konserviert, findet man aber die seltenen Ausnahmen von dieser Regel, so sind diese hoch signifikant. Der leitende Gedanke ist, daß Gene in solchen Operons mit hoher Wahrscheinlichkeit auch funktionell verknüpft sind, bis hin zur Bildung eines funktionellen Multikomponenten-Komplexes. So bemerkten Koonin, Wolf und Aravind (*Genome Res* 2001, 11: 240-252) in mehreren Archaea-Genomen eine ver-

3 Genomics

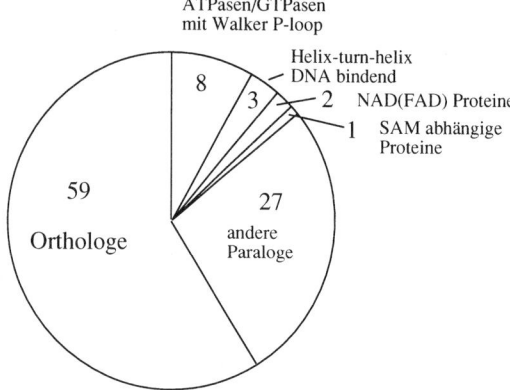

Haemophilus influenzae 1.83 MB

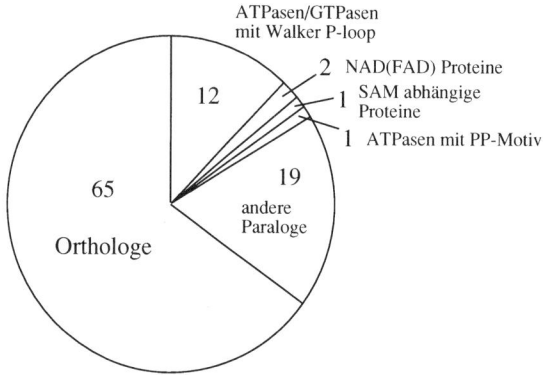

Mycoplasma genitalium 0.58 MB

3.3 Die wichtigsten Klassen von Paralogen im Vergleich *H. influenzae* und *M. genitalium*. (nach Koonin, Galperin, *Curr Opin Genet Dev* 1997, 7: 757-763)

3.4 Vergleich der Genabfolge orthologer Gene im *H. influenzae* (jeweils untere Linie) und *M. genitalium* Genom (obere Linie). A) Gene, die in Replikation, Transkription und Translation involviert sind (außer rP und rRNA). B) rRNA Gene und rProteine. C) Metabolismus etc. D) alle Orthologen. Mit Ausnahme eines clusters ▶ von 23 ribosomalen Proteinen und eines ATPase clusters (8 Gene) ist die Ordnung der Gene nicht konserviert. (aus Kolstø, *Mol Microbiol* 1997, 24: 241-248)

3.1 Orthologe, Paraloge und globaler Aufbau von Genomen | 181

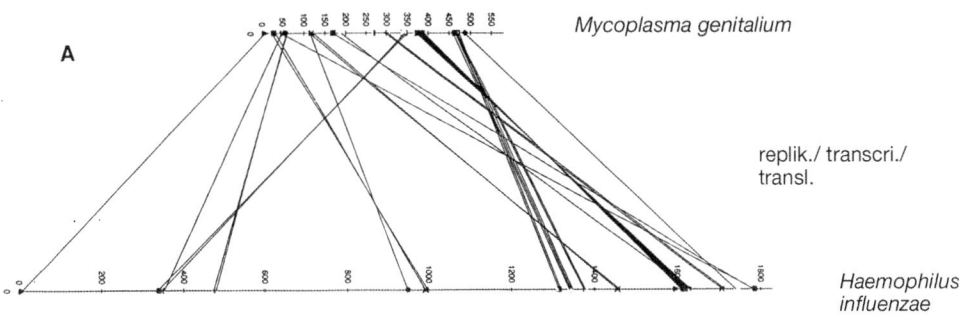

Mycoplasma genitalium

replik./ transcri./ transl.

Haemophilus influenzae

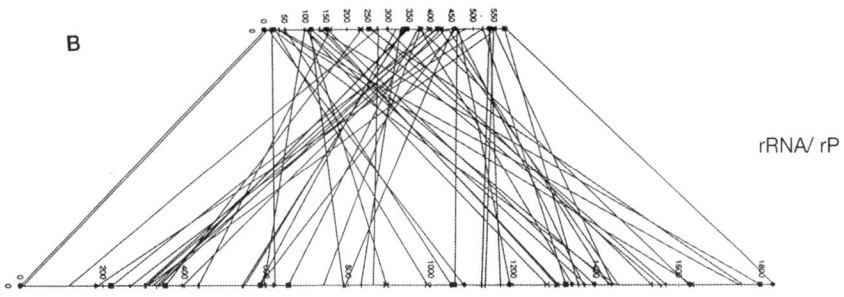

rRNA/ rP

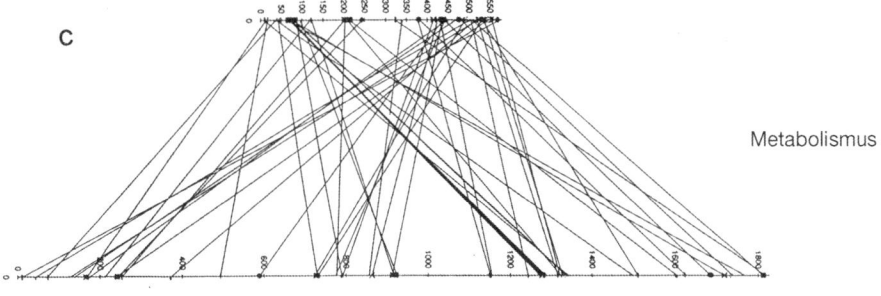

Metabolismus

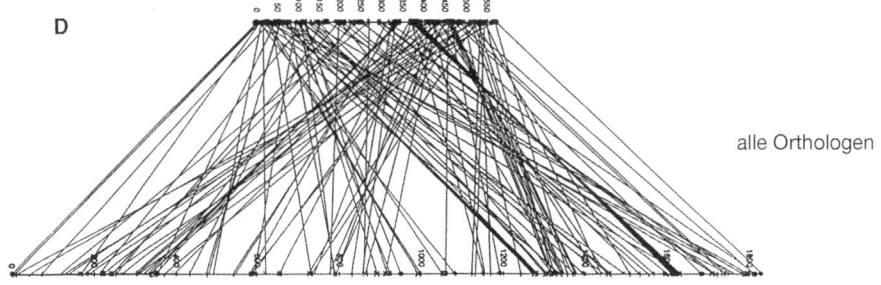

alle Orthologen

dächtige konservierte Gruppe dreier aufeinander folgender Gene, die Orthologe von Proteinkomponenten des Hefe Exosoms sind, eines wichtigen eukaryontischen Enzymkomplexes, der mRNA prozessiert. Eine sorgfältige Analyse der genomischen Umgebung dieser Dreiergruppe führte zur Entdeckung eines bislang nicht bemerkten Superoperons von ca. 15 Genen, die das archaeale Gegenstück zum eukaryontischen Exosom kodieren.

Strukturelle Vergleiche von Genomen zeigen zudem, daß der Begriff des *bakteriellen Genoms* in Zukunft neu definiert werden muß: Replikons, Megaplasmide und sekundäre Chromosomen teilen sich die Aufgabe der Kodierung der genetischen Gesamtausstattung.

Da vollständige Sequenzen bereits auch von einigen der deutlich größeren eukaryontischen Genome vorliegen, lassen sich auch hier Fragen der globalen Struktur analysieren. Die Analyse der Menge, Größe und Verteilung von Introns, das Erkennen sehr großer verdoppelter Chromosomenbereiche und Genbestände (z. B. in *Arabidopsis*) und beträchtliche Unterschiede in der Gendichte unterschiedlicher Chromosomenbereiche geben ganz neue Einblicke in die Evolution und die Dynamik nicht nur eines einzelnen Gens, sondern des Genverbandes, der der Informationsspeicher selbstreplizierender Molekülsysteme ist.

Eine Analyse des Transkriptionsapparates in Archaea und Bacteria soll als Beispiel dienen, welche weitreichenden Schlußfolgerungen auf der Basis von Gesamtgenomen möglich sind (Kyprides, Ouzounis, *PNAS* 1999, 96: 8545-8550). Zunächst wurden alle Datenbanksequenzen von transkriptionsassoziierten Proteinen aus Bacteria und Eukarya extrahiert (4.147 Sequenzen). Diese wurden zur Identifizierung aller Homologen in vier sequenzierten Archaea-Genomen benutzt. Auf diese Weise ließen sich 280 homologe archaeale Transkriptionsfaktoren bzw. transkriptionsassoziierte Proteine identifizieren. 168 davon (die meisten regulativer Natur) besitzen Homologe ausschließlich in Bacteria, 51 besitzen Homologe nur in Eukarya (meist IF/RNA Pol) und die restlichen 61 Homologe in beiden.

Das zwangloseste Modell für eine Erklärung dieser Verteilung ist die Annahme, daß die archaeale Transkription den Urtyp darstellt, der nach dem Entstehen der eukaryontischen und bakteriellen Linie einen höheren Anteil an alten Eigenschaften beibehalten hat als diese. Die komparative Analyse von funktionellen Proteingruppen hat den Proteinen in der Evolutionsforschung ein Comeback beschert, nachdem diese lange und mit großem Erfolg durch rRNA dominiert wurde.

Ein Beispiel mit sehr praktischem Bezug sind Genomvergleiche in Pathogenen. Der Vergleich eines pathogenen mit einem nicht-pathogenen Stamm eines Bakteriums kann zur Identifizierung von sog. Pathogenitätsinseln (*pathogenicity islands* oder *pais*) benutzt werden (subtraktiver Genomvergleich) (Abb. 3.5). Es handelt sich hierbei um Genomabschnitte, die nur in pathogenen Stämmen eines Bakteriums zu beobachten sind, in einem verwandten

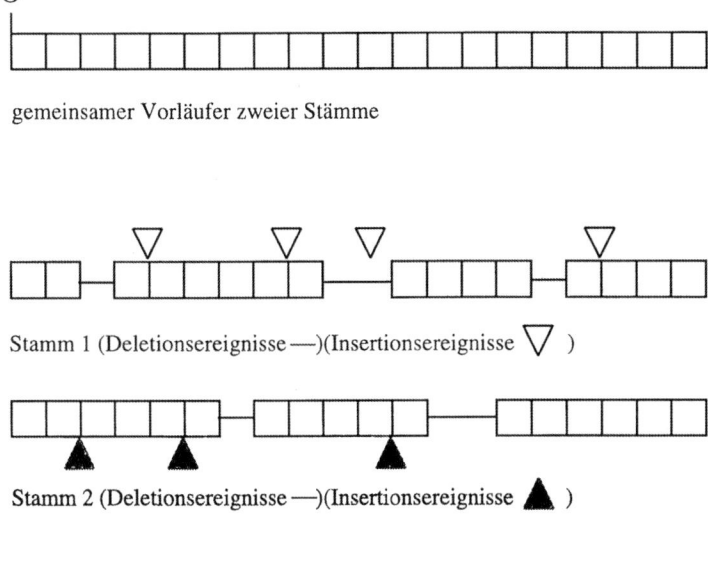

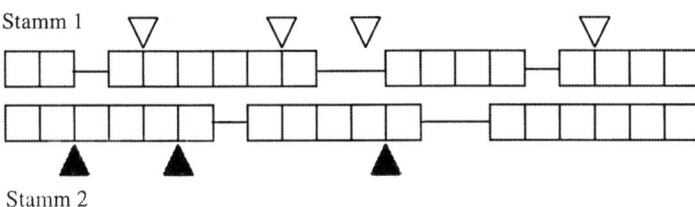

Alignment der beiden Genome

3.5 Genomische Unterschiede verwandter Stämme. Das Nebeneinander von pathogenen und nichtpathogenen Stämmen eines Mikroorganismus läßt sich mit einem Evolutionsverlauf erklären, in dem zwei Populationen eines gemeinsamen nichtpathogenen Vorläufers sich durch Genaufnahme mittels horizontalen Gentransfers in eine pathogene und eine nichtpathogene Form differenzierten. Alternativ kann ein bereits pathogener Vorläufer sich durch Deletionen zu distinkten Stämmen unterschiedlichen genomischen Gehalts differenzieren. Durch diesen Genverlust können nichtpathogene oder pathogene Stämme unterschiedlicher Virulenz entstehen. Das Alignment beider Genome zeigt die genomischen „Inseln" der verwandten Stämme.

nichtpathogenen Stamm hingegen fehlen (Hacker et al., *Mol Microbiol* 1997, 23: 1089–1097).

Von der Warte des Pathogens aus wäre der Name „Fitness-Insel" angebrachter, da die Präsenz einen offensichtlichen Vorteil für das Pathogen darstellt. Diese DNA-Regionen sind bis zu 200 kb groß und tragen Virulenzgene, deren Präsenz in einem pathogenen Stamm eines Mikroorganismus dessen Pathogenität bedingt. Solche Virulenzgene tragen die genetische Information für Proteine, die z. B. an Schritten der Anheftung des Pathogens an die Targetzelle, an der Invasion dieser Zelle und der Synthese von Toxinen beteiligt sind. Pathogenitätsinseln sind instabile distinkte genetische Einheiten, die intern und an ihren Termini Sequenzen tragen (z. B. direkte *repeats*), die die Mobilität des ganzen Elements vermitteln. Außer im subtraktiven Vergleich zwischen pathogenem und nicht-pathogenem Stamm, verraten sich *pais* auch durch ihren vom Restgenom häufig abweichenden GC-Gehalt. Dieser ist ein Hinweis auf den häufigen horizontalen Transfer dieses genetischen Materials zwischen Bakterien.

Komplett sequenzierte bakterielle Genome erlauben auch die Identifizierung vollständiger Biosynthesewege (siehe auch *pathway*-Analyse), die in der Pathogenese involviert sind, wie z. B. die Lipopolysaccharid Biosynthese. Alle diese pathogenitäts-spezifischen Erkenntnisse können dem rationalen Design von neuen Pharmaka, Diagnostika und Vaccinen dienen.

3.2
Cluster von orthologen Gruppen

Wir wollen das Vergleichen von Genomen nun etwas formalisierter angehen und benutzen die Daten der Autoren, die den zu dieser Art Analyse gehörenden Datenbankteil des NCBI betreuen (Tatusov et al., *Science* 1997, 278: 631-637). Dieser Ansatz ist strikt sequenzorientiert. Die einfache Grundidee ist folgende: Für jedes Gen eines Genoms wird in anderen Genomen das Gen mit der höchsten Sequenzähnlichkeit bestimmt. Diese Vorgehensweise ist bei größeren phylogenetischen Abständen schwierig, da Genduplikationen und nur geringe Sequenzähnlichkeiten eine solch einfache Zuordnung eins zu eins kaum mehr zulassen. Um das gesamte Set von Orthologen zu beschreiben, ist es notwendig, die Beziehungen zwischen Gruppen von Genen zu quantifizieren: Cluster von orthologen Gruppen, COGs.

Ein COG wird von individuellen orthologen Genen oder orthologen Gruppen von Paralogen aus mindestens 3 Genomen gebildet. Die Mitglieder eines COG sind also aus einem ursprünglichen Gen durch Speziesbildung und Duplikationsereignisse hervorgegangen. Dieser Ansatz wurde gewählt, um ein konsistentes, komplettes Klassifizierungssystem für Gengruppen zu erhalten, die zu einem identischen Ursprungsgen gehören. Dies ist sowohl

3.6 COG-Analyse. A) ein Minimal-COG mit symmetrischen BeTs. B) ein einfaches COG mit zwei Hefe-Paralogen. C) ein komplexes COG mit multiplen Paralogen. Die symmetrischen BeTs der universellen σ-Faktoren sind fett gedruckt (weitere Erläuterungen im Text). (nach Tatusov et al., *Science* 1997, 278: 631-637)

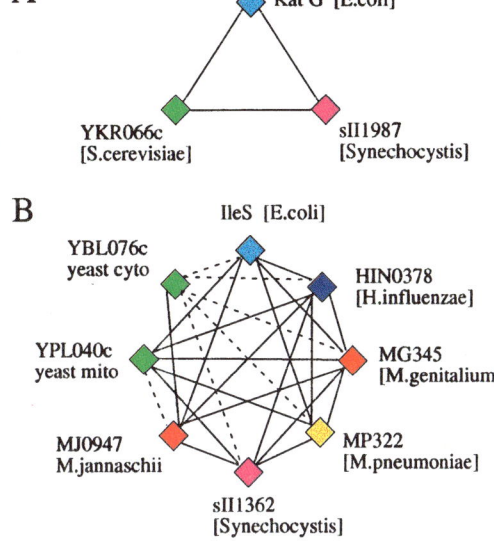

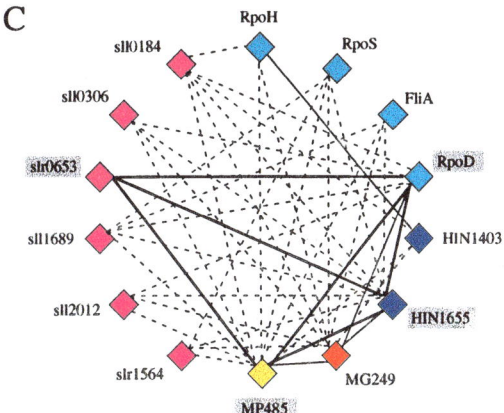

für die evolutionsorientierte Forschung als auch für die automatische Annotierung neuer Genome von Interesse. Es werden also alle Proteingene der zum untersuchten Set gehörenden Genome paarweise miteinander verglichen. Für jedes Protein wird der *best hit*, BeT, bestimmt. Das dabei entstehende Muster der Beziehungen wird analysiert. Die Beispiele in Abb. 3.6 machen das Konzept an drei Beispielen klar:

(A) zeigt den einfachsten Fall eines COG für drei Genome. Dieses Minimal-COG zeigt lediglich sogenannte symmetrische BeTs (durchgezogene Linien), die ein Dreieck bilden. Symmetrisch besagt, daß für jedes der drei

Gene die beiden anderen Gene die BeTs in den zugehörigen Genomen darstellen. In asymmetrischen COGs sind diese Beziehungen nicht reziprok. Die drei Gene dieses Beispiels sind also mit hoher Wahrscheinlichkeit Orthologe. Bei Ausweitung der Analyse auf ganze Genome muß nun die Gesamtzahl und die Verteilung dieser Dreiecksbeziehungen ermittelt werden.

(B) zeigt ein einfaches COG mit zwei Hefe-Paralogen. YBL076c und YPL040c entsprechen cytoplasmatischer bzw. mitochondrialer (kernkodiert!) Isoleucin-spezifischer tRNA Synthetase, IleRS. Für die mitochondriale IleRS sind die bakteriellen Gene und das archaeale Gen BeTs. Für die bakteriellen Gene ist umgekehrt die mitochondriale IleRS der *best hit*: dies sind also symmetrische BeTs (durchgezogene Linien, Dreiecke). Für das archaeale Gen ist hingegen die mitochondriale IleRS nicht das BeT (also asymmetrisches BeT, gestrichelte Linie). Vielmehr bildet das Gen für die cytoplasmatische IleRS aus Hefe ein symmetrisches BeT mit dem archaealen Ortholog, mit den bakteriellen Genen hingegen asymmetrische BeTs. Dreiecke mit gemeinsamer Seite werden zu einem COG zusammengefaßt.

(C) zeigt ein komplexes COG mit multiplen Paralogen. RpoH, RpoS, FliA und RpoD sind *E. coli* Paraloge. Hin1403 und Hin1655 sind *H. influenzae* Paraloge. MP485 stammt aus *M. pneumoniae*, die mit sll ... bzw. slr ... bezeichneten Gene stammen aus *Synechocystis*. Die im Diagramm grau unterlegten RpoD, HIN1655, MP485 und slr0653 sind universelle bakterielle Sigma-Faktoren (σ70), nur ihre Beziehungen untereinander sind daher vollständig symmetrisch. MG 249 ist BeT für die vier paralogen *E. coli* σ-Faktoren, aber nur mit RpoD ist die Beziehung symmetrisch.

Problematisch für COG Analysen ist die Situation, in der ein COG Multidomänenproteine enthält. Da dies zu einer Vereinigung von zwei eigentlich getrennten COGs führt, muß hier stets geprüft und ggf. getrennt werden (Abb. 3.7).

Betrachten wir jetzt die Ergebnisse auf Genomebene (Die hier gezeigte Analyse von Tatusov et al. aus dem Jahr 1997 umfaßte 7 Genome. Sie ändert sich mit jeweils neuen dazukommenden Genomen.). Einen Überblick über dieses sich ständig weiterentwickelnde Datenmodell bietet die COG-Homepage des NCBI [http://www.ncbi.nlm.nih.gov/COG/].

Im folgenden wird dieser Organismen-Schlüssel verwendet: *E. coli* **E**, *H. influenzae* **H**, *M. genitalium* **G**, *M. pneumoniae* **P**, *Synechocystis* **C**, *M. jannaschii* **M**, *S. cerevisiae* **Y**. In diesen 7 Genomen waren zum Zeitpunkt dieser Analyse insgesamt 17.967 Proteine bekannt. Davon ließen sich 6.814 Proteine und Domänen (d. h. 37 %) in 720 COGs zusammenfassen. Man schätzt, daß der Anteil von Proteinen, die zu COGs gehören, sich für Bacteria und Archaea bei zunehmender Zahl sequenzierter Genome bei ca. 70 % einpendeln wird. In Eukaryonten ist diese Zahl deutlich niedriger.

3.7 Strukturelle Domänen oder auch Sequenzdomänen sind die unabhängigen Einheiten für Domänenklassifizierungen bzw. COG-Analysen. Es ist dabei wichtig, zu erkennen, daß das Protein C dieser Abbildung zwei unabhängige Domänen bzw. Sequenzen enthält, die z. B. in einer Cluster-Analyse getrennt bearbeitet werden müssen. Das ORF des Proteins C würde also einmal mit Proteinen vom Typ B und einmal mit Proteinen vom Typ A geclustert werden.

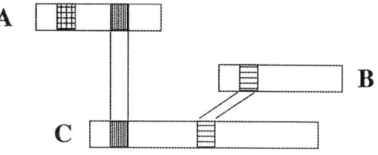

Die meisten COGs sind klein. So enthalten 1/3 aller COGs nur ein Gen aus jedem Genom (keine Paralogen). Ein weiteres Viertel enthält Paraloge aus lediglich einem Genom (zumeist Hefe). Wie zuvor für RpoD gezeigt, hat üblicherweise <u>ein</u> Paralog (nämlich das, das die ursprüngliche Funktion beibehielt) größere Ähnlichkeit mit allen oder den meisten Orthologen der anderen Genome.

Abb. 3.8 zeigt die Verteilung der COGs auf grob definierte funktionale Bereiche der Zelle: Was sehen wir hier?

1. Das Proteom von Minimalgenomen (wie *M. genitalium*) gehört zu 70% zu COGs. Für *E. coli* und Hefe hingegen liegt diese Zahl bei nur 40 bzw. 26%. Dies verdeutlicht die stärkere Beschränkung der kleinen Genome auf „housekeeping" Gene.
2. Bakterielle Genome setzen den Organismus zumeist in die Lage, autark alle wichtigen vitalen Funktionen zu vollziehen. Pathogene hingegen zeigen sehr oft COG-Verlust (also Genverlust). Da parasitär lebend, werden oft komplette metabolische Wege des Wirts benutzt. So besitzt *M. genitalium* keine 2-Komponentensysteme und benutzt zur Energiegewinnung nur Glykolyse.
3. Die zum Bereich Translation gehörenden COGs sind zumeist ubiquitär, d. h. sie haben Mitglieder in allen Genomen. Hier leisten sich auch Pathogene keinen Genverlust.

Diese Studie zeigt, daß für die „Belegung" von COGs mit Organismen deutliche Unterschiede bestehen (Abb. 3.9). Der Schlüssel „eh–cmy" in dieser Darstellung bedeutet, daß ein COG nur in fünf Genomen vorkommt, nicht aber in den fehlenden „g und p". Von den möglichen 99 Mustern mit 3 oder mehr Organismen wurden 36 gefunden. Am häufigsten waren der Typ ehgpcmy = „alle Spezies" bzw. „alle außer Mycoplasmen" = eh--cmy. Es ist aber sehr erstaunlich, daß lediglich 1/3 (d. h. 114 + 119) der insgesamt 720 COGs einen dieser beiden Belegungstypen zeigen. Dies bedeutet nämlich, daß in anderen Organismen für wichtige zelluläre Funktionen im Evolutionsverlauf sehr oft völlig andere Lösungen gefunden worden sind. Man nennt dieses Phänomen „non-orthologous gene-displacement", NOD.

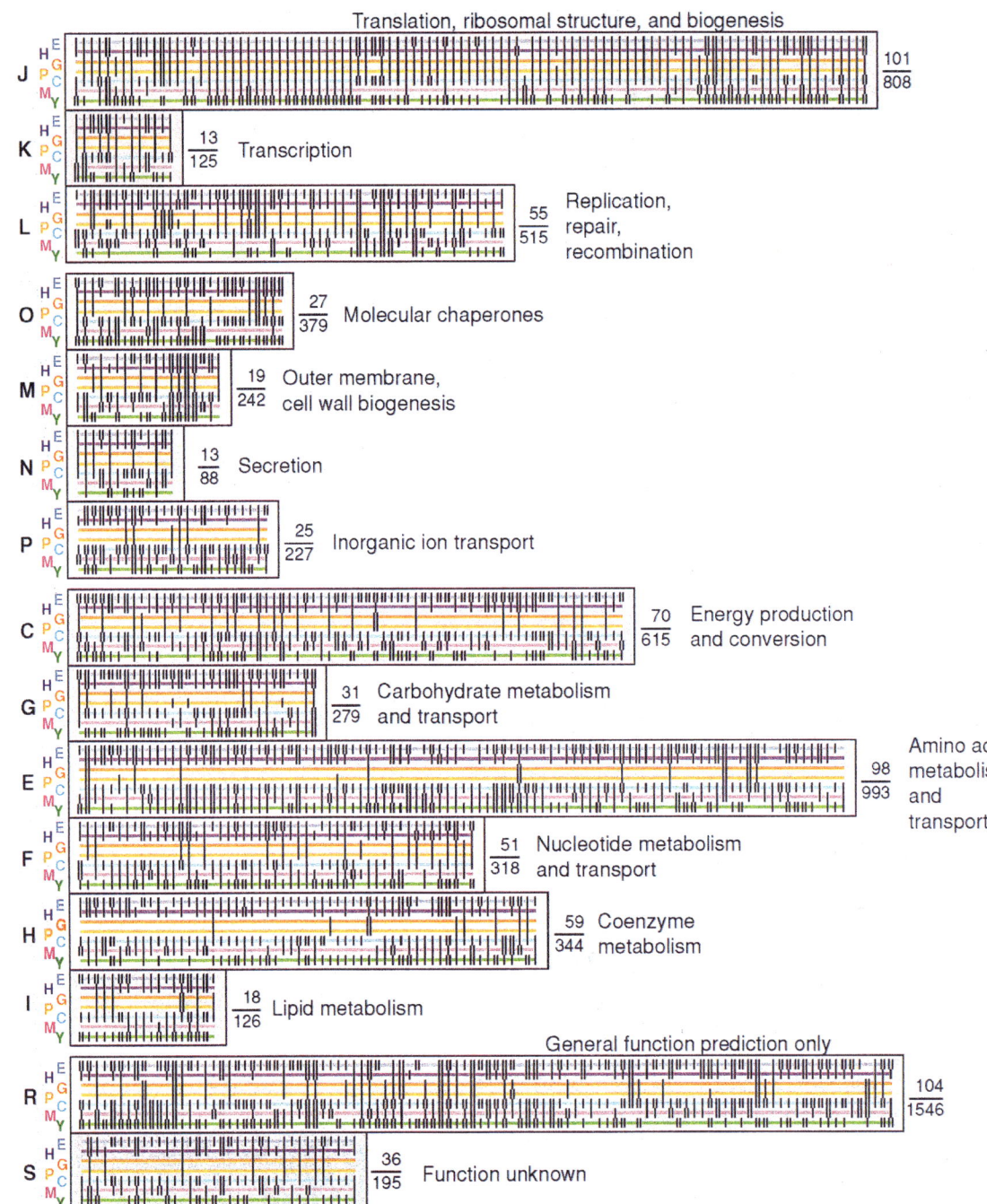

3.8 Funktionelle und phylogenetische Aufgliederung einer COG-Analyse von sieben Genomen. J bis S bezeichnen die funktionelle Kategorien. Die kleinen Buchstaben sind der Organismenschlüssel. Der Zähler des Bruchs gibt die Anzahl der COGs in jeder Kategorie, der Nenner die Anzahl der enthaltenen Proteine wieder. Jeder vertikale Marker symbolisiert ein COG und kreuzt nur die Genome, die zur Belegung des COG gehören. Linienverdopplung symbolisiert ≥2 Paraloge (weitere Erläuterungen im Text). (aus Tatusov et al., *Science* 1997, 278: 631-637; Abdruck mit Genehmigung der American Association for the Advancement of Science)

3.9 Belegungsmuster von COGs. Die COGs dieser Studie lassen sich zunächst in vier Kategorien einteilen B/E/A, B/E, B/A und B, je nach Vorhandensein eines Vertreters der drei Primärlinien in der Belegung eines COG. Innerhalb dieser vier Kategorien lassen sich verschiedene Belegungsmuster unterscheiden. Die beiden häufigsten Muster sind grau unterlegt. (nach Tatusov et al., *Science* 1997, 278: 631-637) Für den gegenwärtigen Stand dieser Analyse auf der Basis von 34 Organismen siehe [http://www.ncbi.nlm.nih.gov/COG].

Bacteria +Eukarya +Archaea		Bacteria +Eukarya		Bacteria +Archaea		nur Bacteria	
Belegung	COGs	Belegung	COGs	Belegung	COGs	Belegung	COGs
eh__cmy	119	eh__c_y	80	eh__cm_	52	ehgpc__	53
ehgpcmy	114	ehgpc_y	66	e___cm_	43	e_gpc__	5
e___cmy	37	e___c_y	56	ehgpcm_	15	eh_pc__	2
eh__my	18	ehgp__y	5	e_gpcm_	4		
e___cmy	13	e_gpc_y	2	_h__cm_	3		
e___my	7	e__p_y	1	eh_p_m_	2		
__gpcmy	4	e_gp__y	1	ehgp_m_	2		
_h__my	2	eh_pc_y	1	e_gp_m_	1		
eh_p_my	2	_h__c_y	1				
ehgp_my	2	__gpc_y	1				
e_gpcmy	2	__hgp__y	1				
_gp_my	1						
e_gp_my	1						

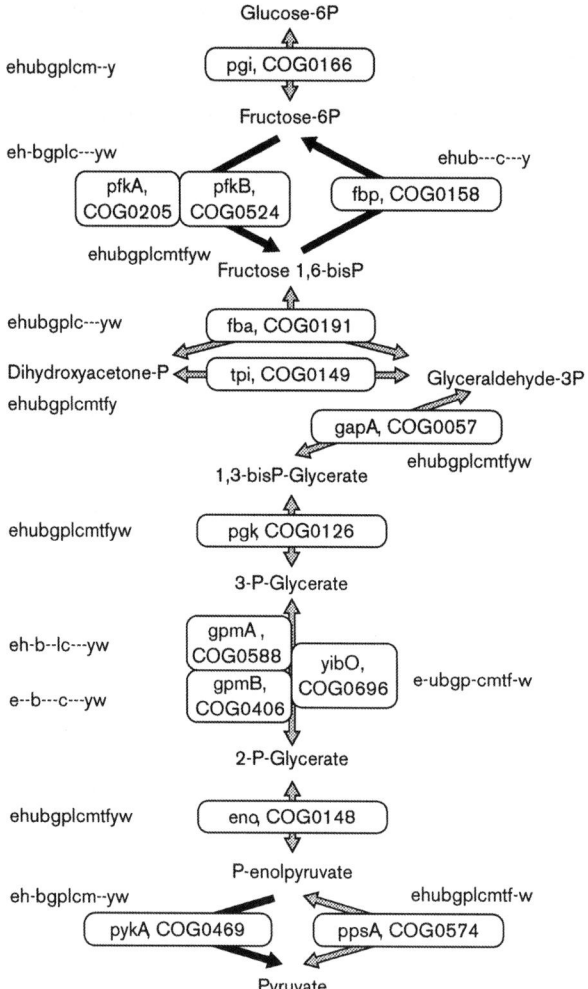

3.10 Darstellung der Glycolyse und der an ihr beteiligten Enzyme. Jedes Enzym zeigt seine zugehörige COG Nummer [http://www.ncbi.nlm.nih.gov/COG]. Das Belegungsmuster jedes COG ist für 13 Organismen gezeigt: e: *E. coli*, h: *H. influenzae*, u: *H. pylori*, b: *B. subtilis*, g: *M. genitalium*, p: *M. pneumoniae*, l: *B. burgdorferi*, c: *Synechocystis* sp., m: *M. jannaschii*, t: *M. thermoautotrophicum*, f: *A. fulgidus*, y: *S. cerevisiae*, w: *C. elegans*. Es gibt drei Metabolisierungsschritte in diesem Stoffwechselweg, die in unterschiedlichen Organismen durch nicht-orthologe Enzyme katalysiert werden: Phosphoglycerat-Mutasen gpmA, gpmB und yibO in der Reaktion 3PG/2PG, Phosphofructokinasen pfkA und pfkB in der Reaktion Frc 6P/Frc 1,6 bisP und Aldolasen. Die zu den Enzymen gehörende COG-Belegung zeigt deren unterschiedliche Präsenz in verschiedenen Organismen. Die Enzymausstattung der oberen Teilreaktionen fehlt den archaealen Organismen (m, t und f) vollständig. (aus Koonin, Tatusov und Galperin, Beyond complete genomes: From sequence to structure and function. *Curr Opin Struct Biol* 1998, 8: 355-363; Abdruck mit Genehmigung von Elsevier Science)

Während bei Vergleichen innerhalb der Bacteria der Anteil von NODs bei 10% der Orthologen liegt, steigt diese Zahl beim Vergleich bakterieller Genome mit Hefe oder *M. jannaschii* auf >50%. Dies besonders im Bereich DNA-Replikation und -Reparatur und Chaperone, während im Bereich Translation kaum NODs vorliegen. Von den ubiquitären 114 COGs dieser Analyse stammen die meisten aus dem Bereich Translation und Transkription. Dieser evolutionäre Kernbestand ist weniger als halb so groß wie das bakterielle Minimalgenset, das gerade kürzlich über Transposon-Mutagenese in *M. genitalium* zu 265-350 Genen bestimmt wurde. (Hutchison et al., *Science* 1999, 286: 2165-2169. *M. genitalium* ist mit 517 Genen das bisher „kleinste" bekannte Bacterium.)

Ein weiterer Hinweis auf die evolutionäre Dynamik von Genfamilien ist die Tatsache, daß die Anzahl der COGs, die Bacteria/Eukarya/Archaea-Mitglieder haben (323), nur 45% aller COGs ausmacht (s. Abb. 3.9). In der prozentualen Verteilung dieser Tabelle werden sich in Zukunft, bei zunehmender Genomzahl noch entscheidende Änderungen ergeben. Die COG-Verteilung wird die Basis einer künftigen Gesamtgenom-gestützten Phylogenie bilden. Der gegenwärtige Bestand der COG Datenbank (März 2001) verzeichnet 34 Genome mit ca. 77.000 Proteinen und 2.885 COGs, von denen nur 78 durch alle 34 Organismen belegt sind.

Die Katalogisierung neuer Genome nach orthologen Gruppen erlaubt eine schnelle Übersicht über die metabolischen Wege eines Organismus. Hierzu ein Beispiel (Abb. 3.10):

Es gibt innerhalb der Glykolyse drei Reaktionen, die in verschiedenen Spezies durch nicht-orthologe Enzyme katalysiert werden: PFK, Aldolase und Phosphoglyceratmutase. In Archaea fehlen PFK/FBP und Aldolaseaktivität im Kopf dieses Stoffwechselweges völlig. Dies gestattet die Hypothese, daß im Evolutionsverlauf Glykolyse ursprünglich als biosynthetischer Weg entstand, also nur aus dem unteren Teil der Reaktionen von C3-Körpern bestand.

Die Entwicklung besserer, sensitiverer Sequenzhomologieprogramme (iterativer Art) wird zur Folge haben, daß bisher distinkte COGs zu Superfamilien zusammengefaßt werden können. Die Weiterentwicklung des COG-Ansatzes wird einen wichtigen Beitrag zur Proteinklassifizierung und damit Funktionsvorhersage leisten.

3.3
Wie sequenziert man Genome?

Im folgenden soll ein Überblick der Strategien für Sequenzierung und Genom-Assemblierung für prokaryontische und eukaryontische Genome gegeben werden, der die wichtigsten Arbeitsschritte zusammenfaßt (Abb. 3.11 Teil 1 und 2).

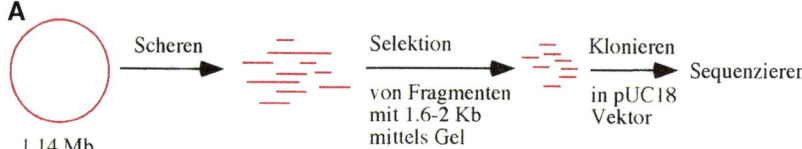

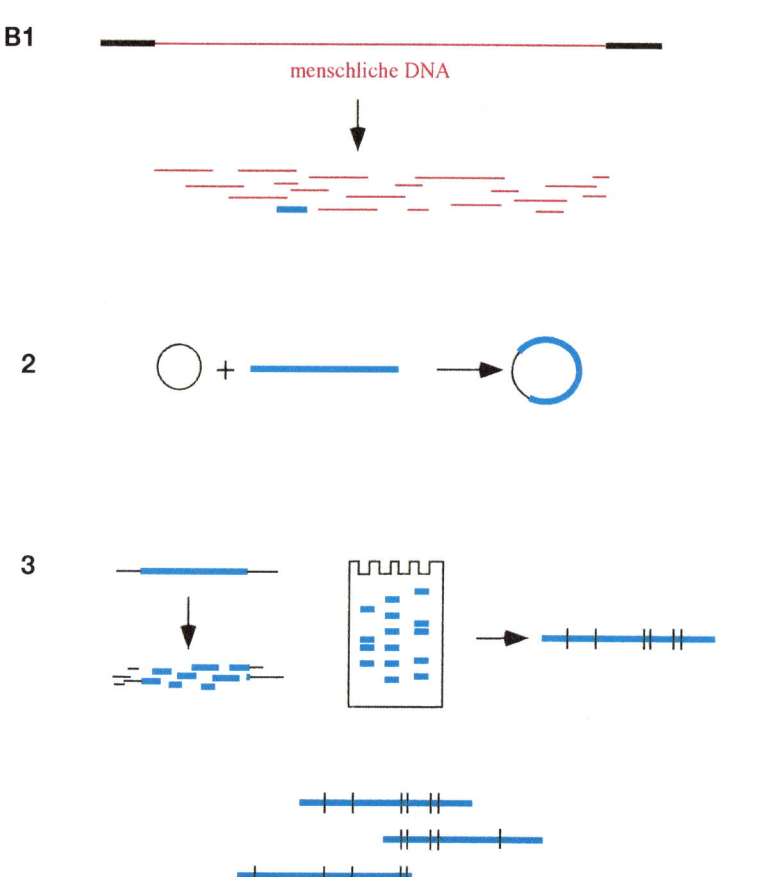

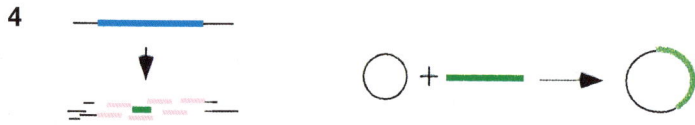

3.11 Sequenzierungs- und Assemblierungsstrategien für kleine und große Genome.

A) Ein kleines bakterielles Genome wie das von *Treponema pallidum* wurde nach Fragmentieren in einen Standardvektor kloniert und direkt sequenziert. 15 000 Sequenzgele mit etwa jeweils 525 bp lesbarer Sequenz decken das Gesamtgenom ca. 7x ab (sog. shotgun-Sequenzieren).

B1) Weitaus schwieriger ist das Problem bei großen eukaryontischen Genomen. Hier müssen andere Vektoren verwendet werden, um sehr große DNA Stücke zu amplifizieren. Nur so läßt sich auf den verschiedenen Ebenen des Projektes die Anzahl der jeweils in einem Set zu sortierenden überlappenden Sequenzen im Rahmen halten. Zunächst wurde ein Konzept entwickelt, das in hierarchischer Weise vorgeht:
Das menschliche Genom hat ca. 3×10^9 bp. Große Abschnitte menschlicher DNA (bis zu 1 Mb) können in sog. YAC Vektoren kloniert werden, die in Hefe wie künstliche Chromosomen propagiert werden (yeast *artificial chromosome*). Das menschliche Genom läßt sich so in ca. 10^4 YACs klonieren. Statt YACs kommen auch BACs (*bacterial* ACs) in Betracht, die etwa 200 kB Fremd-DNA aufnehmen können. Eine große YAC-klonierte DNA wird zunächst durch relativ unselektiven Restriktionsabbau zu einem Gemisch von Fragmenten abgebaut. Diese decken potentiell die Gesamtlänge der YAC-DNA überlappend ab.

B2) Auf einem Gel werden Fragmente der Größe 30–50 Kb selektioniert. Die Klonierung dieser überlappenden Fragmente erfolgt in Cosmid-Vektoren, die ca. 20–40 kb Insert tragen können. So wird eine Cosmid-Bibliothek der DNA des YAK erstellt.

B3) Jedes Cosmid wird nun einem Restriktionsabbau unterworfen. Dabei entstehen jeweils ca.10 Fragmente der Größe 0,5–40 Kb. Diese Fragmente bestehen aus menschlicher DNA und Vektor-DNA. Die Bildanalyse der Restriktionsmuster auf dem Gel erfolgt automatisch, wobei Banden, die bei Southern-Analyse zeigen, daß sie Vektor-DNA enthalten, automatisch unterdrückt werden. So ergibt sich für jedes Cosmid-Insert eine Restriktionskarte. Da die Cosmid-Inserts überlappen, überlappen auch ihre Restriktionskarten. Somit läßt sich durch eine geordnete Cosmid-Serie eine komplette Karte des ursprünglichen YAC Clons erarbeiten.

B4) Cosmid-DNA ist zum direkten Sequenzieren zu groß. Jede einzelne Cosmid-DNA wird dazu erneut zu überlappenden Fragmenten geschert. Die Fraktion der 2–3 Kb Cosmid-Fragmente wird jeweils isoliert und eine M13 Bakteriophagen-Bibliothek in *E. coli* erstellt. Diese DNA-Inserts können nun direkt sequenziert werden. Das Cosmid-Insert wird also shotgun-sequenziert. Mit ca. 600 Sequenzgelen solcher Fragmente und 600–800 bp gelesener Sequenz pro Gel ist die Gesamtlänge des Cosmid-Inserts mehrfach abgedeckt. Eventuelle Lücken in den überlappenden Fragmenten müssen „per Hand" nachgearbeitet werden. Die Assemblierung der überlappenden Fragmente zu einer kontinuierlichen Sequenz erfolgt automatisch durch entsprechende Software. Der Rechenaufwand dieser Assemblierung steigt mit der Anzahl der Fragmente enorm an. Dies ist ein Grund, daß man langzeit dachte, daß Cosmid DNA das Limit für shotgun-Sequenzierung darstellt. Neuere Techniken sind aber seit 1996 vorgeschlagen worden, die das shotgun-Konzept auf sehr große Genome übertragen. (nach Venter et al., *Nature* 1996, 381: 364; Weber and Myers, *Genome Res.* 1997, 7: 401)

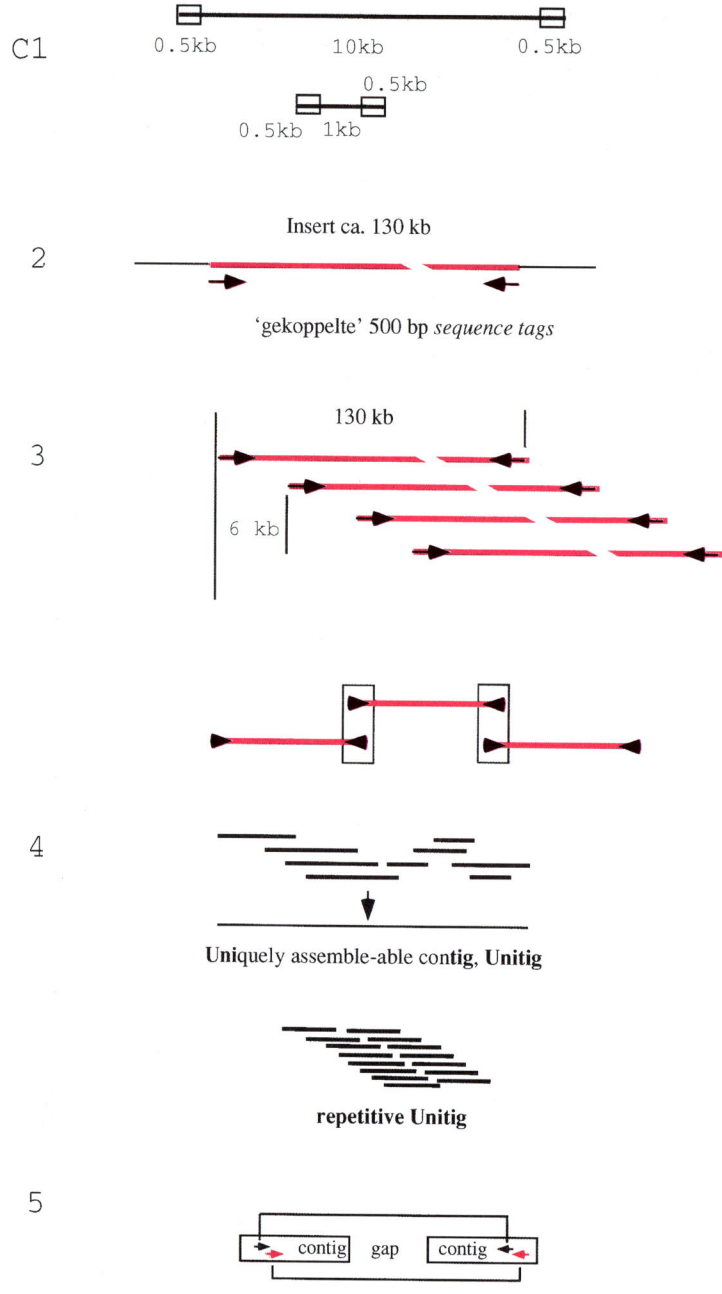

3.11 (Fortsetzung).

C1) Das erste mit einer solchen Methode sequenzierte große Genom war das der Fruchtfliege *Drosophila melanogaster* (120 x 10^6 bp). Diese Techniken wurden ebenfalls beim menschlichen Genom angewandt. *Drosophila* DNA wird in Stücken von 2 bzw. 10 kb in Plasmiden kloniert. Mehr als 3 x 10^6 Sequenzen (jeweils ca. 500 bp) werden so von den Enden der Inserts erstellt.

C2) Zusätzlich wird *Drosophila* DNA von durchschnittlich 130 kb Länge in BACs kloniert. So wird eine Bibliothek von 10 000 Clonen gebildet. Diese deckt das Genom >10x ab (130 kb x 10 000 ≈ 1.3 x 10^9 bp). Die DNA Inserts werden an beiden Enden jeweils 500 bp sequenziert. 20 000 Sequenzstücke á 500 bp entsprechen 10^7 bp, also ≈ 10 % des Gesamtgenoms.

C3) Da im Mittel diese kurzen 500 bp-Sequenzen alle 120 x 10^6 /20 000 = 6 000 bp im Genom positioniert sind, ergibt sich eine Abdeckung eines 130 kb Stückes mit ≈ 20 solcher Sequenzen im 6 kb Abstand. Diese weit auseinander stehenden kurzen Sequenzpaare sind zusammen mit einer weiteren Karte von genomischen Markern das wichtigste Hilfsmittel, die mehr als 3 x 10^6 Sequenzstücke zu assemblieren.

C4) Zunächst werden diejenigen der 3 x 10^6 Sequenzen assembliert, die eindeutig überlappende Einheiten bilden (mit mehr als 40 nt overlap). Diese *unitig* Einheiten vereinigen sich, wenn sie nebeneinander liegen zu geschlossenen *contigs*. Bereiche repetitiver Sequenzen oder fehlende Sequenzen schaffen Probleme. Repetitive Sequenzen schaffen Assemblierungsartefakte, welche an ihrer übermäßigen Zahl „gestapelter" Sequenzen erkennbar sind. Solche Bereiche sind zunächst nicht geordnet.

C5) Da durch die Sequenzierung beider Enden der klonierten DNA Inserts aber stets Paare von Sequenzen erstellt werden, deren Abstand bekannt ist (9 bzw. 1 kb) (s. Punkt C1) und da repetitive Bereiche nur selten länger als 7 kb sind, lassen sich schwierig zu assemblierende Bereiche zunächst überbrücken und behindern nicht die weitere Aufklärung der *contig*-Abfolge. Diese Abfolge läßt sich anhand von Sequenzpaaren, die zu verschiedenen *contigs* gehören, sicher erkennen. Dazu kommt die Abstandsinformation aus den BAC-Sequenzpaaren (s. Punkt C3). Abschließend müssen die im so erstellten Gerüst des Gesamtgenoms verbliebenen Lücken widerspruchsfrei aufgefüllt werden.

4
Functional Genomics

1990 war ein entscheidendes Schwellenjahr zu einer neuen Quantität in der Biologie. Die Abb. 1.8, 1.11 und 1.12 belegen dies deutlich. Der heute möglich gewordene Blick auf ganze Genome ist aber nicht ein bloßer quantitativer Sprung im Informationsvolumen, sondern erlaubt ganz neue Fragestellungen und Lösungsansätze. Dieser qualitative Sprung wird große Bereiche der Biologie revolutionieren. Den Techniken des sog. *functional genomics* fällt dabei eine zentrale Rolle zu. Diese Techniken erlauben die Erstellung weitaus komplexerer Datensets, Daten ganz neuer Qualität.

4.1
DNA Chiptechnologie und Expressionsarrays

Microarrays (auch DNA-chips genannt) erlauben eine nie zuvor möglich gewesene Geschwindigkeit in der Erstellung und Analyse biologischer Daten, da die Präsenz von Tausenden von Genen auf einem Microträger ein massiv paralleles Arbeiten ermöglicht. So sind bereits Arbeiten veröffentlicht worden, in denen das gesamte Hefegenom von ca. 6.000 Genen auf einem Chip eingesetzt wurde. Bedenkt man, daß das menschliche Genom vielleicht aus nur etwa 30–40.000 exprimierten Genen besteht, so ist es nicht utopisch, anzunehmen, in nicht ferner Zukunft auch das menschliche Genom auf wenigen Trägern zu immobilisieren und z. B. in einem Expressionsexperiment in seiner Gesamtheit zu analysieren.

Drei Fragen stellen sich uns zunächst:

1) Wie werden ganze Genome (genauer, deren exprimierter Teil) oder zumindest große Teile eines Genoms auf quadratzentimetergroße Trägermaterialien gebracht?
2) Was ist das generelle experimentelle Prinzip, bei dem diese Chips Verwendung finden?
3) Welche Probleme kann ich so experimentell angehen?

4.1.1
Die Chipherstellung

Als Trägermaterial werden Glas oder Nylon verwendet. Im wesentlichen lassen sich drei Techniken unterscheiden (Abb. 4.1):

a) Photolithographisches Verfahren
b) Microspotting
c) Microspraying

Beim *photolithographischen Verfahren* wird DNA *in situ* auf dem Glasträger synthetisiert. Dabei kommen die photolithographischen Techniken, wie man sie aus der Halbleiterfertigung kennt, zur Anwendung. Der Glasträger besitzt eine reaktive Schicht, die zunächst mit photolabilen Schutzgruppen blockiert

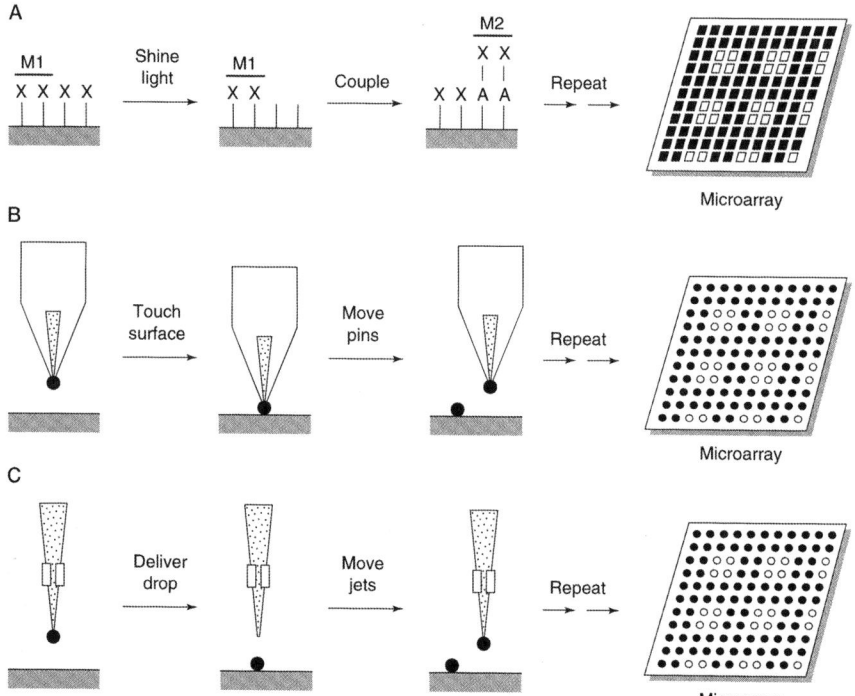

4.1 DNA-Chip Herstellung. A) Im photolithographischen Verfahren wird DNA direkt auf dem Arrayträger synthetisiert. Die Synthese benutzt eine Abfolge von lichtdurchlässigen Masken, die die gezielte Lichtaktivierung von reaktiven Gruppen gestatten. B) Beim Microspotting werden extern synthetisierte Oligos oder PCR-Produkte auf den Träger appliziert und kovalent gebunden. C) Beim Microspotting wird extern synthetisiertes Material wie mit einem Tintenstrahldrucker berührungsfrei auf den Träger gesprüht. (aus Schena et al., *Trends Biotechnol* 1998, 16: 301-306; Abdruck mit Genehmigung von Elsevier Science)

ist. Nach Auflegen einer Maske werden bestimmte Arraysektoren gezielt aktiviert. An diesen Stellen wird nun im ersten Syntheseschritt das erste Nukleotid kovalent gebunden. Dieses erste Nukleotid ist selbst am 5'-Ende blockiert. Durch Auflegen jeweils neuer veränderter Masken wird, wie bei jeder DNA-Synthese, ein wachsender DNA-Strang in jeder Position des Arrays gemäß der an dieser Stelle gewünschten Sequenz verlängert. Diese Technik wird nach einem der Marktführer auch Affymetrix Technologie genannt. Zur Zeit lassen sich so ca. 400.000 verschiedene Gruppen von Oligonukleotiden auf einer Fläche von ca. 1,6 cm² plazieren. Jede Gruppe enthält dabei ca. 10^7 Oligomoleküle. Oligos sind wie bei einer gewöhnlichen DNA Synthese mit ihrem 3'-Ende gebunden. Ein distinktes Gen kann dabei auf dem Chip durch etwa 40 Oligos repräsentiert sein: In zwanzig Chipsektoren sitzen *perfect match* Oligos, in zwanzig weiteren *mismatch* Oligos für Kontrollmessungen (Abb. 4.2 und 4.3).

Beim *Microspotting* werden hingegen Oligos oder PCR-Produkte von einigen Hundert nt Länge zunächst synthetisiert, dann mittels einer Mikrokapillare direkt auf den Glasträger gesetzt und mit UV-Licht immobilisiert. So lassen sich ca. 10^4 DNAs auf ca. 3,6 cm² unterbringen.

Eine Alternative zum Spotting ist *Microspraying*. Hierbei wird ohne Berührung des Trägers aus einer Microdüse aufgesprüht, wobei sich Spotdichten von ca. 10^4 cm^{-2} erreichen lassen.

4.1.2
Das experimentelle Prinzip und die Einsatzgebiete

Wie wir anhand konkreter experimenteller Beispiele sehen werden, steht im Augenblick besonders die Expressionsanalyse eines *Targets* (d. h. eines Organismus bzw. einer Zelle) im Vordergrund der Chip-Anwendung. Dazu werden alle Gene des Arrays (die sog. *probes*) mit cDNAs (oder cRNAs), den sog. *Targets*, die aus Gesamt-mRNA des untersuchten Organismus (also seinem Transkriptom) synthetisiert wurden, hybridisiert.

Zunächst verwendet man hierzu Target cDNA, die einem Normalzustand des untersuchten Organismus entspricht. Da man davon ausgehen kann, daß physiologische Änderungen einer Zelle, die durch Differenzierung, durch Erkrankung oder den Einfluß exogener Substanzen bewirkt werden, eine jeweils spezifische Auswirkung auf das Expressionsmuster dieser Zelle haben, wird eine Hybridisierung mit cDNA aus diesem veränderten Zustand des Targets andere Hybridisierungssignale mit dem ja konstanten Chip ergeben. Die beiden cDNAs sind mit Fluoreszenzlabeln unterschiedlicher Farbe markiert. Beide cDNAs hybridisieren mit ihrer spezifischen *probe*. Die mit einem Laser gemessenen Hybridisierungssignale in jeder Position des Array geben exakt Aufschluß über den veränderten Grad der Expression des zugehörigen Gens, wie er sich in der veränderten messenger-Menge ausdrückt

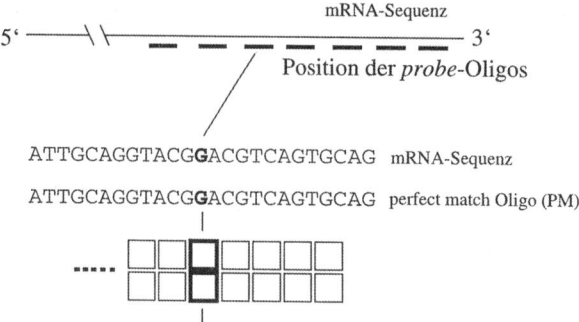

4.2 Ein komplettes Gen oder eine partielle Sequenz (ein EST) eines Gens ist auf dem Oligo-Chip in Form von 4 bis 20 25mer Oligos (*probes*) repräsentiert. Diese Oligos sind im Idealfall nicht oder wenig überlappend. Sie sind bei eukaryontischen Sequenzen zumeist am 3'-Ende des Gens positioniert, um partielle Degradierung am 5'-Ende der mRNA zu umgehen. Zu jedem Oligo gehört außerdem ein Mismatch-Oligo, das in einer zentralen Position eine abweichende Base besitzt. Das immobilisierte *probe*-Oligo vertritt das Gen. Das *target* ist eine fluoreszenzmarkierte cDNA (oder cRNA) der zugehörigen mRNA. *Probe* und *target* hybridisieren in einem Sektor des Mikroarrays. Je nach Stabilität des gebildeten Duplex erzeugt der Laser, der von der Rückseite des Glasträgers einstrahlt, ein unterschiedlich starkes Signal, das vom Fluoreszenzdetektor gemessen wird. Das gemittelte Signal aus (PM-MM) Werten der zum Gen gehörenden *probe*-Paare ist proportional zur RNA-Konzentration. Diese Art des Messung führt zu einer deutlichen Verbesserung der Meßwertqualität gegenüber Einzelmessungen.

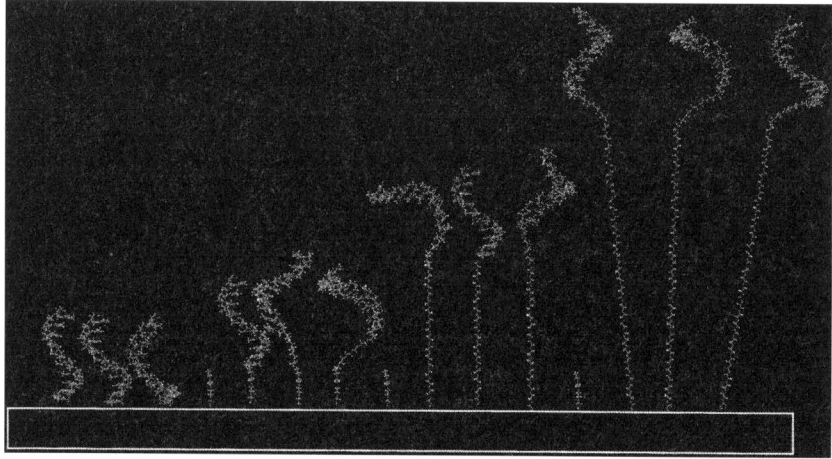

4.3 Die molare Oligodichte auf Arrayträgern beträgt bei Polypropylen 10 pmol/mm^2 (bei Glasträgern 0.1 pmol/mm^2). Dies entspricht 1 Molekül/39 Å^2. Beim Einsatz von Chips zur Identifizierung von Mismatches in nur einer Basenposition (z. B. SNPs) können nur kurze probe-Oligos den nötigen hohen Selektivitätsgrad gewährleisten. Beim Einsatz von Chips für Expressionsstudien ist hingegen besonders die Bandbreite der Hybridisierungskapazität wichtig, um eine Quantifizierung des RNA-targets zu gewährleisten. Die Oligos dieser Abbildung sind über Spacer von 26, 60 und 105 Atomen Länge (von links nach rechts) an den Träger gekoppelt, um die sterische Zugänglichkeit zu verbessern. (aus Southern, Mir und Shchepinov, *Nature Genet* 1999, 21(Suppl.): 5-9)

(s.Abb. 4.2). Gemessen wird also eine Veränderung in der Zusammensetzung des Transkriptoms. Eine veränderte Proteinmenge eines bestimmten Genproduktes ließe sich allerdings auch über die Regulation der Translation einer konstanten mRNA erreichen, ist mit dieser Technik aber experimentell nicht zugänglich.

Mittels Expressionsanalyse auf DNA-Chips läßt sich die Expressionsregulation sowohl von Genen bekannter Funktion als auch von Genen unbekannter Funktion analysieren. Der regulative Zusammenhang mit anderen Genen kann dabei einen Hinweis auf eine mögliche Funktion geben. Forschungsaktivitäten, die mit DNA- Chips oder anderen Arrays große Target- bzw. Probezahlen parallel und automatisiert bearbeiten können und so große Datenmengen generieren, bilden den Bereich des sog. *high-throughput research*, HTR. Häufig sind mit diesen Ansätzen auch leistungsfähige DNA- und Protein-Sequenzierungseinrichtungen assoziiert.

4.2
Das Modell *Saccharomyces cerevisiae*

Das komplette Hefegenom ist seit 1997 bekannt. Es besteht aus ca. 6.000 Genen. Hefe ist ein attraktiver Modellorganismus, in dem cis- regulative Elemente gewöhnlich kompakt und nahe bei der Transkriptionseinheit stehen. Die Möglichkeit, in Hefe experimentelle Genetik zu betreiben, macht diesen niederen Eukaryonten besonders attraktiv für eine Kombination von *functional genomics*, biochemischer Charakterisierung, Genetik und *Proteomics*. Auf Grund der hohen Konservierung einzelner molekularbiologischer Prozesse z. B. zwischen Hefe und Mensch, ist Hefe ein wichtiges Hilfsmittel beim Studium menschlicher Gene. Im folgenden beschäftigen wir uns mit Ergebnissen des *functional genomics* im eukaryontischen Modellsystem *Saccharomyces cerevisiae* (Bäckerhefe).

Zunächst ein Blick auf die Frühgeschichte der Hefe. Die Totalsequenzierung des Hefegenoms und die dabei gefundenen großen Regionen duplizierter genetischer Information lassen im Vergleich mit anderen Hefen wie *C. albicans* und *K. lactis* den Schluß zu, daß *S. cerevisiae* ein degeneriertes Tetraploid ist, das vor ca. 100 Mio. Jahren einem Duplikationsereignis unterworfen war (Abb. 4.4). Es ist zur Zeit nicht klar, ob dieses Verdopplungsereignis innerhalb einer einzigen Spezies stattfand (Autotetraploidie) oder ob zwei Spezies hybridisierten (Allotetraploidie). Das verdoppelte Genom verlor dann wieder einen Teil seiner verdoppelten Gene. Schaut man sich die Verteilung der beibehaltenen verdoppelten Gene an, so ergeben sich in den verschiedenen funktionellen Kategorien deutliche Unterschiede (Abb. 4.5).

Verdoppelte Gene können einen Selektionsvorteil darstellen, wenn z. B. die dadurch erhöhte Expression des betroffenen Gens einen Vorteil bietet. Die bei-

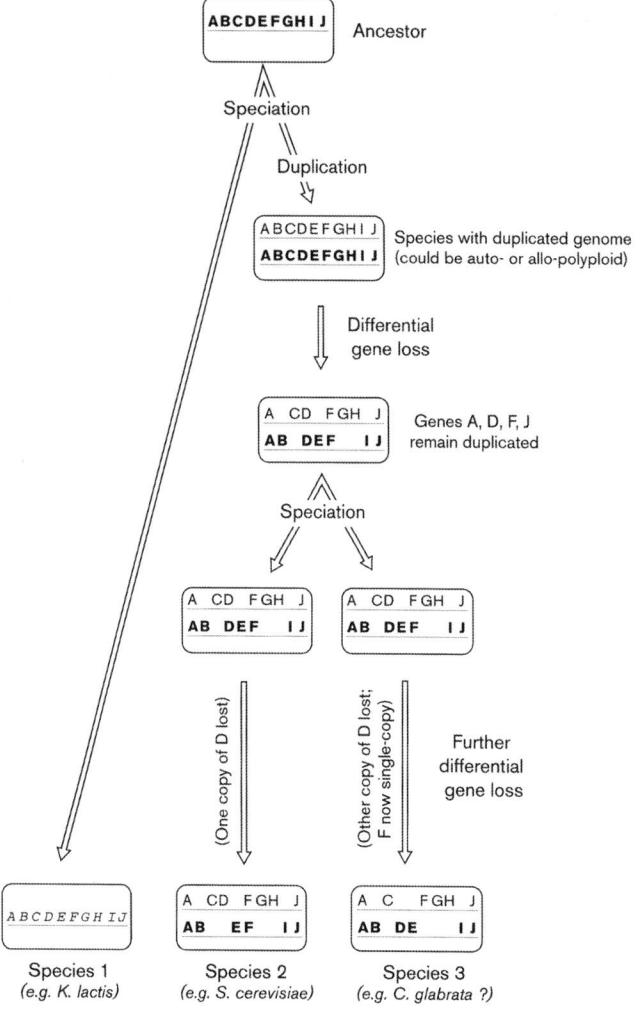

4.4 Die Bäckerhefe *S. cerevisiae* teilt sich mit anderen Hefen wie *K. lactis* und *C. albicans* einen gemeinsamen evolutionären Vorläufer. Die Aufspaltung in diese drei Hefen liegt ca. 100 Millionen Jahre zurück. Die Verdopplung des Hefegenoms und der nachfolgende differentielle Genverlust liegen zeitlich nach dieser Aufspaltung. Eine solche Situation läßt sich für Vergleiche der Art Genom mit Genom ausnutzen (s. Text). (aus Seoighe, Wolfe, *Curr Opin Microbiol* 1999, 2: 548-554; Abdruck mit Genehmigung von Elsevier Science)

A

Proteinkategorie	Anzahl der Proteine in dieser Kategorie	Prozentsatz duplizierter Proteine
alle Proteine	5792	12.9
essentielle Proteine	731	2.7
nichtessentielle Proteine	2255	16.6
nach funktionellen Kategorien:		
Cycline	22	54.5
Proteinphosphatasen	40	32.5
Heat-shock Proteine	32	31.3
Proteinkinasen	123	29.3
GTPase-aktivierende Proteine	19	26.3
Glucose Metabolismus	223	26
GNP Austauschfaktoren	23	21.7
GTPasen	55	18.2
Aminosäuremetabolismus	189	12.7
Transkriptionsfaktoren	261	12.3
tRNA Synthetasen	42	11.9
ABC Proteine	30	10
Proteasen (nicht-proteasomal)	72	9.7
Ubiquitin-konjugierende Proteine	24	8.3
Proteasome-Untereinheiten	34	2.9
Serin-reiche Proteine	10	0
AAA ATPase-Domäne Proteine	16	0
ribosomale Proteine	209	39.2
ribosomale Proteine (mitochondrial)	44	0
ribosomale Proteine (cytoplasmatisch)	165	50.3

4.5 A) *S. cerevisiae* Proteine, die in den verschiedenen funktionellen Kategorien verdoppelt beibehalten wurden. Nur 8 % der Hefe-Gene vor Duplikation wurden dupliziert beibehalten, das entspricht also ca. 16 % des duplizierten Genoms. Die in der Tabelle gezeigten 12.9 % zeigen, daß noch nicht alle duplizierten Gene erkannt sind.

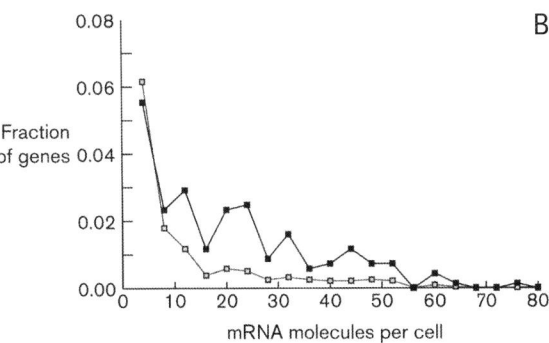

B) Im Vergleich zur Gesamtmenge aller Gene (graue Kurve) sind verdoppelte *hochexprimierte Gene* verhältnismäßig oft beibehalten worden (schwarze Kurve). Die X-Achse des Diagramms zeigt die Datenpunkte für Gengruppen mit 0-4, 4-8, 8-12 usw. mRNA Kopien/Zelle. Die Y-Achse zeigt den Anteil am Gesamtgenom. Die Gruppe 0-4 Kopien mit einem Anteil von 87 % aller Gene (bzw. 76 % aller duplizierten Gene) ist nicht dargestellt. (Abb. und Werte aus Seoighe und Wolfe, *Curr Opin Microbiol* 1999, 2: 548-554; Abdruck mit Genehmigung von Elsevier Science)

den duplizierten Gene können sich auch funktionell auseinander entwickeln, so daß beide beibehalten werden. In *S. cerevisiae* sind schätzungsweise 8 % der Gene vor Duplikation nach Duplikation in duplizierter Form beibehalten worden (entspricht also ca. 16 % des Genoms). Dies sind insbesondere hochexprimierte Gene (Abb. 4.5). Das Set der beibehaltenen duplizierten Gene in *S. cerevisiae* enthält 49 Paare, in denen wenigstens ein Gen ein Intron enthält. In 11 der 49 Paare fehlt dabei das Intron in einer Kopie. Der Vergleich mit dem Genom der vom gleichen Vorläufer abstammenden Hefe *C. albicans* (vgl. auch Abb. 4.4 und 4.5) zeigt, daß in allen Fällen (mit Ausnahme eines Introns nur in *S. cerevisiae*) das Intron vor der Genomduplikation vorhanden war und in *S. cerevisiae* danach verloren ging. Also ein Verlust von 10 der 2 x 48 Introns in 100 Mio. Jahren. Diese Rekonstruktion der Evolutionsgeschichte von *S. cerevisiae* ist ein Beispiel dafür, welche weitreichende Aussagen über die sich im Verlauf der Evolution verändernde Genommorphologie einer Spezies durch die Genomprojekte möglich wurden.

4.2.1
Expressionsanalyse mit Hefe-Chip

Nun das erste Beispiel für DNA-Chip Technologie. Sehen wir uns dafür eine klassische Veröffentlichung aus dem Jahre 1997 an, die diese Technologie exemplarisch anwendet. Diese Studie untersucht die genomweite Änderung des Expressions-patterns (Transkriptom) nach *diauxic shift* (DeRisi et al., Science 1997, 278: 680-686), siehe auch [http://derisilab.ucsf.edu/].

Die Fragestellung lautet, wie sieht die zeitabhängige Umprogrammierung der Genexpression in Hefe bei einem drastischen metabolischen Shift von anaerober Fermentation zu aerober Atmung aus, also die genomweite Änderung des Expressionspatterns. Auch wenn die Änderung der Proteinkonzentrationen nicht ausschließlich über die Regulation der mRNA Konzentrationen erfolgt, ist der zelluläre Status fast stets von Änderungen in den mRNA Konzentrationen vieler Gene begleitet. Solche mRNA Konzentrationsänderungen lassen sich mit cDNAs relativ einfach bestimmen.

Chip-printing: Jedes ORF einer wt Hefe wird über PCR mit kommerziellen Primern amplifiziert, anschließend auf einem 18 x 18 mm großen Chip mit 80 x 80 = 6.400 Sektoren durch Microspotting appliziert und immobilisiert. Der Chip trägt also nahezu jedes Hefegen (Abb. 4.6).

Der biologische Vorgang: Eine Wildtyp Hefekultur wächst in einem Medium reich an fermentierbarer Glucose (Umsetzung zu EtOH) (Abb. 4.7 und 4.8). Mit der Zeit verarmt das Medium an Glc, und die Hefe stellt auf Atmung um (d. h. aktiviert ihren TCA-Cyclus). Aus der Kultur werden nach 9 Stunden in zweistündigen Intervallen Proben entnommen, deren Gesamt-mRNA isoliert, daraus cDNA synthetisiert. Eine cDNA, die dem Zeitpunkt t = 9h entspricht, wird mit einem grünen Fluoreszenzlabel (Cy3) versehen, die cDNAs

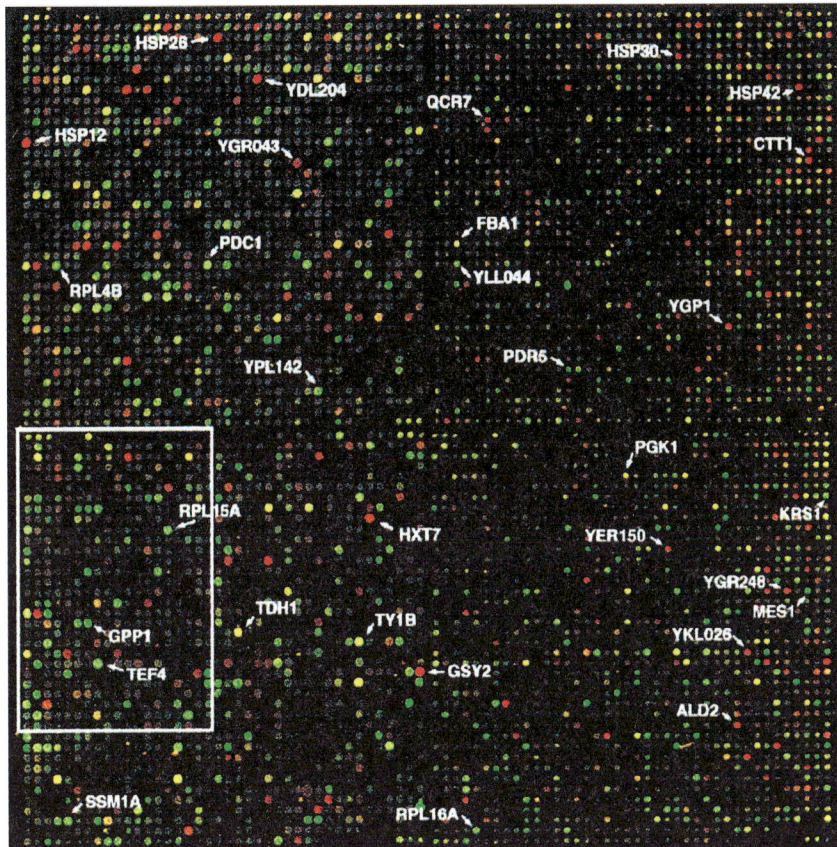

4.6 Die Abbildung zeigt den hybridisierten Hefe Chip nach Hybridisierung mit cDNA des Zeitpunktes t = 19h (OD = 6.9 in der Hefekultur). Grüne, rote und gelbe Signale weisen reprimierte, induzierte und unveränderte Genexpression aus. Das weiße Feld kennzeichnet den Chipsektor, der in Abb. 4.9 detailliert gezeigt wird. (aus DeRisi et al., *Science* 1997, 278: 680-686; Abdruck mit Genehmigung der American Association for the Advancement of Science)

vom Zeitpunkt 11, 13, 15, 17, 19, 21h mit einem <u>roten</u> Label (Cy5). Für die cDNA Synthese werden jeweils gleiche Mengen an Gesamt-mRNA eingesetzt. Vor der Hybridisierung der cDNAs auf dem Chip werden rote und grüne (Referenz) cDNA gemischt. Das relative grün/rot Signal der Hybridisierung wird gemessen.

Abb. 4.6 zeigt den Chip nach Hybridisierung mit cDNA (Zeitpunkt 19h). Ein <u>grünes</u> Signal bedeutet, das Gen wird bei t = 9h exprimiert, während des shifts aber reprimiert, so daß wenig „rote cDNA" dieses Gens gebildet wird. Ein <u>rotes</u> Signal bedeutet, das Gen wird also während des shifts induziert, „rote cDNA" wird verstärkt gebildet. Ein <u>gelbes</u> Signal bedeutet, keine Änderung der Ex-

Fold induction
Fold repression
1:1
Glucose (g/liter)
Time (hours)
Glycogen/Trehalose
Cytochrome-c
TCA / Glyoxalate cycle
Ribosomal proteins
Translation elongation/init.
tRNA synthetase

A
OD 600 nm
Glucose (g/liter)
B
Fold induction
Fold repression
1:1
MLS1
IDP2
ICL1
ACS1
ACR1
FBP1
PPC1
C
GSY2
CTT1
HSP42
HSP26
HSP12
YKL026C
YGR043C
D
CYT1
COX5A
COX6
COX13
RIP1
QCR7
COR1
E
YPL012W
YNL141W
YMR290C
SAM1
GPP1
YGR160W
YDR398W
F
RP23
SSM1A
RPLA0
RPL6A
URP2
RPL15A
RPL4B
Time (hours)

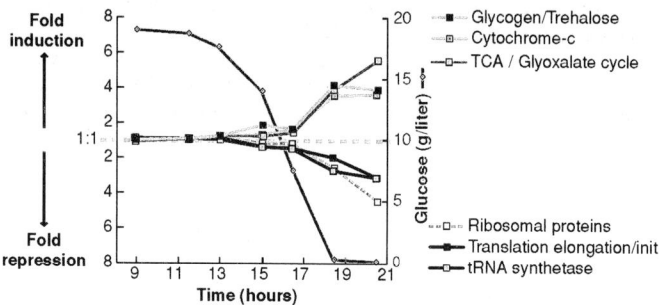

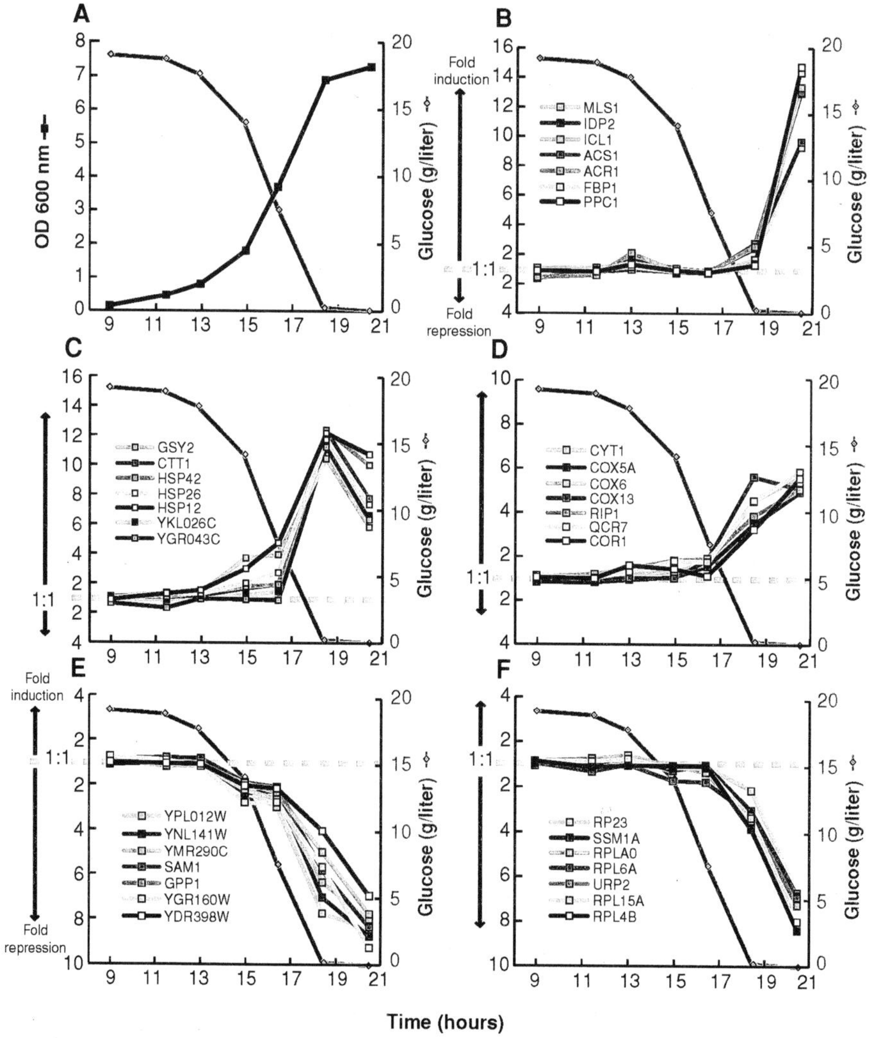

◀ **4.7** Das erste Diagramm zeigt, daß einerseits Schlüsselgruppen des Energiehaushalts induziert werden, andererseits die ribosomale Translation zurückgefahren wird. Diagramm A illustriert den zeitlichen Verlauf der Dichte der wachsenden Hefekultur und die abnehmende Glucosekonzentration. B-F zeigen distinkte zeitliche Muster der Repression oder Induktion, die für ganze Gengruppen beobachtbar sind. (aus DeRisi et al., *Science* 1997, 278: 680-686; Abdruck mit Genehmigung der American Association for the Advancement of Science)

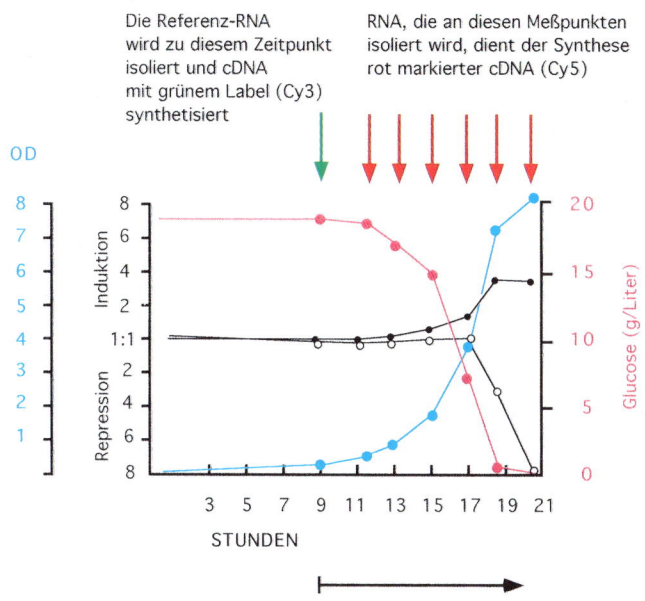

4.8 Wachstumsverlauf der Hefekultur während des shift Experimentes. Angezeigt ist auch die Position der entnommenen Aliquots für die Synthese von verschiedenartig markierten cDNAs.

pression dieser mRNA während des shift (Gelb entsteht bei Grün- und Rot-Signal gleicher Intensität.) Die Regulation im genomischen Gesamtzusammenhang läßt sich so für jedes der 6000 Gene im Koordinatengitter des Chips zeitabhängig erfassen.

Abb. 4.9 zeigt die zeitabhängige Veränderung des Expressionsmusters der Hefe. Zwischen t = 9–13h ist die Änderung zunächst moderat, bei stärkerer Glc-Verarmung dann sehr deutlich. Nicht alle der regulierten Gene sind bereits charakterisiert, die Änderung in ihrem Expressionsmuster als Antwort auf den Shift gibt aber erste Hinweise für mögliche Funktionen.

Der metabolische Shift zeigt sich natürlich deutlich im Bereich der enzymatischen Ausstattung der Glykolyse und des TCA-Cyclus (Abb. 4.10). Interessant

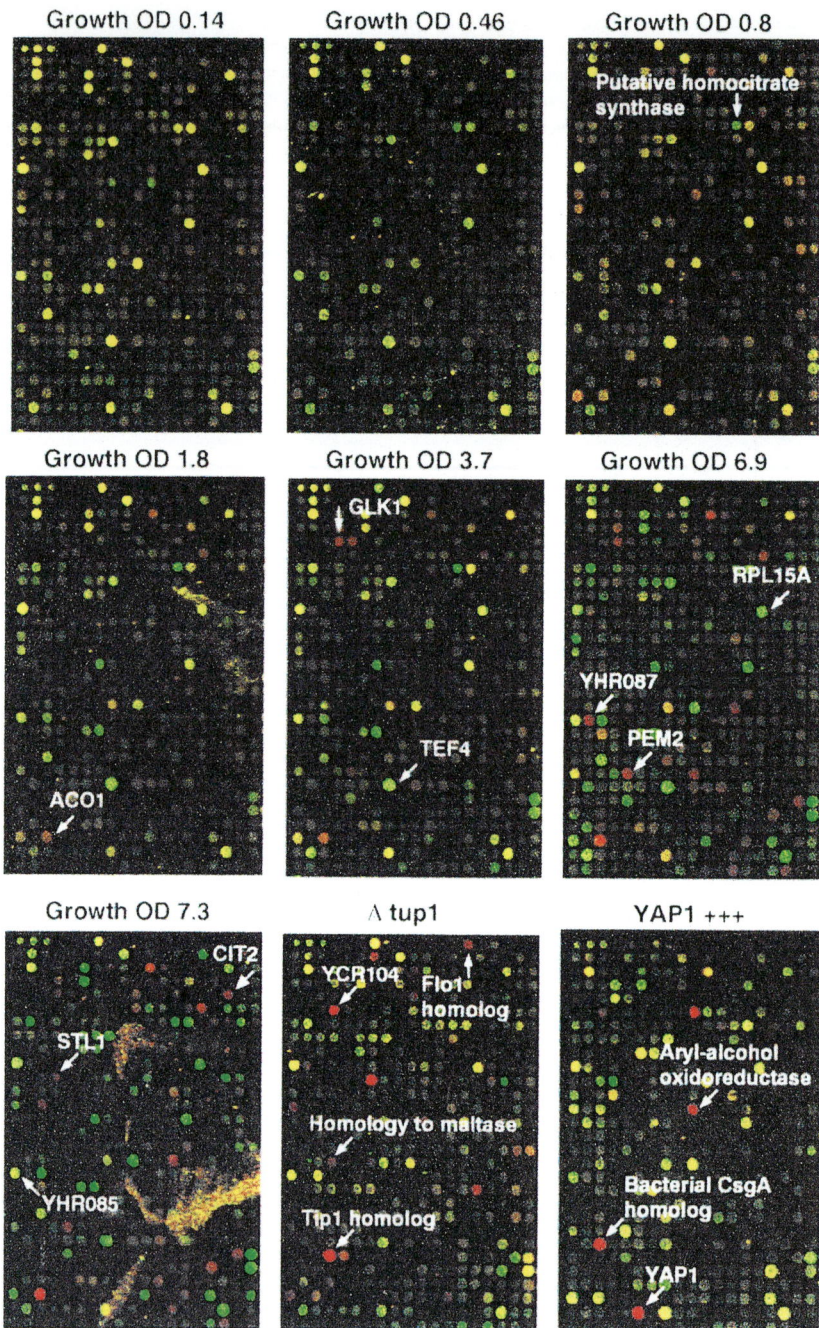

4.9 Zeitlich aufgelöste Darstellung des Expressionsgeschehens in einem Teil des Gesamtarray (s. auch Abb. 4.6). (aus DeRisi et al., *Science* 1997, 278: 680-686; Abdruck mit Genehmigung der American Association for the Advancement of Science)

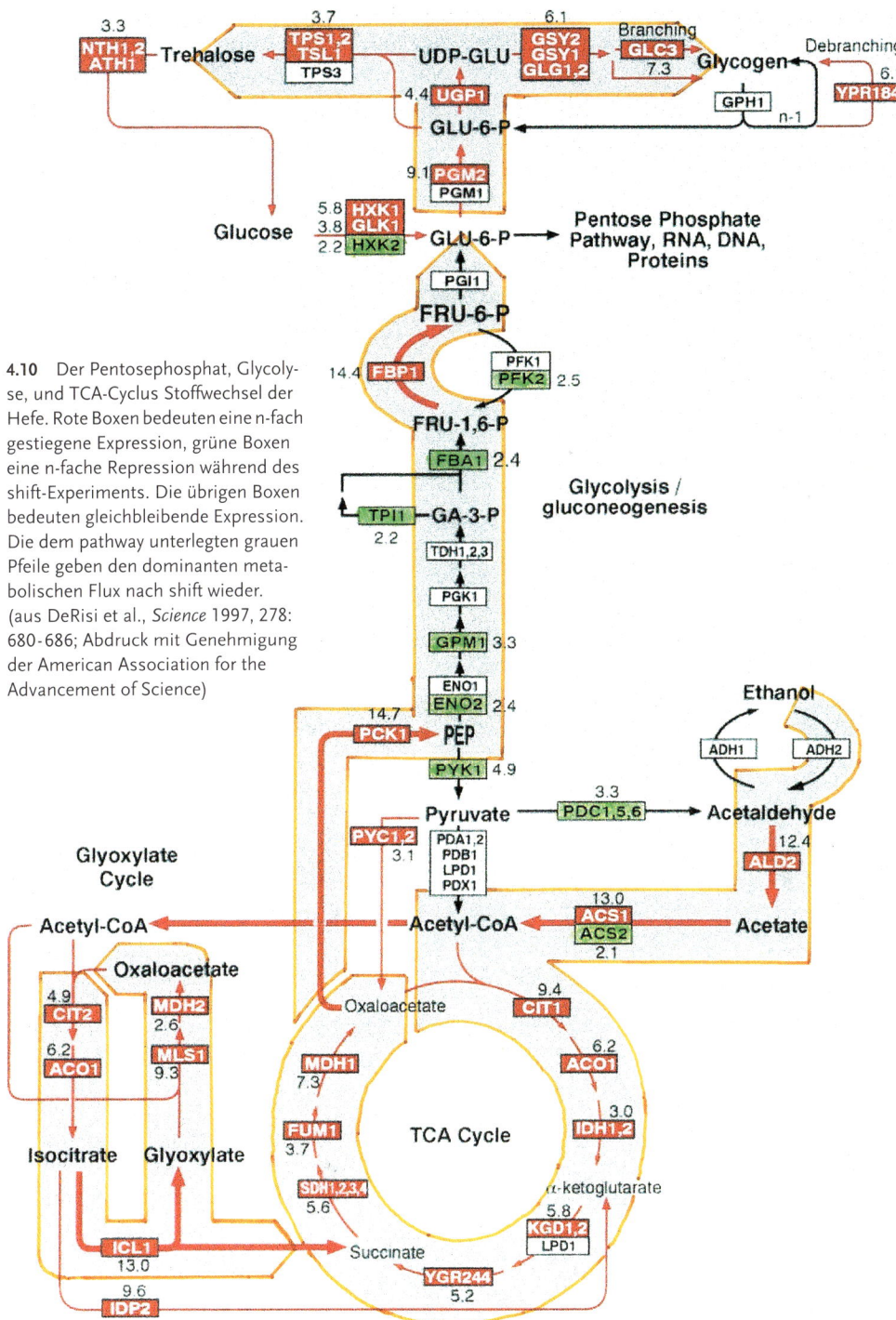

4.10 Der Pentosephosphat, Glycolyse, und TCA-Cyclus Stoffwechsel der Hefe. Rote Boxen bedeuten eine n-fach gestiegene Expression, grüne Boxen eine n-fache Repression während des shift-Experiments. Die übrigen Boxen bedeuten gleichbleibende Expression. Die dem pathway unterlegten grauen Pfeile geben den dominanten metabolischen Flux nach shift wieder. (aus DeRisi et al., *Science* 1997, 278: 680-686; Abdruck mit Genehmigung der American Association for the Advancement of Science)

sind z. B. auch die deutliche down-Regulation der ribosomalen und anderer Proteine des Translationsapparates (s. Abb. 4.7). Ribosomale Proteinbiosynthese ist primär auf dem Level der Transkription reguliert! Für mehrere Gengruppen lassen sich distinkte temporale Muster für Induktion/Repression nach Shift beschreiben.

Ähnliche Experimente können mit dem gleichen Chip aber mit Hefe cDNAs aus Stämmen durchgeführt werden, die Deletionen in regulatorischen Schlüsselgenen haben, deren Effekt sich somit auf genomischer Ebene sichtbar machen läßt. Ergebnisse aus solchen Experimenten lassen sich für *metabolic pathway modelling* und Stammverbesserung einsetzen. Der Zeitraum dieses Experimentes betrug 4 Monate für PCR-Ansätze und 2 Tage für chip-printing (110 Stück).

4.2.2
Mutanten und Chiptechnologie

In der folgenden Studie wurde untersucht, welche genomweiten Änderung des Expressionspatterns (Transkriptom) bei knockout bestimmter Schlüsselkomponenten des Transkriptionsapparates der Hefe beobachtet werden (Abb. 4.11). (Holstege et al., *Cell* 1998, 95: 717-728), siehe auch [http://web.wi.mit.edu/young/expression/]. Dazu werden Hefemutanten verwendet, die in diesen Komponenten mutiert sind:

Rpb1-1 ist eine ts-Mutante des Rpb1 Gens, der katalytischen, größten Untereinheit der RNA Pol II. Diese Mutante erlaubt nach Temperatur-Shift keine

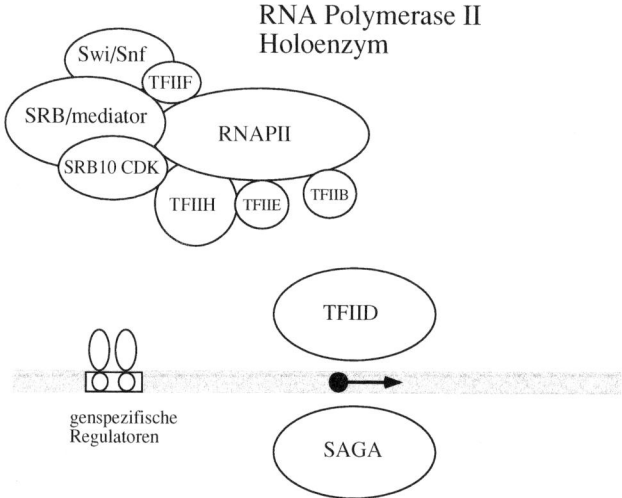

4.11 Das RNA Pol II Holoenzym ist aus mehr als 85 Proteinen zusammengesetzt, die sich in 10 Subkomplexen organisieren. (nach Holstege et al., *Cell* 1998, 95: 717-728)

Transkription mehr. *Med6 ts* ist eine Mutante des Med6 Proteins, einer Komponente des Srb/mediator Komplexes. *Srb10* ist eine inaktive Punktmutante von Srb10, einer Cyclin-abhängigen Kinase, die Teil des RNA Pol II Holoenzyms ist. *Swi2* ist eine inaktive Punktmutante einer ATPase. Während sich ts-mutierte Genprodukte durch shift zur nicht-permissiven Temperatur abschalten lassen, muß bei inaktiven Punktmutanten zumindest die Lebensfähigkeit der Zelle gewährleistet sein.

Zunächst wurde wieder das gesamte Hefegenom auf einen Chip gebracht, diesmal einen sogenannten HDA (für high density oligonucleotide array) – Chip (Affymetrix). Dabei wird jedes Hefegen auf dem Chip durch zwanzig 25mer Oligos (perfect match mit mRNA) und zwanzig one-mismatch Oligos repräsentiert (s. a. Abb. 4.2). Diese Anordnung erlaubt 20 Differenzmessungen des Hybridisierungssignales für jedes Gen, die gemittelt werden und so eine Aussage über die Expression dieses Gens gestatten. Die Anordnung auf dem Chip von links oben nach rechts unten entspricht der chromosomalen Anordnung „linkes Ende Chromosom I bis rechtes Ende Chromosom XVI" (Abb. 4.12).

Zur Hybridisierung wird aus den Mutanten zunächst mid-log poly-A RNA isoliert und doppelsträngige cDNA hergestellt. Von dieser wird dann biotinylierte cRNA transkribiert (1–3 mg poly-A RNA ergibt ca. 60 mg cRNA) und zur Hybridisierung verwendet. Der Chip wird mit der biotinylierten RNA hybridisiert, diese dann spezifisch angefärbt. Aufgrund des Signals nach Anfärbung lassen sich die Veränderungen in der RNA Gesamtpopulation (Transkriptom), die durch die jeweilige Mutation einer Schlüsselkomponente des Transkriptionsapparates verursacht werden, bestimmen (dabei wird jeweils mit einem isogenen Wildtyp verglichen).

Die Ergebnisse sind in Abb. 4.12 zusammengestellt:

Panel A zeigt die Auswirkung der Rbp1 ts Mutante, deren RNA 45 Minuten nach Temperatur-shift isoliert wurde. Nahezu alle Transkripte sind betroffen, die große Mehrheit aller mRNAs ist mehr als 2fach reduziert. Dies gibt einen Hinweis auf die Halbwertszeit von Hefe mRNA; Gene, die hier keine reduzierte Expression zeigen, besitzen sehr große Halbwertszeiten von mehr als 45 Minuten.

Panel B zeigt den Effekt der Med6 Mutante auf die globale Expression 45 Minuten nach Temperatur-shift. Nur ca. 10% aller Hefegene zeigen eine direkte Abhängigkeit von diesem Faktor.

Panel C verdeutlicht, daß die Srb10 Kinase ein negativer Regulator ist, denn 173 Gene (3% des Genoms) zeigen einen Expressionsanstieg mit einem Faktor ≥ 2 in einer Mutante, die kein funktionierendes Srb10 enthält.

Panel D zeigt, daß in der Swi2 Mutante 203 Gene in ihrer Expression ansteigen, während 126 abnehmende Expression aufweisen.

Abb. 4.13 gibt einen Gesamtüberblick für alle Komponenten, die untersucht wurden. Die Expression distinkter Sets eukaryontischer Gene hängt also direkt

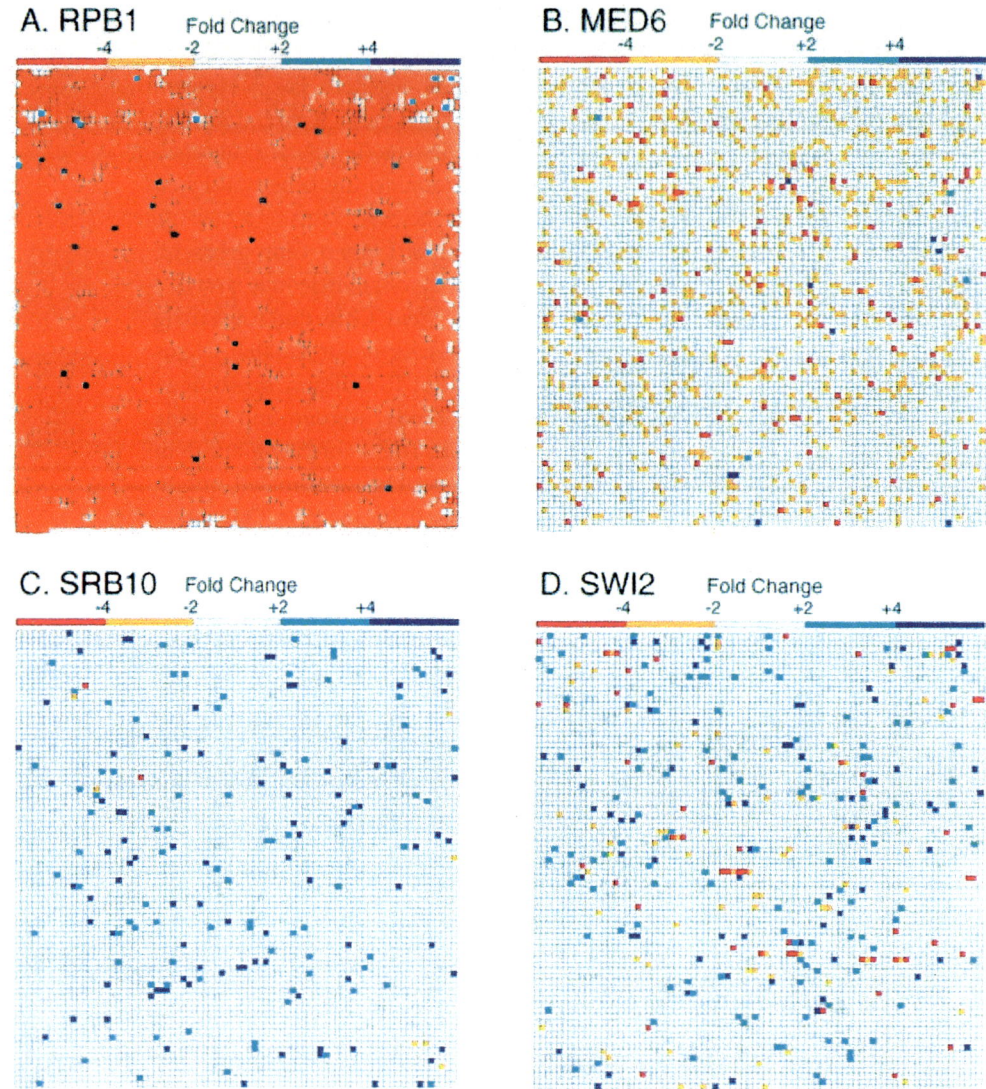

4.12 Farbkodierte globale Expressionsänderung in Hefen mit Mutationen in vier Schlüsselkomponenten des RNA Polymerase II Komplexes (siehe Text). Hier bedeutet ROT reduzierte Expression und BLAU erhöhte Expression. (aus Holstege et al., Cell 1998, 95: 717-728)

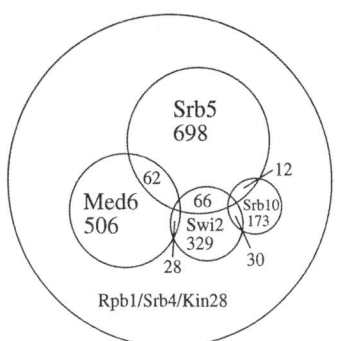

4.13 Dieses Diagramm faßt die Ergebnisse der Chip-Experimente mit Hefemutanten in Schlüsselkomponenten der RNA Pol II zusammen. Symbolisiert der große Kreis die Gesamtheit des Transkriptoms unter dem Einfluß z. B. von Rpb1, so geben die kleineren Kreise die Subklassen des Transkriptoms wieder, die unter der Kontrolle distinkter RNA Pol II Komponenten stehen. Die Zahlen geben die Genzahl wieder. Die Genzahl in überlappenden Abhängigkeiten sind noch einmal gesondert ausgewiesen.

von einzelnen Komponenten des Transkriptionsapparates ab. Es ist daher denkbar, daß diese Komponenten das direkte Target von Gengruppen-spezifischen Aktivatoren sind und nicht die Gene selbst. Diese Daten sind ein wichtiger Beitrag zur Erstellung einer genomweiten Übersichtskarte aller Interaktionen zwischen den biologischen Makromolekülen eines Proteoms. Zu bedenken ist, daß die Regulationsmechanismen, die mit solchen Chiphybridisierungen aufgedeckt werden, Veränderungen auf der Ebene des Transkriptoms erkennen lassen und nicht notwendigerweise die quantitative Situation auf der Ebene des Proteoms widerspiegeln. So gibt es in Eukaryonten Regulationsmechanismen, die spezifische mRNAs translational stillegen, dabei aber die mRNA nicht zerstören. In einem solchen Falle würde sich eine abgeschaltete Translation nicht auf der Transkriptom-Ebene widerspiegeln (Ambros Control of developmental timing in *Caenorhabditis elegans Curr Opin Genet Dev* 2000, 10: 428-433).

Darüber hinaus wird die Situation außerordentlich komplex, wenn man den Einfluß bedenkt, den besonders in Vertebraten das alternative Spleißen auf die tatsächliche Komplexität des Transkriptoms und des Proteoms hat (Abb. 4.14). Da bei DNA Chips eine cDNA Population und immobilisierte Gene hybridisiert werden, ist zum Verständnis der Hybridisierungskinetiken eine solche Kenntnis der Transkriptomkomplexität gegebenenfalls nötig. Andersherum bietet die Arraytechnologie durch geschicktes Design der Oligos, die ein Gen auf dem Chip repräsentieren, denkbare experimentelle Ansätze, um einen komplexen biologischen Prozeß wie das alternative Spleißen in seiner Regulation zu verstehen.

Target mRNA läßt sich aus definierten Arealen eines untersuchten Organismus (z. B. aus Organen und Geweben) zu definierten Zeitpunkten seines biologischen Entwicklungsprozesses entnehmen. Somit kann eine räumlich und zeitlich aufgelöste Analyse des Expressionsgeschehens in einem komplexen Organismus erstellt werden. In diesem Zusammenhang sei auf die sehr vielversprechende Methode des *post-transcriptional gene-silencing*, PTGS, hingewiesen. Das zugrunde liegende biologische Phänomen wird RNAi genannt, für

4.14 Die Beziehung zwischen Genom, Transkriptom und Proteom. Nur im einfachsten Falle gilt *Ein Gen – eine mRNA – ein Protein*. Schätzungen gehen z. B. davon aus, daß wenigstens 35 % der menschlichen Gene alternativ gespleißt werden (Croft et al., *Nat Genet* 2000, 24: 340-341). Das heißt, daß diese Genzahl ein Vielfaches an unterschiedlichen mRNAs und entsprechend ein Vielfaches an unterschiedlichen Proteinen kodieren kann. Der größte Teil menschlicher Gene besitzt ein oder mehrere Introns, zumeist aber weniger als zehn. Die durchschnittliche Größe menschlicher Gene liegt bei 27 kb.

Ein besonders eindrucksvolles Beispiel für das Kodierungspotential durch alternatives Spleißen zeigt das Beispiel des DSCAM Gens aus *Drosophila* (Adams et al., *Science* 2000, 287: 2185-2195). Das Gen ist 61.2 kB lang; nach Transkription und Spleißen entsteht eine mRNA von nur 7.8 kB Länge, die aus 24 Exons besteht.

Struktur des Gens (die senkrechten Striche symbolisieren die Exons).

EXON #   4   6   9   17

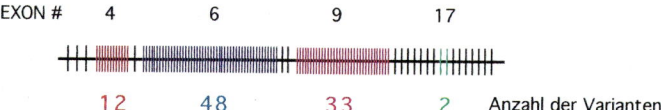

      12   48   33   2   Anzahl der Varianten

Das Primärtranskript enthält zunächst alle Introns und Exons. Während des Spleißvorgangs werden die Introns entfernt und für Exon # 4, 6, 9 und 17 wird jeweils nur eine Variante beibehalten.
Die Struktur eines reifen Messengers ergibt sich also zu

EXON #   4 6   9   17

und wird so zu einem entsprechenden Protein translatiert.

Bei vollständiger Ausnutzung der RNA-Kombinatorik könnte allein dieses eine von ca.13.600 *Drosophila* Genen 12x48x33x2 = 38.016 verschiedene Transkripte und damit Proteine bilden. Die molekulare Komplexität eines Transkriptoms kann also die des zugehörigen Genoms weit übertreffen.

RNA interference. Durch gezieltes lokales Injizieren einer genspezifischen doppelsträngigen (ds) RNA zu einem gewählten Zeitpunkt läßt sich eine mRNA spezifisch aus dem Transkriptom eliminieren (Abb. 4.15). Der Effekt eines somit eliminierten Genproduktes auf die Zusammensetzung des Transkriptoms kann damit also zu distinkten Zeitpunkten des Entwicklungsverlaufes beobachtet werden.

Ein solcher *posttranskriptionaler knockout* hat Vorteile gegenüber einer klassischen Gen-knockout Mutante. Schwere Anomalien im entwicklungsbiologischen Programmablauf des Organismus, die auf Grund eines chromsomalen knockout denkbar sind und den eigentlichen biologischen Effekt der Target mRNA überdecken, werden so vermieden. Der biologische Effekt eines mRNA knockout ist hingegen örtlich und zeitlich genau eingegrenzt. Kritische Faktoren für diese Technik sind der notwendige RNAi-Response nach dsRNA-Injektion und das Ausbleiben unspezifischer Abwehrmechanismen gegen diese dsRNA (Gura, *Nature* 2000, 404: 804-806; Elbashir et al. *Nature* 2001, 411: 494-498; Tuschl, *ChemBioChem* 2001, 2: 239-245).

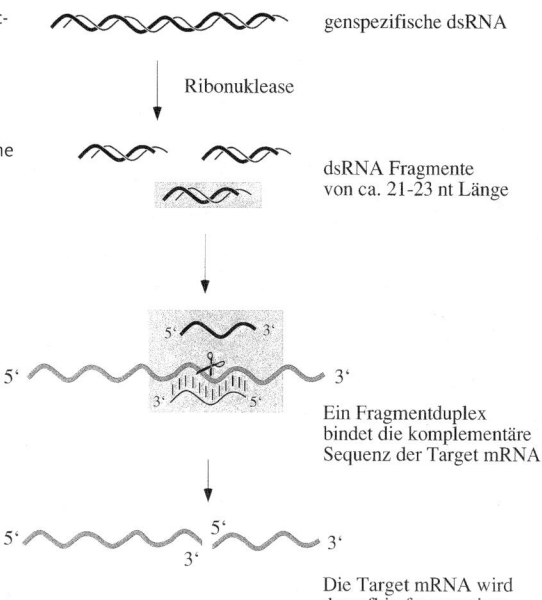

4.15 Posttranskriptionales Gen-Silencing PTGS kann benutzt werden, um in einer lebenden Zelle ein Genprodukt durch gezielte Eliminierung seiner entsprechenden mRNA zu entfernen. Die Target mRNA wird durch eine spezifische dsRNA zerstört. Ein solcher posttranskriptionaler Knockout hat gegenüber einem chromosomalen Knockout den Vorteil, daß Anomalien im Entwicklungsablauf des Organismus, die den eigentlichen Target-Effekt überlagern, vermieden werden.

In C. elegans wurden so in einem großangelegten functional genomics screen 2.232 von 2.315 ORFs des Chromosoms III getestet. Dazu wurden entsprechende dsRNAs in die Gonaden adulter Wildtyp Hermaphroditen mikroinjiziert und mittels mikroskopischer Methoden die Embryos identifiziert, die einen abweichenden Zellteilungs-Phänotyp zeigten. So ließen sich 133 Gene identifizieren, die in zellulären Prozessen der frühen Embryonalentwicklung in C. elegans involviert sind (Gönczy et al., *Nature* 2000, 408: 331-336).

4.2.3
Genomweite Mutantensammlungen

Im Beispiel der DNA-Chip Expressionsanalyse von RNA Pol II Mutanten wurden Stämme mit mutierten Genen verwendet, um deren Effekt auf die Expression aller anderen Gene des Genoms zu studieren. Mutanten sind also ein wichtiges Hilfsmittel für die Expressionsanalyse und die Analyse kooperierender Gengruppen. Der Ansatz, Mutanten zu verwenden, um anhand des resultierenden Phänotyps etwas über die möglichen Funktionen der mutierten Gene zu erfahren, wird in Hefe und anderen Modellorganismen in großem Stil verfolgt. Dabei müssen nicht notwendigerweise DNA-Chip-Technologien verwendet werden. Um eine genomweite Sammlung von Mutanten zu erstellen, kann z. B. durch Transposonmutagenese jedes Gen eines Organismus durch Insertion des Transposons unterbrochen werden (*gene disruption library*).

Im Falle der Hefe *S. cerevisiae* hat man ein multifunktionelles Minitransposon (mTn) verwendet, um eine plasmidkodierte Bibliothek von Hefe DNA in *E. coli* zu mutagenisieren. Mit dieser Bibliothek wird dann wiederum Hefe transformiert. Es ergibt sich so eine Hefemutantensammlung, in der jeder Hefestamm eine Transposoninsertion an definierter Stelle im Genom trägt. Diese Techniken sind daher auf Organismen beschränkt, die eine hohe Rate an homologer Rekombination besitzen. Die Transposonsequenz trägt neben Selektionsmarkern, die für *E. coli*- und Hefegenetik nützlich sind, ein *lacZ* Reporter-Gen, das es ermöglicht, die Expression des Transposon-tragenden Gens in Hefe unter den verschiedensten Wachstumsbedingungen gezielt zu verfolgen. Da das Gen durch die Insertion verkürzt wird, ist auch eine Analyse des zugehörigen Phänotyps unter verschiedenen Bedingungen möglich. Das Transposon trägt außerdem die Information zur Expression eines *tags*, eines Epitops also, das bei Verwendung von Antikörpern, die dieses tag erkennen, dazu dient, das mutierte Hefegen bei Expression in der Zelle z. B. durch Immunfluoreszenz direkt zu lokalisieren.

In Hefe wurde so eine Sammlung von ca. 12.000 Hefemutanten erstellt. Hiermit konnten Expressionsdaten für über 2.000 Gene gesammelt werden, neben Lokalisationsdaten und phänotypischen Daten für mehrere Tausend weiterer Mutanten. Die so erstellten Daten sind in der TRIPLES Datenbank (für transposon-insertion phenotypes, localization and expression in *Saccharomyces*; Yale Genome Analysis Center [http://ygac.med.yale.edu]) zusammengestellt und können nach verschiedenen Kriterien durchsucht werden. Für jeden Eintrag bestehen Links zur *Saccharomyces* Genome Database SGD und zu GenBank. Die die Daten generierenden Mutanten sind nicht nur ausführlich beschrieben, sondern auch online für ein interessiertes Labor erhältlich (Coelho et al., *Curr Op Microbiol* 2000, 3: 309-315; Kumar et al., *Nucleic Acids Res* 2000, 28: 81-84).

Anstrengungen zur Schaffung genomweiter Mutantensammlungen werden für *Arabidopsis*, *Drosophila*, *C. elegans* und andere Modellorganismen unternommen. Ein anderes Beispiel genomweiter Transposonmutagenese lernten wir bereits im Zusammenhang mit der Bestimmung des Minimalgenoms in *M. genitalium* kennen (s. Seite 191). Projekte dieser Art sind notwendig, um neben der Erstellung reiner Sequenzrohdaten auch die funktionelle Annotierung dieser Sequenzen voranzutreiben.

4.3
Anwendungsgebiete für Chiptechnologie

Welche Probleme lassen sich mit Chip Experimenten bearbeiten? Komplexe biologische Veränderungen einer Zelle wie sie im Verlauf des Zellcyclus, der Sporulation oder entscheidender Umstellungen von metabolischen Hauptwegen erfolgen, verlaufen entlang einer Zeitachse. Die Gesamtheit der mRNAs einer Zelle (das Transkriptom) ist dabei Änderungen unterworfen.

Mußte man bisher individuellen Veränderungen Gen für Gen folgen, lassen sich mit der Arraytechnik alle Veränderungen entlang dieser Zeitachse gleichzeitig visualisieren und quantifizieren.

Isoliert man Gesamt-RNA sowohl aus einer normalen als auch aus einer differenzierten, erkrankten oder mit einer toxischen Substanz behandelten Zelle, so werden die Hybridisierungssignale auf dem DNA-Chip für den jeweiligen Zelltyp charakteristische Änderungen im Expressionsmuster bestimmter Gene zeigen, und dies für ein komplettes Genom oder zumindest ein großes Genset. Sowohl für Gene bekannter als auch unbekannter Funktion, läßt sich somit ein Bild ihrer Regulation unter verschiedenen Bedingungen erstellen. Dies kann im Falle von Genen unbekannter Funktion zur Vorhersage einer eventuellen Funktion dienen. Je nach Ansatz erhält man so also eine Fülle diagnostisch relevanter Daten, kann toxikologische Wirkorte und eine Reihe vielversprechender therapeutischer Targets identifizieren. Man ist also künftig beim Screenen neuer Wirkstoffe nicht mehr auf Einzelbeobachtungen angewiesen, sondern kann die Wirkung einer Substanz im Gesamtkontext des Genomverbandes studieren. Dies sollte entscheidend dazu beitragen, die Target-Validierung, also die Untersuchung der Beziehung zwischen hypothetischem Target und Phänotyp der Krankheit in der Pharmaforschung zu vereinfachen. Auch lassen sich Targets ohne unerwünschte Bypasswege im Genomkontext weitaus besser identifizieren.

4.4
Chiptechnologie in der Pharmaforschung

Eine Abschätzung der Anzahl der in gegenwärtigen Therapien benutzten drug Targets geht von lediglich ca. 500 aus. Zumeist handelt es sich dabei um G-Protein gekoppelte Rezeptoren und um Proteine (Abb. 4.16). Analysten

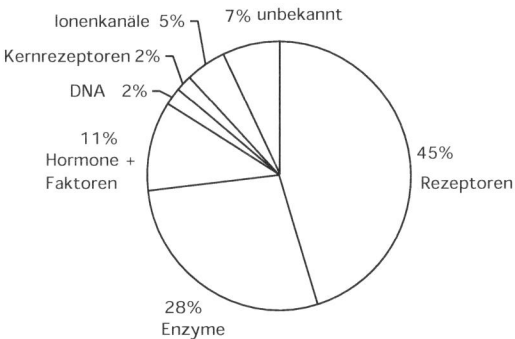

4.16 Die biochemische Klassifizierung der gegenwärtig in der Therapie benutzten Drug-targets; Gesamtzahl 483 Stand 1996. (nach L. S.Goodman et al., Eds., *Goodman and Gilman's The Pharmacological Basis of Therapeutics*. McGraw-Hill, New York 1996)

gehen davon aus, daß die Gruppe der weltweit 50 marktführenden Pharmaunternehmen pro Jahr mehr als 40 neue Produkte entwickeln muß, um ein 10 % Wachstum beizubehalten (Drews, Science 2000, 287: 1960-1964; Drews, *Nature Biotech* 1996, 14: 1516-1518). Bestand der ursprüngliche Beitrag der Molekularbiologie zur Pharmaforschung zunächst in rekombinanten Proteinen und in Antikörpern (1999 waren 59 sog. Biotech-Pharmaka auf dem Markt), so liegt die Hauptbedeutung der Molekularbiologie heute in ihrem Beitrag zum Verständnis des molekularen Geschehens des Krankheitsprozesses und in der Bestimmung neuer Targets.

Gegenwärtige Schätzungen gehen davon aus, daß die Zahl multifaktorieller Krankheiten von größerer medizinischer Relevanz in der entwickelten Welt ca. 100–150 beträgt. Nimmt man an, daß jeweils ca. 5–10 Gene involviert sind, so kommt man auf eine Zahl von vielleicht 1.000 direkten potentiellen Targets, bzw. 5.000 – 10.000 Targets, wenn man die Interaktionspartner der direkten Targets mit einbezieht. Nicht jedes potentielle Target ist dabei als Ansatzpunkt einer Therapie geeignet. Die Beziehung zwischen Target und Krankheitsphänotyp bedarf einer detaillierten, sorgfältigen Analyse von Genetik und Funktion des Targets in Modellorganismen. Insbesondere auch die Kenntnis der interindividuellen genetischen Polymorphismen (siehe SNPs) des Targets, der Komponenten des drug-metabolisierenden Apparates und des Transports sind wichtig für die Abschätzung des Target-Wertes.

High-throughput Ansätze wie die Expressionschip- und Proteinchip-Technologie werden einerseits die Geschwindigkeit der Identifizierung potentieller Targets erhöhen, andererseits aber eben die Geschwindigkeit der Validierung, da Expressionsstudien und Protein-Ligand Wechselwirkungsstudien in verschiedenen Individuen und/oder Spezies jeweils genomweit durchgeführt werden können.

4.4.1
Das Beispiel Tumorzellinien

NCI60 ist die Abkürzung für ein wichtiges Werkzeug in der Tumorforschung. Es handelt sich dabei um ein Set von 60 Krebszellinien, die im Rahmen des <u>D</u>evelopmental <u>T</u>herapeutics <u>P</u>rogram (DTP) des US National Cancer Institute verwendet wurden, um ihre Sensitivität gegenüber mehr als 70.000 verschiedenen chemischen Verbindungen zu testen. Die Zellinien sind von Tumoren verschiedener Organe und Gewebe abgeleitet. Um die Annahme zu erhärten, daß Pharmaka mit ähnlichem Wirkmuster ähnliche Wirkmechanismen benutzen, wurde dieses wichtige Werkzeug der Tumorforschung unlängst einer detaillierten Analyse mittels Arraytechnik unterzogen (Scherf et al., *Nature Genetics* 2000, 24: 236-244; Ross et al., *Nature Genetics* 2000, 24: 227-235).

Dabei wurde die Expression von ca. 8.000 menschlichen Transkripten in allen 60 Zellinien untersucht. Die beobachteten Expressionsmuster wurden dann zu den phänotypischen Eigenschaften dieser Zellinien in Beziehung gesetzt. Die menschlichen Gene wurden als cDNAs durch Spotting auf einen Glasträger-Array gebracht. Das Set von 8.000 Genen beinhaltet sowohl charakterisierte als auch unbekannte menschliche Gene mit Homologen in anderen Organismen sowie bloße ESTs, also 5′ oder 3′ teilsequenzierte cDNAs. Wie wir es bereits im Hefebeispiel kennengelernt haben, wird die mRNA einer jeden Zellinie isoliert und in eine fluoreszenzmarkierte cDNA überführt (rotes Fluoreszenzlabel Cy5). Als Referenz-mRNA benötigt man eine RNA, in der möglichst alle Gene der Zellinien exprimiert werden. Dazu wird die mRNA aus 12 Zellinien gemischt und eine Referenz-cDNA erstellt (markiert mit Cy3, grünes Fluoreszenzlabel). Die 8.000 Gene des Arrays werden nun sowohl mit den zellinienspezifischen als auch mit der Referenz-cDNA hybridisiert. Man erhält so 60 x 8.000 Datenpunkte von Einzelhybridisierungen. Das gemessene Signalverhältnis Cy5/Cy3 (rot/grün) gibt Aufschluß über die Varianz der Genexpression in allen 60 Zellinien. Das Signalverhältnis wird farbkodiert dargestellt. Abb. 4.17 C zeigt den Farbcode des gemessenen Signalverhältnisses von rot (relative Überexpression) bis grün (relative Repression).

Spezielle Software führt nun eine Clusteranalyse der ermittelten Einzeldaten durch. Dabei werden sowohl Zellinien mit ähnlichem Expressionsmuster ihrer Gene zu Gruppen zusammengefaßt (horizontale Anordnung der vertikalen Datengruppen in Abb. 4.17 B), als auch Gene mit ähnlichem Expressionslevel gruppiert (vertikale Anordnung der horizontalen Datengruppen in Abb. 4.17 B). Eine Clusteranalyse führt also zu einer hierarchischen Minimierung des komplexen Datenpatterns. Durch die Clusteranalyse wird somit sowohl für die Zellinien auch auch für die Gene ein Dendrogram sichtbar, das die hierarchische Beziehung der Expressionsmuster widerspiegelt. In Abb. 4.17 ist die Clusteranalyse für 1.161 der 8.000 Gene über alle 60 Zellinien dargestellt. Diese 1.161 Gene zeigen die stärkste Expressionsvarianz in den 60 Zellinien. Das durch das Clustern des Expressionsmusters berechnete Dendrogram der Zellinien stimmt dabei hochgradig mit dem histologischen Ursprung der untersuchten Zellinien überein. So vereinigen die terminalen Cluster des Dendrograms (Abb. 4.17 A) Zellinien, die von Leukämien bzw. aus Tumoren des ZNS, des Colon oder der Nieren abgeleitet sind.

Microarray- und andere high-throughput Ansätze führen zu einer enormen Flut quantitativer Daten. Da das menschliche Gehirn nicht sehr leistungsfähig ist, wenn es darum geht, Trends und Muster in digitalen quantitativen Daten zu erkennen, sind farbkodierte Umsetzungen großer Sets quantitativer Daten wichtig, um überhaupt zu „sehen", was in den Rohdaten „versteckt" ist (Eisen et al., *Proc Natl Acad Sci USA* 1998, 95: 14863-14868).

Die geclusterten Daten zeigen hier deutlich, daß mit wenigen Ausnahmen alle Zellinien, von denen man annimmt, daß sie dem gleichen Gewebetyp entstammen, jeweils Gruppen bilden, also jeweils ein relativ homogenes Genexpressionsmuster besitzen. Diese Clusteranalyse ist ein weiterer entscheiden-

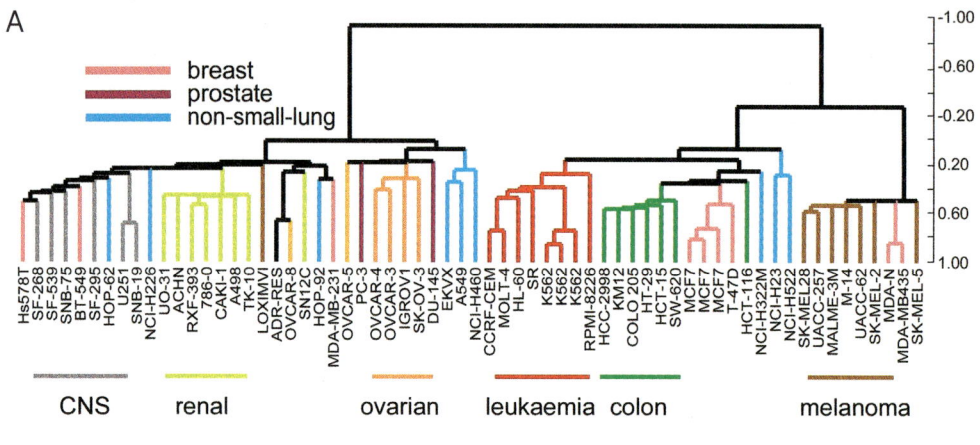

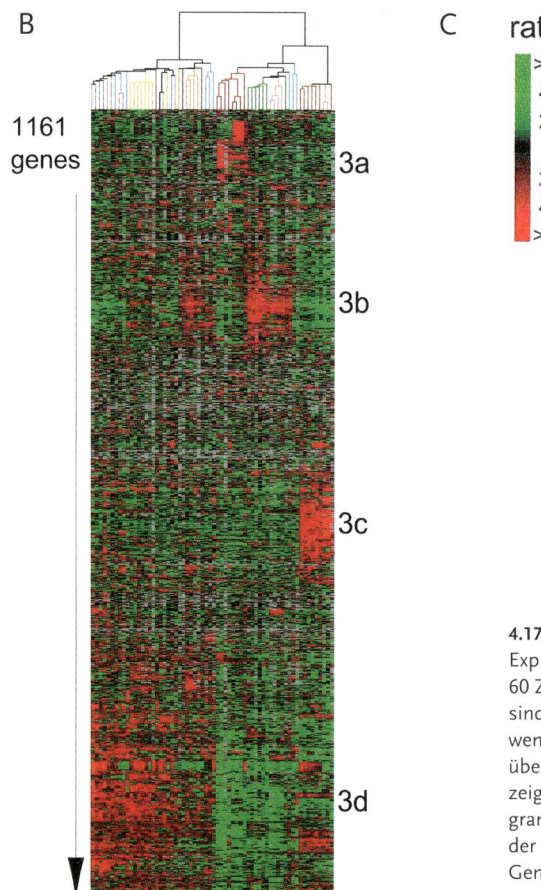

4.17 Zweidimensionales hierarchisches Clustern der Expressionsdaten für 1.161 Gene (Vertikalen), die für 60 Zellinien (Horizontalen) gesammelt wurden. Dieses sind die Gene des Gesamtsets (siehe Text), die eine wenigstens 7fache Änderung des Transkriptlevels gegenüber der Referenzmessung in mindestens 4 Zellinien zeigten. A) Das vergrößerte skalierte Zellinien-Dendrogramm wie es auch in B) erscheint. B) Clusteranordnung der Gene und Zellinien. Mit 3a-d sind charakteristische Gencluster gekennzeichnet, die in einem oder mehreren terminalen Zellinienclustern exprimiert werden. C) Die Farbkodierung zeigt erhöhte (rot) und verminderte (grün) Expressionslevel an.

D

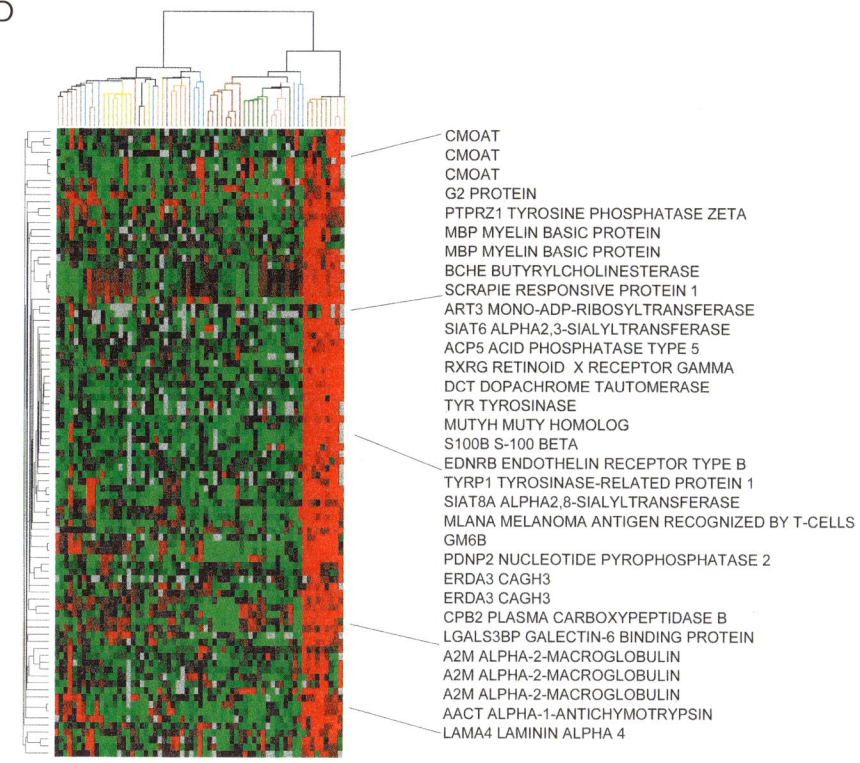

melanoma cluster (16 ESTs)

D) Vergrößerte Darstellung des Melanomclusters 3c. Dieses Gen-Cluster von ca. 90 Genen wird in Zellinien hoch exprimiert, die von Melanomen abgeleitet wurden. Im Zellinienset sind aber auch zwei Linien enthalten (MDA-N und MDA-MB435, siehe A), die von einem Tumor der Brust abgeleitet wurden. Das Cluster-Ergebnis deutet aber darauf hin, daß diese Zellinien ihren Ursprung in einem Melanom hatten. Der Patient hatte zum Zeitpunkt der Biopsie unter Umständen ein gleichzeitiges nicht erkanntes Melanom. Es wird so deutlich, wie sehr die Expressionsanalyse die Klassifizierung von biologischem Material verbessern kann. Das bemerkenswerte Ergebnis dieser Clusteranalyse ist, daß der Algorithmus auf der Basis von Expressionsdaten genau die Zellinien gruppiert, von denen man annimmt, daß sie von einem identischen Gewebetyp abgeleitet sind. (aus Ross, Scherf, Eisen et al., *Nature Genet* 2000, 24: 227-235)

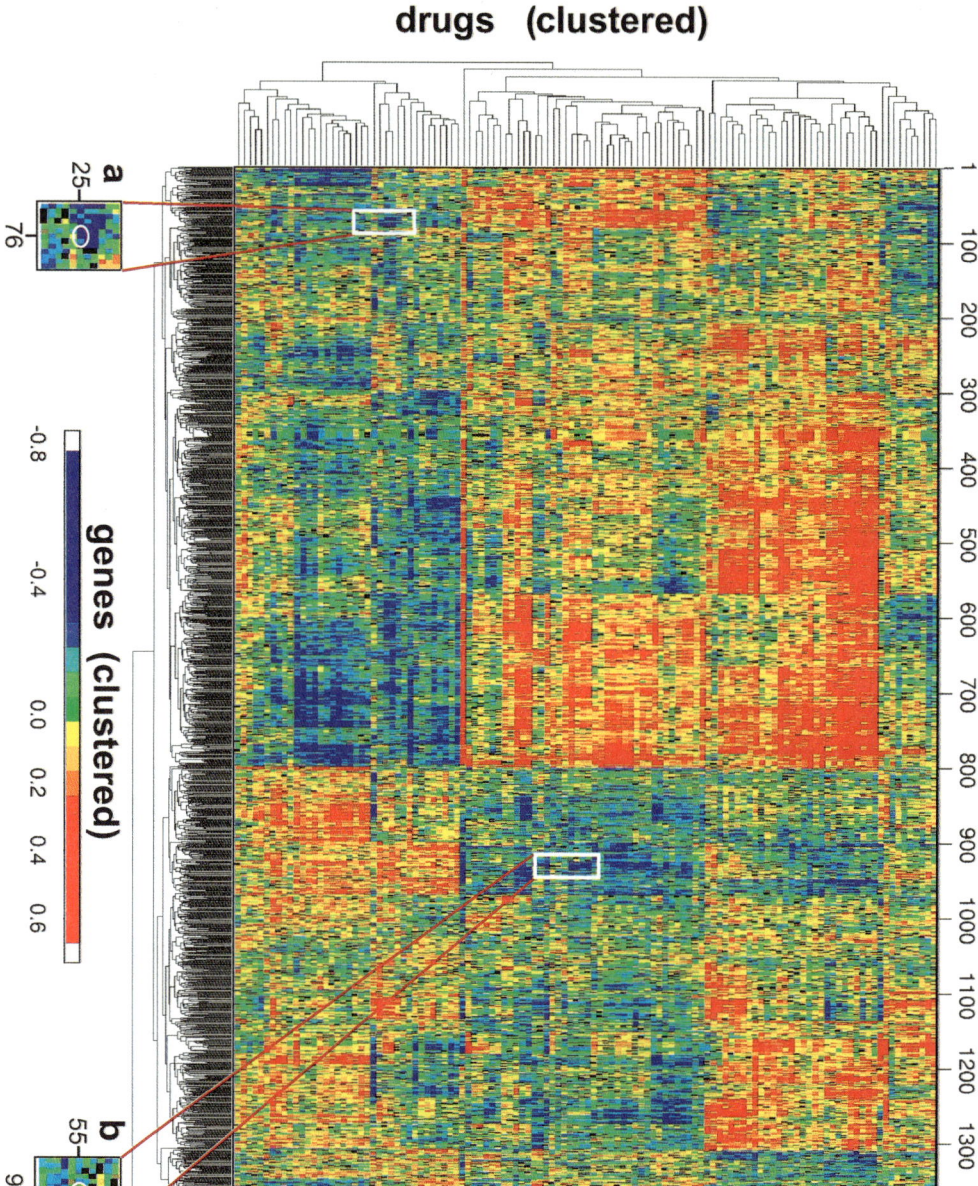

der Schritt weg von bloßer Akkumulierung beziehungsloser Einzeldaten. In Abb. 4.17 sind charakteristische Gencluster erkennbar, die spezifisch in einem oder mehreren terminalen Zellinienclustern exprimiert werden. Gencluster, die nicht nur einen terminalen Zellinienclustern betreffen, erlauben die Konstruktion der hierarchisch höheren Zweige des Zellinienbaums, die gemeinsame biologische Eigenschaften dieser Zellinien repräsentieren.

Diese Analyse läßt sich weiterführen, indem man die Daten der Expressionsexperimente mit einer Datenbank korreliert, die Informationen über die Wachstumshemmung einer jeden Zellinie nach Einwirkung einer von ca. 70.000 chemischen Komponenten enthält. Die graphische Darstellung dieses Datenbankabgleichs zeigt nun deutlich die Korrelation zwischen dem Makroeffekt verschiedener Gruppen chemischer Verbindungen (Wachstumsinhibierung einer Zellinie) und der Expression bestimmter Gengruppen (Abb. 4.18). Da die hier verwendeten Genexpressionsdaten die Expression in unbehandelten Tumorzellen widerspiegeln, beschreibt eine solche Clusteranalyse die Sensitivität gegenüber Therapien mit bestimmten chemischen Stoffklassen und nicht den daraus resultierenden Status. Diese Kombination von Pharmakologie und Bioinformatik beschleunigt die Identifizierung pharmakologisch wirksamer Komponenten und liefert wichtige Entscheidungskriterien für die Therapie eines Patiententumors. Grundbedingung dieses Ansatzes ist, daß das molekulare Krankheitsbild Änderungen auf der Transkriptionsebene erzeugt.

◀ 4.18 Dieses Diagramm stellt die Beziehungen zwischen Wachstumsinhibierung durch eine pharmazeutische Komponente und Genexpression dar. Während in Abb. 4.17 die Datenpunkte eins-zu-eins Beziehungen zwischen zwei Größen darstellen, werden hier die Korrelationen höherdimensionaler Datensets gezeigt. Auf der Y-Achse sieht man 118 geclusterte chemische Komponenten mit bekanntem Wirkmechanismus, die auf der Basis eines Korrelationskoeffizienten geclustert sind, der die durch diese Komponente verursachte Wachstumsinhibierung über alle 60 Zellinien und das Genexpressionsmuster (1.376 Gene) aller 60 Linien in Beziehung setzt. Die X-Achse zeigt die geclusterten 1.376 Gene, die auf Grund ihrer Korrelation mit den chemischen Komponenten gruppiert sind. Ein roter Datenpunkt bedeutet hier, daß die zu diesen Koordinaten gehörende Komponente (drug) gegenüber einer Zellinie inhibitorischer wirkt, die das Gen, das zu diesen Koordinaten gehört, stark exprimiert. Ein blauer Punkt signalisiert eine höhere Aktivität der Komponente, wenn das Gen schwach exprimiert wird. Jede dominant blaue oder rote Zone signalisiert eine hohe positive bzw. negative Korrelation zwischen einem Gencluster und einem Komponentencluster. Da derartige Muster nicht notwendigerweise eine kausale Korrelation repräsentieren, ist nach dieser Analyse eine intensive Suche nach unterstützender Evidenz nötig. Das Insert a zeigt den Punkt mit den Koordinaten 76/25, Dihydropyrimidin-dehydrogenase (DPYD) und 5-Fluoruracil, 5-FU. Der Antimetabolit 5-FU inhibiert RNA-Prozessierung und Thymidilat Synthese und wird gegen Brust- und Colon-Tumoren eingesetzt. DPYD ist für die Katabolisierung von 5-FU geschwindigkeitsbestimmend. Eine hohe negative Korrelation (blau) ist daher nicht verwunderlich. So sind fast alle Tumorzellinien mit niedrigem DPYD sensitiv gegenüber 5-FU, darunter alle Colontumoren. Insert b zeigt das Paar Asparagin-Synthase (Gen)/L-Asparaginase (drug). L-Asparaginase ist Antagonist zur Asparagin-Synthase, welche in einigen Leukämien nicht exprimiert wird, was den Tumor von exogenem L-Asparagin abhängig macht. (Abb. erhältlich unter [http://discover.nci.nih.gov]; aus Scherf, Ross, Waltham et al., *Nature Genet* 2000, 24: 236-44)

Ein Großteil erstellter Arraydaten ist auf entsprechenden Internetseiten öffentlich zugänglich: *GeneX* am National Center for Genome Resources, NCGR, *ArrayExpress* am European Bioinformatics Institute, EBI [http://www.ebi.ac.uk/arrayexpress/] und *Gene Expression Omnibus GEO* am National Center for Biotechnology Information, NCBI [http://ncbi.nlm.nih.gov/geo/].

Bei diesen im Entstehen begriffenen zentralen Archiven wird es darum gehen, die Expressionsdaten aus Array-Experimenten zu sammeln und öffentlich zugänglich zu machen. Dies muß wiederum in einem international einheitlichen Datenmodell erfolgen, um die Softwarekompatibilität zu gewährleisten. Auf Seiten der potentiellen Nutzer im akademischen oder industriellen Bereich erfordert die neue Datenqualität ebenfalls ein Umdenken. Es ist heute bei entsprechender Kenntnis der Quellen möglich, wirkliche Entdeckungen in öffentlich zugänglichen Daten zu machen, die über reine Homologiebeziehungen weit hinausgehen.

Expressions-Chips wurden u. a. bereits zur Klassifizierung histopathologisch oder immunhistologisch schwer differenzierbarer maligner Melanome (Bittner et al., *Nature* 2000, 406: 536-540), zur molekularen Klassifizierung von distinkten Formen akuter Leukämien (Golub et al., *Science* 1999, 286: 531-537) und zur Unterscheidung klinisch heterogener diffuser großer B-Zell Lymphome eingesetzt (Alizadeh et al., *Nature* 2000, 403: 503-511) (siehe auch Abb. 4.17).

In letzterem Beispiel wurde ein besonderer „Lympho-Chip" verwendet. Dieser Chip trägt nahezu 18.000 cDNA probes, zwei Drittel davon stammen aus einer cDNA Bibliothek, die aus B-Zellen hergestellt wurde. Die übrigen probes entsprechen cDNAs von Genen, die in Lymphozyten- und Tumorbiologie impliziert sind. Die Hybridisierung des Array erfolgt mit fluoreszenzmarkierter cDNA, die mit der aus Patienten B-Zellen isolierten mRNA hergestellt wurde. Anhand der Expressionsmuster lassen sich so zwei genetisch unterschiedliche Formen des Lymphdrüsenkrebses bestimmen, die auch unterschiedlich therapiert werden müssen.

Solche cDNA Arrays sind besonders bei höheren Eukaryonten ein wichtiger Ansatz, genomische probes für die Immobilisierung auf Chips zu erstellen. Während bei Hefe und Prokaryonten die cDNA probes gewöhnlich durch direkte PCR Amplifizierung genomischer DNA erstellt werden, muß man bei Genen höherer Eukaryonten, mit ihrer ungleich komplizierteren Intron/Exon Struktur, einen anderen Ansatz wählen. Zwar werden auch hier cDNAs als probes verwendet, die hierfür nötigen 3′-terminalen mRNA Sequenzen stammen aber aus der dbEST Datenbank oder UniGene Sets. dbEST führt im Verlauf der Datenaufbereitung einen UniGene-Prozeßschritt durch, der überlappende ESTs in Clustern zusammenfaßt (siehe auch Kapitel 1.2.4). Die Erstellung verläßlicher cDNA Bibliotheken der wichtigsten Tumortypen ist z. B. das Anliegen der CGAP Initiative (für Cancer Genome Anatomy Project) des NCBI [http://www.ncbi.nlm.nih.gov/ncigap] und [http://cgap.nci.nih.gov].

So wurden z. B. aus verschiedenen Sektoren eines Prostatatumors Proben entnommen und Gesamt-mRNA hergestellt. Diese mRNA wird in cDNA überführt und in einem Vektor kloniert. Diese so erstellte cDNA-Bibliothek spiegelt also das Transkriptom wider. Die enthaltenen cDNAs werden in großem Umfang sequenziert, wobei es sich zumeist nicht um full length cDNAs handelt, da mRNA schnell degradieren kann. Durch diese Sequenzierung läßt sich auch die Qualität der verschiedenen zur Auswahl stehenden Methoden für mRNA-Isolierung und cDNA-Synthese vergleichen (Abb. 4.19). Man erhält also einen Katalog der Gene, die in normalem bzw. entartetem Prostatagewebe verschiedener Differenzierungsstufen exprimiert werden. Dieses UniGene Set enthält ca. 6.000 Gene, darunter solche, die ausschließlich oder bevorzugt nur in Tumorgewebe exprimiert werden. Dieses UniGene Set ist die Basis für die Erstellung eines kommerziellen Prostatatumor-spezifischen cDNA Chips, der ein Prostata-spezifisches Genset trägt. Ein solcher cDNA Array wird mit

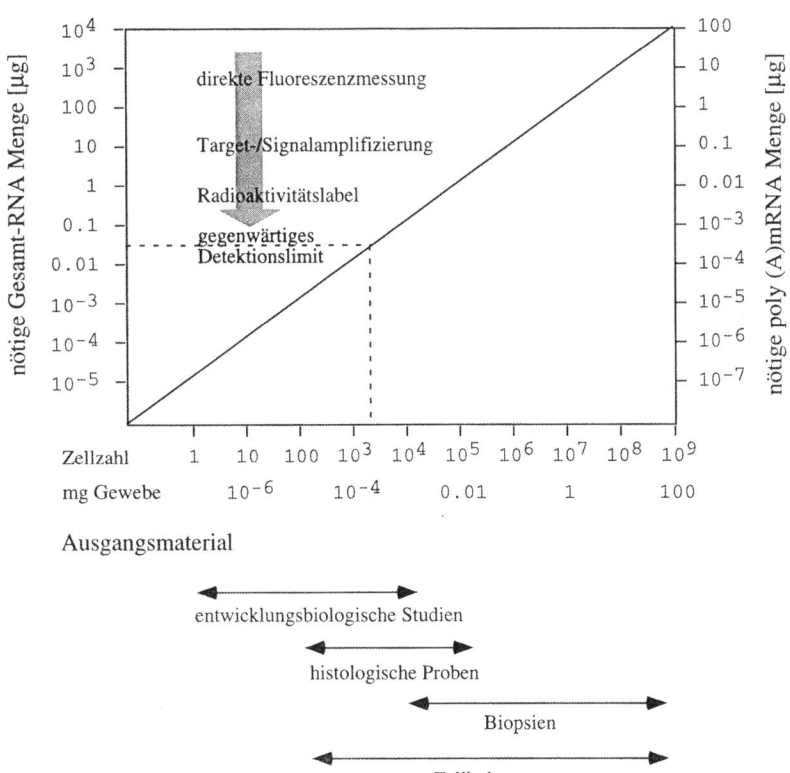

4.19 Die gegenwärtige Detektionsgrenze in der cDNA Arraytechnik erfordert ca. 50 ng Gesamt-RNA im Experiment. Die direkte Inkorporation des Fluoreszenzlabels in die Target-cDNA kann benutzt werden, wenn ca. 10 oder mehr µg an Gesamt-RNA zur Verfügung stehen. (nach D. J. Duggan et al., Expression profiling using cDNA microarrays. *Nature Genet.* 1999, 21 (Suppl.): 10)

cDNAs hybridisiert, die über reverse Transkription aus mRNA des zu untersuchenden biologischen Materials gewonnen wurden und dessen exprimierten mRNA Pool repräsentieren.

DNA- und Protein-Chips bieten noch ein weites Feld für technische Verbesserungen, sowohl des eigentlichen experimentellen Designs als auch der Erfassung und Analyse der Daten. Neben den allgemeinen Problemen einer jungen noch nicht ausgereiften Technologie ist natürlich die hohe Zahl verschiedener probes ein kritischer Punkt. Trotz eines hohen Automatisierungsgrades ist hier eine potentielle Quelle für Fehler durch menschliche Irrtümer gegeben. Wenn cDNAs in großem Stil über bakterielle Plasmide amplifiziert werden, entsteht die Gefahr von Kontaminationen. Bei der Synthese von Oligos für Chipzwecke ist die Qualität der hierfür benutzten Datenbanksequenzen ein Faktor, der die Qualität des Chips entscheidend beeinflußt.

Hohe Reproduzierbarkeit der Meßergebnisse, Leichtigkeit der Handhabung und niedriger Preis eines Chip-basierten Assays sind Voraussetzungen für einen künftigen vermehrten Einsatz z. B. in der Diagnostik. In diesem Zusammenhang sind die Techniken der Entnahme und Mikropathologie von Geweben zur Targetherstellung, die Methoden der mRNA Isolierung und der cDNA Synthese kritische Schritte, wenn eine verläßliche quantitative Aussage zur Genexpression getroffen werden soll, die die Basis für weitergehende medizinische Eingriffe am Patienten bildet.

4.5
Pharmakogenetik

Gerade vor dem Hintergrund der Sequenzierung des menschlichen Genoms hat man sich Gedanken darüber gemacht, wie groß das Potential natürlich vorkommender Sequenzvarianzen ist. Die Hauptquelle des DNA Polymorphismus im Menschen (ca. 90%) sind sog. *single nucleotide polymorphisms, SNPs*. Es ist die Forschung auf diesem Gebiet, die in letzter Zeit im Lager der Biologen und Mediziner für ungeheure Aktivitäten gesorgt hat, hat sie doch nach Meinung vieler Beteiligter eine enorme Bedeutung u. a. für die Pharmaentwicklung, die Tumorforschung und für die Behandlung genetischer Krankheiten. SNPs werden unter Aufwendung beträchtlicher Finanzmittel ermittelt und gesammelt, das Konzept unter beträchtlichem Medienaufwand propagiert. Auch durch öffentliche Mittel geförderte Datenbankprojekte bemühen sich um eine zentrale Erfassung von SNP Daten, so z. B. dbSNP (zur Zeit $2,6 \times 10^6$ Einträge) [http://www.ncbi.nlm.nih.gov/SNP/], HGBASE [http://hgbase.interactiva.de] und The SNP Consortium (TSC) [http://snp.cshl.org/]. Vorläufiger Höhepunkt ist die Kartierung von $2,13 \times 10^6$ bzw. $1,42 \times 10^6$ SNPs im Verlauf der Sequenzierung des menschlichen Genoms durch die beiden Sequenzierteams (Abb. 4.20).

	Anzahl SNPs	% der Gesamtzahl	Dichte (SNPs/Mb)
extragenische DNA	1.54×10^6	72	707
Intron	0.57×10^6	27	921
Exon	$\sim 0.02 \times 10^6$	~1	529

4.20 Menschliche *Single Nucleotide Polymorphisms* (Zahlen aus Venter et al., The sequence of the human genome. *Science* 2001, 291: 1304-1351). Maternales und paternales Erbgut eines Individuums sind im Durchschnitt alle 1250 BP heterozygot. Die Gesamtzahl der SNPs in diesem Projekt ist nur ein Bruchteil aller in der menschlichen Population vorhandenen SNPs. (Hier wurde DNA von 5 DNA Donatoren verwendet.)

Das Sammeln von Polymorphismen begann in den frühen 80er Jahren mit dem Sammeln von RFLPs (für restriction fragment length polymorphisms), einer Unterklasse von SNPs. Dies sind Nukleotidvarianten gesunder Individuen, die in diesen ein verändertes Muster beim Restriktionsabbau von DNA verursachen. Man erkannte bereits früh, daß eine Krankheit mit einem jeweils charakteristischen RFLP assoziiert sein kann. Wobei der Indikatorwert des RFLP um so höher ist, je näher er zur eigentlich kausalen Mutation der Krankheit liegt. Da Restriktionsverdaus von DNA experimentell leicht und auch billig sind, bietet ein eng lokalisiertes RFLP ein ideales diagnostisches Werkzeug.

SNPs sind Positionen in der DNA Sequenz, an der eine Varianz eines einzelnes Basenpaares zwischen normalen (also nicht erkrankten) Individuen der gesamten Population (dies gilt für ca. 85 % aller SNPs, 15 % sind dagegen populationsspezifisch) oder Teilen dieser mit einer Häufigkeit von wenigstens 1 % für die seltenste Nukleotidvariante beobachtet wird. SNPs bilden also Allele, alternative Formen eines gegebenen Gens. Während obige Definition die Risiko-assoziierten Allele einschließt, also Allele, die eine statistisch belegte Korrelation mit einer Erkrankung besitzen, sind die seltenen genetischen Varianten, die primäre Ursache seltener Erbkrankheiten sind, in dieser Definition nicht enthalten. Diese tauchen in der Gesamtpopulation zumeist mit Häufigkeiten <<1 % auf. Umfangreiche Informationen zu solchen Krankheiten enthält die OMIM Datenbank (Online Mendelian Inheritance in Man) des NCBI Datenverbundes.

SNPs sind nahezu ausschließlich bi-allelische Polymorphismen, das heißt, die Basenposition kann mit einer von zwei möglichen Basen besetzt sein. (Tetra-allelisch heißt, jede der vier Basen wäre möglich.) Die am häufigsten beobachtete Varianz ist eine Änderung eines C-G Basenpaares zu einem T-A Basenpaar. SNPs tauchen beim Vergleich der DNA-Sequenz zweier Individuen mit einer Häufigkeit von 1/1.250 BP auf. Ihre Verteilung im menschlichen Genom ist nicht homogen. SNPs können in kodierenden oder in nicht-kodierenden bzw. regulativen Genomabschnitten enthalten sein. SNPs in Protein-kodierenden Abschnitten (cSNPs) sind entweder neutral (*synonymous* oder *silent coding cSNP*) oder können zu konservativen bzw. nicht-konservativen

Aminosäureaustauschen führen (*non-synonymous cSNP*). Beobachtet wird eine starke Selektion gegen Aminosäureaustausche, insbesondere nicht-konservative.

Die Sequenzierung des menschlichen Genoms ergab einen Hinweis auf ca. 600.000 SNPs in kodierenden Bereichen (Exon und Intron). Dabei liegen weniger als 20.000 in Exonbereichen. Konservative und besonders nicht-konservative Aminosäureaustausche sind wiederum in dieser Gruppe sehr selten (s. Abb. 4.20). Wenn sich der Trend, den diese Zahlen aufzeigen, erhärtet, so ist strukturelle Mikrodiversität im menschlichen Proteom durch einige Tausend SNPs bedingt. Es ist zu erwarten, daß sich in der großen Gruppe der extragenischen SNPs viele finden lassen, die einen regulativen Effekt besitzen. Das Genom eines Individuums ist somit für Tausende von Nukleotidpositionen heterozygot. Der Unterschied im Proteom zweier Individuen manifestiert

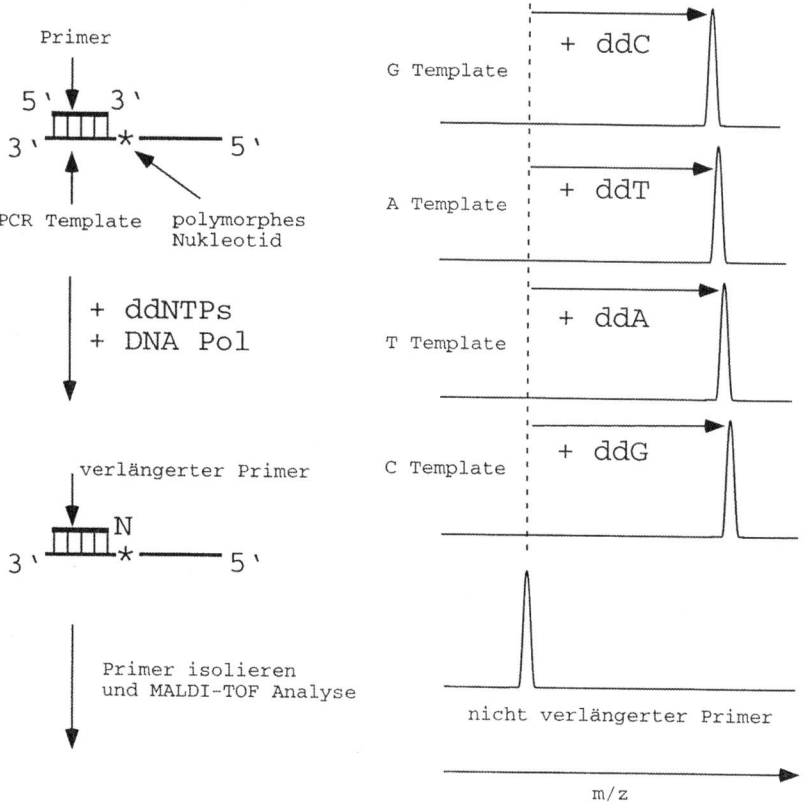

4.21 Zunächst wird DNA, die eine polymorphe Position enthält, mittels PCR amplifiziert. Ein PCR Template wird anschließend in Gegenwart der vier ddNTPs amplifiziert. Der Primer, der unmittelbar downstream der polymorphen Position terminiert, wird um das zu dieser Stelle komplementäre Nukleotid verlängert, das dann anhand der Massenzunahme im MALDI-TOF Experiment identifiziert wird.

sich hingegen nur in wenigen Aminosäureaustauschen. Die durch SNPs verursachte Individualisierung eines Genoms hat einen entscheidenden Einfluß auf die Empfänglichkeit eines Individuums gegenüber einer Krankheit, deren Einsetzen in einem bestimmten Lebensalter, ihren Verlauf und den individuellen Ansprechgrad gegenüber einem Pharmakon.

Es ist also zunächst einmal nötig, möglichst vollständige Bibliotheken aller menschlichen SNPs zu erstellen. Die Abfolge der spezifischen SNPs eines Individuums auf einem Chromosom macht dessen Haplotyp aus. Die Grundidee ist nun, daß bestimmte Haplotypen mit bestimmten Krankheiten korrelieren. Um den SNP Status eines Individuums zu ermitteln, also eine Karte von SNPs zu ermitteln (*genotyping*), kann man sich verschiedener Techniken bedienen. Man kann site-spezifische Primer und direkte MALDI-TOF Sequenzierung verwenden (Abb. 4.21) oder aber auch DNA-Chiptechnologie (Abb. 4.22).

Das Argument, das den Zusammenhang zwischen SNPs und Krankheiten behandelt, wird oft so verkürzt und dadurch entstellt, daß an dieser Stelle eine etwas ausführlichere Darstellung nötig ist (siehe auch Terwilliger, Weiss, *Curr Op Biotech* 1998, 9: 578-594).

Grundsätzlich sind zwei Extremauffassungen vertreten: Man könnte davon ausgehen, daß das SNP selbst die pathogene Sequenz ist. Dies ist allerdings eine Abweichung von unserer zu Beginn eingeführten SNP Definition. Die alternative Theorie geht davon aus, daß das eigentlich für die Erkrankung verantwortliche Allel selber kein SNP ist, sich aber dadurch verrät, daß es gewöhnlich mit bestimmten SNPs assoziiert ist.

Zum Beleg der ersten Hypothese würde man z. B. testen, ob Individuen mit einem bestimmten Polymorphismus in einem Gen, das im Verdacht steht die Ursache einer Krankheit zu sein, häufiger erkranken als eine Kontrollgruppe, die dieses SNP nicht besitzt. Derartiges läge z. B. nahe, wenn es sich um ein cSNP handelt, das einen nichtkonservativen Aminosäureaustausch verursacht.

Diffiziler ist die Analyse bei Zugrundelegen der zweiten Denkweise. Nehmen wir an, wir haben zwei eng assoziierte Loci, von denen ein jeder zwei Allele besitzt: Locus 1 Allel A bzw. a, Locus 2 Allel B bzw. b. Auf einem Chromosom gibt es somit vier mögliche Haplotypen (Kombinationen von Allelen) A_B, A_b, a_B und a_b. Nehmen wir nun an, das Allel A würde mit einer Häufigkeit p_A auftreten, das Allel B entsprechend mit p_B. Die Wahrscheinlichkeit für den Haplotyp A_B entspräche dann dem Produkt der beiden Wahrscheinlichkeiten $p_A \cdot p_B$. Letzteres gilt aber nur, wenn die beiden Allele wirklich unabhängig voneinander sind. Ist ihr Auftreten in irgendeiner Weise gekoppelt, so müßte die Wahrscheinlichkeit zu $p_A \cdot p_B + \Delta$ geändert werden. Δ ist dabei ein Maß für das sog. *linkage disequilibrium* (LD) der beiden Loci A und B.

Nehmen wir jetzt an, Allel B in Locus 2 ist in der Tat eine pathogene Abweichung, die ursächlich zur Ausbildung eines Krankheitsbildes führt oder beiträgt. Erkrankte Individuen müßten im Vergleich mit einer Kontrollgruppe

4 Functional Genomics

Ein Sequenzabschnitt von 17 Nukleotiden (das Target) wird erschöpfend auf Punktmutationen untersucht. Die *probe*-Oligos sind ca. 20-25 nt lang und gewöhnlich in der mittleren Position, also der Mitte des potentiellen Target/Probe Duplex, degeneriert. Es wird ein Oligoarray von [4x17]x2=136 Oligos erstellt. Die Oligos entsprechen beiden Strängen des zu untersuchenden Sequenzabschnitts bzw. allen Varianten mit einer Punktmutation. Hybridisiert wird der Array mit Target-Sequenzen in Form fluoreszenzmarkierter cDNAs (oder cRNAs), die mit mRNA dieses Genabschnittes aus verschiedenen Individuen hergestellt wurden.

Sequenzabschnitt
(entspricht Gen/mRNA)   5' CGATCCTT**CG**AGGCTAC 3'

Position mit Varianz

Array probes 5'
G T A G C C T C **G** A A G G A T C G
G T A G C C T C **T** A A G G A T C G   3'
G T A G C C T C **A** A A G G A T C G
G T A G C C T C **C** A A G G A T C G

Position mit Varianz

Array probes 5'
T A G C C T C **G** G A G G A T C G T
T A G C C T C **G** T A G G A T C G T   3'
T A G C C T C **G** A A G G A T C G T
T A G C C T C **G** C A G G A T C G T

etc.

probe-Array

Hybridisierung mit Target-cDNA eines Individuums, das den Wildtyp der Targetsequenz trägt (homozygot).

T   T   C/C   G   A

Hybridisierung mit Target-cDNA eines für die mittlere Position des Targetbereiches heterozygoten Individuums.

T   T   C/T   G   A

Nur die mittleren 4x5=20 Oligos für einen Targetstrang sind gezeigt.

Die hellen Felder symbolisieren ein starkes Hybridisierungssignal.

Hybridisierung mit Target-cDNA eines Individuums mit homozygotem Allel der folgenden Sequenzposition.

T   T   C/C   A/A   A

4.22 High density oligonucleotide Genotyping Arrays.

von Gesunden eine größere Häufigkeit des Allels A zeigen, wenn zwischen A und B wirklich ein *linkage disequilibrium* besteht. Das nichtpathogene SNP in Locus 1 wird somit zum Marker für die pathogene Sequenzabweichung in Locus 2, es ist mit der Krankheit assoziiert. Die Bedeutung von SNPs liegt also in solchen Assoziationsanalysen. In der Realität wird man in eine solche Analyse ein ganzes Set von Polymorphismen in der engeren Umgebung eines vermuteten unbekannten pathogenen Allels einschließen. Engere Umgebung deshalb, weil weiter entfernt liegende SNPs aufgrund von Rekombinationsvorgängen kein stabiles linkage equilibrium mit dem pathogenen Allel zeigen.

Die Identifizierung kausaler Gene komplexer genetischer Störungen wie Diabetes, Bluthochdruck, Asthma, verschiedener Tumoren und neuropsychatrischer Erkrankungen, bei denen jeweils mehrere Gene involviert sind, gestaltet sich weitaus schwieriger als bei monogenetischen Krankheiten. Der direkte Ansatz ist hier bisher wenig erfolgreich. Was stattdessen unsere Assoziationsanalyse leisten muß, ist die Suche nach Beziehungen von Marker SNPs zu einem komplexen Phänotyp (der Krankheit), ohne daß die eigentlichen Gene, die für die Genese der Krankheit verantwortlich sind, bekannt wären (Abb. 4.23). Die Position eines solchen Gens verrät sich also über die Beobachtung assoziierter SNPs. Solcherart identifizierte Marker SNPs wären dann also genetische Risikofaktoren.

Genetische Polymorphismen sind in den meisten menschlichen Enzymen festgestellt worden, die für die verschiedenen Phasen der Metabolisierung eines Pharmakons im menschlichen Körper verantwortlich sind. Gleiches gilt für Rezeptoren und Transportsysteme. Dies ist die Ursache für die Unterschiede, mit denen Individuen auf gleiche Medikationen reagieren. Über die Effektivität eines Medikamentes entscheidet also das individuelle Zusammenspiel einer Vielzahl von polymorphen Genen. Dies ist das Thema mit dem sich Pharmakogenetik oder Pharmakogenomik beschäftigt. Nicht nur die Entdeckung neuer Targets, auch ein detailliertes Verständnis der individuellen Pharmaka-Metabolisierung sind Ansätze, die das Genomprojekt ermöglicht. Grundlegende Gedanken hierzu finden sich bei Evans, Relling, *Science* 1999, 286: 487-491 und Roses, *Nature* 2000, 405: 857-865.

Die Gruppe der *non-synonymous* cSNPs, von denen man gewöhnlich annimmt, daß sie keine phänotypischen Effekte oder nur geringe verursachen, wurde einer aufschlußreichen Analyse unterzogen, die eine Neubewertung ihrer Auswirkungen auf Proteinstrukturen und ihres „pathogenen Potentials" zur Folge haben sollte (Sunyaev et al., *Curr Opin Struct Biol* 2001, 11: 125-130 und Sunyaev et al. *Trends Genet* 2000, 16: 198-200).

Welche strukturellen Konsequenzen haben solche Mutationen für ein betroffenes Protein und mit welcher Häufigkeit geschieht dies? Sind derartige Mutationen anderer Natur als Interspezies-Mutationen, die man zwischen orthologen Proteinen beobachtet und die keine gravierenden phänotypischen Konsequenzen haben? Mutationen wie sie zwischen orthologen Proteinen

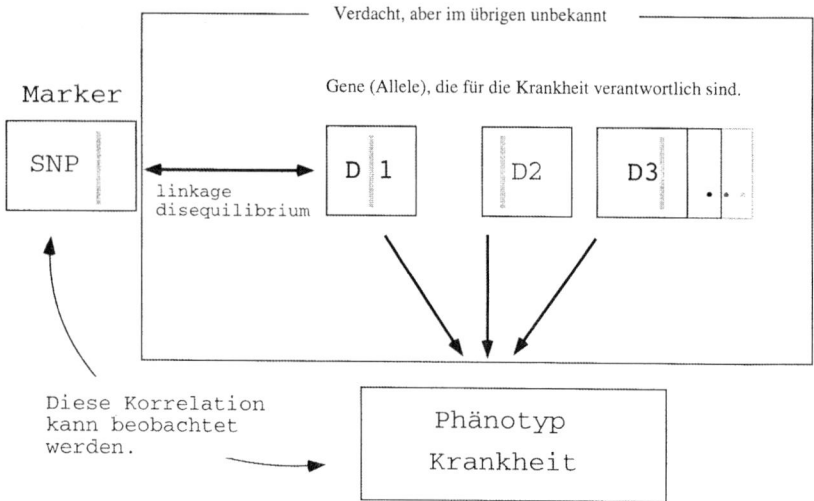

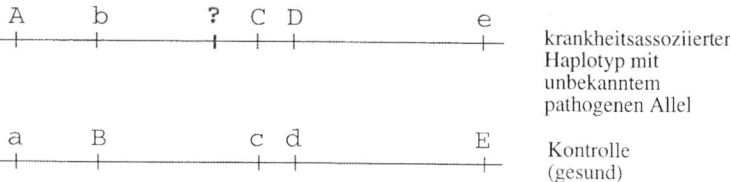

4.23 Linkage disequilibrium zwischen SNP und eigentlichem pathogenen Allel (Einzelheiten siehe Text). Die genetischen Unterschiede zwischen menschlichen Populationen mit unterschiedlichem ethnischen und geographischen Hintergrund sind zwar, verglichen mit den Unterschieden innerhalb einer solchen Population, relativ gering, aber sie existieren. Individuen für Assoziationsanalysen müssen stets so ausgewählt werden, daß inter-Populationsunterschiede die linkage-Analyse nicht überlagern.

beobachtet werden, sind daher die wichtigste Vergleichs- und Kontrollgruppe für die cSNP Mutationen. Für eine Gruppe von Proteinen mit bekannter 3D-Struktur wurden die 3D-Positionen von Mutationen, von denen bekannt ist, daß sie Krankheiten verursachen (a), mit denen orthologer Substitutionen (b) und denen von *non-synonymous* cSNPs (c) verglichen. Es zeigte sich dabei, daß Mutationen vom Typ (a) gegenüber solchen vom Typ (b) sehr viel häufiger in Proteinregionen zu finden sind, die für die Beibehaltung einer intakten 3D-Struktur oder Funktion kritisch sind. Überraschenderweise sind auch Mutationen vom Typ (c) häufig in solchen Proteinregionen zu finden. Es ist daher entgegen der bisherigen Meinung ein entscheidender Effekt von cSNPs auf Struktur, Funktion und Dynamik von Proteinstrukturen zu erwarten. Dies impliziert entsprechende möglicherweise negative phänotypische Auswirkungen im Sinne einer erhöhten Suszeptibilität gegenüber Krankheiten. Diese Untersuchungen, die bekannte 3D-Strukturen von Proteinen mit SNPs benutzen, machen noch einmal deutlich, daß bei künftigen 3D-Strukturaufklärungen von Proteinen vermehrt Proteine berücksichtigt werden sollten, die nicht nur im Sinne des traditionellen Funktion-Struktur Zusammenhanges von Interesse sind (siehe auch Kap. 2.5.3).

Trotz der Dimensionen gegenwärtiger SNP Projekte, ist nicht zu übersehen, daß ein großer Nachholbedarf im fundamentalen Verständnis des Vorkommens und der Verteilung von SNPs in menschlichen Populationen (s. hierzu Stephens et al., *Science* 2001, 293: 489-493) sowie der Konsequenzen von SNPs besteht.

5
Proteomics

Das Zeitalter ganzer Genome hat der Proteinforschung eine wahre Renaissance beschert. Eine ganze Reihe von biologischen Fragestellungen erfordert einen Ansatz, der von der Seite der Genprodukte, also der Proteine ausgeht. Der Schluß von einem ORF auf ein funktionelles Protein ist bisweilen schwierig, kleine Proteine können übersehen werden, posttranslationale Modifikationen sind nur auf dem Proteinlevel analysierbar. Es ist oft auch nötig, Proteinexpression direkt zu quantifizieren, da – wie wir bereits im Zusammenhang mit den DNA Chips gesehen haben – eine Hybridisierung die Regulation eigentlich nur auf dem Level des Transkriptoms quantifiziert. Experimentelle Ansätze, die in Hochdurchsatzverfahren große Mengen an Proteinspezies analysieren, werden generell als Verfahren des *Proteomics*-Bereiches bezeichnet. Dieser Begriff ist zu einem hohen Grade deckungsgleich mit dem Begriff *functional genomics*.

Als wichtige Sparten der Proteomforschung sollen hier Proteinchips und das Studium von Protein-Protein Interaktionen mittels Hefe Two-Hybrid Systemen vorgestellt werden. Der wohlbekannten Proteinsequenzierung in ihrer modernen high-tech Version kommt dabei in allen Proteomics Ansätzen eine zentrale Rolle zu. Die rasanten technischen Fortschritte der Massenspektrometrie in den 90er Jahren, Genomprojekte und deren Beitrag zur datenbankgestützten Sequenzierung eröffneten eine völlig neue Welt für biochemisches Arbeiten. Es ist an dieser Stelle daher erforderlich, ausführlicher darauf einzugehen, da in Zukunft keine ernstzunehmende biochemische Arbeit auf diesen Ansatz verzichten kann.

5.1
Datenbankgestützte high-tech Sequenzierung von Proteinen

Sehr oft wird man im Labor aus biologischem Material mit proteinbiochemischen Methoden ein Protein mehr oder weniger aufreinigen. Gel-separierte Proteinbanden können direkt sequenziert werden. Auch interne Peptide eines

Proteins können zur Identifizierung ausreichen, stets vorausgesetzt, daß ausreichend Material zur Verfügung steht.

Eine erste Weiterentwicklung der direkten Sequenzierung war die Proteinidentifizierung über MALDI-TOF (für matrix-assisted laser desorption/ionization – time of flight). Ein Protein wird z. B. durch tryptischen Abbau in ein Gemisch von Peptiden zerlegt. Dabei entsteht ein für jedes Protein typisches Peptidmuster. Das Peptidgemisch wird laserionisiert, beschleunigt und direkt massenspektrometrisch analysiert, indem die Peptide des Gemisches nach ihrer Flugzeit (time of flight, TOF) getrennt werden (Abb. 5.1). Eine so durchgeführte Peptidmassenkartierung resultiert in einem typischen Fingerprint des Proteins. Ist das Protein in seiner vollen Länge bereits in einer Datenbank enthalten, kann es anhand seines Peptidmassenspektrums identifiziert werden. Gewöhnlich sind dazu etwa mindestens drei Peptide/Protein nötig. Die Methode hat also deutliche Limitierungen.

Nanoelektrospray-tandem und *MALDI Quadrupol TOF* Massenspektrometrie stellen hochtechnisierte Weiterentwicklungen dar. Beim Tandem MS werden die Peptide eines Proteins zunächst in flüssiger Phase durch Hochspannung ionisiert. Diese Peptidionen werden gemäß ihrem Masse/Ladungsverhältnis im ersten Massenspektrometer getrennt (Abb. 5.1). Ein einzelnes Peptid mit einem bestimmten m/z Wert kann selektiert und in einer nachgeschalteten Gasphasen-Kollisionskammer in ein Set von C- bzw. N-terminalen Fragmenten weiter zerlegt werden.

Dieses Set von Peptidfragment-Ionen wird nun in einem zweiten Massenspektrometer separiert und ein zweites Spektrum aufgenommen. Es dient der Bestimmung der Aminosäuresequenz des zugehörigen Peptids. Da ein Peptid nach bekannten Regeln fragmentiert, läßt sich durch automatische Analyse der Massenpeaks einer Ionenserie direkt die Sequenz ermitteln

5.1 A) Peptidmassenkartierung mit MALDI-TOF und Peptidfragmentspektrum. B) und C) Proteinidentifizierung über Tandem MS Sequenzierung. Ein durch tryptische Verdauung erzeugtes Peptid wird mit einer Masse von 2.111 ± 0,4 Da bestimmt. Dieses Peptid wird für die Fragmentierung ausgewählt und ergibt ein Fragmentierungsspektrum nach Tandem-MS mit einer Serie von B-Ionen: 977,4/1.074,5/1.161,5 Da. Die Differenzen dieser Peakfolge ergeben sofort ein Prolin-Serin (P-S) Paar (Prolin 115,13 Da -HOH; Serin 105,09 Da -HOH). Diese kurze Sequenz allein wäre für eine Datenbanksuche zu klein.
Die N-terminal zum Prolin liegende Sequenz hat die Masse $m_1 = 977,4$ Da. Die Masse m_3 des C-terminal zum Serin liegenden Teils des Peptids ist die Differenz von Peptidgesamtmasse (2.111 Da) und 1.161,5 Da Fragment, also 949,5 Da. m_1 und m_3 sind jeweils die Massensumme einer unbekannten Anzahl enthaltener Aminosäuren.
(Die Zahlen sind einem Beispiel von Mann und Wilm entnommen: *Anal Chem* 1994, 66: 4390-4399.)
In Maschinen vom MALDI-Quadrupol TOF Typ wird mit MALDI-erzeugten Peptidionen direkt ein Peptidmassenspektrum erzeugt. Der Quadrupol kann aber auch ein Peptid mit bestimmtem m/z selektieren, zur Fragmentierung senden, so daß der TOF Detektor dann ein Peptidfragmentspektrum aufnimmt.

5.1 Datenbankgestützte high-tech Sequenzierung von Proteinen

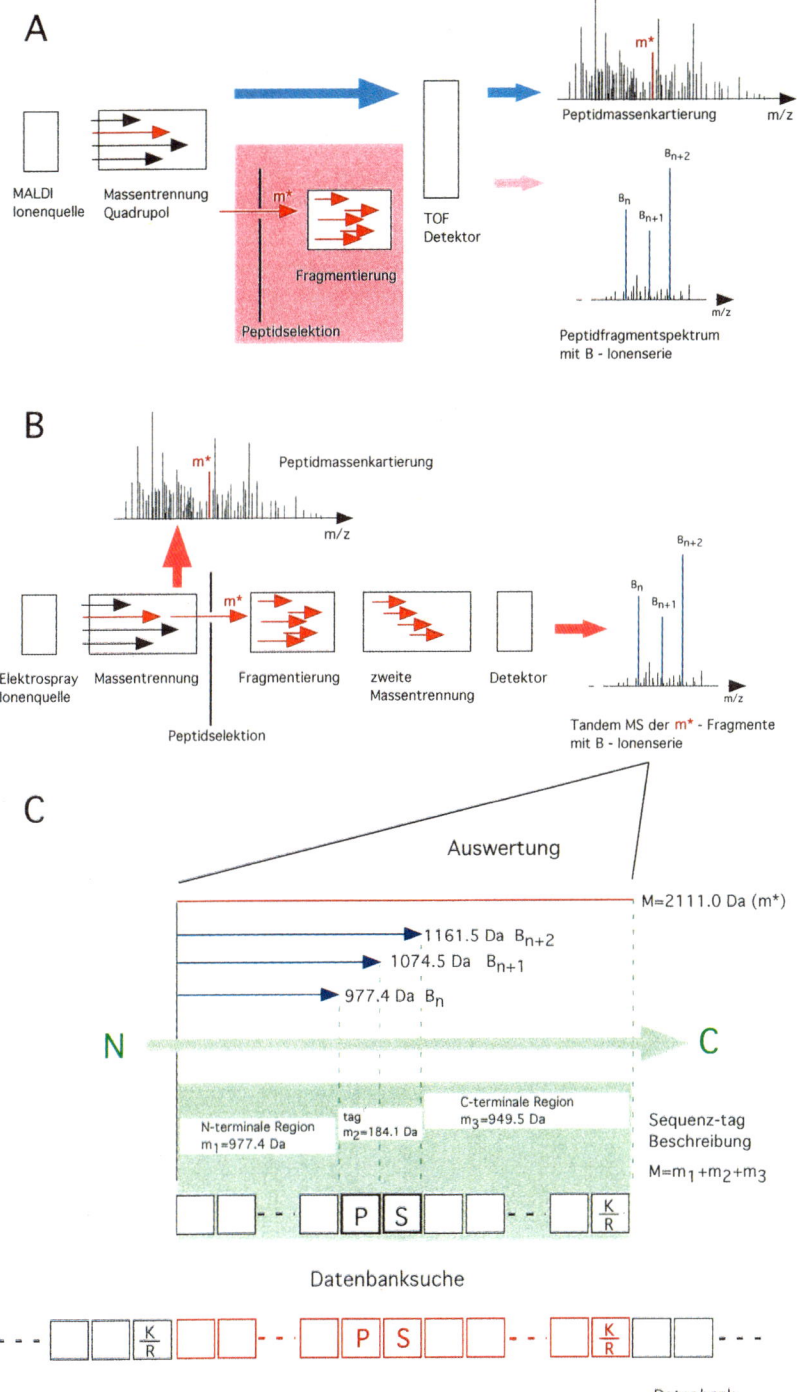

(Abb. 5.2 und 5.3). Dies wird möglich durch die hohe Genauigkeit der erreichten Massenauflösung heutiger Spektrometer. Das Peptidfragment-Spektrum braucht dabei nicht vollständig sein. Die lesbaren Abschnitte unvollständiger oder nur zum Teil aufgelöster Sequenzspektren reichen bereits zur Identifizierung des zugehörigen Proteins. Abb. 5.1 zeigt exemplarisch ein Beispiel solch eines auf den ersten Blick sehr kleinen Informationspaketes.

Die so erhaltene Information über das Peptidfragment ist also recht komplex. Sie ist in der Tat viel spezifischer für die Identifizierung eines unbekannten Proteins als eine Liste von Sequenzmassen wie im Falle von herkömmlichem MALDI. Die vollständige Beschreibung eines solchen *sequence tag* sieht so aus:

1. Generiert über Trypsinverdau; also K/R am C-Terminus; das N-terminal vorangehende Peptid terminiert ebenfalls in K/R.
2. Die N-terminale Region hat die Masse $m_1 = 977{,}4$ Da.
3. P→S *tag* mit Masse $m_2 = 184{,}1$ Da.
4. Die C-terminale Region hat eine Masse $m_3 = 949{,}5$ Da.

Die Software, die für diesen Typ von Massenspektroskopie verwendet wird, führt nicht nur diese Berechnungen durch, sondern ist auch in der Lage, Proteindatenbanken bzw. EST-Datenbanken mit dieser *tag*-Beschreibung zu screenen. Im Gegensatz zum einfachen MALDI-TOF ist es nicht nötig, daß die gesamte Sequenz des zum Peptid gehörenden Proteins in der Datenbank ist. Selbst ESTs reichen aus. Die Wahrscheinlichkeit, daß eine solche Sequenz zufällig in einem Protein erscheint, ist sehr niedrig. Entsprechend hoch ist die Wahrscheinlichkeit, daß ein gefundenes Protein wirklich das Protein ist, das dieses Peptid erzeugte. Bei entsprechendem Wachstum der Proteinsequenzdatenbanken wird es notwendig sein, die *tag*-Länge auf 3–4 Aminosäuren zu erhöhen, um das Signifikanzniveau gefundener Treffer zu erhalten. Besonders hoch ist die Erfolgswahrscheinlichkeit des Ansatzes, wenn es sich um Peptidmaterial aus einem Protein eines Organismus handelt, dessen Genom vollständig bekannt ist, wie z. B. im Falle der Hefe.

Für unser hier dargestelltes Beispiel ergibt die Suche in Swissprot eine einzige passende Peptidsequenz, ASQSSTETQGPSSESGLMTVK. Diese stammt aus der Serin-Threonin-Proteinkinase. Es wird an dieser Stelle deutlich, daß die Effizienz der datenbankgestützten Sequenzierung mittels Tandem-MS entscheidend von der Qualität der in der Datenbank enthaltenen Sequenzen abhängt. Nachdem ein solcher Treffer gefunden ist, läßt sich durch Berechnung aller erwarteten Peptidfragmente und durch Vergleich mit den experimentellen Daten die ermittelte Sequenz endgültig bestätigen, selbst in einer Gruppe von mehreren gefundenen Sequenzen.

Da die Nanoelektrospray-Tandem-Massenspektrometrie das Fragmentierungspattern eines einzelnen Peptids untersucht, ist es nicht nötig, daß das

5.2 Die Fragmentierungsgesetzmäßigkeiten von Peptiden. Die so entstehenden Ionenserien bilden die Basis der Spektreninterpretation (s. auch Abb. 5.1 C).

$$\text{H-NH-}\overset{\overset{H}{|}}{\underset{\underset{R_1}{|}}{C}}\text{-}\overset{\overset{O}{\|}}{C}\text{-N-}\overset{\overset{H}{|}}{\underset{\underset{R_2}{|}}{C}}\text{-}\overset{\overset{O}{\|}}{C}\left|\text{N-}\overset{\overset{H}{|}}{\underset{\underset{R_3}{|}}{C}}\text{-COOH}\right.$$

Fragmentierung der Amidbindung

Ionen der B-Serie enthalten den N-Terminus:

$$\text{H-[NH-CHR}_i\text{-CO]}_i^+$$

N ⎯⎯⎯⎯⎯⎯⎯⎯⎯⎯→ C

Ionen der Y"-Serie enthalten den C-Terminus:

$$\text{H}_2\text{-[NH-CHR}_i\text{-CO]}_i\text{-OH}^+$$

Durch geeignete Isotopentechniken während des tryptischen Verdaus lassen sich C-terminale Y" Serien von N-terminalen Serien unterscheiden.

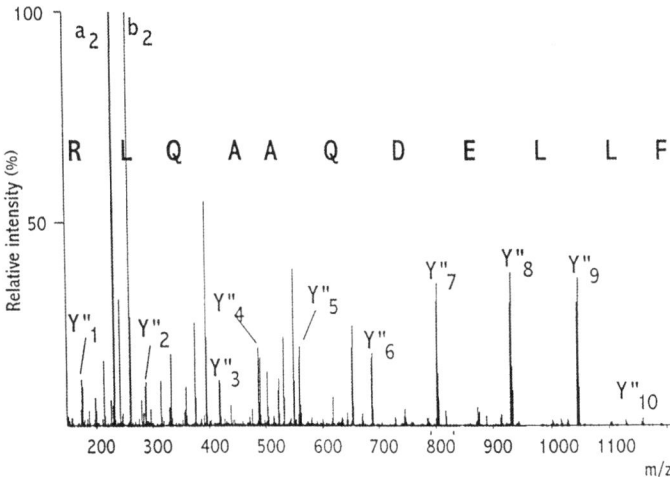

5.3 De novo Sequenzierung eines Trypsin-generierten Peptids mit Tandem MS. Die Y" Ionenserie erlaubt hier das direkte Auslesen der Sequenz. (aus Küster und Mann, Identifying proteins and post-translational modifications by mass spectrometry. *Curr Op Strc Biol* 1998, 8: 393-400; Abdruck mit Genehmigung von Elsevier Science.)

Ausgangsmaterial ein vollständig aufgereinigtes Protein ist. Dieser Umstand hat in jüngster Zeit zu einigen spektakulären Erfolgen in der Charakterisierung von Multiproteinkomplexen geführt (Neubauer et al., *Proc. Natl. Acad. Sci. USA* 1997, 94: 385-390; Neubauer et al., *Nat. Genet* 1998, 20: 46-50; Gottschalk et al., *EMBO J* 1999, 18: 4535-48). Läßt sich eine der vermuteten Komponenten eines solchen Komplexes mit einem *affinity-tag* versehen (z. B. durch geeignete Klonierung eines Proteins oder *RNA-labeling* in Ribonukleoproteinkomplexen), so kann der gesamte Komplex durch Affinitätschromatographie aufgereinigt werden. Eine Aufreinigung individueller Proteinkomponenten ist nicht nötig. Durch MS Analyse von Peptiden des Gemisches kann ausreichend Information gesammelt werden, um alle beteiligten Proteine zu identifizieren.

Massenspektroskopie von Proteinen benötigt je nach Erfahrung des Labors und je nach Maschinentyp lediglich Proteingelbanden, die 1 pmol Protein

BIBLIOTHEK 1
besteht aus

Fusionsproteinen der
DNA bindenden Domäne
mit einem Protein (A)

BIBLIOTHEK 2
besteht aus

Fusionsproteinen der
Aktivatordomäne
mit einem Protein (B)

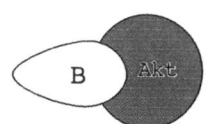

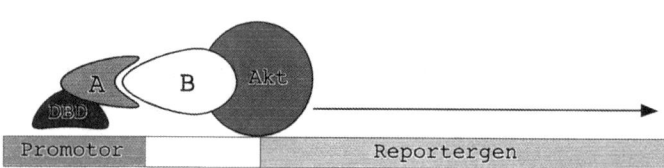

5.4 Das experimentelle Prinzip des 2-Hybrid Systems in Hefe. Der die Transkription des Reportergens aktivierende Komplex zweier Fusionsproteine wird nur gebildet, wenn zwischen den beiden Proteinen A und B eine Interaktion besteht. Als Reportergene eignen sich z. B. solche Gene, deren Genprodukt der Hefe das Wachstum auf einem geeigneten Selektionsmedium ermöglicht.

oder weniger enthalten. Eine nachfolgende biochemische und genetische Analyse muß dann klären, ob die so identifizierten Proteine originäre Komplexbestandteile oder Aufreinigungsartefakte sind. Dies ist unbedingt nötig, da die Sequenzierung so empfindlich ist, daß jede noch so kleine Kontamination mit unspezifischen, nicht zum Komplex gehörenden Proteinen, zu einer Sequenz führt. Einen guten Überblick dieses Arbeitsgebietes bieten Andersen und Mann (Functional genomics by mass spectrometry. *FEBS Letters* 2000, 480: 25-31).

5.2
Genomweite Two-Hybrid Analyse in Hefe

Two-hybrid Systeme dienen der Ermittlung von komplexen Datensets über Protein-Protein Interaktionen. Zunächst zum experimentellen Prinzip. Es besteht darin, daß unter Selektionsbedingungen (hier ein Medium ohne Histidin) nur solche Hefen wachsen können, deren chromosomales Reportergen (hier HIS 3) angeschaltet ist. Dieses Anschalten erfolgt nur, wenn durch die Interaktion zwischen zwei Proteinen A und B ein aktiver Promotorkomplex gebildet wird, der aus einem Fusionsprotein *DNA-bindende-Domäne/ Protein A* und einem Fusionsprotein *Aktivatordomäne/Protein B* besteht. Diese Situation tritt ein, wenn zwei Hefestämme, von denen jeder eine der Fusionen auf einem Plasmid trägt, durch *mating* vereinigt werden (Abb. 5.4 und 5.5).

Von den ca. 6.000 Hefegenen sind zur Zeit noch ca. 2.000 ohne Funktionszuordnung. Eine möglichst vollständige Kartierung aller Hefeproteininteraktionen wäre zur weiteren Funktionszuordnung sehr hilfreich. Daten über Protein-Protein Interaktionen ließen sich so benutzen, um eine Klassifizierung bisher nicht bekannter Proteine vorzunehmen. „Sage mir, mit wem du dich abgibst, und ich sage dir wer du bist."

5.2.1
Das Proteinnetzwerk der Hefe

Im folgenden soll der experimentelle Ansatz beschrieben werden, der von den Autoren des Yeast Protein Interaction Map Projektes (Uetz et al., *Nature* 2000, 403: 623-627; Schwikowski et al., *Nature Biotech* 2000, 18: 1257-1261) gewählt wurde, um die Protein-Protein Interaktionen in *S. cerevisiae* erschöpfend zu beschreiben. Zu diesem Projekt siehe auch die The Yeast Protein Interaction Map Project Homepage [www://depts.washington.edu/sfields/yplm/data/index.html].

Die experimentelle Durchführung gliedert sich in zwei Abschnitte (Abb. 5.5):

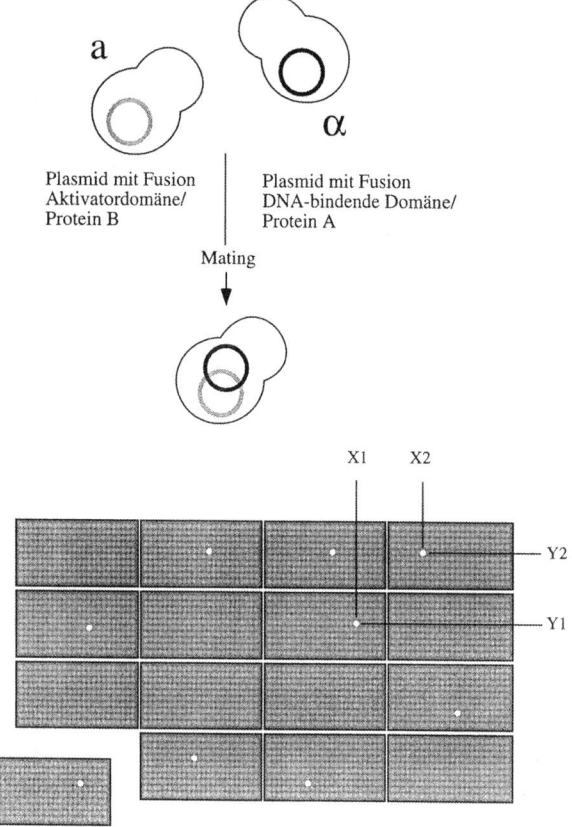

Array von 16x24 Hefestämmen

5.5 Hefe Two-Hybrid-Analyse. Screen des Gesamtarray aller Stämme mit *prey*-Fusion (Protein B) mit einem Stamm, der eine bestimmte *bait*-Fusion (Protein A) enthält. Überall dort, wo zwei Stämme zusammenkommen (mating), deren Fusionsproteine aufgrund einer Wechselwirkung des Protein A mit einem Protein B einen Komplex bilden, wird das Reportergen der Hefe aktiviert, die Hefe wächst. Der Array zeigt also das Set der Proteine B, die mit dem Protein A interagieren (weiße Punkte). Diese sind aufgrund ihrer Koordinaten identifizierbar.

1. Schritt: Zunächst werden alle Hefe ORFs über PCR amplifiziert und mit der Aktivatordomäne (hier Gal4) fusioniert. Dies entspricht der Fusion Aktivatordomäne/Protein B (auch *prey* genannt). Mit diesem Set von ca. 6.000 Fusionsplasmiden und einem Two-Hybrid Reporterstamm wird ein Array von 6.000 Hefestämmen hergestellt, deren jeder eines dieser Fusionsplasmide enthält und auf einer bestimmten Koordinaten-Position eines Makro-Arrays sitzt (16 Platten mit jeweils 384 Kolonien).

2. Schritt: Es wird nun ein Set von 192 Fusionen vom Typ Gal4 DNA-bindende Domäne/Hefe-ORF erstellt. Dies entspricht der Fusion DNA-bindende-

Domäne/Protein A (auch *bait* genannt). Jede dieser Fusionen wurde in einen für 2-Hybrid Screens geeigneten Mating-Vector gebracht und der Gesamtarray damit gescreent. Bei 87 dieser 192 individuellen screens wurden Protein-Protein Interaktionen beobachtet (also Hefestämme, die wachsen). Insgesamt wurden so 287 Interaktionen identifiziert.

Endziel eines solchen Ansatzes ist natürlich eine komplette Analyse aller theoretisch möglichen Fusionsplasmid-Kombinationen. In einem erweiterten Ansatz wurde bereits versucht, alle ca. 6.000 Hefe ORFs sowohl mit der Gal4-DNA-bindenden Domäne als auch mit der Gal4-Aktivatordomäne zu fusionieren. Dies entspricht also ~2 x 6.000 Stämmen. Erfolgreich war man hierin für ~87 % aller ORFs. Beide Bibliotheken werden auf jeweils 64 96-well Platten organisiert.

Für einen high-throughput screen werden alle Hefestämme mit *prey*-Fusionen in einem Pool vereinigt. Dieser Pool wird dann mit individuellen *bait*-Fusionsstämmen gescreent. Nach *mating* werden lebensfähige Hefen auf Selektionsplatten detektiert und ihre *prey*-Fusionen sequenziert. So konnten in 692 Paaren interagierender Proteine für 817 verschiedene ORFs Protein-Protein Wechselwirkungen identifiziert werden.

Array-screen und high-throughput screen identifizierten so zusammen über 900 Interaktionspaare, von denen zuvor wenig mehr als 10 % bekannt waren. An diesen Interaktionen sind über 1.000 verschiedene Proteine beteiligt.

Zur Zeit vereinigt die Darstellung von Protein-Protein Interaktionsdaten in Hefe 2.358 Interaktionen zwischen 1.548 Hefeproteinen in einem kontinuierlichen Proteinnetzwerk, sowie kleineren Netzen isolierter Proteingruppen. Es sind hierbei auch Interaktionen einbezogen, die nicht aus 2-Hybrid Experimenten stammen. Eine graphische Darstellung der vernetzten Daten ist über [http://depts.washington.edu/sfields/YP_project/index.html] zugänglich.

Informationen über Protein-Protein Interaktionen sind in die YPD-Datenbank integriert (Yeast *Proteome Database*; http://www.proteome.com/databases/index.html) und bilden hier einen Teil der umfassenden Information, die zu jedem einzelnen Hefeprotein geboten wird. Diese Datenbank bietet zahlreiche Zugriffsvarianten auf Informationen zu einzelnen Proteinen oder Proteingruppen, so z. B. über die „cellular role" (Abb. 5.6).

Mit Hilfe eines Hefe 2-Hybrid-Systems wurde auch für das pathogene Bacterium *H. pylori* eine genomweite Protein-Protein Interaktionskarte erstellt, die gegenwärtig für 261 Proteine mehr als 1.200 Interaktionen beschreibt und damit mehr als 40 % des bakteriellen Proteoms einbezieht.

Eine interessante Variante zur Darstellung von Protein-Interaktionen ausschließlich in Hefe ist die gleichzeitige Darstellung bekannter homologer Proteine und Interaktionen in einer Reihe anderer Organismen, wie sie von Uetz et al. (Nature 2000, 403: 623-627) vorgeschlagen wurde (Abb. 5.7).

YPD classification (cellular roles)

ag	Ageing
aa	Amino-acid metabolism
cm	Carbohydrate metabolism
ad	Cell adhesion
cc	Cell cycle control
cp	Cell polarity
cs	Cell stress
st	Cell structure
wm	Cell wall maintenance
ch	Chromatin/chromosome structure
ck	Cytokinesis
di	Differentiation
ri	DNA repair
ds	DNA synthesis
en	Energy generation
li	Lipid, fatty-acid and sterol metabolism
mr	Mating response
me	Meiosis
mf	Membrane fusion
mt	Mitochondrial transcription
mi	Mitosis
nc	Nuclear-cytoplasmic transport
nm	Nucleotide metabolism
ot	Other
om	Other metabolism
ph	Phosphate metabolism
p1	Pol I transcription
p2	Pol II transcription
p3	Pol III transcription
ca	Protein complex assembly
pd	Protein degradation
pf	Protein folding
pm	Protein modification
ps	Protein synthesis
pt	Protein translocation
rc	Recombination
rp	RNA processing/modification
rs	RNA splicing
rt	RNA turnover
si	Signal transduction
sm	Small molecule transport
un	Unknown
vt	Vesicular transport

5.6 Yeast Proteome Database YPD Klassifizierung von Proteinen.

5.7 Datenbank-Darstellung von Protein-Protein Interaktionen in Hefe und anderen Organismen. Die verschiedenartigen Belege für Interaktionen sind farbkodiert angezeigt: grün: 2-Hybrid Screen, blau: Screen und Literatur, schwarz: Literatur. Die unterschiedliche Größe der Punkte symbolisiert die Stärke der Interaktionen. In diesem Diagramm symbolisieren grüne Punkte Hefe-Proteine und rote Punkte menschliche Homologe. (aus Uetz, Giot, Mansfield et al., *Nature* 2000, 403: 623-627; Abdruck mit Genehmigung von Nature)

Globale 2-Hybrid Analysen identifizieren alle potentiellen Interaktionen, zeigen aber nicht den biologischen Kontext, in dem diese Interaktionen eine Rolle spielen. Ein weiteres Problem reiner 2-Hybrid Daten ist die gewöhnlich fehlende Bestätigung der Interaktion durch weitere Experimente, was besonders in Anbetracht der stets vorhandenen „false positive" Interaktionen zu bedenken ist. Die Benutzung solcher Datenbanken wird also sehr oft nur einen Hinweis geben können, wo die eigentliche experimentelle Arbeit wird beginnen müssen. Zu beachten ist ebenfalls, daß Funktionszuweisungen auf der Basis von 2-Hybrid Daten mit Annotationen auf der Basis anderer experimenteller Techniken oder von Sequenzhomologien in Konflikt stehen können. Man wird also bei der Suche nach einer möglichen Funktion eines unbekannten Proteins das interaktive Umfeld nach so etwas wie einem gemeinsamen Nenner durchsuchen müssen.

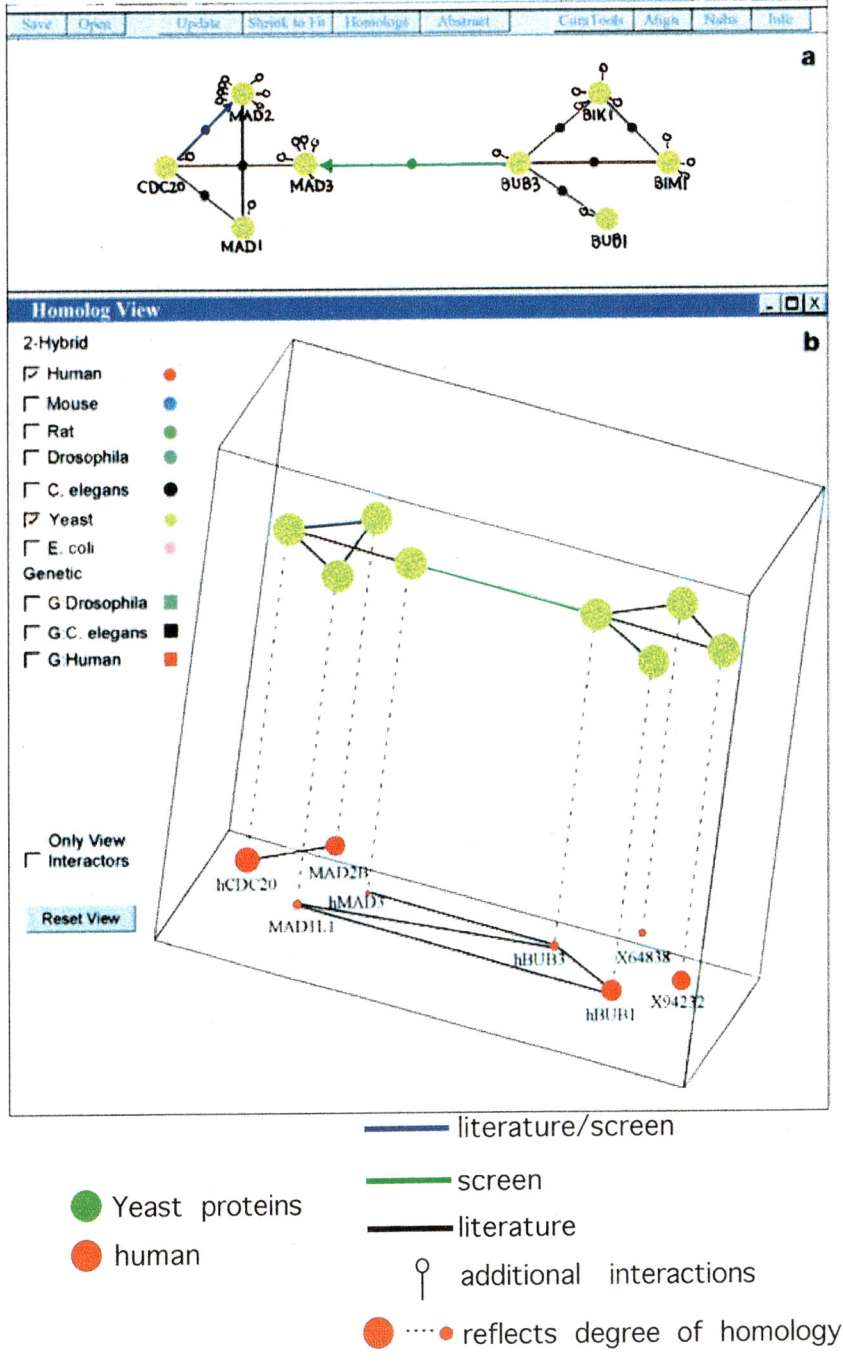

- literature/screen
- screen
- literature
- additional interactions
- Yeast proteins
- human
- reflects degree of homology

5.3
**Proteomarray mit exprimierten Hefe Proteinen –
Die Suche nach enzymatischen Aktivitäten**

Diese neue Technik verfolgt einen *functional genomics* Ansatz, der mit *exprimierten Proteinen* arbeitet, statt mit DNA (Abb. 5.8 bis 5.10) (Martzen et al., *Science* 1999, 286 :1153-1155). Er läßt sich benutzen, um z. B. alle Genprodukte zu identifizieren, die an ein bestimmtes Makromolekül, einen Liganden oder ein Pharmakon binden. Wurden exprimierte Proteine zunächst als Makro-Array in 96-well Platten gruppiert, gehen neueste Entwicklungen (Abb. 5.11) bereits in die Richtung direkter Protein-Arrays, also der Anordnung möglichst aller Proteinspezies eines Proteoms in einem zweidimensionalen Koordinatengitter, eine Geometrie wie wir sie auch für DNA-Chips kennengelernt haben (MacBeath, Schreiber, *Science* 2000, 289: 1760-1762).

Ebenso wie DNA werden dabei auch Proteine in direkter Printing Technik in hoher Dichte auf Mikroträgern durch kovalente Bindung immobilisiert. Immobilisierte Proteine behalten dabei im Idealfalle ihre Fähigkeit zu spezifischen Protein-Protein Interaktionen, zur Teilnahme als Reaktant an spezifischen biochemischen Reaktionen und zur spezifischen Erkennung kleiner Ligandenmoleküle bei. Diese Fähigkeiten sind Voraussetzung dafür, daß bei einer Weiterentwicklung dieses Ansatzes Proteine in ihren katalytischen Fähigkeiten und ihren Interaktionen mit Proteinen und Liganden schneller identifiziert werden können, Drug-targets identifiziert und z. B. Antikörper-Antigen Beziehungen aufgeklärt werden können. All dies natürlich wieder unter dem vielversprechenden Aspekt, daß eine solche Analyse dann genomweit durchgeführt wird.

Das menschliche Genomprojekt hat bereits gezeigt, daß die Genausstattung bei ca. nur 30.000 Genen liegt. Aus EST-Daten weiß man aber, daß weit mehr als nur 30.000 verschiedene Proteine existieren. Man muß an diesem Punkt vom klassischen „ein Gen – ein Protein" Denken abrücken, um das hohe kombinatorische Potential des menschlichen Genoms zu erkennen. Die molekulare Komplexität des Transkriptoms und damit des Proteoms übertrifft die des Genoms auf Grund alternativen Spleißens bei weitem (s. Abb. 4.14). Die Forschung auf dem Gebiet des mRNA-Spleißens und der Regulation des alternativen Spleißens werden daher in Zukunft eine noch bedeutendere Rolle spielen, nun nachdem das menschliche Genom mit seiner begrenzten Genzahl vorliegt.

Es wird also besonders bei höheren Eukaryonten sehr schwierig sein, alle exprimierten Proteine auf einem Chip zu vereinigen. Dazu kommt bei Proteinen noch die Möglichkeit einer posttranslationalen Modifikation, die zu einer entscheidenden Veränderung von Proteincharakteristika führen kann.

Die Identifizierung spezifischer Proteinaktivitäten in Protein-Makroarrays

1. Amplifizieren eines ORF Sets
2. Klonieren in einen GST Fusionsvektor

   Erstellen eines Sets von 6144 Plasmiden
   Erstellen eines Sets von 6144 Hefe Stämmen

3. Transfer auf 64 96-well Platten (Makroarray)
4. Screenen einer gesuchten Aktivität
   mit Mini-Lysaten

Schritt #1   a. Herstellen eines Pool-Lysates von jeder 96-well Platte

              b. GST-Chromatographie

              c. Aktivitätstest

Schritt #2   a. Falls ein positiver Pool gefunden wird (unter den 64), werden aus dieser Platte 20 Pools hergestellt:
8 Reihen + 12 Säulen

              b. Ein Aktivitätstest ergibt z. Bsp. je eine positive Säule und Reihe.

              c. Der Hefestamm an der Kreuzung Säule/Reihe trägt also die Aktivität. Überprüfen!

5.8 Hefe *open reading frames* werden in einen GST-Fusionsvektor kloniert. Solche Glutathion S-Transferase Fusionsproteine lassen sich leicht mit einer GST-Affinitätschromatographie aufreinigen (s. Punkt 4, Schritt #1b). GST-ORF Fusionen müssen funktionell und dürfen nicht toxisch sein.

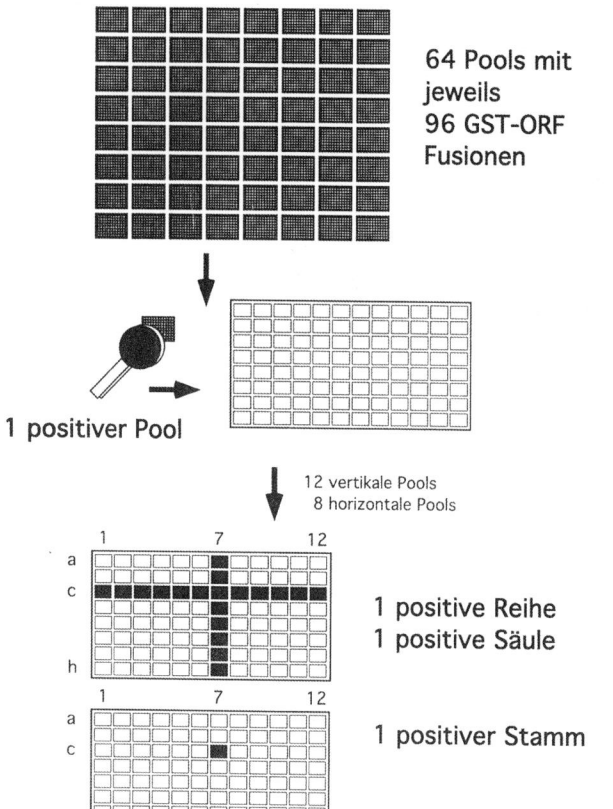

5.9 Makroarray.

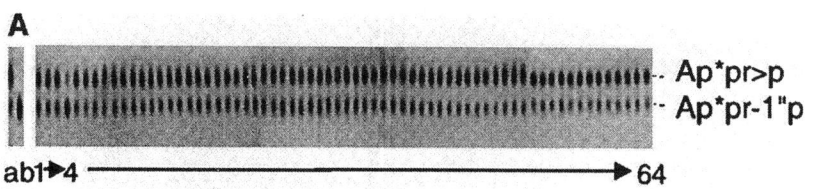

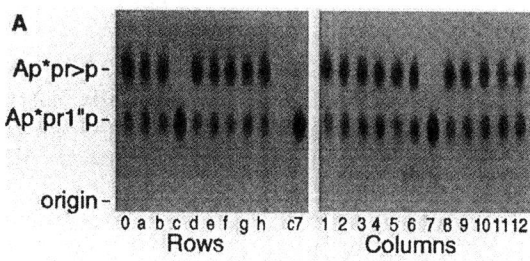

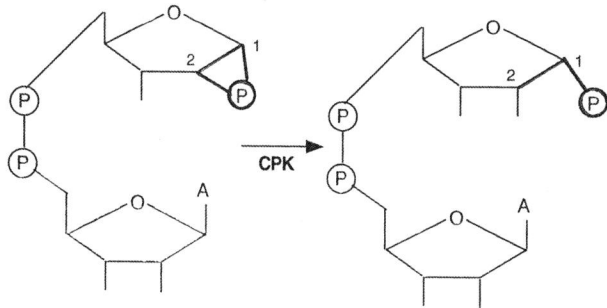

5.10 In diesem Experiment wurde mit dem Ziel gescreent, in Hefe eine cyclische Phosphodiesterase Aktivität (CPK) zu finden, die Adenosin-diphosphat-Ribose 1"-2" cyclo-Phosphat als Substrat erkennt (siehe Reaktionsschema). Das obere Aktivitätsgel identifiziert Pool #4 als aktiv. Das nächste Gel identifiziert Reihe c/Säule 7 als Koordinaten des Hefestamms mit der gesuchten Aktivität. Die Beschreibung des Experimentes folgt Martzen et al., *Science* 1999, 286: 1153-1155. Die Abbildung des Aktivitätstests ist dieser Veröffentlichung entnommen (Abdruck mit Genehmigung der American Association for the Advancement of Science).

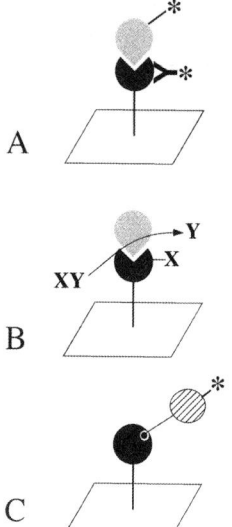

5.11 Proteinarrays. Proteine, die direkt auf Microarrays immobilisiert werden, müssen die Fähigkeit beibehalten, weiterhin mit markierten Interaktionspartners wie Proteinen und Antikörpern eine Wechselwirkung einzugehen (A). Sie müssen weiterhin katalytisch kompetent sein (B) und sie müssen auch kleine Liganden erkennen. Nur so ist gewährleistet, daß in einem solchen Microarray auch alle Proteincharakteristika wirklich gescreent werden können.

5.4
Datenbanken für nonhomology Funktionsvorhersagen

Functional genomics in einem Modellorganismus wie z. B. Hefe führt zur Akkumulation einer großen Menge experimentell bzw. am Computer erstellter Daten über Proteine, ihre Wechselwirkungen und Beziehungen zueinander. Diese Daten verlangen nach einer adäquaten Darstellung in einer neuen geeigneten Datenbankstruktur. Am Beispiel des vollständig sequenzierten Genoms von *Saccharomyces cerevisiae* lassen sich der unterschiedliche Charakter der Einzeldaten und eine mögliche Methode ihrer Organisation besonders gut demonstrieren (Marcotte et al., *Nature* 1999, 402: 83-86; Marcotte et al., *Science* 1999, 285: 751-753; Pellegrini et al., *Proc Natl Acad Sci USA* 1999, 96: 4285-4288). Eisenberg und Mitarbeiter haben für diesen Organismus ein Datenbankmodell entwickelt. Ziel solcher Datenvernetzungen ist eine genomweite Vorhersage von Funktionen bisher nicht annotierter Proteine, die aber nicht auf der Basis von Sequenzhomologien erfolgt (*nonhomology methods*).

In diesem Datenmodell werden die 6.217 *S. cerevisiae* Proteine mittels einer Reihe von Methoden relational verknüpft (Abb. 5.12). Auf diese Weise werden mehr als 93.000 paarweise Beziehungen (links) zwischen funktionell miteinander in Beziehung stehenden Proteinen erstellt. Diese Datenmenge deckt etwa 75 % aller Hefe-Proteine ab. Mehr als 4.000 Links werden dabei mit „sehr hoher" Aussagekraft, ca. weitere 20.000 mit „hoher" Aussagekraft bewertet. Links bisher nicht charakterisierter Proteine zu bereits bekannten Proteinen erlauben eine zumindest generelle Funktionsvorhersage für mehr als 50 % der 2.557 bisher nicht charakterisierten Hefeproteine.

Traditionelle Funktionsbestimmung verlief bisher über genetische und biochemische Methoden. In diesen Datenbankansatz geht eine Vielzahl von Einzelinformationen ein, die eine Beteiligung von Proteinen an gemeinsamen strukturellen Komplexen, an metabolischen Wegen und biologischen Prozessen beschreiben bzw. vorhersagen. Dies wiederum kann dann für eine effiziente experimentelle Überprüfung genutzt werden. Derartige Datenbankmodelle, die für Hefe entwickelt werden, sind eine notwendige Entwicklungsvorstufe für die Modelle, die die zu erwartende Datenflut für Genome höherer Eukaryonten aufzunehmen und zu organisieren haben.

Abb. 5.12 zeigt fünf wichtige Linkkategorien, die verwendet werden, um Beziehungen zwischen Proteinen aufzuzeigen. Da sind zunächst „**konventionelle" experimentelle Daten**, die 500 Links zwischen Hefeproteinen schaffen.

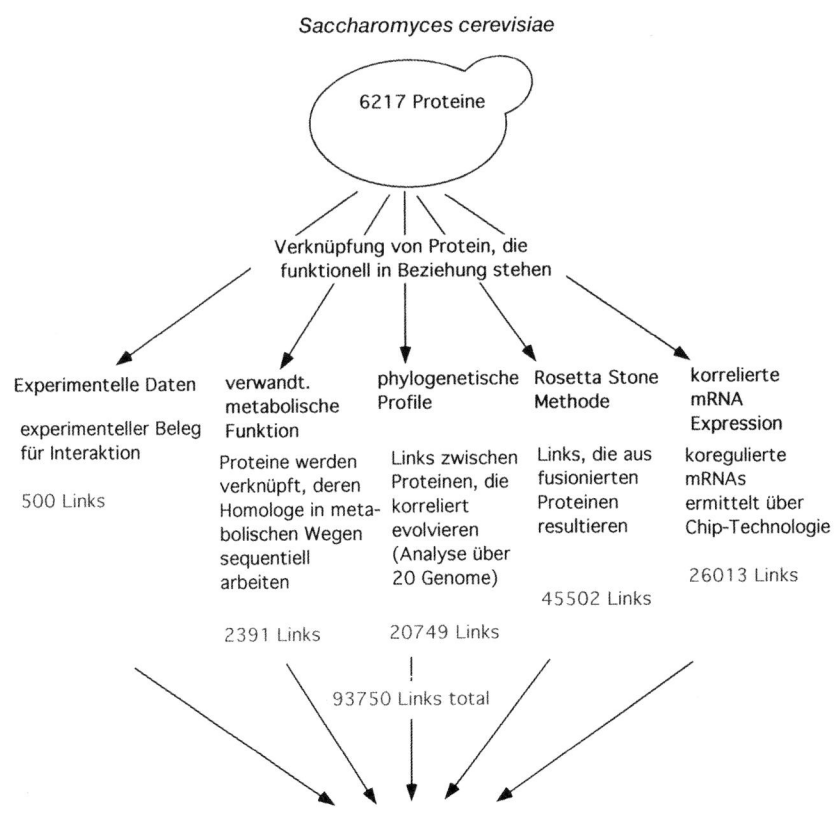

5.12 Links in der Eisenberg Datenbank zur Vorhersage von Proteinfunktionen über *nonhomology* Techniken (Erläuterungen im Text).

5.13 Proteine, die in einem Organismus A auf der Proteomebene interagieren, sind in einem anderen Organismus oft auf Genomebene fusioniert.

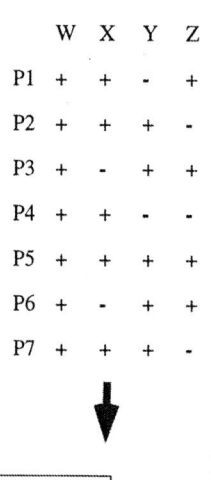

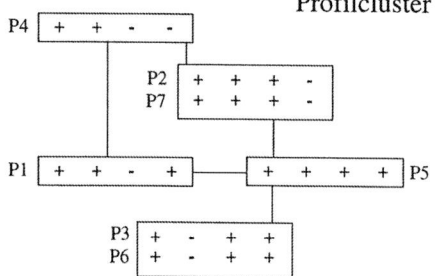

5.14 Erstellung phylogenetischer Profile. Vier Organismen W, X, Y und Z mit unterschiedlicher genetischer Ausstattung werden verglichen. In diesem Beispiel wird die Präsenz von sieben Proteinen P1-P7 verfolgt. Zunächst zeigt das phylogenetische Profil jedes Proteins seine Anwesenheit oder Abwesenheit in den untersuchten Organismen. Diese Profile werden dann einer Clusterung unterzogen, das heißt, identische Profile werden vereinigt und in einem hierarchischen System dargestellt. Cluster, die sich in einer Position unterscheiden, sind durch Linien verbunden. Hier besitzen P2 und P7 bzw. P3 und P6 jeweils ein gleiches Profil. Das bedeutet, daß P2 und P7 bzw. P3 und P6 eine funktionelle Beziehung haben. (nach Pellegrini et al., *Proc Natl Acad Sci USA* 1999, 96: 4285-4288)

Dies sind Daten zu Protein-Protein Interaktionen, die durch biochemische Methoden, 2-Hybridsysteme, crosslinking und Coimmunopräzipitationen erstellt wurden.

„Domänenfusion" oder *Rosetta Stone* **Methode** Viele zelluläre Vorgänge beruhen auf der Wirkung mehr oder weniger komplexer molekularer Maschinen, die aus interagierenden Proteinen zusammengesetzt sind (Alberts, *Cell* 1998, 92: 291-294). Experimentell werden diese Interaktionen gewöhnlich über genetische/biochemische Methoden aufgeklärt. Der von den Autoren der Eisenberg Datenbank *Rosetta Stone* Methode genannte Ansatz ist eine Computermethode zur Vorhersage von Protein-Protein Interaktionen. Die Grundidee dabei ist, daß ein Paar von interagierenden individuellen Proteinen in einem Organismus A in einem anderen Organismus B zu einem Protein fusioniert ist (Abb. 5.13).

Bei der Durchführung dieser Analyse müssen ca. 5 % der bekannten Domänen durch Filter maskiert werden, da sie eine zu hohe Promiskuität zeigen. In einer Kontrollanalyse des *E. coli* Genoms (mit 4.290 Sequenzen) wurde gezielt nach solchen Mustern gesucht. Es fanden sich mehr als 6.800 Paare nichthomologer Sequenzen, bei denen beide Partner eine signifikante Ähnlichkeit zu einem einzelnen Protein eines anderen Genoms besitzen. Jedes dieser Paare ist damit ein Kandidat für interagierende Proteine in *E. coli*. Die mit diesen Daten durchgeführte Funktionsvorhersage für *E. coli* Proteine wurde mit der Datenbank bekannter Funktionsannotierungen für *E. coli* Proteine verglichen, und es bestätigte sich die hohe Qualität der Vorhersage.

Phylogenetische Profile Dieser Ansatz geht von der Grundidee aus, daß Proteine, die in der Zelle funktionell verbunden sind, im Verlauf der Evolution auch korreliert vererbt wurden. Eine solche Korrelationsanalyse muß auf der Basis aller zur Verfügung stehenden Gesamtgenome durchgeführt werden. Für jedes Protein wird dabei ein Profil seiner Verteilung in verschiedenen Organismen erstellt: besitzen mehrere Proteine ein identisches Profil, so wird dies als Hinweis auf einen funktionellen Zusammenhang dieser Proteine gewertet (Abb. 5.14 und 5.15). Proteine mit gleichem Profil müssen nicht notwendigerweise Sequenzhomologien zueinander zeigen, ihre Beziehung ist funktioneller Art! Die Tatsache, daß sich viele Paare vom Typ „A interagiert mit B", „B interagiert mit C", usw. finden, kann ausgenutzt werden, um komplette metabolische Wege zu modellieren. Rosetta Stone Methode und phylogenetische Profile ergaben im Falle der Hefe konsistente und kompatible Ergebnisse.

Verwandte metabolische Funktion Dieser Linktyp läßt sich zwischen Proteinen herstellen, deren Homologe als Mitglieder einer sequentiellen metabolischen Reaktionsabfolge identifiziert wurden.

Korrelierte mRNA Expression Hierbei handelt es sich um Links, die in Expressionschip-Experimenten (siehe dort) ermittelte Daten über die Koregulation von mRNAs enthalten. Ca. 100 Chip-Datensets für Hefe bilden die Basis für eine umfassende Expressionspattern-Analyse.

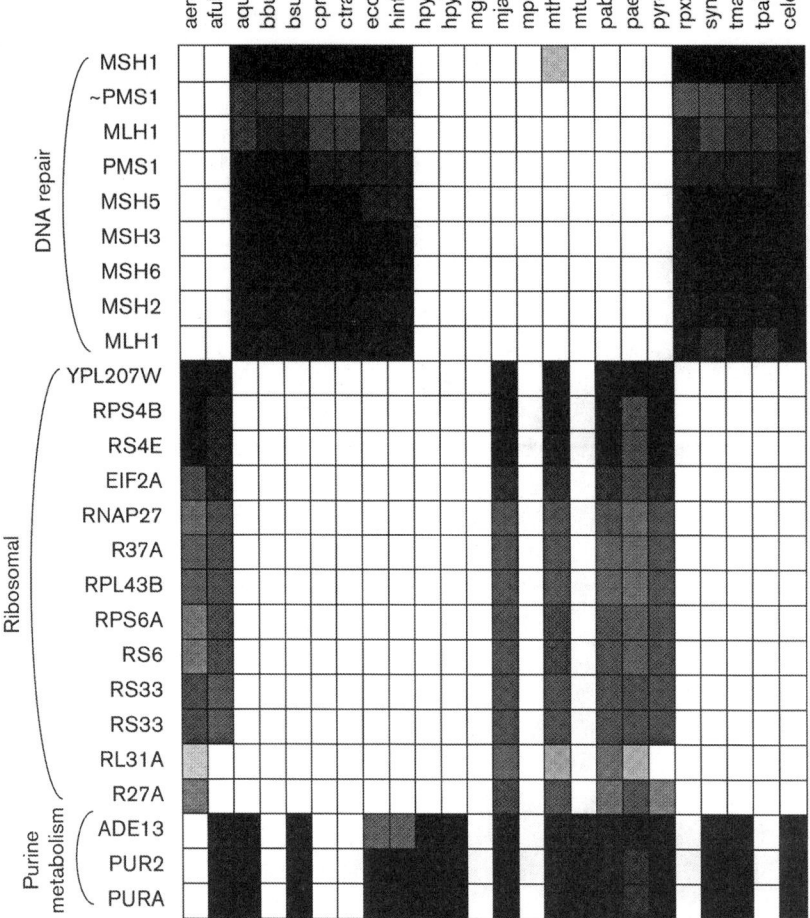

5.15 Die Abbildung zeigt die phylogenetischen Profile (Zeilen) dreier Proteingruppen für 24 Genome (Säulen). Die Graustufen symbolisieren den Grad an Homologie in einer Zeile. (aus Marcotte, Computational genetics: Finding protein function by nonhomology methods. *Curr Opin Struct Biol* 2000, 10: 359-365; Abdruck mit Genehmigung von Elsevier Science)

Unter Einbeziehung aller 93.000 paarweisen Links zwischen Hefeproteinen wird so ein komplexes Beziehungsnetzwerk geschaffen, mit dessen Hilfe die Funktion bisher nicht charakterisierter Hefeproteine aus ihrer Link-Umgebung erschlossen werden kann (Abb. 5.16). Diese Datenbank ist über [http://www.doe-mbi.ucla.edu/] zugänglich. Natürlich muß auch bei diesem Ansatz wieder bedacht werden, daß derartige Hilfsmittel nicht eine bewiesene Funktion liefern, sondern intelligente Vorschläge machen, die zum Entwurf eines sinnvollen und zielgerichteten Experiments dienen.

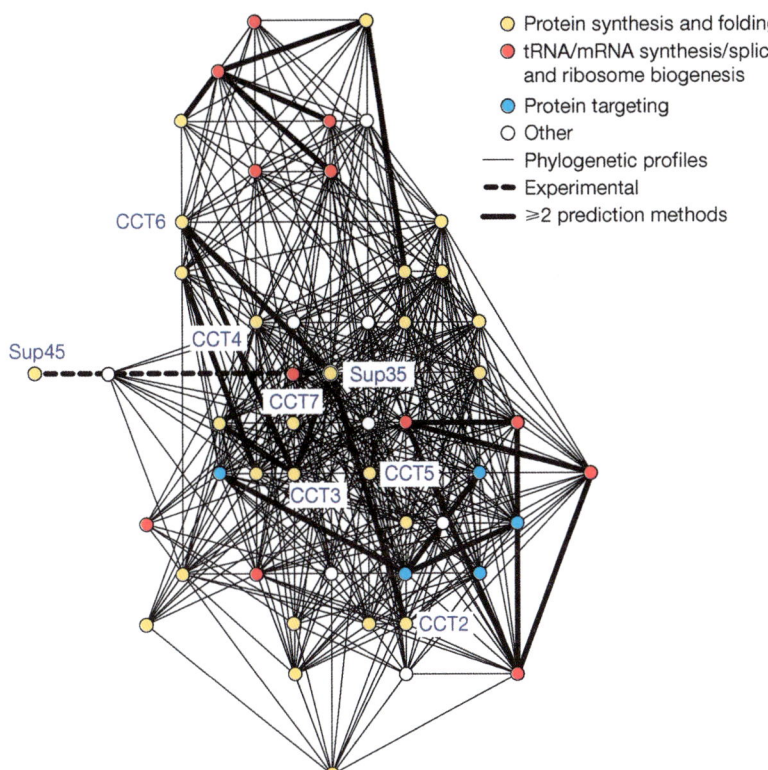

5.16 Netzwerk vorhergesagter funktioneller Beziehungen für das Hefe Prionprotein Sup35. Die gestrichelte Linie zeigt die einzige experimentell belegte Interaktion. Alle anderen funktionellen Links zu den im Schlüssel farbkodierten Proteinen sind durch verschiedene *nonhomology* Methoden berechnet. Links, die durch mehr als eine Methode vorhergesagt werden, sind fett gedruckt. (aus Eisenberg, Marcotte, Xenarios und Yeates. *Nature* 2000, 405: 823-826; Abdruck mit Genehmigung von Nature)

5.5
Pathway-Datenbanken

Der Vergleich einer Proteinsequenz unbekannter Funktion mit verwandten Sequenzen, die zu Proteinen mit bekannter Funktion gehören, erlaubt – wie wir gesehen haben – Schlüsse auf mögliche Funktionen des unbekannten Proteins. Dieser Ansatz kann auch auf komplexe Stoffwechselwege übertragen werden.

Ein Stoffwechselweg (pathway) ist ein Set von enzymkatalysierten Reaktionen, die von Substraten in geregelter Abfolge durchlaufen werden und gewöhnlich eine Regulation über ein internes Feedback zeigen. Oft co-evolvierten die Komponenten eines pathway im Evolutionsverlauf (Abb. 5.17).

256 | 5 Proteomics

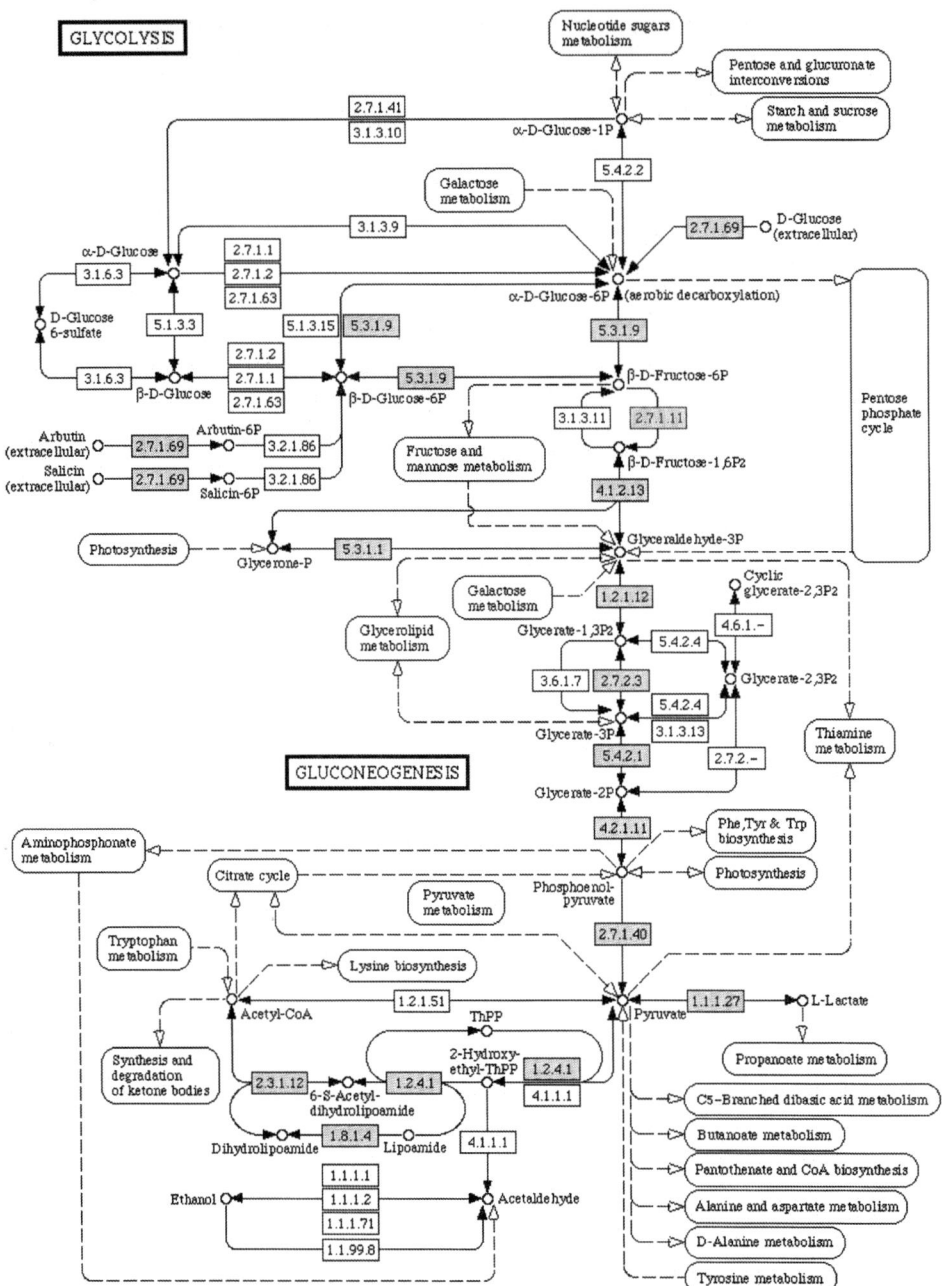

◀ **5.17** Das Diagramm zeigt den Referenzeintrag für die Glykolyse in KEGG. Um diese Darstellung aufzurufen, wird in der *metabolic pathway list* **glycolysis** gewählt, dann in einem zweiten Schritt ein Organismus aus der Liste der in die Datenbank inkorporierten Organismen, hier *M. genitalium*. Im Diagramm des Referenz-*pathway* sieht man hier grau unterlegt die Enzyme, die in *M. genitalium* experimentell bewiesen oder auf der Basis von Sequenzhomologien zwischen *M. genitalium* Sequenzen und Enzymen, die nachweislich zu diesem *pathway* gehören, vorhergesagt wurden. KEGG unterscheidet nicht zwischen experimentell nachgewiesenen Proteinen und lediglich vorhergesagten. Jedes Objekt dieses Diagramms ist ein Link auf weiterführende Informationen, u. a. zu den entsprechenden Sequenzen in *M. genitalium*. Die Darstellung eines *pathway* in KEGG ist im Vergleich zu EcoCyc/MetaCyc etwas ausgeweitet, da stets auch die engere Umgebung im Regelnetzwerk gezeigt wird [http://www.genome.ad.jp/kegg/kegg.html].

Um in einem bereits annotierten Genom eines neu sequenzierten Organismus einen bestimmten Stoffwechselweg zu identifizieren, kann man die im Verlauf der Annotierung vorhergesagte Enzymausstattung mit einer Datenbank vergleichen, die etablierte Stoffwechselwege anderer Organismen enthält (*metabolic pathway database*). Solche Vergleiche sind mit Datenbanken wie KEGG (Kyoto Encyclopedia of Genes and Genomes), WIT oder Pangea-EcoCyc möglich, [http://www.genome.ad.jp/kegg/kegg.html], [http://wit.mcs.anl.gov/WIT2/], [http://ecocyc.pangeasystems.com].

Je nach Datenbank sind hier ein oder mehrere Genome beschrieben. Solche Datenbanken sind besonders hilfreich, wenn sie den Zugriff auf Enzyme, Substrate, Literaturlinks, Informationen zu Aktivatoren oder Inhibitoren einzelner Reaktionen in einer pathway-spezifischen Software recherchierbar machen und die Daten in einer übersichtlichen Weise graphisch darstellen.

EcoCyc ist die nach gegenwärtigem Kenntnisstand vollständige Sammlung aller *E. coli* Stoffwechselwege, an denen kleine Metabolite beteiligt sind (138 *pathways*). Hier sind Informationen zu Enzymen, Cosubstraten, Aktivatoren, Inhibitoren, Reaktionen und quartärer Proteinstruktur, Links zu Literatur und Sequenzen in einer graphischen Benutzeroberfläche mit pathway-Display vereinigt. MetaCyc hingegen ist eine Sammlung (aus vielen Quellen) von metabolischen Pathways aus einer Vielzahl von Mikroorganismen. Wählt man in MetaCyc z. B. *glycolysis pathway* aus, so wird genau dieser eng begrenzte pathway gezeigt (Abb. 5.18). Es ist auch verzeichnet, in welchen Organismen dieser pathway experimentell nachgewiesen wurde.

Die KEGG Sammlung vereinigt zur Zeit 97 pathways. Jeder pathway-Eintrag dieser Datenbank zeigt alle Einzelreaktionen, die bisher für diesen Stoffwechselweg in verschiedenen Organismen beobachtet wurden. Die Einträge bilden also eine allgemeine, speziesübergreifende Referenzbibliothek (Abb. 5.17). Diese Bibliothek läßt sich organismenspezifisch nach Substraten, Genen und Enzymen durchsuchen. Die *reference pathways* zeigen zudem Links zu bereits bekannten 3D-Strukturen und genetischen Krankheiten.

Die in EcoCyc für akademische Benutzer frei benutzbare PathoLogic Software kann durch einen Vergleich mit den *E. coli* Daten auch Gene bzw. Pro-

MetaCyc Pathway: glycolysis

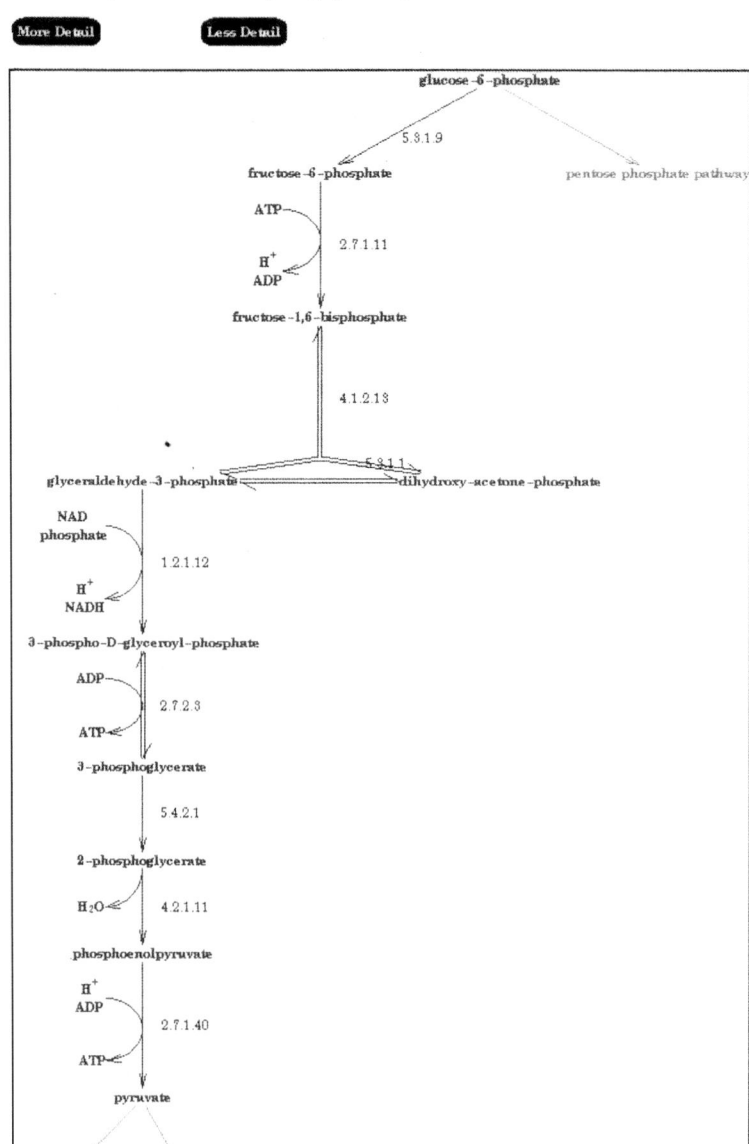

Synonyms: Embden-Meyerhof pathway

Superclasses: Energy metabolism

Net reaction equation: Glucose + 2 Pi + 2 ADP + 2 NAD = 2 pyruvate + 2 ATP + 2 NADH + 2 H + 2 H(2)O

Species distribution: ECOLI

Superpathways: glycolysis+Entner-Doudoroff , glycolysis+TCA+glyoxylate bypass , GLYCOLYSIS+CITRIC-ACID-PWY

5.18 Darstellung des Glykolyse-Stoffwechselweges in MetaCyc [http://ecocyc.org:1555/META/new-image?object=GLYCOLYSIS&type=PATHWAY].

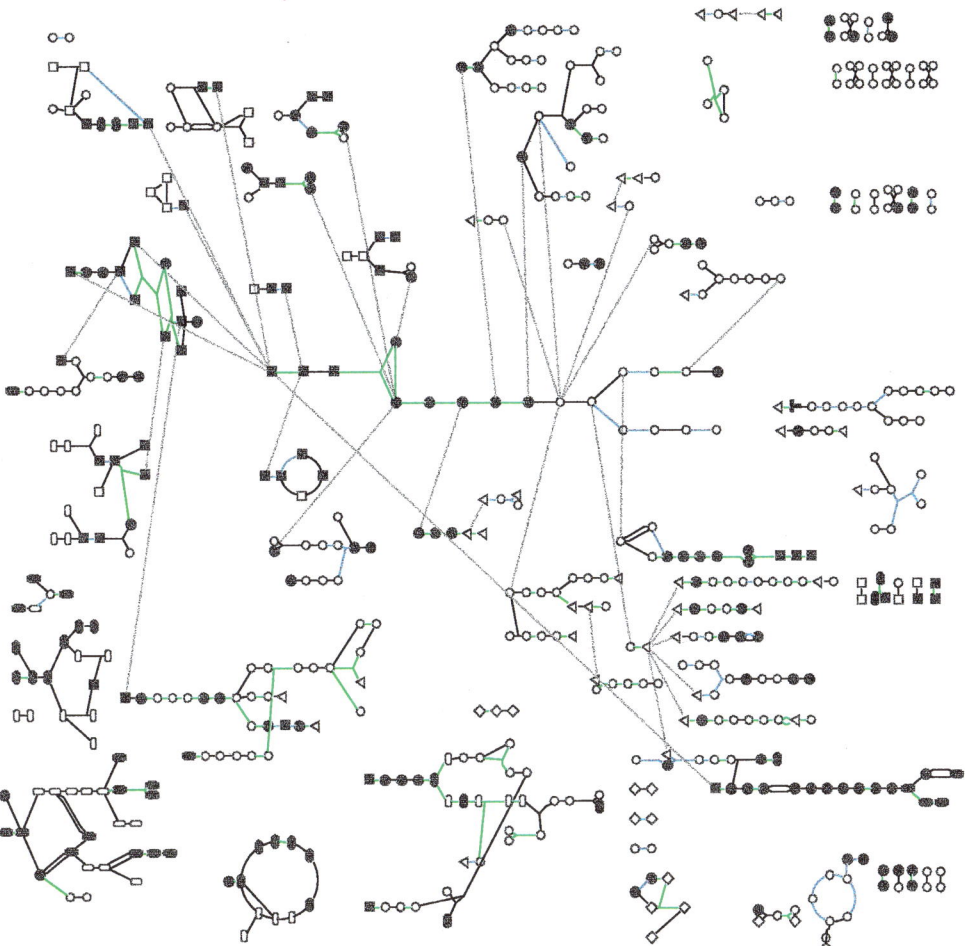

5.19 Das vorhergesagte metabolische Netzwerk in *H. pylori*. Graue Linien verbinden Metabolite mit wenigstens einem unbekannten Intermediat. (blau) Stoffwechselwege, die nur in *H.pylori*, (grün) in *H.pylori* und *H.influenzae* bzw. (orange) in *H.pylori* aber nicht Hefe existieren. (aus Karp et al., *Trends Biotechnol* 1999, 17: 275-281; Abdruck mit Genehmigung von Elsevier Science)

teine eines annotierten Genoms eines anderen Organismus in ihrer pathway-Struktur vorhersagen und darstellen. Dieser Vorgang folgt einer recht einfachen Logik.

Das Einlesen des zu analysierenden Genoms NN erfolgt über das automatische Erkennen und Importieren der entsprechenden line contents der GenBank Files des bereits annotierten Genoms. Dabei werden Namen und EC Nummern der Proteine übernommen. Das Gesamtgefüge der Stoffwechselwege ist durch das *E. coli* Modell vorgegeben. Ohne weitere Sequenzanalyse werden die über den Namen, Synonyme oder die EC Nummer erkannten Proteine automatisch in korrespondierende Positionen einer Kopie der *E. coli* pathway-Datenbank kopiert. Stoffwechselwege, die in beiden Organismen vorhanden sind, werden markiert. Stoffwechselwege, die nur in NN vorhanden sind, nicht aber in *E. coli*, müssen manuell in der Datenbank für NN nachgetragen werden. Umgekehrt werden *E. coli* pathways, die in NN nicht vorhanden sind, in einer Liste dargestellt. Auf diese Weise entsteht eine pathway-Datenbank für NN. Abb. 5.19 zeigt das vorhergesagte metabolische Netzwerk für *Helicobacter pylori*. (Man beachte die deutlichen Unterschiede zur Hefe Abb. 5.20).

Da bei diesem Verfahren Annotierungen unbesehen übernommen werden, muß man sich über die Fehlerraten von Annotationen in Genomprojekten im Klaren sein. Eine Abschätzung aus dem Jahre 1999 für das *M. genitalium* Minimalgenom (468 Gene)(s. a. Kapitel 3.2) kommt zu dem Schluß, daß die Fehlerrate bei wenigstens 8 % liegt. Ursachen hierfür sind fehlerhafte Homologiebildungen und die generelle Problematik beim Schluß von Sequenzen auf Funktionen. Diese Annotationsfehler werden, wenn sie wie hier durch Programme eingelesen werden, propagiert.

KEGG und WIT übernehmen hingegen eine bereits vorhandene Annotation genomischer Sequenzen nicht, sondern analysieren erneut selbst.

In der Anzahl von pathways, die zwei Organismen gemein sind, zeigen sich große Unterschiede. Dies ist Ausdruck der enormen Anpassung von Mikroorganismen an ihre jeweilige Umgebung (siehe hierzu „COG-Verlust", Kapitel 3.2) (Abb. 5.21). Bei einem pathway Vergleich in zwei Organismen sind Situationen denkbar, wie sie in Abb. 5.22 wiedergegeben sind.

Eine graphische Oberfläche zur Darstellung von pathways vereinfacht die Suche nach organismenspezifischen Informationen erheblich. Wie Abb. 5.17 zeigt, bietet diese Darstellung eine bequeme Möglichkeit, anhand der vorher-

5.20 Die Abbildung zeigt das *pathway*-Diagramm der Hefe. In ihm sind die Ergebnisse des diauxic shift-Experimentes dargestellt, die im Kapitel Expressionsanalyse mit DNA-Chips ausführlich vorgestellt wurden. Erhöhte oder verminderte Expression wird farbkodiert auf die entsprechenden Reaktionen übertragen. So fällt ▶ auch hier gleich der unter den experimentellen Bedingungen induzierte Citratcyclus ins Auge. (aus Karp et al., *Trends Biotechnol* 1999, 17: 275-281; Abdruck mit Genehmigung von Elsevier Science)

5.5 Pathway-Datenbanken

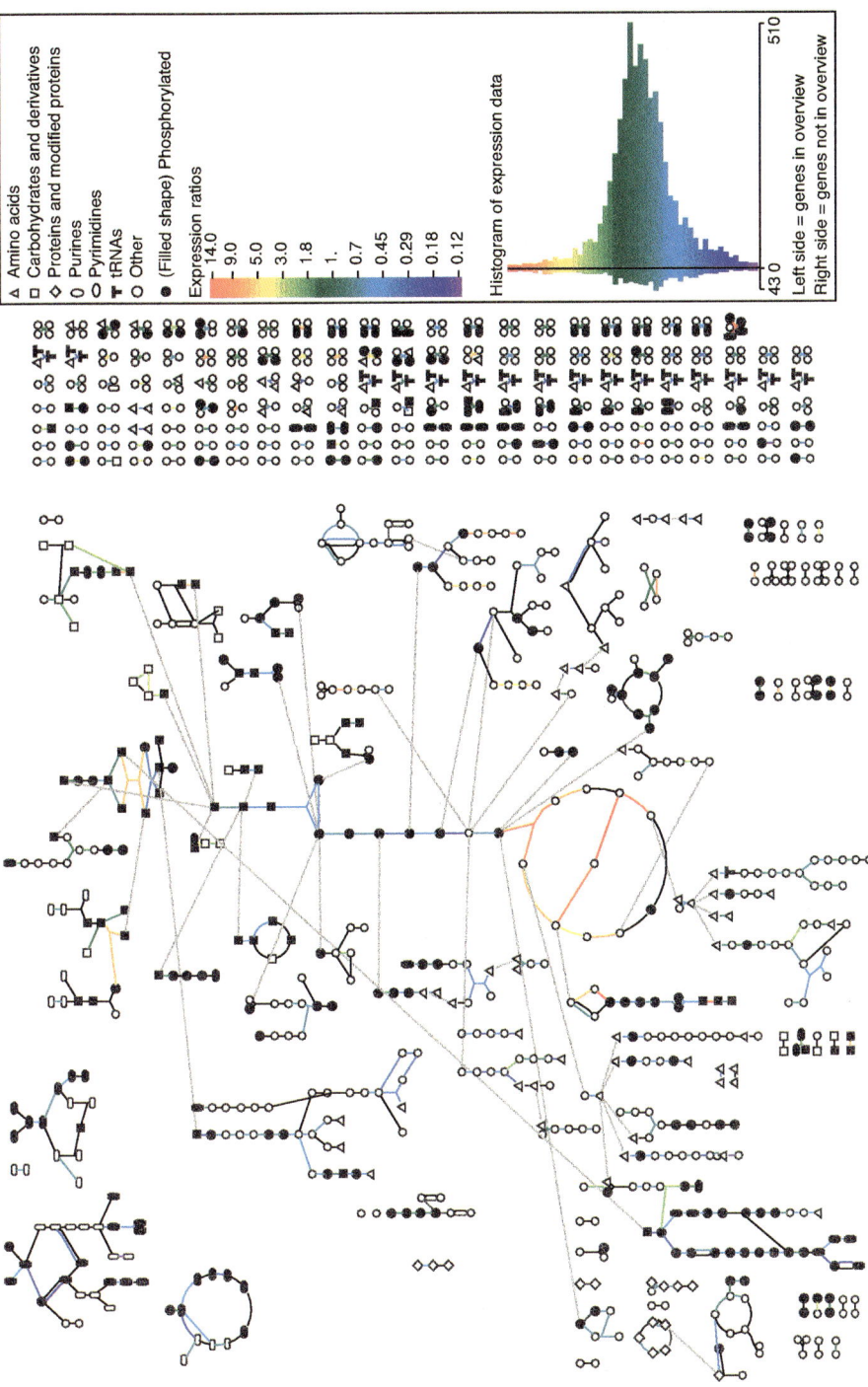

	E. coli	M. tuberculosis	B. subtilis	H. influenzae	S. cerevisiae	H. pylori	M. pneumoniae
E. coli	138	103	107	90	84	73	36
M. tuberculosis		103	91	79	82	70	35
B. subtilis			112	81	79	69	36
H. influenzae				91	67	62	32
S. cerevisiae					84	64	34
H. pylori						74	29
M. pneumoniae							38

5.21 Diese Tabelle zeigt die Anzahl der Stoffwechselwege, die jeweils zwei Organismen gemein sind. Die Diagonalwerte entsprechen der Anzahl identifizierter Stoffwechselwege in dem jeweiligen Organismus. (Daten aus Karp et al., *Trends Biotechnol* 1999, 17: 275-281)

gesagten Enzymausstattung abzuschätzen, ob eine metabolische Leistung in einem Organismus überhaupt existiert. Eine solche Präsentation des metabolischen Potentials eines Organismus im regulativen Gesamtzusammenhang ist für alle Anwender wichtig, die an einer speziellen Stoffwechselleistung eines Organismus interessiert sind. Dieses Interesse kann z. B. in der Verwendung des Organismus in einem Produktions- oder Verfahrensprozeß der Lebensmittelproduktion, in einem biochemischen Syntheseschritt innerhalb chemischer Synthesen etc. begründet sein (einen vorzüglichen Überblick über

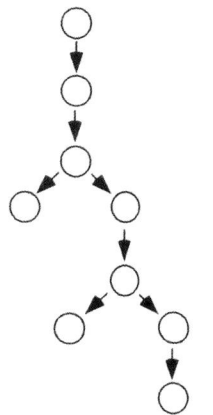

E. coli pathway

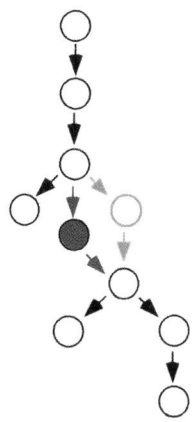

NN pathway

Das "Loch" im pathway könnte auf ein nicht identifiziertes Gen oder auf eine in diesem Organismus modifizierte Reaktionsfolge hinweisen.

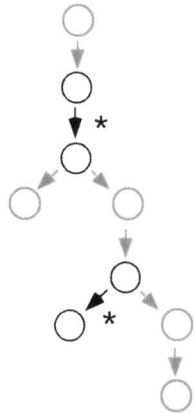

NN pathway

Die Mehrheit der den pathway bildenden Proteine existiert in NN nicht, der pathway scheint damit hier nicht zu existieren. * sind vielleicht nur Annotationsartefakte

5.22 Vergleich eines Stoffwechselweges in *E. coli* und im Organismus NN.

den Einsatz von Mikroorganismen in den verschiedensten Verfahrensschritten und die dabei benutzten Stoffwechselwege geben Glazer, Nikaido: *Microbial Biotechnology.* Freeman, New York, 1995).

Eine metabolische Datenbank hilft im Falle pathogener Mikroorganismen bei der Entwicklung von Pharmaka, die gegen diese Organismen gerichtet sind. Target-Identifizierung und -Validierung im Pathogen sind zeitaufwendige Schritte der Entwicklung. Läßt sich das pathway-Diagramm über geeignete Menüs nach verschiedenen Kriterien durchsuchen (z. B. Beteiligung bestimmter Substanzklassen an Reaktionen), so können laterale Effekte eines Pharmakons oder unerwünschte Bypass-Reaktionen in seiner Metabolisierung schnell erfaßt werden. Durch den Vergleich organismenspezifischer pathway-Datenbanken lassen sich auch Reaktionen erkennen, die nur in bestimmten Organismen ablaufen.

Gerade im Hinblick auf pathogene Mikroorganismen ist für die Zukunft angestrebt, auch Signaltransduktionswege und Transmembran-Transportwege in pathway-Datenbanken zu visualisieren. pathway-Datenbanken bieten daneben eine ideale Möglichkeit zur Darstellung von Expressionsdaten, die in DNA-Chip-Experimenten gewonnen wurden. Abb. 5.20 zeigt die Präsentation der Daten des *diauxic shift* Experimentes (siehe Kapitel 4.2.1) im Rahmen des pathway-Diagramms der Hefe *S.cerevisiae.* Sowohl KEGG als auch EcoCyc sind in der Lage, Expressionsdatenfiles, die in einem einfachen Format geschrieben werden, einzulesen.

6
Phylogenetik

6.1
Grundlagen

Wie für jede Wissenschaft, war und ist es auch für die Biologie ein zentrales Anliegen durch Klassifikation Ordnung in das beobachtete Material zu bringen, eine natürliche Ordnung zu erkennen. Dieses Bestreben spiegelt dann im Idealfall den zugrunde liegenden evolutionären Entwicklungsverlauf wider.

Besonders die bakterielle Taxonomie war für große Teile auch des 20. Jahrhunderts ein nur wenig fundiertes Gruppieren von Organismen, das äußeren oder physiologischen Parametern folgte. Seit 1965 bedeutet Phylogenie molekulare Phylogenie. Vor 1975 basierte molekulare Phylogenie dabei zunächst auf Proteinsequenzen (Dayhoff's berühmter Atlas of Protein Sequences and Structure). Diese Phase war von besonderer Bedeutung für die Formulierung der Endosymbiontenhypothese. Die auf molekularer Evolution beruhende Klassifizierung geht davon aus, daß die Geschichte eines Gens in seiner Nukleotidsequenz aufgezeichnet ist, die Geschichte eines Organismus in der Summe seiner Gene. Vorhersagbar, widersprach die molekulare Phylogenie sehr oft der traditionellen, die auf äußeren Faktoren basierte.

Phylogenie beschäftigt sich mit dem Studium evolutionärer Verwandtschaften. Die Verwandtschaften werden dabei gewöhnlich in Form von verästelten Bäumen dargestellt (trees). Diese trees werden sowohl für einzelne Moleküle (Proteine, DNA, RNA) als auch für ganze Organismen erstellt. Sie sind Ausdruck des fundamentalen Prinzips einer sich mit fortschreitender Zeit entwickelnden Biosphäre, in der wir, von einfacheren biologischen Systemen ausgehend, eine Entwicklung von zunehmend mehr und komplexeren Organismen beobachten. Die Einführung des tree-Konzeptes für den Evolutionsverlauf geht auf Darwin zurück: Abb. 6.1 zeigt einen Teil der einzigen Abbildung in *Origin of Species*.

Wenn wir der Naturwissenschaft und insbesondere der Biologie eine philosophische Dimension beimessen wollen, dann ist sie sicherlich auf diesem Felde in der Lage, einen besonders substantiellen Beitrag zu leisten. Es geht

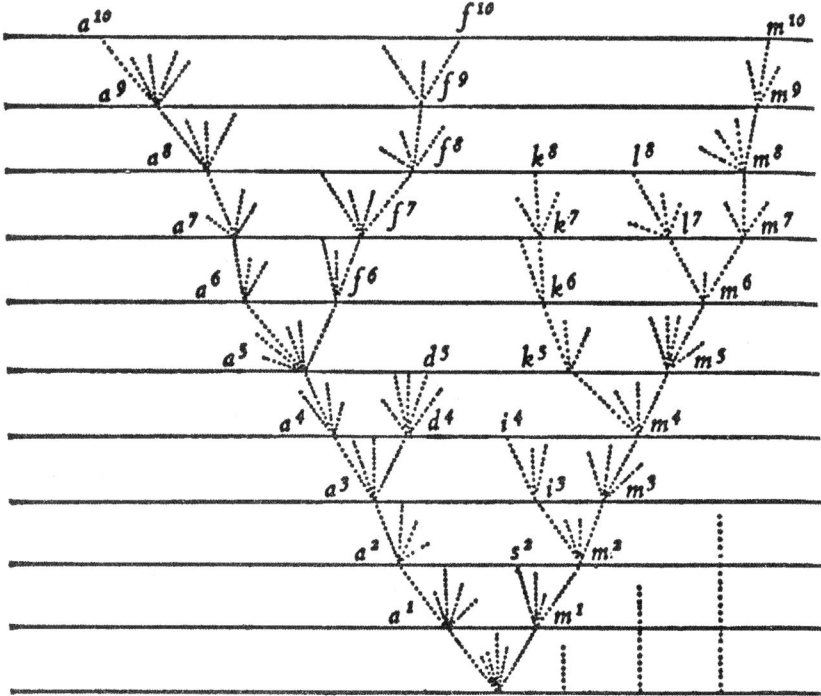

Abb. 6.1 Tree-Darstellung zur Verdeutlichung evolutionärer Beziehungen.
The limbs divided into great branches, and these into lesser and lesser branches, were themselves once, when the tree was small, budding twigs; and this connection of the former and present buds by ramifying branches may well represent the classification of all extinct and living species in groups subordinate to groups. (Text nach Charles Darwin, *The Origin of Species by Means of Natural Selection*, London, 1859. Oxford World's Classics Edition, 1996; Abb. aus W.F. Doolittle, *Science* 1999, 284: 2124-2128, Abdruck mit Genehmigung der American Association for the Advancement of Science)

immerhin um die Frage, was Leben ist und wie es entstand. Naturgemäß wurden diese Fragen mit einer oft außergewöhnlichen Schärfe diskutiert. Nachdem man die Wichtigkeit von lateralem Gentransfer erkannt hat und Phylogenie auf der Basis ganzer Genome möglich ist, ist ein großer Teil dieser Polemiken Teil der Wissenschaftsgeschichte geworden. Für Evolutionsfragen, also für ein tiefergehendes Verständnis des biologischen Gesamtgefüges, war die Sequenzierung der ersten mikrobiellen Genome in den 90er Jahren sicherlich ein entscheidenderer Schritt voran als die Sequenzierung des menschlichen Genoms.

6.1.1
Methoden zur Konstruktion phylogenetischer Trees

Wir haben uns bereits ausführlich mit der Erstellung von Alignments zweier oder mehrerer Sequenzen beschäftigt. Für eine Vielzahl von Nutzern wird dies auch der Punkt sein, an dem ihr phylogenetisches Interesse aufhört, so daß sie einen phylogenetischen tree nicht benötigen. Historisch gesehen war die Erstellung eines Alignments stets der erste Schritt zur Erstellung einer tree-Darstellung. Die Tatsache, daß Sequenzen in ein Alignment gebracht werden können, ist natürlich Ausdruck der phylogenetischen Beziehung der zugehörigen Organismen. Die Umsetzung eines Alignments in einen tree ist aber nicht nur eine formale Umsetzung in eine andere Darstellungsweise, da eine hierarchische Darstellung der vertikalen zeitlichen Verwandtschaft mit skalierten branch-Längen gefunden werden muß. Viele der im Hintergrund ablaufenden Algorithmen sind die gleichen. In der Tat bewältigen die verwendeten modernen Programme beide Probleme, Alignment und tree-Darstellung, simultan.

Wie auch im Falle von Alignments verfolgt eine tree-Erstellung heuristische Ansätze. Zahlreiche Methoden sind entwickelt worden. An dieser Stelle sollen nicht alle Ansätze vorgestellt werden. Der interessierte Leser sei z. B. auf W. H. Li *Molecular Evolution* (Sinauer Associates, 1997) hingewiesen, das einen guten Überblick über die verschiedenen Methoden liefert. Auch der – allerdings mehr als 10 Jahre alte – Band 183 der Methods in Enzymology (*Molecular Evolution: Computer Analysis of Protein and Nucleic Acid Sequences*, R. F. Doolittle, ed., San Diego 1990) ist noch lesenswert.

Die wichtigsten Ansätze sind: *distance matrix* Methoden, *maximum parsimony* Methoden und *maximum likelihood* Methoden. Bei *distance matrix* Methoden werden evolutionäre Distanzen, in Form von Nukleotid- oder Aminosäureaustauschen zwischen Sequenzen, zunächst paarweise für alle Sequenzen (Taxa) berechnet und aus diesen Distanzwerten dann ein tree. Die *maximum parsimony* Methode sucht nach dem tree, dessen Topologie die kleinste Anzahl von evolutionären Änderungen erfordert, um die im Set der OTUs beobachteten Unterschiede zu erklären. Dabei lassen sich oft gleichwertige tree-Lösungen finden. *Maximum likelihood* Methoden benutzen Übergangswahrscheinlichkeiten, mit denen eine Nukleotidposition sich pro Zeiteinheit ändert.

Den besten, umfassendsten Überblick über das weite Feld der phylogenetischen Programme bietet die Website des Felsenstein Labors der University of Washington, Seattle: [http://evolution.genetics.washington.edu/phylip/software.html]. Von hier aus lassen sich Verbindungen zu allen Spielarten dieses Arbeitsgebiets herstellen.

6.1.2
Gen-trees

Gen-trees rekonstruieren die vertikale genealogische Beziehung von homologen Genen, wie sie durch Speziesbildung geformt wird. Dazu analysiert man die Mutationsereignisse, die sich in verwandten Genen in unterschiedlichen Spezies stabilisiert haben.

Der Graph eines tree (Abb. 6.2) besteht aus sukzessiven Bifurkationen, die *nodes* (Knoten) und *branches* (Zweige) bilden. Das Verzweigungsmuster bildet die Topologie des Trees. nodes kennzeichnen Gene, Spezies oder Populationen. branches repräsentieren die topologische Beziehung zwischen nodes (wobei die Länge der branches die Zahl der Mutationen oder die evolutionäre Zeit wiedergeben). nodes sind extern (terminal) oder intern. Externe nodes werden auch *operational taxonomic units*, OTUs, genannt. Interne nodes repräsentieren evolutionäre Vorläufer. Ebenso gibt es interne und externe branches.

Ein tree ist entweder rooted oder unrooted (Abb. 6.3). Ein *unrooted tree* gibt lediglich die Beziehung zwischen den Sequenzen wieder, beschreibt aber nicht den evolutionären Weg. Ein *rooted tree* hat einen speziellen internen node (die *root*), der die Position des gemeinsamen Vorläufers beschreibt, bzw. den Punkt, an dem dieser sich in die verschiedenen evolutionären Linien aufspaltet, die zu den OTUs führen. Wenn R1 die root bildet, dann wird Sequenz E zur sog. *outgroup*, d. h. E ist die früheste vom gemeinsamen Vorläufer abzwei-

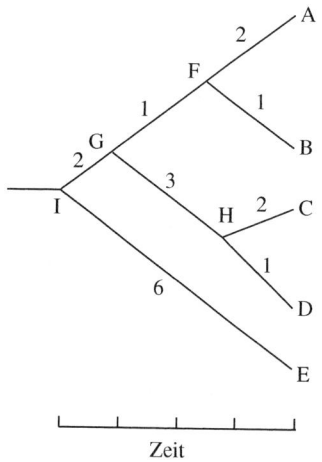 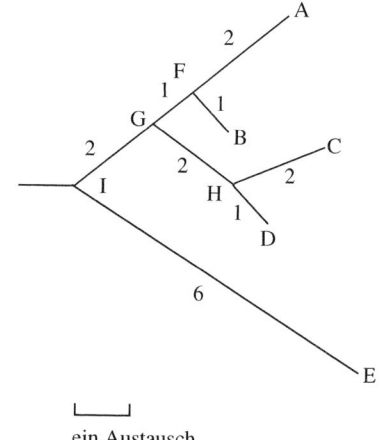

Abb 6.2 A-E sind externe *nodes* oder OTUs. F-I sind interne nodes. Das linke Diagramm zeigt einen nicht-skalierten *tree*. Die OTUs sind am Rande aufgereiht, und die internen *nodes* sind proportional zur Divergenzzeit positioniert. Im rechten Diagramm sind die branch- Längen proportional zur Anzahl der Mutationen zwischen zwei *nodes*. Die Zahlen entsprechen stets der Mutationszahl zwischen zwei *nodes*.

Abb. 6.3 A) zeigt einen *unrooted tree* mit 5 OTUs A-E. 1, 2 und 3 sind interne nodes, die für extinkte Vorläufer stehen. B) und C): Je nachdem wo der root node gesetzt wird (R1 oder R2 in A), ergibt sich eine unterschiedliche Struktur des *rooted tree*, und es wird ein dementsprechend anderer evolutionärer Verlauf postuliert. Die OTUs A und B (oder auch A bis D) bilden eine monophyletische Gruppe von Taxa (Ableitung von einem gemeinsamen Vorfahren 1 bzw. 3), während A und C eine polyphyletische Gruppe bilden mit zwei Vorfahren, 1 und 2.

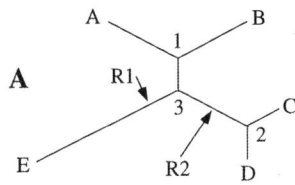

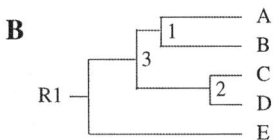

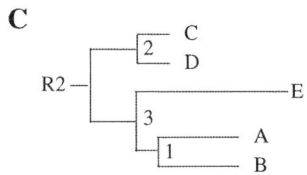

gende OTU. Es resultiert tree (B). Wenn R2 die root bildet, werden Sequenz C und D zur outgroup, es resultiert tree (C). Die Anzahl möglicher tree-Topologien Tn wächst mit der Anzahl n der OTUs gemäß

$$T_n = (2n-5)! / [2^{n-3}(n-3)!] \quad n \geq 3 \text{ Für } n = 20 \text{ ist } T_n > 200 \text{ Trillionen.}$$

6.2
Gen-trees versus Spezies-trees

Die evolutionäre Beziehung von Spezies wird oft an Hand der Evolutionsgeschichte einer Sequenz dargestellt. Nun muß aber die Evolutionsgeschichte einer Sequenz in verschiedenen Spezies nicht notwendigerweise der Evolutionsgeschichte der Spezies entsprechen. Folgende Beispiele sollen das Problem verdeutlichen, daß Gen-tree und Spezies-tree nicht notwendigerweise zur gleichen Aussage führen. Abb. 6.4 zeigt zwei mögliche Gen-trees für vier Gene 1–4 aus zwei Spezies A und B. Abb. 6.5 verdeutlicht die Unterschiede von Gen- bzw. Spezies-trees für 3 Gene aus 3 Spezies.

Seit 1975 wurde der durch Carl Woese unter Verwendung von rRNA Sequenzen der kleinen ribosomalen Untereinheiten (SSU) formulierte sogenannte *universal tree* (Abb. E.2) mit seiner Einteilung in Archaea, Eukarya und Bacteria, zur Basis der Beschreibung phylogenetischer Beziehungen (Abb. 6.6). rRNA ist ein sehr gut geeigneter molekularer Chronometer, da sie ubiquitär

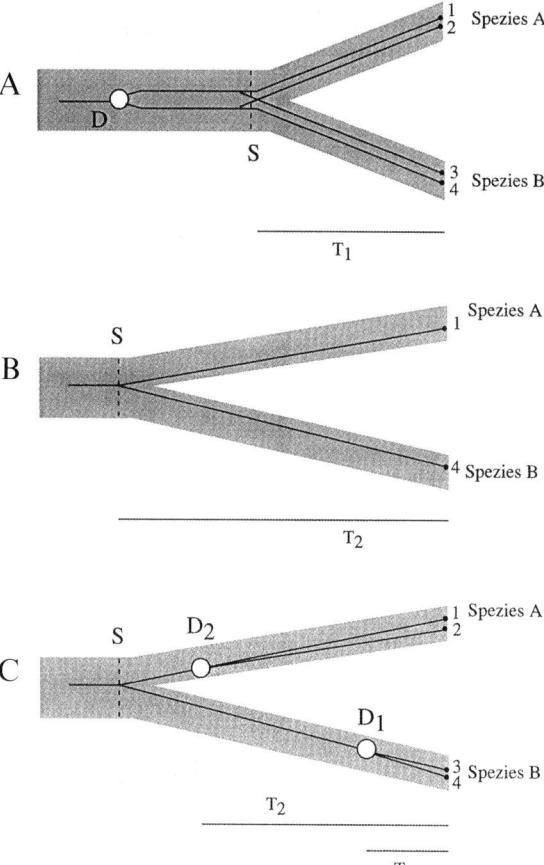

Abb. 6.4 Mögliche Szenarios für das Entstehen zweier Genpaare in zwei Spezies. In Szenario A) erfolgt eine Genduplikation D lange vor der Speziesbildung S. Die Gene 1 und 3 sind in ihrer Beziehung zueinander ortholog, ebenso wie 2 und 4, da diese Paare durch Speziesbildung entstanden. Die Genpaare 1 und 4 sind paralog, ebenso 2 und 3, da durch Genduplikation im gemeinsamen Vorfahren entstanden. Gen 1/3 und 2/4 haben die gleiche Divergenzzeit. Wird das Ereignis D nicht beachtet, so könnte man auf der Basis von Gen 1 und 4 irrtümlich den in B) gezeichneten Gen-tree als den Spezies-tree von Spezies A und B betrachten. Dies würde zu einer krassen Überschätzung des Divergenzzeitpunktes der beiden Spezies führen (T_2 vs. T_1). C) Die Speziesbildung S erfolgt vor zwei unabhängigen Duplikationsereignissen, D_2 und D_1. Die Divergenzzeit der Gene 1/2 (T2) ist verschieden von der der Gene 3/4 (T1).

ist (auch in Organellen), da sie langsam und schnell evolvierende Abschnitte besitzt (gleichsam die Stunden- und Minutenzeiger einer evolutionären Uhr), eine universelle Struktur darstellt, die eine alte und essentielle Funktion in der Zelle hat und stets mit einer großen Anzahl anderer RNAs und Proteine koevolvierte. rRNA ist nur in geringem Maße lateralem Gentransfer, LGT, ausgesetzt. Bereits im Zusammenhang mit COG Analysen ganzer Organismen haben wir ja gesehen, daß die Translation zum „Kernbereich" der genetischen Ausstattung aller Organismen gehört (s. Kapitel 3.2).

Die Besonderheit der rRNA basierten trees ist die Berücksichtigung der Tatsache, daß in dieser funktionell wichtigen RNA *Strukturen* und nicht primär *Sequenzen* konserviert sind. Solche sequenzunabhängigen Strukturen führen zu konservierten Basenpaarungen, unilateralen oder bilateralen bulges, lone pairs, Tetraloops oder Tripelvarianzen, bei denen nicht die unmittelbare Sequenz wichtig ist, sondern die Beibehaltung des Musters einer Sekundärstruktur. Diese Analysen werden bei Erstellung des tree höher bewertet als reine

6.2 Gen-trees versus Spezies-trees | 271

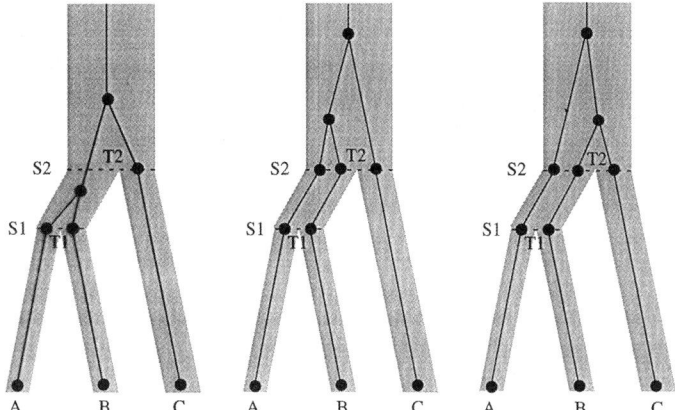

Abb. 6.5 Im linken Diagramm entspricht die Topologie des Gen-tree (Linien) der des Spezies-tree (grau). Die Divergenzzeit der beiden Gene A und B (●) ist etwas größer als die Speziesbildungszeit T1 (sog. coalescence time; das Gen-splitting erfolgte vor der Speziesbildung). In der mittleren Abbildung weicht der Gen-tree vom Spezies-tree ab: die Genduplikation ist älter als die Speziesbildung. Ebenso sehen wir im rechten Bild, daß die Spezies A und B enger miteinander verwandt sind als eine jede mit C. Die beiden Gene B und C aber sind enger miteinander verwandt als jedes andere Paar.

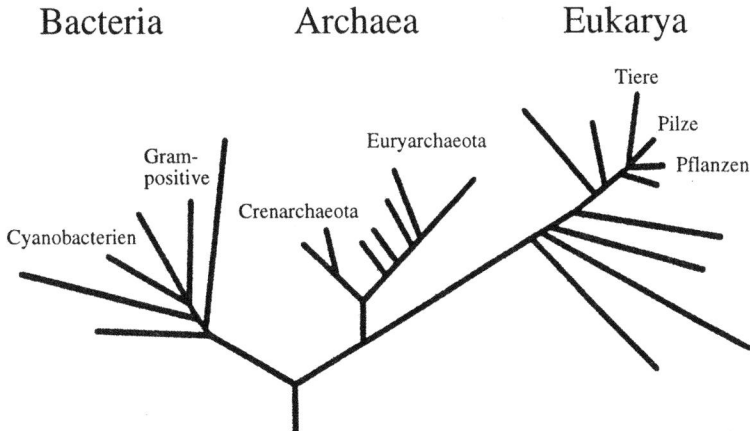

6.6 Die Topologie des universal phylogenetic tree auf der Basis der komparativen Analyse von rRNA Sequenzen. Die root-Position, zwischen Bacteria und Archaea, wurde durch Analyse der paralogen EF-Tu/EFG Gene bestimmt. (nach Woese, *PNAS* 2000, 97: 8392-8396)

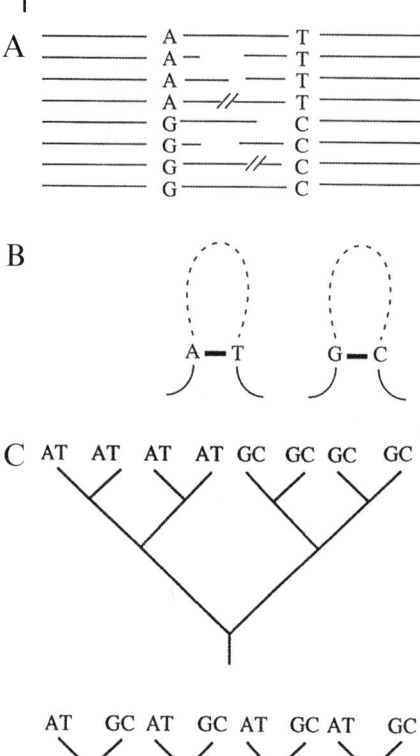

Abb. 6.7 Strukturelles RNA Sequenzalignment. A) zeigt das Alignment von acht Sequenzen eines RNA Abschnitts. B) Angenommen wird eine evolutionär konservierte Basenpaarung, die Teil einer Sekundärstruktur ist, entweder ein A-T oder ein G-C. Die Sequenz zwischen den beiden Nukleotiden (der loop) ist nicht konserviert. C) Zwei denkbare evolutionäre Beziehungen der Sequenzen vom Typ A-T zu den Sequenzen vom Typ G-C. Im oberen tree ist die Substitution A-T / G-C nur ein einmaliges Ereignis. Das heißt, daß die Grundannahme des Alignments, daß eine Konservierung lediglich eines wie immer gearteten Basenpaares vorliegt und damit einer Struktur durch die Phylogenie nicht gestützt wird. Im unteren tree hingegen beobachten wir unabhängige multiple A-T / G-C Mutationen. Dieses Muster unterstützt die Grundannahme des Alignments, eine konservierte Struktur. (aus Baxevanis, Ouellette: *Bioinformatics.* Wiley-Liss, New York, 1998)

Primärsequenzalignments (siehe Woese, Pace, Probing RNA Structure, Function, and History by Comparative Analysis. In: *The RNA World*. R. F. Gesteland, J. F. Atkins, eds., CSH Lab Press, 1993; R. R. Gutell et al., *Microbiol Rev* 1994, 58: 10-26).

Die Berücksichtigung von Strukturen im Alignmentprozess ist bisher nicht automatisierbar. Korrelierte Substitutionen werden also „von Hand" gesichtet. Von derartigen Korrelationen darf man nur ausgehen, wenn sie durch die Beobachtung multipler unabhängiger Mutationen belegt sind (Abb. 6.7).

Der auf rRNA Sequenzen basierende universal tree besitzt keine root (s. auch Abb. E.2). Die Position der root (siehe auch S. 268 f) ließ sich erst mit Hilfe von Paaren paraloger Gene bestimmen (ATPase Untereinheiten bzw. EFTu/EFG), von denen man annimmt, daß sie bereits im gemeinsamen Vorläufer aller drei evolutionären Hauptlinien vorhanden waren. Dies führte zur heutigen Darstellungsweise des universal tree (s. Abb. 6.6).

In den späten 90ern wurde man sich zunehmend eines weiteren Problems bewußt. trees, die auf der Basis anderer Gene als rRNA erstellt wurden, zeigten bisweilen eine von der des universal tree abweichende Struktur. Dies sind Gene, die im Evolutionsverlauf einem hohen *lateralen Gentransfer*, LGT, unterlagen. Während man früher annahm, daß LGT ein seltenes Ereignis ist, geht man heute von einem recht häufigen Ereignis aus, besonders bei metabolischen Genen (Ochman et al., Lateral gene transfer and the nature of bacterial innovation. *Nature* 2000, 405: 299-304; W. F. Doolittle, Lateral genomics. *TIBS* 1999, 24: M5-M8. Dadurch wird aber der Zusammenhang von Gen-Phylogenie und Organismus-Phylogenie (Organismus als Genverband) im Einzelfalle aufgehoben, und ein schwerwiegendes konzeptionelles Problem entsteht.

Gene, die hohem lateralen Transfer unterliegen, sind kein geeignetes Hilfsmittel um Spezies-trees zu erstellen. Eine Analyse aus dem Jahr 1998 geht davon aus, daß 18% der *E. coli* Gene in den 100 Mio. Jahren seit der Abtrennung von *Salmonella* durch mehr als 200 LGT Ereignisse aufgenommen wurden. Wie bereits erwähnt, ist LGT auch in Archaea besonders bei metabolischen Genen von hoher Bedeutung. trees auf der Basis dieser Gene unterstützen nicht den universal tree. (Manche Autoren sind an dieser Stelle so weit gegangen, daß sie alles bakterielle Leben des Planeten zu einem einzigen globalen Superorganismus zusammenfassen.) So ist die Ähnlichkeit der Transkription zwischen Archaea und Eukaryonten deutlich größer als die Beziehung beider zu den Bacteria. Unter metabolischen Aspekten hingegen ähneln Archaea mehr den Bacteria. LGT sollte aber nicht als Argument benutzt werden, die Möglichkeit einer sinnvollen phylogenetischen Klassifizierung generell in Frage zu stellen:

> LGT betrifft nur in seltenen Fällen Gene des Informations-core (Replikation, Transkription, Translation, rRNA).
> Die meisten Gene unterstützen den universal tree.
> LGT spielte eine wichtige Rolle besonders in der frühen Evolution wenig effizienter Organismen mit hoher Fehlerrate.

Es ist allerdings nötig, die strikt hierarchische Idee des tree (Darwin) durch eine netzartige Darstellung zu ersetzen (Abb. 6.8). Man hat erkannt, daß sich nicht alle Gene, die zu einem modernen Genverband gehören, während der Evolutionsgeschichte dieses Verbandes konform verhalten haben. Die Frage lautet: „welche Gene haben sich wie lange in welchen Genomen aufgehalten?". Gen-Phylogenie und Organismus-Phylogenie (Organismus als Genverband) sind nicht immer deckungsgleich. Der universal tree reflektiert vielmehr die gemeinsame Geschichte der zentralen Ribosomenkomponenten, die im letzten gemeinsamen Vorläufer bereits hoch konserviert waren, der Transkription und einiger weniger anderer Gene (RNA Polymerase). Aminoacyl-tRNA-Synthetasen zeigen hingegen ausgeprägten lateralen Transfer. In

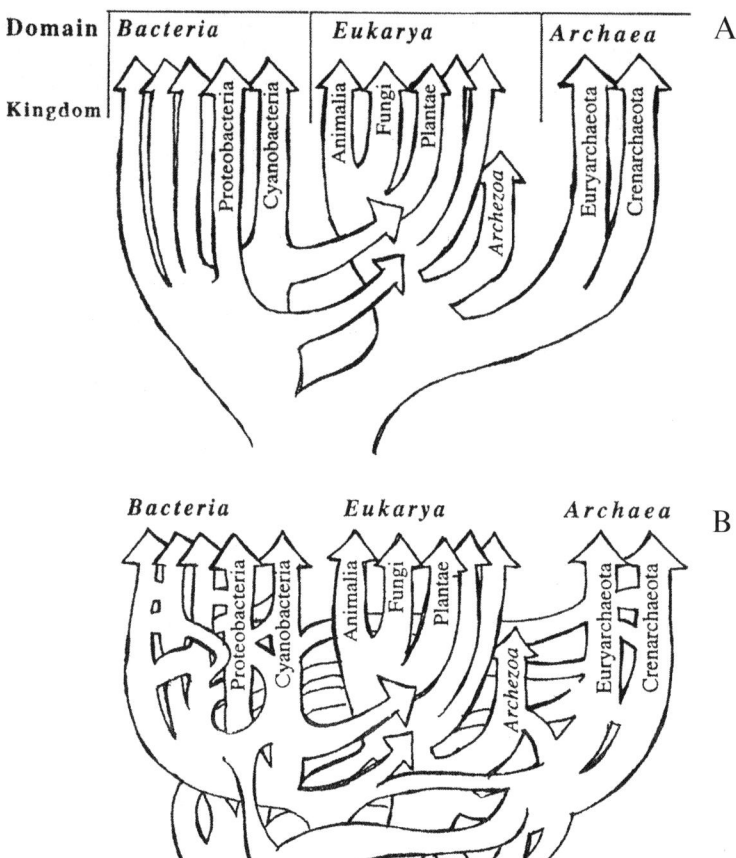

Abb. 6.8 A) Topologie des *universal tree* in seiner etablierten Form, die die drei evolutionären Hauptlinien Bacteria, Eukarya und Archaea zeigt. Die endosymbiontischen Übergänge für Mitochondrien und Chloroplasten sind ebenfalls gezeigt. B) Diese veränderte Darstellung berücksichtigt die hohe Rate an horizontalem Gentransfer zwischen den sich mehr und mehr voneinander separierenden evolutionären Hauptlinien in der frühen Phase der Evolution (siehe Text). (aus W. F. Doolittle, *Science* 1999, 284: 2124-2128; Abdruck mit Genehmigung der American Association for the Advancement of Science)

den weit zurückreichenden Verzweigungen ist der universal tree ein reiner Gen-tree ohne Verbindung zu wirklich individuellen distinkten Organismen. Obwohl der Speziesbegriff dabei eine gewisse Wandlung erfährt, ist er weiterhin nützlich. Er beinhaltet nun aber Gensets, die lateralen Zugängen aus anderen Sets unterworfen sind.

Carl Woese hat unlängst die Welt dieses root-Bereiches in sehr anschaulicher Weise beschrieben (*PNAS* 1998, 95: 6854-6859). Bei Etablierung der proto-

Translation in der RNA-world lag eine Population von Progenoten vor. Eine *Progenote* ist ein proto-Genom mit Fähigkeit zur Replikation und Expression. Während die einzelne Progenote eine geringe Komplexität besitzt, stellt die Population aller Progenoten einen gewaltigen Genpool mit hoher LGT Rate dar (s. Abb. 6.8). Man kann auf dieser Stufe nicht von spezifischen Spezies sprechen. Aus dieser Progenoten-Population heraus entstanden die drei evolutionären Hauptlinien, die sich zunehmend voneinander isolierten, zunehmend die „horizontale Kommunikation" verloren. Treibende Kraft dabei war eine sich stets verbessernde, genauer werdende Translation, die neue Proteine schafft. Wie wir im Zusammenhang mit der strukturellen Klassifizierung von Proteinen gesehen haben, sind Proteine (oder Domänen) primär durch ihre biophysikalische Stabilität bestimmt. Wenn wir von *universal ancestor* reden, ist also nicht von einem Organismus die Rede, sondern von einer zeitlichen Phase der Evolution, in der replizierende Biomaterie in den stabiler werdenden Anfängen der evolutionären Primärlinien „kondensierte".

Nun, daß ganze Genome vorliegen, muß molekulare Phylogenie sich nicht mehr lediglich auf nur ein Molekül (wie z. B. rRNA) stützen. Man kann nun ganze Sets von Genen definieren, die eine bestimmte Evolutionslinie (wie z. B. Archaea) distinkt auszeichnen. Solche Markersets müssen dabei nicht einmal unbedingt nur aus vollständig charakterisierten Genen bestehen (siehe dazu Graham et al., An archaeal genomic signature. *PNAS* 2000, 97: 3304-3308).

7
DNA-Computing – Ein Exot mit Potential

Dieses Kapitel befaßt sich mit einer Thematik, die ein wenig exotisch anmutet. Bisher noch ohne praktische Anwendung, bietet das hier entwickelte Konzept die Möglichkeit, ein kombinatorisches Problem mit molekularbiologischen Mitteln zu lösen. Es ist dabei intellektuell so anregend, daß es angezeigt erscheint, an dieser Stelle darauf einzugehen. Die Idee geht auf einen Artikel zurück, der 1994 in *Science* erschien: Leonard M. Adleman, *Molecular Computation of Solutions to Combinatorial Problems* (1994, 266: 993-1024). Sofort als eine bahnbrechende Veröffentlichung anerkannt, hat dieses Konzept seitdem eine Reihe von Nachfolgeprojekten gefunden.

Das Problem in seiner populären Version wird auch *traveling salesman problem* genannt: Eine Reihe von Punkten (in unserem Beispiel sieben) sind durch ein limitiertes Set von erlaubten Übergängen (Wegen) verbunden. Durch diese Punkte (Städte im salesman Falle) muß ein kontinuierlicher Pfad gelegt werden, so daß jeder Punkt nur einmal durchlaufen wird.

Das Problem in seiner mathematischen Formulierung: Ein gerichteter Graph G mit definiertem Eingangspunkt V_{in} und Ausgangspunkt V_{out} hat einen *hamiltonian path* wenn und nur wenn es eine Sequenz von passenden Einweg-Vektoren $e_1, e_2, \ldots, e_z$ gibt (einen path), die bei V_{in} beginnt und bei V_{out} endet und jeden anderen Punkt nur einmal berührt.

Das Beispiel in (Abb. 7.1) zeigt einen Graphen, der für $V_{in} = 0$ und $V_{out} = 6$ einen *hamiltonian path* hat, nämlich

$0 \to 1 \quad 1 \to 2 \quad 2 \to 3 \quad 3 \to 4 \quad 4 \to 5 \quad 5 \to 6$

Falls z. B. der Übergang $2 \to 3$ nicht zum Set der erlaubten Wege gehörte, hätte das Beispiel keinen hamiltonian path. Dies gilt auch, falls $V_{in} = 3$ und $V_{out} = 5$. Es gibt Algorithmen, die solche Probleme bearbeiten können, aber bereits bei Systemen kleiner Größe erfordert die Lösung riesige Rechenkapazitäten. Mathematiker nehmen an, daß für solche sog. *NP-complete* Probleme wahrscheinlich kein effizienter Algorithmus existiert.

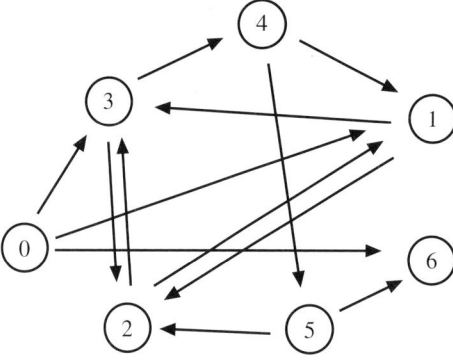

Abb. 7.1 Graph mit 7 Punkten, der für $V_{in} = 0$ und $V_{out} = 6$ einen *hamiltonian path* hat. Die Benennung der Punkte ist in diesem Beispiel so gewählt, daß $0 \rightarrow 1 \rightarrow 2 \rightarrow 3 \rightarrow 4 \rightarrow 5 \rightarrow 6$ die Lösung, der *hamiltonian path*, ist. Dies geschieht nur der bequemen Darstellung wegen, hat aber keine Bedeutung für die Berechnung. Das System ist so klein, daß eine Lösung auch durch einfache visuelle Inspektion gefunden werden könnte. Es ist aber groß genug, um die Leistungsfähigkeit des Lösungsansatzes zu zeigen. Das System kann ohne weiteres stark expandiert werden.

Das Problem, einen *hamiltonian path* zu finden, läßt sich durch das folgende Set von Sätzen, die einen nichtdeterministischen Algorithmus bilden, lösen:

1) Es werden Zufallswege durch das System erzeugt.
2) Es erfolgt dann eine Beschränkung auf die Wege, die mit V_{in} beginnen und mit V_{out} enden.
3) Falls das System n Punkte hat, werden nur die Wege berücksichtigt, die genau n Punkte berühren.
4) Es werden nur die Wege berücksichtigt, die jeden Punkt des Systems wenigstens einmal berühren.
5) Wenn bei dieser Selektion ein Weg übrig bleibt, ist es ein hamiltonian path.

Das Beispielsystem (mit $V_{in} = 0$ und $V_{out} = 6$) wird nun unter Verwendung dieses Sets von Sätzen auf molekularem Niveau gelöst. Dazu müssen die Sätze 1–5 molekular umgesetzt werden.

1) Jeder Punkt i des Systems wird durch eine Zufallssequenz in Gestalt eines 20mer Oligos O_i repräsentiert (es gibt 4^{20} solcher Sequenzen). Jeder erlaubte Weg $i \rightarrow j$ des Systems wird durch ein Oligo $O_{i \rightarrow j}$ repräsentiert. Ein solches $O_{i \rightarrow j}$ hat eine Struktur wie in Abb. 7.2 angegeben. Ebenso wie ein gerichteter Vektor, sind Oligos durch ihre $5' \rightarrow 3'$ Polynukleotidkette gerichtete Moleküle.
In ein Reaktionsgefäß werden für jeden Punkt i (außer für $i = 0$ und $i = 6$) und für jeden Weg $i \rightarrow j$ des Systems 50 pMole $\hat{O}_i$ bzw. 50 pMole $O_{i \rightarrow j}$ gegeben und einer Ligationsreaktion unterworfen. Es werden also Punktoligos durch komplementäre Weg-Oligos gebrückt (Abb. 7.2) und auf diese Weise per Hybridisierung Zufallswege durch das System generiert.
2) Dieser Satz wird umgesetzt, indem die Ligationsprodukte aus Schritt 1 durch PCR mit den Primern O_0 und $\hat{O}_6$ amplifiziert werden (Abb. 7.2).

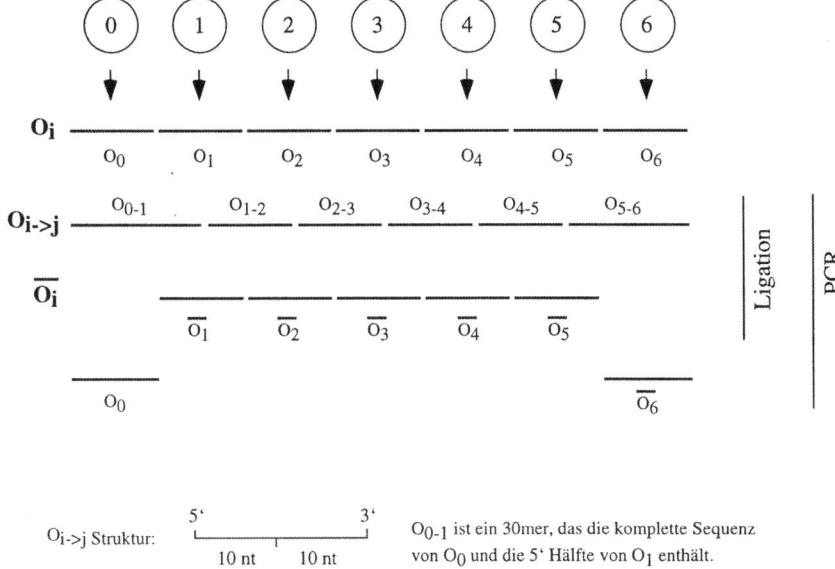

Abb. 7.2 Oligonukleotid-Schema des Adleman Experimentes.

Somit werden also nur solche Moleküle amplifiziert, die Pfade repräsentieren, die mit Punkt 0 beginnen und mit Punkt 6 enden.

3) Aufreinigung der PCR Produkte aus Schritt 2 auf einem Agarose-Gel und Isolierung der Banden mit 140 nt (dies bedeutet 7 × 20 nt für sieben besuchte Punkte im System; nicht notwendigerweise verschieden!) und erneute PCR (Primer O_0 und $\hat{O}_6$).
4) Das PCR Produkt aus Schritt 3 (dsDNA) wird in ssDNA überführt. Diese ssDNA wird sukzessive über fünf Affinitätssäulen selektiert, die immobilisiertes $\hat{O}_1$ bzw. $\hat{O}_2$, $\hat{O}_3$, $\hat{O}_4$ oder $\hat{O}_5$ Oligo tragen. So wird also eine DNA selektiert, die O_1 bis O_5 wenigstens je einmal enthält.
5) Die selektierte DNA wird amplifiziert (Primer O_0 und $\hat{O}_6$) und sequenziert. Erscheint ein Amplifikat, kodiert es den hamiltonian path.

Synthetische DNA arbeitet in diesem Beispiel also wie ein submikroskopischer massiv paralleler Computer. In der Ligationsreaktion sind ca. 10^{20} Ligationen/sec möglich, das liegt einige Größenordnungen über der Anzahl von Operationen in Supercomputern. Der Ansatz hat im Augenblick vielleicht noch den Geschmack von Science Fiction, zeigt aber das enorme Potential von Computing und Datenspeicherung auf DNA-Basis.

Index

a

ACCESSION number 26
Adleman, Leonard M. 277
Affymetrix 199, 211
Ähnlichkeit 9
  Definition 38
  Quantifizierung 38
Alignment 38 ff, 42
  evolutionäres Konzept 38
  globales, Berechnung 42, 50
  lokales 53 ff
  Matrix 50
  multiples 94
  suboptimales 54 ff
alternatives Spleißen 214
Aminosäuren
  Austauschwahrscheinlichkeiten 43
  physiko-chemische
    Eigenschaften 48
Aminosäureseitenketten 12
analoge Enzyme 155
Annotierungsfehler 22
Archaea 6, 182, 271, 273
ArrayExpress 224

b

background frequencies 45
BACs 193
Bacteria 6, 271, 273
bait-Fusion 242
(βα)8 barrel fold 160 ff
BLAST 60 ff
  Empfindlichkeit 65
  Parameter 62
  PHI-BLAST 142
  PSI-BLAST 99 ff, 163
  Vergleich mit FASTA 75 ff
BLOCKS 104
BLOSUM50 Matrix 45
branches 268

c

CASP 115
CATH 148
CGAP Initiative 224
chemical graph 131
Chemscape Chime 131 ff, 151
Chipherstellung
  Microspotting 198
  Microspraying 198
  photolithographisches
    Verfahren 198
Clp Protease 155
CLUSTALW Programm 98
cluster of orthologous groups 184 ff
Clusteranalyse 219 ff
Cn3D 131 ff, 136, 159
COG → cluster of orthologous groups
COG Datenbank 191
coiled coil Struktur 116 ff
comparative modeling 114
completeness 132

content sensors   80
CpG Inseln   86

d
Darwin, Charles   265
Datenbank
  BLOCKS   104
  PFAM   104
  PRODOM   104
  PROSITE   103
  Proteinmotive, Domänen   103
Dayhoff, Margaret   21, 265
dbEST   23
dbSNP   226
DDBJ   21
Deletionen   42
diauxic shift Experiment   204
distance matrix Methode   267
Divergenzzeit   268, 270
DNA Chiptechnologie   197
DNA-Computing   277 ff
Domänenfusion   253
dot matrix-Diagramm   58
dsRBD   39, 111, 124
dynamic programming   50

e
EBI → European Bioinformatics Institute
EC Nummer   93, 156
EMBL Nucleotide Database   21
Endosymbiontenhypothese   265
ENTREZ Portal   14, 16, 28
EST → expressed sequence tag
Eukarya   6, 271, 273
European Bioinformatics Institute   21
Evolution
  Biosphäre   9 ff
  Erde   9 ff
  molekulare   9 ff
  Sequenzen   38
  Strukturen   38

Exon-Intron Struktur   23, 80, 214
ExPASy   30
explicit sequence   132
expressed sequence tag   22, 30
Expressionsanalyse   204 ff
  Mutanten   210
  Tumorzelllinien   218
Expressionsarrays   197
Expressionschips
  Probe   199
  Target   199

f
β-Faltblatt   109 ff
Faltungstrichter   112
FASTA   60
  Vergleich mit BLAST   75 ff
FASTA Format   23
flavodoxin-fold   167
Fluoreszenzlabel   199, 204, 219, 225
fold   150, 154, 167
(βα)8 fold   163 ff
fold recognition   114
FSSP   148
functional genomics   197, 235
Funktionsvorhersage   250

g
gap penalty   49
gaps   42, 49
Gen-tree   268 ff
Genabfolge   179
Genbank   20 ff, 24
  accession number   26
  CDS   22
  flatfile   24 ff
  GI number   26
  Wachstum   22
Gendichte   23, 82
  Mensch   22
gene disruption library   215

Gene Expression Omnibus   224
Gene Mark-Programm   83
Gene Ontology (GO) Consortium
   93
GeneX   224
GENIE Programm   100
Genom   178
   Arabidopsis   17, 82, 179
   B. subtilis   262
   C. albicans   201
   C. elegans   17, 179
   Drosophila   17, 178 ff, 195
   E. coli   17, 186, 262
   H. influenzae   167, 178 ff, 181 ff, 186, 262
   H. pylori   260, 262
   H. sapiens   17, 22, 246
   K. lactis   201
   M. genitalium   171, 177, 180 ff, 186, 191, 260
   M. jannaschii   167, 178, 186
   M. pneumoniae   186, 262
   M. tuberculosis   262
   N. meningitidis   178
   S. cerevisiae   17, 167, 178 ff, 186, 197, 201 ff, 241 ff, 250, 260, 262
      Evolution   201 ff
   Synechocystis   186
   T. pallidum   193
Genomassemblierung   195
Genomduplikation   204
Genomgröße   17
genomics   14, 177
Genomprojekte   14
Genomsequenzierung
   Eukaryonten   191
   Prokaryonten   191
genotyping   229
genotyping arrays   230
Genverdopplung   201
GI number   26
Gilbert, Walter   11

GLIMMER(M) Programm   82, 90 ff
Globinfamilie   99

h
H. pylori   243
Haplotypen   229
HDA-Chip   211
Hefe-Chip   204 ff
α-Helix   109, 151, 154
HGBASE   226
hidden Markov Modell   90, 94, 98
high-throughput-research   3, 201
HMM → hidden Markov Modell
HMM Profile   98
HMMER-Programm   101
Homologie   9
homology modeling   114, 124

i
IMB Jena   137
Immunoglobulin-Superfamilie   95
Insertionen   42
Institute for Genomic Research   14 ff

k
k-tuples   60, 62
KEGG   257
Konsensussequenzen   80
   splice-sites   81
Konvergenz   155

l
LALIGN   54
Lasergene Software   98
lateraler Gentransfer, LGT   266, 270, 273
Levinthal Paradoxon   112
linkage disequilibrium   229
LocusLink   28
log likelihood ratio   45
log-odds ratio   45
low complexity regions   73

m

Makro-Array   242
MALDI Quadrupol TOF
  Massenspektrometrie   236
MALDI-TOF   236
Markov Modelle   86
Markov-Kette   86
Matrizen
  BLOSUM   47
  PAM   47
MaxHom Algorithmus   120
maximum likelihood Methode   267
maximum parsimony Methode   267
MD Simulationen   118
Medline   28
metabolic pathway modelling   210
MFOLD   137, 140
Microarrays   197
MIME Type   127, 132
Minimalgenom   191
mmCIF   133
MMDB → Molecular Modelling
  Database
molecular dynamics   115
Molecular Modeling Database   128,
  131, 133
mRNA Spleißen   137, 246
multiple Alignments   94 ff
  HMMS   98 ff
  Profile   98
Multiproteinkomplexe   240
Mutantensammlungen   215
Mycoplasmen   187

n

NAD(P)-bindende Proteine   152 ff
Nanoelektrospray-tandem
  Massenspektrometrie   236 ff
National Center for
  Biotechnology, NCBI   21
  DART-tool   106
National Library of Medicine,
  NLM   28
NCBI Datenverbund   28
NCI60   218
Needleman, Wunsch-Algorithmus   50
neural network   121
NOD → non-orthologous
  gene-displacement
nodes   268
non-orthologous
  gene-displacement   155, 187
nonhomology methods   250
nucleation propagation   112

o

odds ratio   44
OMIM Datenbank   16, 227
operational taxonomic units,
  OTUs   268
ORF Identifizierung
  Eukaryonten   80
  Prokaryonten   83
ORPHEUS-PROGRAMM   83
Orthologie   41, 59, 178 ff

p

P-loop-hydrolase fold   167
pais   182
PAM250 Matrix   46
Pangea-EcoCyc   257
Paralogie   41, 178 ff, 186 ff
Pathogene   14, 182, 263
Pathogenitätsinseln   182 ff
Pathway-Datenbanken   255 ff
PatScan   142 ff
pattern   103
Pattern-Suche   142 ff
PDB → Protein-Data-Bank
PDB-Koordinatenfile   129
Pearson Format   23
Peptidbindung   109
Peptidmassenkartierung   236
PFAM   104
Pharmaforschung   217
Pharmakogenetik   226 ff, 231

PHDsec Programm 121
PHI-BLAST 142
Phylogenetik 265 ff
phylogenetische Profile 253
PIR → Protein Information
  Resource Datenbank
post-genomische Phase 2
post-transcriptional
  gene-silencing 213 ff
PredictProtein 120
prey-Fusion 242
Primärstruktur 109
PRODOM 104
profiles 103
Progenote 275
Prosite 30, 103
  pattern 103
  profile 103
Protein, Evolution 154
Protein Information Resource
  Datenbank 21
Protein-Data-Bank 127, 146
Protein-Protein Interaktionen 235,
  241 ff, 253
Proteinarray 250
Proteinchip 235
Proteindatenbanken 21, 30
Proteindomäne 104, 148, 154
Proteinevolution, modulare 59
Proteinfaltung 109 ff
Proteinsequenzierung 235 ff
Proteinstruktur 109 ff
  scop, family 149
  scop, class 151
  scop, fold 150
  superfamily 149
Proteom 167, 178, 246
Proteomarray 246 ff
Proteomics 235 ff
PSI-BLAST 99, 163
PTGS → post-transcriptional
  gene-silencing
PubMed 16

q
Quartärstruktur 109

r
Ramachandran Plot 111
RasMol (-Mac) 131 ff, 151
RCSB 127
RefSeq 28
residue dictionaries 131
RFLP 227
Ribonukleoproteinkomplexe 240
Ribozyme 11, 137
RNA
  2D-Struktur 137
  3D-Struktur 13, 137
  Katalyse 11
  ribosomale 5, 11, 138, 269
  Seitenketten 12
  Sekundärstrukturelemente 139
  selbstreplizierende 11
  Strukturen 270
  suboptimale Faltung 139
RNA interference 213 ff
RNA World 11, 275
root 272
rooted tree 268
Rosetta Stone Methode 253
Rossmann-fold 153, 167
Rost, Burkhard 120
Rotamerkonfiguration 116
rRNA-Phylogenie 137

s
S. cerevisiae, Protein-Protein
  Interaktion 241 ff
SAM-Programm 101
SCOP → structural classification
  of proteins
score matrix 45
seed-Sequenz 100
Sekundärstruktur 109
Sekundärstrukturelemente 109
sequence tag 238

Sequenzalignments 9
Sequenzdatenbanken 14
Sequenzen 9
shotgun-Sequenzieren 193
signal sensors 80
similarity 9
single nucleotide polymorphisms 226 ff
   strukturelle Konsequenzen 231
Smith, Waterman-Algorithmus 53
SNP → single nucleotide polymorphisms
Spezies-tree 269
Spleißen, alternatives 246
Stoffwechselwege 191
β-Strang 109, 151, 154
structural classification of proteins 128, 148 ff, 166
structural genomics 167
Strukturdatenbanken 127
Strukturen 109
Strukturvorhersage
   ab initio- 115 ff
   Protein, Sekundärstruktur 120
   Proteine, 3D 114 ff
Substitutionen 42
Substitutionsmatrix 45
Swiss PdbViewer 30, 39, 127
Swiss-Model 30, 124
Swiss-Prot 30

t

target frequencies 45
Tertiärstruktur, Proteine 109
The SNP Consortium (TSC) 226
thiamin-binding fold 167
threading 114, 121
TIGR → Institute for Genomic Research
TIM barrel 111, 167

transition probabilities 87 ff
Transkriptom 178, 204, 246
Transposon-Mutagenese 191, 215
Tree-Darstellung 266
TRIPLES Datenbank 216
Tumorklassifizierung 224 ff
Tumorzellinien 218
tuple Katalog 88
Twilight Zone 49, 148
Two-Hybrid Systeme 235, 241 ff

u

UniGene 30
universal ancestor 275
universal phylogenetic tree 6, 269, 274
unrooted tree 268

v

VAST-Algorithmus 133 ff
Vector NTI Software 98
Venter, Craig 23
Viewer Programme 131 ff
Virulenzgene 184

w

weight matrices 80
WIT 257
Woese, Carl 7, 177, 269, 274

y

YAC Vektoren 193
Yeast Proteome Database 243 ff
Yeast Protein Interaction Map 241
YPD → Yeast Proteome Database

z

Zinkfinger 115
Zuker, Michael 137